学Python,不加班
——轻松实现办公自动化

何华平 编著

人民邮电出版社

北京

图书在版编目（CIP）数据

学Python，不加班：轻松实现办公自动化 / 何华平编著. -- 北京：人民邮电出版社，2021.7（2022.9重印）
ISBN 978-7-115-56557-0

Ⅰ. ①学… Ⅱ. ①何… Ⅲ. ①软件工具-程序设计 Ⅳ. ①TP311.56

中国版本图书馆CIP数据核字（2021）第092283号

内 容 提 要

这是一本关于如何利用Python提高日常办公效率的书，书中凝聚了作者多年的实践经验和独特思考，旨在帮助读者准确、高效地完成大量高重复度的工作。

本书汇集了日常办公和处理文档时常见的问题，通过实例的演示与讲解，帮助读者灵活有效地使用Python处理工作中遇到的问题。全书共11章，涵盖Python的各种应用场景，具体包括文件管理自动化、网络信息自动获取，TXT、XLS / XLSX、DOC / DOCX、PPT、PDF、图片文件的自动化处理，模拟鼠标、键盘操控本地软件，自动化运行管理等。本书力图淡化编程中的抽象概念，贴合工作场景，注重实战效果，通过对Python技术的巧妙讲解，帮助读者成为高效率的办公室"超人"。

本书适合任何想要学习Python编程的读者，尤其适合缺乏编程经验的初学者。同时本书提供所有案例的源代码文件，方便读者边学边练，爱上Python编程。

◆ 编　著　何华平
　　责任编辑　王　冉
　　责任印制　马振武

◆ 人民邮电出版社出版发行　北京市丰台区成寿寺路11号
　　邮编　100164　电子邮件　315@ptpress.com.cn
　　网址　https://www.ptpress.com.cn
　　北京天宇星印刷厂印刷

◆ 开本：800×1000　1/16
　　印张：25.75　　　　　　　　2021年7月第1版
　　字数：802千字　　　　　　　2022年9月北京第8次印刷

定价：99.00元

读者服务热线：(010)81055410　印装质量热线：(010)81055316
反盗版热线：(010)81055315
广告经营许可证：京东市监广登字 20170147 号

前　　言

在互联网信息技术革命的背景下，人类的生产和生活方式都在发生巨大的变革。"时间就是金钱，效率就是生命"，互联网时代的人们更加追求效率，通过自动化技术不断提升工作效率。

随着大数据时代的来临，各行各业的数据量越来越大，新数据的产生频次在加快，数据的类型也在增多。我们要处理的各种数据和文案资料越来越多，工作量越来越大，工作负荷越来越繁重。以前，完成一个文案工作，可能最多处理十来个文件，现在可能要处理几十个甚至上百个资料文档，导致工作压力越来越大。

传统的思维方式是针对每个具体问题找出相应的软件工具。汇总报表用 Excel，写报告用 Word……我们要安装太多的软件和插件，掌握太多的工具，熟记太多技巧。但是，软件的功能总是固定的，一旦写成就"僵化"了，而工作需求总是千变万化。我们要么被动等待软件更新，要么安装更多的软件。同时，不同的任务需要不同的软件完成，我们需要不断地在各种软件之间切换，这本身也是很烦琐的工作。

面临处理海量资料的挑战，仅靠"熟练运用办公软件"已经难以应对，传统的工作方法需要改变。如何改变？如何应对大数据时代的挑战？解决办法就是学习编程，通过程序操控软件、组合工具、驾驭数据，来实现真正的批量化、自动化、定制化。编程就是给计算机下指令，让计算机自动完成复杂的工作，将我们从烦琐的重复性工作中解救出来。无论是 IT 从业人员，还是管理人员、财务人员、销售人员、自由职业者、学生……学习编程都将给自己赋能，有利于自身的职业发展。

当然，编程本身就是个难题。很多人也尝试过学习编程，但总是半途而废。大部分人觉得这很难，他们认为程序员是数学家，需要艰苦地钻研各种高精尖的技术难题。结合笔者学习编程的经历来说，兴趣是最好的老师，我们往往把编程看得太神秘，过多地关注程序语言的语法和复杂的算法，而忘记了为什么学习编程。我们总是试图学完一门语言的全部语法，然后再用程序来解决实际问题。语法本身非常枯燥，而相关的案例又和实际工作毫不相干。尽管潜心研究很久，却对现实问题束手无策，编不出一个能用的小程序，最后只能放弃。

其实，我们并不需要多么高深的编程技巧，更不需要系统地开发一个软件，有时候几行代码就能设计出功能足够强大的工作效率改善工具。当年笔者磕磕绊绊地用一段VBA代码完成了多个Excel表格的自动汇总，这件事给笔者带来极大震撼，也让笔者走上了编程之路。工作中，但凡有需要重复做3遍以上的文案工作，笔者都会考虑是否可以开发个小工具来完成。

笔者在构思本书时，也曾犹豫过到底选用什么语言来写。这些年笔者用过很多语言，如VBA、C#、Java……其实殊途同归，每种效率工具都可以用不同的语言来实现，现在笔者开始固定用Python。在程序员的世界中有句话广为流传："人生苦短，就用Python。"这句话非常形象地说出了Python语言在程序员心目中的地位。21世纪是人工智能的时代，Python被称为最接近人工智能的编程语言，所以，学好Python对日后的发展有一定的帮助。同时，Python已经被编入一些地区的小学教材，已经成为人人都要学的一项基本技能，这些趋势表明Python很有前景，同时入门也很简单。

很多年前，当笔者开始应用Python时，书店还没有多少关于Python的图书。而如今，这方面的图书已经摆满了书架，但这些图书大多是枯燥的教程，还有一些是讲"高大上"的数据分析，鲜有介绍如何用Python来处理办公室的各种烦琐的工作。无人驾驶的汽车已经上路，而很多办公室人员还在靠"复制+粘贴"完成各种报表、报告的汇总。这也促使笔者下决心写一本能够满足读者这方面需求的书。

当然，要提高工作效率，仅仅会写代码是不够的。想成为一名优秀的流程优化大师，还需要有全方位、透彻理解问题本质的能力，善于把实际的烦琐任务拆解成准确的效率问题，并运用相关的知识来解决。本书尝试从这个角度出发，帮助读者认识烦琐任务的本质，引导读者从效率的角度来思考、拆解任务，并最终顺利地达成目标。

本书特色

（1）浅显、通俗，零基础、入门级的讲解，特别适合初学者阅读。
（2）内容实用，基于真实场景，以便高效地解决实际问题。
（3）循序渐进，授人以渔，帮助读者提升自学能力。

本书读者

本书是一本专为普通办公人员打造的实战型Python工具书，适合所有想提高工作效率的办公人员，特别适合那些经常与各种办公软件打交道、经常处理复杂、烦琐的文档任务，希望通过学习编程来减少重复劳动的职场人士。本书也非常适合即将步入职场的大、中专院校学生阅读，还可以作为培训机构的教学用书。

本书从实际出发，每个实例都介绍了设计思路与知识点，避免读者走弯路。无论是初学者还是有一定基础的读者，通过学习本书，都可以编写出属于自己的应用程序。

勘误与联系方式

由于编者水平有限，书中难免会出现一些错误或者不准确的地方，恳请读者批评指正。如果读者有更多的宝贵意见，或者对书中的案例有更好的解决方案，欢迎发邮件给我们，期待能够得到读者的反馈。

鸣谢

感谢人民邮电出版社，特别感谢编辑在本书写作中提出了宝贵建议，让此书顺利完成。

感谢所有 Python 第三方库作者，是你们让 Python 更强大。

资源与支持

本书由异步社区出品，社区（https://www.epubit.com/）为您提供相关资源和后续服务。

配套资源

本书提供如下资源：
- 本书源代码；
- 书中案例数据文件；
- 配套"练习题/练习任务/学习与思考"PDF 文件
- 配套视频。

要获得以上配套资源，请在异步社区本书页面中点击 配套资源 ，跳转到下载界面，按提示进行操作即可。

注意：为保证购书读者的权益，该操作会给出相关提示，要求输入提取码进行验证。

如果您是教师，希望获得教学配套资源，请在社区本书页面中直接联系本书的责任编辑。

提交勘误

作者和编辑尽最大努力来确保书中内容的准确性，但难免会存在疏漏。欢迎您将发现的问题反馈给我们，帮助我们提升图书的质量。

当您发现错误时，请登录异步社区，按书名搜索，进入本书页面，点击"提交勘误"，输入勘误信息，单击"提交"按钮即可。本书的作者和编辑会对您提交的勘误进行审核，确认并接受后，您将获赠异步社区的 100 积分。积分可用于在异步社区兑换优惠券、样书或奖品。

扫码关注本书

扫描下方二维码，您将会在异步社区微信服务号中看到本书信息及相关的服务提示。

与我们联系

我们的联系邮箱是 szys@ptpress.com.cn。

如果您对本书有任何疑问或建议，请您发邮件给我们，并请在邮件标题中注明本书书名，以便我们更高效地做出反馈。

如果您有兴趣出版图书、录制教学视频，或者参与图书翻译、技术审校等工作，可以发邮件给我们；有意出版图书的作者也可以到异步社区在线投稿（直接访问 www.epubit.com/selfpublish/submission 即可）。

如果您是学校、培训机构或企业，想批量购买本书或异步社区出版的其他图书，也可以发邮件给我们。

如果您在网上发现有针对异步社区出品图书的各种形式的盗版行为，包括对图书全部或部分内容的非授权传播，请您将怀疑有侵权行为的链接发邮件给我们。您的这一举动是对作者权益的保护，也是我们持续为您提供有价值的内容的动力之源。

关于异步社区和异步图书

"异步社区"是人民邮电出版社旗下IT专业图书社区，致力于出版精品IT技术图书和相关学习产品，为作译者提供优质出版服务。异步社区创办于2015年8月，提供大量精品IT技术图书和电子书，以及高品质技术文章和视频课程。更多详情请访问异步社区官网 https://www.epubit.com。

"异步图书"是由异步社区编辑团队策划出版的精品IT专业图书的品牌，依托于人民邮电出版社近40年的计算机图书出版积累和专业编辑团队，相关图书在封面上印有异步图书的LOGO。异步图书的出版领域包括软件开发、大数据、AI、测试、前端、网络技术等。

异步社区

微信服务号

目 录

第1章 开启Python之旅 ················ 1
1.1 为何学习Python ················ 1
1.1.1 繁忙的工作场景 ············ 1
1.1.2 常用的效率工具 ············ 4
1.1.3 Python的优势 ··············· 11
1.2 Python的开发环境配置 ······ 11
1.2.1 通过官方安装包安装 ······ 11
1.2.2 通过Anaconda套件安装 ··· 12
1.3 开始编程——输出"Hello, World!" ························· 13
1.3.1 使用Python命令行 ········ 13
1.3.2 使用IDLE ···················· 14
1.3.3 Anaconda Prompt命令窗口 ··· 15
1.3.4 Jupyter Notebook ·········· 15
1.3.5 Spyder集成开发环境 ······ 16
1.3.6 IPython命令窗口 ··········· 18
1.4 Python程序编写风格 ········ 19
1.4.1 大小写敏感 ·················· 19
1.4.2 换行与注释 ·················· 19
1.4.3 代码块与缩进 ··············· 20
案例：输出100次"Hello, World!" ····················· 21

第2章 Python的基本语法 ········· 23
2.1 数据类型与变量 ··············· 23
2.1.1 数字 ··························· 23
2.1.2 字符串 ························ 24
2.1.3 变量 ··························· 27
2.1.4 组合数据类型 ··············· 27
2.2 程序流程控制 ··················· 30
2.2.1 if语句 ························· 30
2.2.2 for语句 ······················· 31
2.2.3 while语句 ···················· 32
2.3 函数（function） ············· 33
2.3.1 函数的定义与调用 ········· 33
2.3.2 函数的应用举例 ············ 33
2.4 类（class） ····················· 35
2.4.1 类的基础用法 ··············· 35
2.4.2 类的高级用法 ··············· 39
2.5 Python程序文档结构 ········ 41
2.5.1 模块 ··························· 41
2.5.2 包 ······························ 43
2.5.3 安装库 ························ 45

第3章 高效办公文件管理 ········· 48
3.1 文件基础知识 ··················· 48

- 3.1.1 文件存储 …… 48
- 3.1.2 文件的编码 …… 49
- 3.1.3 文件的类型 …… 50
- 3.2 文件读写 …… 51
  - 3.2.1 open 函数 …… 51
  - 3.2.2 读取文本文件 …… 51
  - 案例：统计汉字出现的频率 …… 53
  - 3.2.3 写入文本文件 …… 53
  - 案例：读取文件头识别文件类型 …… 54
- 3.3 文件和目录操作 …… 56
  - 3.3.1 使用 os 库 …… 56
  - 案例：删除小文件 …… 60
  - 案例：批量更名 …… 60
  - 3.3.2 使用 shutil 库 …… 60
  - 案例：整理压缩文件 …… 63
  - 3.3.3 文件查找 …… 65
  - 案例：清理文件"迷宫" …… 66
  - 案例：第三方库探索 …… 68

第 4 章 网络信息自动获取 …… 70
- 4.1 借用 Excel 实现简单的爬虫 …… 70
- 4.2 浏览网页的基本原理 …… 72
  - 4.2.1 浏览器调试工具 …… 72
  - 4.2.2 Fiddler 抓包方法 …… 75
- 4.3 requests 库与爬虫开发 …… 77
  - 4.3.1 发送请求 …… 77
  - 4.3.2 构造网址 …… 79
  - 案例：采集数据 …… 82
  - 4.3.3 爬虫攻防策略 …… 84
- 4.4 网页解析工具 …… 87
  - 4.4.1 正则表达式 …… 87
  - 4.4.2 lxml 库 …… 89
  - 4.4.3 BeautifulSoup4 库 …… 90
  - 案例：获取上市公司数据 …… 91
- 4.5 用 selenium 爬取复杂页面 …… 93
  - 4.5.1 网页截图 …… 93
  - 4.5.2 定位元素 …… 96
- 4.5.3 按键与单击 …… 97
- 4.5.4 页面等待 …… 98
- 4.5.5 调用 JavaScript 代码 …… 99
- 4.5.6 获取页面 cookies …… 100
- 4.5.7 无界面模式 …… 101

第 5 章 Python 与 Excel 自动操作 …… 102
- 5.1 从 VBA 说起 …… 102
  - 5.1.1 一个 VBA 示例 …… 102
  - 5.1.2 Excel 中的对象 …… 103
  - 5.1.3 自定义函数 …… 105
- 5.2 从 VBA 过渡到 Python …… 106
  - 5.2.1 win32com 库 …… 107
  - 5.2.2 免费库 xlwings …… 116
  - 5.2.3 商业库 DataNitro …… 124
- 5.3 Excel 文档分析库 …… 125
  - 5.3.1 自动化思路 …… 125
  - 5.3.2 .xls 格式文档 …… 126
  - 5.3.3 .xlsx 格式文档 …… 134
- 5.4 pandas 库与 Excel …… 143
  - 5.4.1 读入 Excel 文档 …… 143
  - 5.4.2 导出 Excel 文档 …… 147
  - 5.4.3 数据汇总 …… 147
  - 案例：提取某列文本中的数字 …… 151
  - 案例：Excel 报表汇总和拆分大全 …… 151
  - 案例：自动生成 Excel 版研究报告 …… 156

第 6 章 Python 与 Word 自动操作 …… 159
- 6.1 用 win32com 库操作 Word 文档 …… 159
  - 6.1.1 Word 对象模型 …… 159
  - 6.1.2 常用文档操作方法 …… 174
  - 案例：长文档自动处理 …… 189
  - 案例：自动生成公文格式 …… 193
- 6.2 Word 文档的底层结构 …… 195
  - 6.2.1 .doc 格式文档 …… 195
  - 6.2.2 .docx 格式文档 …… 198
- 6.3 用 python-docx 库操作 Word 文档 …… 201
  - 6.3.1 Document 对象 …… 201

	6.3.2	Styles 对象 ·········· 204
	6.3.3	Paragraph/Run 对象 ·········· 210
	6.3.4	Table 对象 ·········· 213
	6.3.5	Section 对象 ·········· 215
	案例：自动生成报告 ·········· 218
	案例：从简历中提取数据 ·········· 219

第 7 章 Python 与 PowerPoint 自动操作 ·········· 223

- 7.1 用 win32com 库操作 PPT 文档 ·········· 223
  - 7.1.1 PowerPoint 的对象 ·········· 223
  - 7.1.2 动画设计 ·········· 234
  - 案例：批量设置文本格式 ·········· 238
  - 案例：批量设置动画 ·········· 239
- 7.2 PowerPoint 文档的底层结构 ·········· 240
  - 7.2.1 .ppt 格式文档 ·········· 240
  - 7.2.2 .pptx 格式文档 ·········· 242
- 7.3 用 python-pptx 库操作 PowerPoint 文档 ·········· 247
  - 7.3.1 创建演示文稿 ·········· 247
  - 7.3.2 幻灯片版式 ·········· 253
  - 7.3.3 读取与编辑 ·········· 258
  - 案例：自动生成 PPT 版研究报告 ·········· 265
  - 案例：信息的自动化提取 ·········· 268

第 8 章 Python 与 PDF 文档操作 ·········· 270

- 8.1 PDF 文档简介 ·········· 270
  - 8.1.1 用记事本打开 PDF 文档 ·········· 270
  - 8.1.2 PDF 文档的结构 ·········· 271
  - 8.1.3 如何解析 PDF 文档 ·········· 272
- 8.2 Python 自动创建 PDF 文档 ·········· 273
  - 8.2.1 用 ReportLab 库创建 PDF 文档 ·········· 273
  - 案例：制作精美的封面 ·········· 275
  - 案例：制作带目录的 PDF 格式报告 ·········· 286
  - 8.2.2 用 PyFPDF 库创建 PDF 文档 ·········· 292

- 8.3 自动读写 PDF 文档 ·········· 295
  - 8.3.1 用 PyPDF2 库读写 PDF 文档 ·········· 295
  - 8.3.2 用 pdfrw 库读写 PDF 文档 ·········· 299
  - 8.3.3 用 PyMuPDF 库读写 PDF 文档 ·········· 301
  - 8.3.4 用 PDFMiner 库提取文字 ·········· 305
  - 8.3.5 用 Camelot 和 pdfplumber 库提取表格 ·········· 306

第 9 章 Python 与图形图像处理 ·········· 310

- 9.1 图片文件简介 ·········· 310
  - 9.1.1 常用图像格式 ·········· 310
  - 9.1.2 BMP 格式图像的文件结构 ·········· 312
- 9.2 用 Pillow 库处理图像 ·········· 315
  - 9.2.1 图像打开与信息读取 ·········· 316
  - 9.2.2 向图像中添加图形和文字 ·········· 317
  - 9.2.3 图像的增强效果 ·········· 318
- 9.3 Python 图形绘制 ·········· 319
  - 9.3.1 用 Matplotlib 库绘图 ·········· 319
  - 9.3.2 用 pandas 库绘图 ·········· 321
  - 9.3.3 用 Python 绘制词云图 ·········· 323
- 9.4 在 Python 中使用 OpenCV 库 ·········· 324
  - 9.4.1 OpenCV 库的基本操作 ·········· 324
  - 9.4.2 OpenCV 库的高级操作 ·········· 329
- 9.5 图片识别 ·········· 333
  - 9.5.1 使用 Tesseract 系统 ·········· 333
  - 9.5.2 使用百度 AI 开放平台 ·········· 335
  - 案例：识别审计报告中的表格 ·········· 338

第 10 章 鼠标、键盘控制与程序自动化 ·········· 341

- 10.1 Windows 程序的运行机制 ·········· 341
  - 10.1.1 窗口、句柄、消息 ·········· 341
  - 10.1.2 鼠标、键盘操作 ·········· 343
  - 案例：自动画图 ·········· 347
- 10.2 鼠标与键盘操控库 ·········· 348
  - 10.2.1 PyUserInput 库 ·········· 348
  - 10.2.2 pynput 库 ·········· 349

案例：另类爬虫 ……………………351
　　10.2.3　PyAutoGUI 库 …………………354
　10.3　Pywinauto 库与 GUI 自动化 ………357
　　10.3.1　简单示例：操控记事本 ………357
　　10.3.2　Pywinauto 库的主要用法 ……358
　　案例：将 GD 文档转为 PDF 文档 ……361
　　案例：将扫描版 PDF 文档转成
　　　　　文字型 …………………………363
　10.4　命令行界面程序控制 …………………366
　　10.4.1　使用 os.system 函数 …………366
　　10.4.2　使用 subprocess 模块 …………369

第 11 章　自动化运行管理 ……………370
　11.1　如何运行脚本文件 ……………………370
　　11.1.1　通过 CMD 命令窗口运行 ……370
　　11.1.2　将程序打包成.exe 可执行
　　　　　文件 ……………………………371
　　11.1.3　设计图形界面 …………………372
　11.2　按计划自动运行程序 …………………374
　　11.2.1　使用 datetime 模块 ……………374

　　11.2.2　使用 schedule 库 ………………375
　　11.2.3　使用 Windows 系统计划
　　　　　任务 ……………………………376
　11.3　多任务同时运行 ………………………377
　　11.3.1　单线程 …………………………378
　　11.3.2　多线程 …………………………378
　　11.3.3　多进程 …………………………382
　　案例：爬虫下载文件 …………………384
　11.4　程序异常及处理 ………………………387
　　11.4.1　常见的程序异常 ………………388
　　11.4.2　捕获异常并处理 ………………388
　11.5　收发邮件与远程控制 …………………390
　　11.5.1　POP3、SMTP 和 IMAP ………390
　　11.5.2　用 smtplib 模块自动发邮件 …391
　　11.5.3　用 imaplib 模块自动收邮件 …393
　　11.5.4　用 imapclient、pyzmail 库
　　　　　自动收邮件 ……………………394
　　案例：使用 Python 远程控制计算机 …395

第 1 章
开启 Python 之旅

本章介绍了各种提高工作效率的工具，以及它们的优点和缺点。本章还详细介绍了 Python 的安装、开发环境的配置、编程风格等，目的是让读者能尽快在自己的计算机上写出第一个 Python 程序。兴趣是最好的老师，亲手写出第一个程序，感受到编程的乐趣，就已经成功了一半。

1.1 为何学习 Python

Python 已经是现代人不可或缺的工具。如果你熟悉下面的场景，你可以考虑学习 Python。学习 Python 可以更好地解决问题，提升工作效率。

1.1.1 繁忙的工作场景

我们天天都在忙，究竟在忙些什么？

查找各种文件，在一个个文件夹里来回穿梭。

在 TXT、XLS/XLSX、DOC/DOCX、PPT、PDF 文档之间来回切换，复制、粘贴，运指如飞。

打开几十个网页，以便及时获取信息。

将各种数据输入系统，以及把数据填写到各种 Excel 表格中。

各种办公系统、ERP 软件的日常操作，不停地用鼠标点点点。

这些场景构成了我们的工作日常。当然，有时候我们还会面对各种"变态"的工作任务，例如整理陈年档案，从几千份简历中提取参加应聘人员的信息，向系统输入上千条数据，用网页查询几千个手机号归属地，删除几百个 Word 文档中的关键词……

说起来，我们真忙，还没练成"无影手"，就已经得了"鼠标手""键盘手"和颈椎病。据媒体报道，都市白领普遍存在过度劳累现象。问题是，加班加点地"忙"，效率有提升吗？

将我们日常的工作归纳一下，可以分为以下几大类。

1. 查找资料

据说，人的一生差不多有三分之一的时间要浪费在找东西上，除了有目的地找东西以外，还有很大一部分时间浪费在找不到的东西上。我们花了大量时间找资料，这里的资料包括本地资料和网络资源。

本地资料是指计算机上的文件。我们在使用计算机时，会花大量时间找文件。我们每天还消耗了大量时间上网查资料，但是效率也不高，不一定能找到有价值的资料。

如果不花时间认识文件，那么就会花更多时间找文件。什么是文件？文件有哪些类别？文件的结构是怎么样的？不同的文件有什么特征？文件是如何存储的？我们需要抽点时间学习文件管理，同时再认识一下常用的几种文件。

同样，我们天天上网，但是我们真的懂网络吗？例如，网页的结构、网络通信，一个简单的单击背后的数据传输原理等。磨刀不误砍柴工，懂网络以后，我们通过爬虫技术，能够千百倍地提升找资料的效率。有程序 24 小时为我们"盯"着网站，怎么会错过重要信息呢？

随着互联网的高速发展，数据总量急剧增长。在大数据的时代，我们查找资料的方式也需要转变，对于有些工作，人脑得让位于计算机。例如，我们用搜索引擎搜索资料，可能有用的资料要在搜索结果的十几页、几十页、甚至几百页之后才会出现，如图 1-1 所示，那么仅靠肉眼一页一页地翻看，恐怕难以达到目的。

图 1-1

工作中，我们经常浏览网页和各种论坛。一个网络热帖有时会有几百页，人工看完非常耗时间，如图 1-2 所示。通过爬虫技术，我们可以一次性获取各个分页的地址，然后在分页的源代码里面提取出文字信息，得到"脱水版干货"，大大节约了时间。

时间是宝贵的，不应该浪费在找资料这种重复而乏味的事情上。

图 1-2

2. 提取数据

大数据时代，大家都在谈数据分析、数据的可视化呈现和各种炫酷的图表制作技巧。

在现实工作中，数据在哪里呢？数据并不是规整地放在数据库中，事实上，大量的数据封锁在一张张 Excel 表格里、在 Word 文档里、在 PDF 文档里，甚至在扫描的图片里，还有的数据封闭在企业内网的各种专用数据终端里。我们日常要做的工作就是数据提取和清洗，这是很基础但也很重要的工作。

例如，金融行业离不开企业分析，然而企业年报披露材料中有很多是 PDF 扫描件，其中的文字无法复制,财务表格千差万别,数据难以提取。股权结构、股东结构隐藏在图片中,也难以提取。数据提不出来,自然无法进行统计、汇总和比较。

所以,我们看到在投资银行里,大量的新员工前几年的工作都是"摘数据",即从各种 PDF 版本或者纸质文件的企业年报中,手动地把财务数据提取到 Excel 表格里。

假设我们需要对全国的银行做一个深度分析,那么就需要获取所有银行的信息披露报告。对于非上市银行来说,其信息披露报告散见于各地市级的报纸。我们通过全国报刊数据库可以下载报纸电子版,很多电子版报纸都是 PDF 格式或者图片格式,如图 1-3 所示。因此提取和清洗数据问题的难点就在于解析 PDF 和图片,提取文字和表格中的数字。

图 1-3

3. 填写表格

工作中我们总是有太多的表要填,这一点相信大家都深有体会。"上面千条线,下面一根针。"工作要留痕,台账少不了,还得有图片。工作做完不算完,还有很多报表要填。每个人身上都背负了几十张报表,如日报、周报、月报、季报等。

实际工作中要填写一堆表格,而很多表格上面的信息都是重复的。一方面,我们期望报表少一点;另一方面,我们也要适应管理部门的要求。管理越来越精细,数据搜集越来越频繁,自然报表就会越来越多。从技术角度来说,填表就是数据的搬运。各个部门都有自己的报表格式和样式,同样的数据要装入不同的报表。这种工作最适合用程序来自动完成。如果将这几十张报表的钩稽关系、交叉引用关系理清楚,则只需要一张基础信息表,其他报表都可以通过引用来自动生成。自动化填表既保证了效率,又确保了数据的一致性,而手动填表误差在所难免,经常出现"数据打架"的问题。

有时还需要把 Excel 表格中的数据填到各种企业内网系统里,这需要大量的键盘录入工作。我们改变不了系统设计,因此只能优化工作方式。建立数据和键盘按键之间的联系,让键盘自动录入数据,这些问题自然就可以解决。

4. 制作文书

在各种报告、方案和文件的制作上花费了过多时间,可能是导致工作进展缓慢的重要原因。

我们经常写报告,这些报告有各种模板,每期更新一下。每次写都要花很多时间将数据从 Excel 表格中查出来,填在 Word 文档里面。这些常规性的报告,占据了工作人员绝大多数的时间。

还有就是各种方案的反复修改，也非常消耗时间。首先是部门内部的沟通，很多时候，领导安排写方案时也不能特别清楚地表达需要什么样的效果。只有在看完初稿以后，才提出设计的方向。有时候，领导的想法会反复变化，方案也需要不断调整。花了很多时间，方案终于在部门内部定稿。然后是部门之间的协调，征求各部门意见后再进行方案修改。最后，要在公司层面的会议上讨论方案，随之而来的就是庞杂的会议材料制作。如果公司高层提出了意见，那么方案又要修改，又要制作庞杂的会议材料，等待再次上会讨论。如果文书制作耗时很长，那么再次上会讨论的时间就会拖得很久，当然工作也就无法继续推进。等到讨论时，大家可能已经忘记了上次会议的内容，以及当时为何要提出修改。这仅仅是内容层面的修改，有时候还会涉及格式的修改。越是大型的企业，越是强调格式的标准化。对于总部或部门的管理人员来说，文案的格式、字体等是否标准也许比内容还重要。

除了 Word 报告，还有 PPT 制作。说到做 PPT，很多人觉得要花多少心思，要抠细节并进行艺术设计。其实在快节奏的社会，PPT 是有时效性的。例如，一位销售马上要见客户，快速地整理出一份产品分析 PPT 是至关重要的。有时候 PPT 制作数量非常大，例如会议桌卡，或者单页的产品介绍，往往是几百行的 TXT 文档，按顺序将每一行分别输入每一张幻灯片中，形成上百张幻灯片。这种操作没有任何技术含量，但如果手动去做，会超级烦琐，格式往往还无法整齐划一。

图 1-4 所示分别是 Word 版、PPT 版、PDF 版的研究报告。

如果我们能将文书制作工作自动化，那么办公效率将会得到极大提升。如何自动化？我们日常打交道的文书，不外乎 TXT、XLS/XLSX、DOC/DOCX、PPT、PDF 这些文件格式。我们日常的工作，就是不断创建文件，把数据装进去；打开文件，把数据提出来；把数据从这种格式的文件中取出来，放到另一种格式的文件中去。实际上，绝大多数工作都涉及文件的操作，如图 1-5 所示。

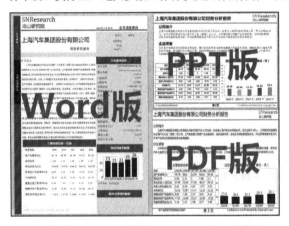

图 1-4　　　　　　　　　　　图 1-5

只要我们深入了解各种文件的底层格式，把各种格式文件之间的联系打通了，数据自然而然会在各类文件之间"流动"，也就没必要天天重复复制、粘贴的工作了。

1.1.2　常用的效率工具

面对年复一年、日复一日烦琐的工作任务，我们需要反思，如何从无谓的事务中解脱出来？要多去想想平时的工作中还有哪些能够改善的地方，通过持续优化来改进工作方式，提高效率。要分解工作流程，将复杂问题简单化，简单问题程序化，能自动化的工作尽量自动化。要达到这样的能力，就要不断地去"充电"，不断学习新的技术。

下面介绍一些可以提升办公效率的软件和工具，例如批处理、VBA 等。

1. 批处理

批处理，顾名思义，就是将一系列命令按一定的顺序集合为一个可执行的文本文件，其扩展名为.bat。这些命令统称为批处理命令。

批处理程序的强大之处就在于能够自动地、批量地完成大量重复性的工作，这将用户从那些简单却重复的管理任务中解放出来。通常来说，Windows 下的文件与文件夹管理、系统性能优化、系统管理与维护、网络管理都可以用批处理轻松解决。

例如，我们需要创建 100 个文本文件，使用批处理非常简单，只需要下面这行代码。

```
for /l %%i in (0, 1, 99) do (echo 这是file%%i.txt 文件 > file%%i.txt)
```

其中/l 指 loop，表示循环；%%i 从 0 变化到 99，每次增加 1；每循环一次，都要执行 do 函数里面的语句；echo 命令表示将信息直接输出到文件中，格式为"echo 信息 > 文件"，如果文件不存在就会创建一个新的文件，然后将内容写入其中。

我们看一下效果，打开记事本，新建文件，将上面这行代码输进去，如图 1-6 所示。

图 1-6

执行菜单栏的"文件"→"另存为"命令，保存类型选择"所有文件（*.*）"，文件名为"创建 100 个文件.bat"，如图 1-7 所示。

图 1-7

将文件保存后，我们看到，这是一个 Windows 批处理文件，如图 1-8 所示。

图 1-8

双击该文件，系统自动运行并生成了 100 个文本文件，如图 1-9 所示。

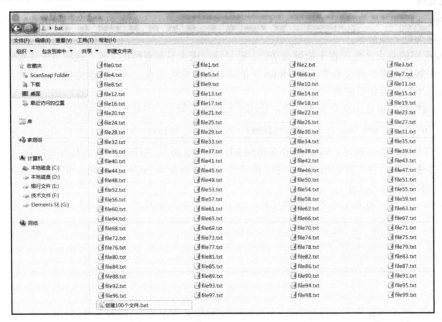

图 1-9

随机打开一个文件，可以看到里面的内容，如图 1-10 所示。

图 1-10

又如，我们需要创建 8 个指定名称的文件夹，使用批处理非常简单，只需要下面这行代码。

```
for %%i in (A,B,C,D,E,F,G,H) do mkdir %%i
```

将其输入记事本，保存为"创建文件夹.bat"文件，双击运行即可，如图 1-11 所示。

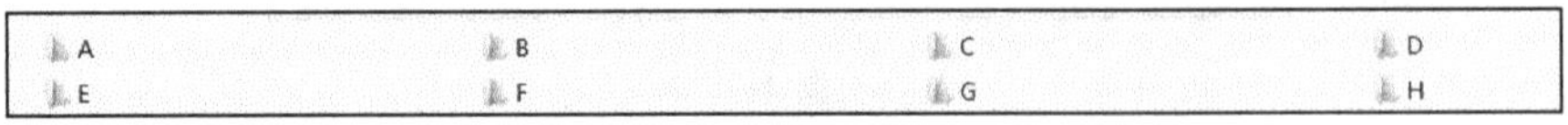

| A | B | C | D |
| E | F | G | H |

图 1-11

再举一个例子，我们需要一次性提取文件夹下面的所有文件名称，可以用下面这行代码。

```
DIR *.*  /B >file_list.txt
```

将其输入记事本，保存为"提取文件名.bat"文件双击运行以后，就可以得到 file_list.txt 文件。打开该文件就可以看到该文件夹下所有文件的列表，如图 1-12 所示。

有时候，我们需要先在 Excel 中制作好批处理的命令，然后粘贴到记事本，最后另存为批处理文件。例如，我们有个任务是每个月月初都需要按日期制作文件夹，则 6 月需要制作 30 个文件夹。

在批处理中创建文件夹使用"md 文件夹名称"命令，我们在 Excel 中通过下拉操作批量生成了命令文本，如图 1-13 所示。

图 1-12

图 1-13

将这两列复制到记事本，另存为"创建日期文件夹.bat"文件，并双击运行，结果如图 1-14 所示。

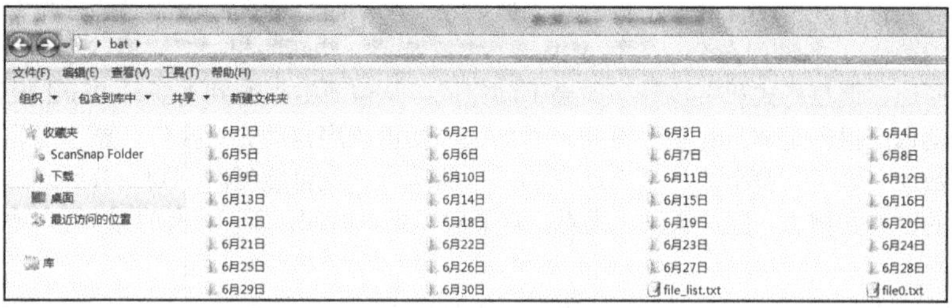

图 1-14

文件重命名的语法是"ren 旧文件名 新文件名"，我们对文件批量更名，也可以比照上面的方法生成命令，此处不再演示。总之，善于运用批处理，可以大幅提升工作效率。

2. Office 与 VBA

在工作中，我们基本每天都会使用 Office 办公软件，不能熟练应用必定影响工作效率。Microsoft 公司出品的软件，往往体积庞大，功能全面，然而大量的用户只用到其中极少的功能。对于 Word，大多数人只是用它完成打字工作，只有少数人会用于版面设计。PowerPoint 主要是用于撰写工作总结报告，以及制作企业宣传或者产品宣传幻灯片。对于 Excel，主要用于报表编制和复核、统计与计算汇总。其实，Excel 功能强大而复杂，也有一些人将 Excel 用到出神入化的地步，可惜绝大多数人并没有去深入学习这些功能。如果利用好这些工具，工作效率还有非常广阔的提升空间。

熟练掌握 Office 办公软件是对我们最基本的要求之一，那么要熟练到什么程度呢？需要背诵一大堆快捷键，熟悉一些非常冷门的菜单操作吗？其实，有些快捷键由于不常用，记住了很快又会忘掉。单就追求效率而言，Word 要了解邮件合并、通配符、域、样式，Excel 要了解 Vlookup 函数、数据透视表，PowerPoint 要了解母版。

在互联网的时代，已经没有必要记忆太多的东西。问题的关键在于如何提问，要能够把自己遇到的问题转化为普遍性问题，然后才能通过搜索引擎、专业论坛找到答案。初学者最大的问题往往是不能清晰地描述自己想要什么效果。同时，我们还要知道 Office 可以实现什么，不能实现什么，各种操作的局限性是什么。

熟记快捷键的"不足之处"是什么？那就是每次完成工作还是得"手动"敲击键盘。请牢记，手动操作是乏味的，而且容易出错。Office 软件的特点就是所见即所得，文字和数据都"裸露"在外面，我们可以直接修改，改了马上就看得见，这个功能很好。但是，如果一不小心手指压了键盘，就会"误按键"造成错误，而我们可能根本没发现。我们经常会从新闻上看到，"Excel 是世界上最危险的软件工具""Excel 公式错误引发世界经济危机""Excel 模型的错误导致了 20 亿美元的损失"……

出错不可怕，可怕的是没有发现错误。上面几条新闻中，错误潜藏在 Excel 公式里面，例如将正负号弄反了。一个工作簿嵌套多张工作表，满屏密密麻麻的单元格，很难逐个检查。手动打开表格，本身就容易因为误按键导致单元格数值变动。公式出错还好，至少有记录可查。但如果是通过快捷键操作，飞快地完成了汇总计算，我们根本无法复核。因为没有操作的步骤，没有每一步按键的记录。正确与否，没有人知道，只能换几个人各自重新做一遍，长此以往，会给大家留下"虽然很快但容易出错""工作毛糙不可靠"等不良印象。在正式的工作场合，我们绝不能因为图快而丧失了准确性。所以，用快捷键操作表格并不是好的选择。

解决上述问题的办法就是流程化、自动化，将复杂的任务一步一步分解开来，然后将每一步都用程序完成。程序是有记录的，每一步都可以复核和验证。这样既保证了结果的可靠性，又能够重复使用。下一次遇到同样的问题，只需要点一下鼠标，程序将自动完成。如果需求有调整，只需要修改参数，再次运行一下就可以了。

例如，有一项任务是写数据摘要报告，数据是现成的，我们只需要进行汇总分析，然后形成 Word 格式的报告。这个工作在 Excel 和 Word 中手动做，对于熟练掌握 Excel 的人来说，大概要花 20 分钟。而如果编程来提取数据并对其进行分析，自动输出报告，大概要花一个小时。那么应该如何选择呢？

报告提交给了领导，各部门在会议上讨论报告，大家有了一些新的想法，需要修改部分内容，例如数据不应是环比而是同比、调整格式和字体等。如果手动完成，从修改数据源到重新写 Word 报告，还是要花 20 分钟。而且，手动修改报告是非常容易出错的。而如果当初用程序自动完成报告，整个逻辑是连贯的，这时候只需要修改参数就可以了。整个流程是自动化的，重新运行一次可能耗时不到一分钟。这种方式虽然从一开始花费了额外的时间和精力，但是从长远来看，它节省了更多时间。所以，有时候只有"慢下来"才能"快起来"。

从精通 Excel 到开始编程，VBA（Visual Basic for Applications）是常见的入门语言。VBA 是 Office 软件附带的编程语言，进入编程环境非常容易，不需要单独安装。无论是专业的程序员，还是刚入门的普通用户，都可以利用 VBA 完成简单或复杂的需求。在商务办公环境中，VBA 用得非常多。国内的 ExcelHome 论坛还有个 VBA 板块，里面有很多资深的 VBA 用户孜孜不倦地解答技术问题。

下面看一个实际的例子，我们需要根据 Excel 工作簿中的第一张模板表，批量生成本月日报表，如图 1-15 所示。

图 1-15

按 Alt+F11 快捷键，打开 VBA 编辑器，双击左侧的"Sheet1（模板）"，右侧出现空白编辑区。写入下列代码，单击"运行"按钮 ▶，或者按 F5 键运行代码，如图 1-16 所示。

```
Sub 生成日报()
Dim i As Integer
Dim sht As Worksheet
For i=1 To 30
Set sht=Sheets.Add
sht.Name="6月" & i & "日"
Sheets("模板").Range("A1:B15").Copy sht.Range("A1")
Next i
End Sub
```

程序将自动生成 30 张工作表，如图 1-17 所示。

图 1-16　　　　　　　　　　　图 1-17

使用程序完成工作的好处就在于每一步都可以追溯，出了问题方便查找。而手动复制粘贴无法保证工作质量。

VBA 也有缺点，即代码是和数据文件放在一起的。它的主要问题有 3 点：一是编写代码时候的误操作，很容易在不经意间就更改了数据；二是大量 VBA 代码写在 Excel 文档里面，打开 Excel 文档就会比较慢；三是有的时候宏病毒会感染数据文件，导致数据丢失。

所以，更好的做法是把程序和数据分开，程序文件归程序文件，数据文件归数据文件，各自修改，互不干扰。还有一点，商用开发通常不会用 VBA，因为代码很容易被别人看到，即使是加密的，也很容易破解。

那么 VBA 过时了吗？其实所有的编程语言都有这类问题，"某某技术是不是过时了？""A 语言不如 B 语言"之类的话题层出不穷，也会引来激烈的争论。有的人会坚守一种技术，例如认为"Excel 可以做这样也可以做那样"。

我们要明确一点，无论什么工具，都是为了完成工作。工具、技术各有特色，适用于不同场合，没有任何一项技术可以包打天下。技术无所谓优劣，只是适用性不同。我们要学会驾驭工具，而不能被工具束缚。

3. 善用工作软件

要提升工作效率，就要善于使用优秀的办公软件。除了 Office 系列软件，我们日常工作中还常常会使用下列软件。

（1）Everything

这是一款本地文件搜索神器。每个人的计算机中都保存着大量的软件、音频、视频、照片、游戏、文档、电子书等文件。Everthing 可以在瞬间从海量的文件中找到用户需要的文件。

（2）DocFetcher

这是一个桌面文档内容搜索引擎，它能遍历计算机中所有的文件文档内容，然后用户可以方便地对自己的计算机进行全文搜索。Everything 只能搜索文件名而不能搜索文档的内容，如果想要搜索一份内容里带有

"Python"字样而不知道文件名的文档，DocFetcher 就派上用场了。这意味着用户不必再去记忆文件名，只要输入文件内容关键字即可搜索，主流的文档格式都能被索引和搜索。

（3）TotalCommander

这是一个功能强大的全能文件管理器，具有搜索、复制、移动、改名、删除、文件内容比较、同步文件夹、批量重命名文件、分割和合并文件、创建/检查文件校验（MD5/SFV）、压缩、解压等实用功能。

（4）Listary

这也是一款 Windows 文件资源管理器增强工具，可以快速定位文件、执行智能命令、记录访问历史、快速切换目录、收藏常用项目等。可以在任意文件资源管理器窗口通过键盘输入直接调用它在本目录下进行搜索，还可以用它搜索网页、打开应用程序、执行命令行等。

（5）Snagit

这是一款强大的截屏软件。它可以轻松抓取图像、文本和影音等多种内容形式，内置强大编辑器，捕捉、编辑一步到位。它在截图的时候，可以将其中的文字识别出来，这对于我们后期编辑很有用。

（6）按键精灵

这是一款模拟鼠标键盘动作的软件。通过制作脚本，可以让按键精灵代替双手，自动执行一系列鼠标键盘动作。只要是用户在计算机前用双手可以完成的动作，按键精灵都可以替用户完成。

（7）TeamViewer

这是一个用于远程控制的应用程序。有了它，用户可以在路上用手机连接控制家中的计算机，在出差的时候用笔记本连接公司的计算机。设备建立连接后，TeamViewer 就能够读取每一个设备的文件目录，可以轻松地把一个设备中任意目录的文件传输到另一个设备的任意目录当中。TeamViewer 是远程办公利器，省去了来回跑的时间，效率自然提升了。

4. 高效率的工作思维

（1）模板化

"不要重复造轮子。"邮件、报告、各类文书，如果每次都从零开始写，那就要花费很多时间。更好的办法是保存一份 Word 模板，然后将需要填充的内容写在 Excel 文档里面。每次需要时，只需要用 Word 软件的邮件合并功能，导入 Excel 文档中的数据，即可自动生成一份报告的草稿，然后在此基础上进行适当修改。

（2）批量化

批量化就是集中时间一次性完成大量重复的工作。我们常常将工作分散化，例如在上网找资料时喜欢边找边看。其实，这样既找不到多少资料，也看不了多少资料。不如一次性找齐所有的相关资料，然后关掉手机，集中精力阅读资料，一次性完成一批工作要比一个个做更快、更有效率。又例如，我们平时固定频率的会议很多，准备会议场地、在各场地间来回往返占用了很多时间。如果把各种会议集中到一起开，既能有效地控制每个会议的时间，大家在一起的时间足够长，又能有效地充分交流思想。

（3）自动化

手动重复步骤容易出错，而自动化使过程可重复且可靠。尽量将烦琐的工作留给计算机，本书将详细介绍如何让计算机来完成日常工作。

（4）注重时效

工作追求完美，追求细节，这是很好的习惯。但是时间消耗过长，到头来往往丧失了工作的意义。所以，时效性强的工作不必过于细致，一旦超过了截止时间，不管之前做得多么细致都毫无作用。

（5）定期清空

我们常常被工作压得不堪重负，进入思维的死胡同，这样会影响工作效率。我们需要定期清空，解放思想，不再专注于工作。花一些时间休息、思考、写日记、读好书、亲近大自然。这些活动能给我们带来新的视角、创意，让我们做起事来更有效率。

1.1.3　Python 的优势

一些企业会有办公自动化平台、各种各样的"系统",也有相应的 IT 部门来定制开发软件,那为什么我们还需要亲自学习编程语言呢?因为无论是企业内部的系统也好,外部的软件也好,都无法满足日常工作所有的需要。再优秀的软件,其功能都是固化的,无法考虑到全部的需求,而要增加新功能就需要等待作者升级。

我们有太多临时性的需求,例如,"汇总几千张表""把所有 Word 文档中的 logo 删除""上网搜集一下某某相关的资料"。这些需求太小了,还不值得 IT 部门专门为之开发一个完整的应用程序。或者问题不够大,还不足以引起决策部门重视。但是,它们有时候又非常关键,任务又很紧急。这种巨大的需求空白,给编程语言留下了生存空间,目前有大量 Excel+VBA 人才活跃在各个企业。随着互联网、大数据、人工智能的兴起,临时性需求变得越来越复杂,仅用 VBA 会有很多局限,而 Python 是填补这一空白的更好选择。

Python 是一种面向对象的解释型计算机程序设计语言,具有丰富和强大的库,它已经成为继 Java、C++之后的第三大语言。Python 是全能型编程语言,适用于系统运维、图形处理、数学处理、文本处理、数据库编程、网络编程、Web 编程、多媒体应用、PYMO 引擎、黑客编程、爬虫编写、机器学习、人工智能等领域。

选择一门语言,就是选择一个生态系统。Python 已有 30 年历史了,它是目前世界上最流行、最易学的编程语言之一。用的人多,相应的解决方案就多,任何你能想到的需求都已经有人开发出解决包了。无论是数据分析,还是文档处理,抑或是图形图像处理,甚至是人工智能,大量的解决方案(也就是库)都是用 Python 语言写成的。Python 语言赖以成名的地方就是它的第三方库,正是因为丰富的第三方库,Python 才能实现丰富的功能。第三方库多了,用的人就会更多,这是一个良性循环。就这一点来说,Python 比 VBA 适用性更广。都是从零开始学,为何不直接上手 Python 呢?事实上,VBA 一点不比 Python 简单。

Python 经常被称作"胶水语言",它能够轻易地操作其他程序。例如,可以用 Python 调用 VBA 和批处理程序。前面介绍的几款效率工具,都可以用 Python 调用和操控,还可以将它们组合起来实现更强大的功能。Python 还可以轻易地包装和使用其他语言编写的库,这样就可以把用不同程序语言写的东西粘在一起使用。例如,一个大型系统可以由多种语言编写,把这些不同的语言编写的模块打包,最外层使用 Python 调用这些封装好的包。

C#、Java 更适合商业开发,用它们写大型软件更有效率,专业程序员用得多一些,它们的学习难度也要高一些。我们学习编程是为了提升工作效率,而不是要以编程为职业。安装 C#或者 Java 的开发环境就已经很烦琐了,更不要说编写程序。与它们相比,Python 更容易、轻巧、灵活,安装配置非常简单,占用空间也小,编写小型的脚本用它完全足够了。

1.2　Python 的开发环境配置

要学习 Python 编程,首先要配置好编程环境。

Python 在 Windows、Linux 和 Mac 三大平台都可以使用,本书以 Windows 操作系统作为开发平台。Python 的安装有两种方式:一种是通过官方的安装包安装;另一种是通过 Anaconda 套件安装。

1.2.1　通过官方安装包安装

首先打开 Python 官网,进入 Downloads 栏目,下载 Python 安装包,如图 1-18 所示。

图 1-18

Python 这门编程语言活力很强，其版本更新非常快。总体来说，Python 版本分为 Python2 和 Python3 两个大类，本书所有案例均使用 Python3。Python3 又细分了很多系列，如 3.7、3.8，每个系列又有不同版本号，如 3.7.0、3.8.3 等，编号越大版本越新。在 Python3 里，不同版本之间的差别不是太大，新版本会增加个别特性，读者选择最新版安装就可以了。

要注意的是，针对不同的操作系统，每一个版本的 Python 都有不同的安装包。读者可以在 Downloads 栏目里面查找相应的版本和安装包。

如果是 Windows64 位操作系统，选择 "Windows x86-64 executable installer" 下载，如图 1-19 所示，下载后的文件为 python-3.8.3-amd64.exe。如果是 Windows32 位操作系统，选择 "Windows x86 executable installer" 下载。

双击安装包，勾选 "Add Python 3.8 to PATH"，单击 "Install Now" 开始安装，如图 1-20 所示。

图 1-19

图 1-20

安装完毕，打开计算机左下角的"开始"菜单，可以看到 Python3.8 文件夹，里面有 4 个子项目，常用的是前两个，如图 1-21 所示。

单击图 1-21 中的第 2 项 "Python 3.8（64-bit）"，就进入了编程环境，可以看到 Python 的版本号 Python 3.8.3，如图 1-22 所示。

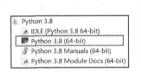
图 1-21

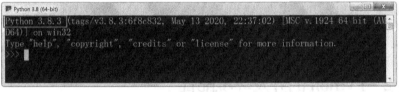
图 1-22

IDLE 是 Python 程序编辑器，它可以编写以及运行程序，但其功能过于简单，要编辑比较大的程序还需要安装更专业的编程工具。

1.2.2 通过 Anaconda 套件安装

Anaconda 是一个专注于科学计算的 Python 开发工具，它自带常用的数据分析库，内置 Spyder 编辑器及 Jupyter Notebook 编辑器。Spyder 是开发 Python 程序的编辑器，可以理解为 IDLE 编辑器的加强版，它除了可以编写及运行 Python 代码，还具有智能输入及程序调试功能。

进入 Anaconda 官网，如图 1-23 所示。根据操作系统型号选择合适的 Python 版本，下载后双击安装包，根据提示操作即可安装。

注意：Anaconda 有不同的版本，对应的 Python 版本也不同。图 1-23 中显示的是 Python 3.7 版本，即该版本 Anaconda 内嵌的 Python 版本是 Python 3.7.0。本书后续案例均有使用该版本 Anaconda，对应的 Python

版本也是 Python 3.7.0。

安装完毕以后，在"开始"菜单下的"Anaconda3（64-bit）"文件夹中可以看到常用的工具：Anaconda Navigator、Anaconda Prompt、Jupyter Notebook、Spyder 等，如图 1-24 所示。

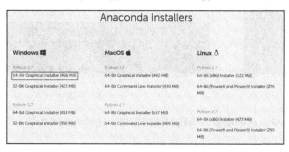

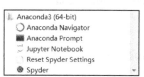

图 1-23 　　　　　　　　　　　　　　　　　图 1-24

单击"Anaconda Navigator"，进入图 1-25 所示界面，可以单击各种图标下面的"Launch"按钮打开相应的编程工具。

单击"Anaconda Prompt"可以打开 Anaconda Prompt 命令窗口，界面类似于 Windows 的 CMD 命令窗口，在提示符下可以输入命令并按 Enter 键运行。

输入"conda --version"，按 Enter 键，将返回 conda 版本号，表明安装没有问题，如图 1-26 所示。

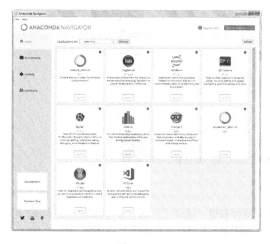

图 1-25 　　　　　　　　　　　　　　　　　图 1-26

输入"conda update conda"，可以将 conda 更新至最新版本。

1.3　开始编程——输出"Hello,World!"

安装好编程工具后，下面就开始编程之旅。我们要让计算机在屏幕上输出"Hello,World!"，作为第一个程序。

1.3.1　使用 Python 命令行

前面我们通过官方安装包安装了 Python3.8，打开"开始"菜单，在 Python3.8 文件夹中单击"Python3.8

(64-bit)",进入交互式编程环境,如图1-27所示。

在提示符>>>后面输入 print("Hello,World!"),然后按 Enter 键,屏幕上会输出"Hello,World!",如图1-28所示。

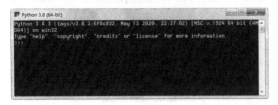 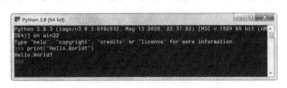

图 1-27　　　　　　　　　　　　　　图 1-28

这就是最简单的编程方式。但是它的缺点也很明显,当我们关闭窗口,代码也就消失了,无法保存和重复使用代码。

在>>>后面录入一段代码,按 Enter 键返回结果,然后再录入一段,再运行,不断人机互动,这就是交互式运行。Python 程序有两种运行方式:交互式和脚本式。交互式运行简单,适合初学者学习或测试代码,但是缺点很明显,当我们关闭窗口,代码也就消失了,无法保存代码和重复使用。脚本式运行,是通过写一个脚本(.py 结尾的文档),一次性实现全部代码。

使用命令窗口编程有个技巧,那就是使用快速编辑功能。在标题栏单击鼠标右键,选择"属性",在打开的"'Python 3.8(64-bit)'属性"对话框中勾选"快速编辑模式",然后单击"确定"按钮,如图1-29所示。

图 1-29

设置后,可以直接在编辑窗口中选择字符,然后单击鼠标右键,选择"复制"命令就能将选择的字符串复制下来。同时,可以在输入字符处单击鼠标右键,选择"粘贴"命令,实现字符串的粘贴。

1.3.2　使用 IDLE

打开"开始"菜单,在 Python3.8 文件夹中单击"IDLE(Python 3.8 64-bit)",进入交互式编程环境,如图1-30所示。

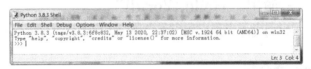

图 1-30

同样可以在提示符>>>后面输入代码 print("Hello,World!")，按 Enter 键运行，如图 1-31 所示。

图 1-31

在提示符>>>后面输入代码运行 Python 命令的方法比较简单灵活，但是当代码很长或很多时，输入整个代码块就会变成负担。一个错误就将导致整块代码需要重新输入。通常，当代码超过一定行数，就需要写到一个文件中，文件可以被方便地打开、编辑和运行。

使用 IDLE 可以新建、打开、保存代码文件。执行菜单栏的"File"→"New File"命令（或者按 Ctrl+N 快捷键），可以新建文件，输入代码，如图 1-32 所示。执行菜单栏的"File"→"Save"命令，将文件保存为 1.py。

通过 IDLE 可以打开代码文件，选择"Run"→"Run Module"菜单命令（或者按 F5 键）运行代码，运行结果如图 1-33 所示。

图 1-32　　　　　　　　　　　　　　图 1-33

IDLE 可用于编写小型代码，对于大型开发项目，还是需要使用集成开发环境。

1.3.3　Anaconda Prompt 命令窗口

安装 Anaconda 以后，在"开始"菜单的"Anaconda3(64-bit)"文件夹中单击"Anaconda Prompt"，同样可以进入交互式编程环境。

在提示符>后输入"python"，按 Enter 键后可以看到 Python 的版本号，如图 1-34 所示。

在提示符>>>后输入代码"print('Hello,World!')"，按 Enter 键后会输出"Hello, World!"，如图 1-35 所示。

图 1-34　　　　　　　　　　　　　　图 1-35

本书的大多数代码都是在这里完成的。

1.3.4　Jupyter Notebook

Jupyter Notebook 是以网页的形式编程，可以编写代码和运行代码。网页文档保存为扩展名是.ipynb 的

JSON 格式文件，方便与他人共享。

在"开始"菜单中的"Anaconda3(64-bit)"文件夹中单击"Jupyter Notebook"，浏览器将会进入 Notebook 的主页面，如图 1-36 所示。

图 1-36

单击"New"→"Python 3"，可以新建一个网页文档，文档由一系列代码单元（Cell）构成，代码单元左边有"In [1]:"这样的序列标记，方便查看代码的执行次序。单元格内就是编写代码的地方，可以在单元格内输入代码，单击"Run"按钮 ▶ 或者按 Shift + Enter 快捷键运行代码，其结果显示在单元格下方，如图 1-37 所示。

图 1-37

Jupyter Notebook 包含了交互式运行和脚本式运行的优点，既可以查看程序每一步运行的结果，也可以将代码和运行结果保存起来，特别适合初学者练习。单击"保存文件"按钮 💾，文件将保存在默认的文件夹中，如图 1-38 所示。也可以单击文件名重命名文件。

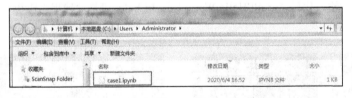

图 1-38

1.3.5 Spyder 集成开发环境

Spyder 是使用 Python 进行编程的集成开发环境。

在"开始"菜单中的"Anaconda3(64-bit)"文件夹中单击"Spyder"，启动 Spyder 进入主界面，如图 1-39 所示。

主界面左侧是 Editor（编辑器），用于编写代码。右上方区域 3 个标签分别是帮助（Help）、变量管理器（Variable explorer）、文件管理器（File explorer），在变量管理器中可以查看代码中定义的变量，在文件管理器中可以查看工作目录内的文件；右下方是 IPython console（控制台），可以看到编辑器中代码的运行结果，也可以直接在控制台中输入代码运行。

图 1-39

例如，单击 按钮新建文件，输入 print("Hello,World!")，单击 按钮保存代码文件，单击"运行"按钮 ▶ 或者按 F5 键，可以在右下方看到运行结果。

新建、打开、保存操作都要使用工作目录。在程序代码里面打开工作目录内的文件，不用添加文件完整路径，文件保存时自动存放在工作目录。在最上方地址栏可以临时修改工作目录，但是此操作重启 Spyder 会失效。

执行菜单栏的"Tools"→"Preferences"→"Current working directory"→"The following directory"命令，可以修改默认的工作目录，如图 1-40 所示。

拖曳区域会调整窗口的布局，执行菜单栏的"View"→"Window layouts"→"Spyder Default Layout"命令，可以恢复默认的布局。

我们可以将编辑区变换一下风格，例如要对程序代码进行着色，执行菜单栏的"Tools"→"Preferences"命令，在打开的对话框中进行以下设置，如图 1-41 所示。

图 1-40　　　　　　　　　　　　　　　图 1-41

在 Spyder 编辑器里对代码进行复制粘贴、设置缩进都非常方便。此外，它还有智能输入功能。

输入"p"，按 Tab 键，它会以下拉选项的方式列出所有可用备选项，包括内置命令、变量、函数、对象等。用户可以按↑↓键选择，按 Enter 键完成输入，如图 1-42 所示。

下面举的例子在后面的章节中会用到，这里提前介绍，初学者可以学习完后面的内容再来看此案例。

输入 print 函数后，它会提示函数的语法和参数，如图 1-43 所示。

图 1-42　　　　　　　　　　　　　　　图 1-43

输入"app."后，它会以下拉选项的方式提示 app 对象的方法和属性，如图 1-44 所示。

输入对象的方法后，它还会提示方法的语法和参数，如图 1-45 所示。

图 1-44

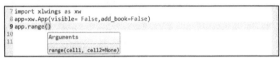

图 1-45

Spyder 编辑器还有强大的调试功能。在编辑器内输入代码，系统会随时检查语法，如果错误会在语句左方显示图标▲，将鼠标指针移动到图标▲上，就会提示错误信息。

示例中，报错是因为使用了未定义的变量 a，如图 1-46 所示。

有的错误比较隐蔽，需要一段一段地运行代码来排查。我们在可能出现错误的代码位置后方设置断点，方法是在语句左侧快速双击，程序行左方会出现红点。然后单击 ▶ 按钮以调试模式执行程序，程序执行到断点就会停止。然后在右上方单击"Variable explorer"标签，查看变量值，通过分析变量值来查找错误原因，如图 1-47 所示。

在 Spyder 编辑器里，按住 Ctrl 键并向上或向下滚动鼠标滚轮，可以将字体变大或变小。

本书篇幅较长的代码文件，都是在 Spyder 编辑器里编写的。

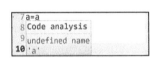

图 1-46

图 1-47

1.3.6 IPython 命令窗口

我们也可以在 Spyder 右下方"IPython console"中直接输入代码运行，如图 1-48 所示。

IPython console 非常人性化，我们在 print 后面输入问号"?"，按 Enter 键，它会跳出 print 函数的用法，它也有智能输入功能。

IPython console 可以逐语句运行代码，也可以粘贴一段代码，按 Shift+Enter 快捷键运行，如图 1-49 所示。

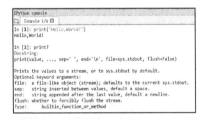

图 1-48

图 1-49

在 IPython console 里，可以通过按 Ctrl+Shift++快捷键将字体变大；按 Ctrl+-快捷键使字体变小。

1.4 Python 程序编写风格

Python 在代码格式方面与其他编程语言相差不大，但是也有它的独特之处，如大小写敏感、代码缩进、注释方式等。

1.4.1 大小写敏感

在 VBA 语言中，ab、Ab、aB 被认为是相同的。所有 VB 家族的成员（VB、VBS、VBScript、VBA 以及更早期的 Basic 等）都是对大小写不敏感的。但是在 Python 里，它们是不同的。

编程时需要处理很多变量、函数和类，那么就需要给它们命名。理论上来说，取任何名字都是可以的。但是，为了便于程序阅读和维护，选择的名字还是要有一定含义，不能太简单（如 a、b、c 等）。例如，我们写了一个自定义函数，命名为 doc2pdf，这样一看就知道它是将 Word 转为 PDF 的函数。

Python 编程可以使用驼峰命名法（Camel-Case），即混合使用大小写字母来构成变量和函数的名字。驼峰命名法又分为小驼峰命名法和大驼峰命名法，前者常用于变量和函数名，后者用于类名。例如 myFirstFunction，第一个单词小写，后面单词的首字母大写，这是小驼峰命名法；MyFirstFunction 是大驼峰命名法。

其实，只要不违反命名规则、不使用程序关键字，怎么命名影响不大，只要能够识别每个单词、自己能看懂、交流无障碍就可以。例如 my_first_function，用下划线分隔单词，这也是常见的命名方式。

注意，在 Python 语句中，标点符号都要用英文半角形式。

1.4.2 换行与注释

Python 程序是由一行一行的代码组成的。每行代码都以换行符结束。

如果一行代码太长的话，可以用\扩展到下一行。如果一行中有多条语句，语句间要以;分隔。也就是说用;连接的两句代码是不同的行，而用\连接的两行代码属于同一行。

一个好的程序员必须为代码添加注释。例如，定义了一个函数，就要写清楚该函数的作用、参数的类型，方便别人阅读和维护。在 Spyder 编辑器中新建一个代码文件，会自动添加注释# -*- coding: utf-8 -*-，它指定了程序适用的字符编码。

以#开头的内容为注释，Python 解释器会忽略该行内容。#后的这一行代码都不会运行。

有的注释比较长，占了多行，就可以使用多行注释。多行注释用 3 个单引号'''或者 3 个双引号"""将注释引起来。

在 Spyder 编辑区输入下面的代码，如图 1-50 所示。

```
❶ #下面是一个案例
❶ print("Hello,\
  World!")
❷ '''
  print("Hello, Python!")
  print("Hello, Python!")
  print("Hello, Python!")
  '''
❸ print("Hello, World!");print("Hello, World!")
❹ #print("Hello, Python!")
```

语句❶是单行注释，不会被执行；语句❶结尾的\续行符号，表示下一行的代码和本行代码是一行，要拼接起来运行；语句❷开始多行注释，从'''开始一直到下一个'''为止；语句❸中间有;，表示前后是两行代码；语句❹是单行注释，语句不会被执行。

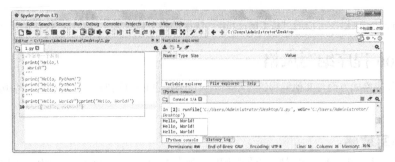

图 1-50

按 F5 键运行，右边控制台显示了运行结果，被注释掉的代码行都没有运行。

1.4.3 代码块与缩进

一个大型的代码文档往往分为不同的代码层级结构，每一层都有代码块。代码块从哪里开始，到哪里结束？很多编程语言采用花括号区分代码块，而 Python 则是以缩进来区分，这一点是需要特别注意的。因为在其他编程语言里面，代码缩进大多是为了美观而已。

在 Python 编程中具有相同缩进的代码被自动视为一个代码块，无论进行了几个空格的缩进都是被允许的，只要缩进空格的数量统一即可。我们通常以 4 个空格作为缩进量。

来看一段 Python 代码。

```
❶ class Person:
❶     def __init__(self,name,age,like):
❷         self.name=name
❸         self.age=age
```

语句❶相比语句❶有 4 个空格的缩进量，语句❷和语句❸相比语句❶有 4 个空格的缩进量。这样就保证了语句❷和语句❸处于同一层级。

以 4 个空格作为缩进量，输入比较烦琐，要不停地敲空格。所以，我们又常常使用 Tab 键代替空格键，但是这也经常造成麻烦。缩进是一种不可见字符，因此我们不知道缩进的是空格还是 Tab 键。不同编辑器对 Tab 键的处理不同，有时候 Tab 键可以作为一个空格，只是这个空格的宽度是常规空格的 4 倍。肉眼看上去缩进是一样的，然而实际上缩进是不同的。

由缩进导致的对齐问题非常普遍。图 1-51 所示的一段程序肉眼看上去第 26 行和第 23、24、25 行是对齐的。但是，程序运行以后会报错，如图 1-52 所示。

图 1-51　　　　　　　　　　　图 1-52

我们把这几行代码粘贴到记事本，会发现第 26 行的缩进量的确不一样，如图 1-53 所示。

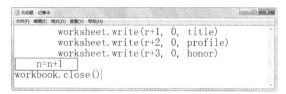

图 1-53

我们可以在 Spyder 编辑器中通过设置把 Tab 键自动转换为 4 个空格，如图 1-54 所示。

有时候我们会在文本编辑器里写代码，然后粘贴到 Spyder 编辑器里。那么文本编辑器也要做同样的设置，把 Tab 键自动转换为 4 个空格，如图 1-55 所示。

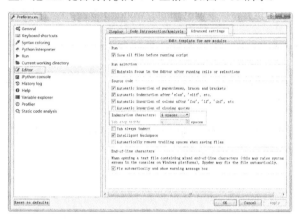

图 1-54

图 1-55

但是有的编辑器（如记事本）无法这样设置，因此在编辑器之间粘贴代码的时候要特别小心，不要混用 Tab 键和空格。《PEP8:Python 编码风格指南》和《Google 开源项目风格指南》总结了常用的 Python 语言规范和风格规范，感兴趣的读者可以自行阅读，养成良好的开发习惯。

下面看一个代码块与缩进运行效果的例子。

案例：输出 100 次 "Hello,World!"

我们学习 Python 编程，主要是为了完成烦琐而重复的事情。前面已经通过语句 print("Hello,World!") 在屏幕上输出了 "Hello,World!"，如果需要输出 100 次呢？

事实上，我们不需要敲 100 次代码，只需要下面两行代码就可以实现（第二句前面有 4 个空格的缩进量）。

```
for i in range(100):
    print("Hello,World!")
```

在 Spyder 编辑器中输入代码，按 F5 键运行，会连续输出 "Hello,World!" 100 次。如图 1-56 所示。

如果在程序后面添加一句 print("Hello,Python!")，按 F5 键运行，就会交替输出 "Hello,World!" 和 "Hello,Python!"，如图 1-57 所示。

```
for i in range(100):
    print("Hello,World!")
    print("Hello,Python!")
```

图 1-56

图 1-57

删除 print("Hello,Python!")前面的缩进空格，按 F5 键运行，屏幕输出"Hello, World!"100 次，最后仅输出一次"Hello, Python!"。

```
for i in range(100):
    print("Hello,World!")
print("Hello,Python!")
```

实际上，这是一个简单的循环语句，i 的取值范围是 0～99，每次 i 取值都要运行后面的代码块内的语句。循环结束后，再继续运行后面的代码。

这是一个简单的案例，让我们既了解了缩进的作用，也看到了编程的威力。对于烦琐的工作，我们要找出其中相同的部分，找出变化的规律，将重复的劳动都用循环语句来完成。

第2章
Python 的基本语法

掌握基本语法是熟练使用 Python 语言进行自动化办公的必要前提。本章主要介绍全书要用到的 Python 编程基础知识，主要涉及 Python 的数据类型、变量、程序流程控制、函数、类、模块和包等内容。很多人为了图快，在学习 Python 语言时一上来就学习数据分析、机器学习。其实这些技术的基石是 Python 语言中最简单的基础知识。所以要老老实实打牢基础，这样才能看得懂那些深奥而复杂的源代码，在以后学习 Python 高级技术的过程中才会游刃有余。

2.1 数据类型与变量

计算机处理的都是数据，不同类型的数据有不同的处理方式。Python3 中有 6 种数据类型：Number（数字）、String（字符串）、List（列表）、Tuple（元组）、Dictionary（字典）、Set（集合）。

2.1.1 数字

Python 中常见的数字类型包括整型（int）、浮点型（float）、布尔型（bool）。

整型（int），通俗来说就是整数，不带小数点，如 1、2、3。

浮点型（float），通俗来说就是小数，浮点型由整数部分与小数部分组成，如 3.14。

布尔型（bool），只有对（True）或错（False）两种状态。False 等值于 0，True 等值于 1，所以它也可以当作整数使用。

```
>>> True+1
2
```

尽管 1.0 和 1 相等，但是 Python 自动将 1.0 看作一个浮点数，将 1 看作整数。使用 Python 内置的 type 函数可以查看一个数据的具体类型。

```
>>> type(1),type(1.0),type(True)
(<class 'int'>, <class 'float'>, <class 'bool'>)
```

可以使用 Python 内置的 int、float 函数转换数据类型。例如，把浮点型转为整型，把整型转为浮点型。

```
>>> int(1.0), float(1)
(1, 1.0)
```

整型、浮点型数字可以做四则运算，在解释器里输入一个运算表达式，它将输出表达式的值。整型和浮点型数字在计算机内部存储的方式是不同的，整型数字运算永远是精确的，而浮点型数字运算则可能会有四舍五入的误差。

```
>>> 3 * 0.1
0.30000000000000004
>>> 5 / 2
2.5
```

在整数除法中，使用除法运算符/总是返回一个浮点型数字，如果只想得到整数结果，要丢弃可能的分数部分，可以使用整除运算符//。

```
>>> 5//2
2
```

整除不一定得到整型数字，不同类型的数混合运算时会将整型数字转换为浮点型数字。

```
>>> 5.0//2
2.0
```

Python3 中采用%表示取模运算，它返回除法的余数。

```
>>> 5%2
1
```

布尔型数字可以做 and、or 和 not 逻辑运算。and 运算是与运算，只有所有表达式都为 True，and 运算结果才是 True；or 运算是或运算，只要其中有一个表达式为 True，or 运算结果就是 True；not 运算是非运算，它把 True 变成 False，False 变成 True。

```
>>> 2 > 3 and 3 > 1
False
>>> 2 > 3 or 3 > 1
True
>>> not 3 > 1
False
```

2 > 3 and 3 > 1，既有关系运算又有逻辑运算。多个运算同时出现的时候，执行顺序是算术运算>关系运算>逻辑运算。2 > 3 是关系运算，结果是 False；3 > 1 运算结果是 True；False and True，运算结果就是 False。

值得注意的是，我们这里说的都是十进制的数。除了十进制数之外，还有二进制数、八进制数、十六进制数等。十进制数是逢 10 进 1，十六进制数是逢 16 进 1。进制问题，读者可以自行查找资料阅读。

2.1.2 字符串

与数字对应的就是字符串，也就是一串字符，例如前面输出的"Hello,World!"，就是字符串类型（str）的数据。

```
>>> type('Hello,World!')
<class 'str'>
```

1. 字符串表示形式

字符串的特点就是数据的外部由引号包围，可以是单引号'、双引号"、三引号"""。通常来说，字符串里面有单引号，就用双引号包围；字符串里面有双引号，就用单引号包围；既有单引号又有双引号就用三引号包围。

```
>>> print('''He said:"It's love!"''')
He said:"It's love!"
```

使用三引号还可以表示多行字符串。多行代码的录入方法是：在>>>后面录入第一行代码，敲击回车，出现"…"，在后面继续录入第二行代码。也可以把多行代码复制下来，在>>>处单击右键粘贴。

```
>>> print('''Beautiful is better than ugly.
... Explicit is better than implicit.
... Simple is better than complex.
... Complex is better than complicated.''')
```

输出结果如下。

```
Beautiful is better than ugly.
Explicit is better than implicit.
Simple is better than complex.
Complex is better than complicated.
```

一般来说，引号包围的字符都会原模原样地输出，但是也有例外，那就是转义字符\。当 Python 读到字符串中的\，它会将接下来的字符看作一个普通字符。

```
>>> print("He said:\"It's love!\"")
He said:"It's love!"
```

常见的转义字符用法见表 2-1。

表 2-1

转义字符	描述	转义字符	描述
\（不在行尾时）	转义符	\（在行尾时）	续行符
\'	单引号	\\	反斜杠符号
\"	双引号	\r	Enter 键
\t	横向制表符	\n	换行

例如，使用换行转义字符\n 可以输出换行符。

```
>>> print('Flat is better than nested.\nSparse is better than\
... dense.\nReadability counts.')
Flat is better than nested.
Sparse is better than dense.
Readability counts.
```

上面这行代码太长，在行末输入转义字符"\"后按 Enter 键另起一行，Python 会认为它们属于同一行。

下面是多个转义字符混合使用的效果。

```
>>> print('名单：\n\t\'小王\'\n\t\'小李\'\n\t\'小张\'')
名单：
    '小王'
    '小李'
    '小张'
```

有时候我们看到以 r 开头的字符串，说明后面的字符都是普通的字符。也就是说，反斜杠可以用来转义，使用 r 可以让反斜杠不发生转义。

```
>>> print(r'Flat is better than nested.\nSparse is better\
... than dense.\nReadability counts.')
Flat is better than nested.\nSparse is better\
 than dense.\nReadability counts.
```

字符串前面有 r，也就不会把\n 当作换行符了。由于文件路径有反斜杠，所以我们常常在文件路径字符串前面加 r。

有时候会在字符串里看到%s、%d，它们表示占位符。

```
>>> age=5
>>> print('小明已经%d岁了！' % age)
小明已经5岁了！
```

%d 是占位符，它最终会被后面的 age 变量的值所替代。

使用占位符是为了格式化输出字符串，一个字符串可以使用多个占位符。不同数据类型的占位符不一样，如%s 代表字符串，%d 代表整型数字。

```
>>> name='小明';age=5;like='画画'
>>> print('%s已经%d岁了，他爱好%s.' % (name, age, like))
小明已经5岁了，他爱好画画。
```

2. 字符串基本操作

不同的数据类型，做运算的方式是不一样的。两个字符串使用加法运算符+做加法运算，是将两个字符串连接起来，下面举例说明。

```
>>> print(1+2)
3
>>> print('1'+'2')
12
```

要注意的是，数字带上引号也可以变成字符串。

```
>>> print('1' * 10)
1111111111
```

字符串使用乘法运算符*做乘法运算的含义是复制，上面的代码的意思是将 1 复制 10 次。

字符串是一串字符，我们可以通过 Python 内置的 len 函数查看字符个数。

```
>>> len('Beautiful')
9
```

我们可以截取其中的某个字符。例如，获取 Beautiful 的第 6 个字符。

```
>>> 'Beautiful'[5]
'i'
```

注意，Python 中的字符串有两种索引方式，从左往右以 0 开始，从右往左以-1 开始。

下面截取 Beautiful 的前 3 个字符。

```
>>> 'Beautiful'[0:2]
'Bea'
```

下面截取 Beautiful 从第 1 个到倒数第 3 个的所有字符。

```
>>> 'Beautiful'[0:-2]
'Beautif'
```

可以使用 count 方法统计 B 出现的次数，什么是方法？后面学习了类，我们会详细解释。

```
>>> 'Beautiful'.count('B')
1
```

还可以使用 replace 方法替换字符串中的字符 B。

```
>>> 'Beautiful'.replace('B','b')
'beautiful'
```

有些字符串非常长，例如一篇网页的源代码就是一个字符串。要从杂乱无章的代码中获取特定的内容，就需要用到正则表达式，后面会详细介绍。

2.1.3 变量

我们先跳开数据类型这个话题，说一说变量。

在前面的例子中，需要多次用到字符串 Beautiful，每次都写，就会显得很麻烦。特别是比较长的字符串，往往记不住又容易写错。

计算机的内存可以帮我们记住这些数据，给字符串 Beautiful 贴一个标签 string_1，下次直接使用标签名即可。

```
>>> string_1='Beautiful'
>>> string_1[5]
'i'
```

string_1='Beautiful'的含义是什么？首先，Python 会读取等式右边的数据，识别出数据类型为字符串，在内存中找一个足够容纳 Beautiful 的可用空间，把 Beautiful 放进去，并且以 string_1 这个名称指向它，string_1 就是变量。要注意这里的=，它是"赋值、设置值"的意思，也就是把右边的值赋给左边的变量，而不是"等于"的意思。在 Python 中，要判断是否相等，要使用两个等号==。

有了变量，就可以更好地处理数据。例如，我们可以将两个字符串连接。

```
>>> string_1=string_1+' Girl!'
>>> print(string_1)
Beautiful Girl!
```

上例中，string_1 同时出现在等号的左边和右边，意思是先计算等号右边的结果，然后将结果赋给左边的名称。

string_1 开始指向的是 Beautiful，后来指向的是 Beautiful Girl!，所以叫作变量，表明它所引用的数据可以变化。而 Beautiful 一经写下，它就不会变化，因此它是常量。给数据起的名称仅仅是数据标签，它不会改变数据。当然，也可以给同一个数据起多个名称。

```
>>> string_1='Hello,World!'
>>> string_2=string_1
>>> string_1='Hello,Python!'
>>> print(string_1)
Hello,Python!
>>> print(string_2)
Hello,World!
```

我们可以看到尽管 string_1 的值改变，string_2 指向的还是原来的值 Hello,World!。

Python 中的数据命名要遵守一些规则，有一些单词是系统保留的关键字，不能使用。我们可以通过代码查看这些关键字。

```
>>> import keyword
>>> print(keyword.kwlist)
['False', 'None', 'True', 'and', 'as', 'assert', 'async', 'await', 'break', 'class', 'continue', 'def',
'del', 'elif', 'else', 'except', 'finally', 'for', 'from', 'global', 'if', 'import', 'in', 'is', 'lambda',
'nonlocal', 'not', 'or', 'pass', 'raise', 'return', 'try', 'while', 'with', 'yield']
```

数据的名称不能以数值或非字母的字符开头（如逗号、加减号、斜杠等），但是下划线是合法的。也就是说变量名可以由字母、下划线和数字组成。但是变量名也不能太随意，最好是名字有明显的含义，看到名字就知道变量所代表的数据。不要被以下划线_开头的变量吓倒，把它理解为普通字符就可以了。这种以下划线开头的变量通常供程序内部调用，在源代码里经常可以看到。

2.1.4 组合数据类型

我们接着说数据类型。计算机不仅要对单个变量表示的数据进行处理，更多情况下，计算机还需要对一组数据进行批量处理。如果我们为每个数据都设计一个变量，就会显得很烦琐。这时就要用到 Python 中的组合数据类型，包括列表、元组、字典和集合，它们可以一次性组织多条数据。

1. 列表

列表是最常用的一种数据形式，它可以把大量的数据放在一起，通过序号来访问其中的成员，而不需要为每个成员起名字，这样就可以大幅减少变量名称的使用。列表是以方括号[]包围的数据，不同的成员间以半角逗号,分隔。列表可以包含任何数据类型，也可以包含另一个列表。

例如，如果编程要用到'a'、1、1.0、'b'4 个数据，我们可以把它们放入一个列表，然后赋给 list_1。

```
>>> list_1=['a',1,1.0,'b']
```

可以通过 Python 内置的 type 函数查看变量类型。

```
>>> type(list_1)
<class 'list'>
```

还可以通过 Python 内置的 len 函数查看列表元素个数。

```
>>> len(list_1)
4
```

访问列表中的元素要用[索引号]的形式，列表元素的索引号从 0 开始，第一个元素的索引号是 0。
例如，访问列表的第 3 个元素。

```
>>> list_1[2]
1.0
```

如果索引号为负数，则表示倒着取，-1 表示最后一个元素。

```
>>> list_1[-1],list_1[-2]
('b', 1.0)
```

也可以通过冒号:和索引号来提取多个元素，下面分别提取索引号从 0 到 3（不含）、从 1 到最后的元素。

```
>>> list_1[:3],list_1[1:]
(['a', 1, 1.0], [1, 1.0, 'b'])
```

我们可以用一个变量 list_1 的多种索引方式标识一堆数据，以提升编程的效率和灵活性。
可以使用 count 方法统计列表中元素出现的次数。

```
>>> list_1.count('b')
1
```

可以使用 pop 方法从列表中删除元素。

```
>>> list_1.pop()
'b'
>>> list_1
['a', 1, 1.0]
```

可以使用 append 方法增加列表元素。

```
>>> list_1.append(100)
>>> list_1
['a', 1, 1.0, 100]
```

列表中的元素是有顺序的，我们可以使用 reverse 方法颠倒其排序。

```
>>> list_1.reverse()
>>> list_1
[100, 1.0, 1, 'a']
```

前面用方括号创建了列表，还可以使用 Python 的内置函数 list 来创建列表。

```
>>> list_1=list((100, 1.0, 1, 'a'))
```

要注意这里用的是两层圆括号，外层圆括号是函数的固定写法，它只有一个参数，即（100, 1.0, 1, 'a'）。

2. 元组

元组可以看成特殊的列表，它用圆括号()将数据括起来。

```
>>> tuple_1=(100, 1.0, 1, 'a')
>>> type(tuple_1)
<class 'tuple'>
```

也可以使用 Python 的内置函数 tuple 来创建元组。

```
>>> tuple_1=tuple((1, 1.0, 1, 'a'))
```

与列表不同的是，元组一旦建立就不能改变里面的数据，不能添加或删除数据项。元组的应用场景主要是存放重要数据（如函数的参数和返回值），保护数据安全。由于元组数据不改变，所以它的速度快于列表，因此能用元组尽量不用列表。

元组和列表之间可以互相转换。如果不希望数据被程序所修改，就应该将其转换为元组类型。

```
>>> tuple_1=tuple(list_1)
>>> tuple_1
(100, 1.0, 1, 'a')
```

我们也可以用 len 函数统计元组中的元素个数。

```
>>> len(tuple_1)
4
```

提取元组中的元素要用[索引号]的形式，元组元素的索引号从 0 开始，第一个元素的索引号是 0。例如，我们访问元组第 1 个元素。

```
>>> tuple_1[0]
100
```

要将元组转为列表，可以使用 Python 的内置函数 list，将元组作为参数代入，返回列表对象。

```
>>> list_1=list(tuple_1)
>>> list_1
[100, 1.0, 1, 'a']
>>> type(list_1)
<class 'list'>
```

3. 字典

当数据之间存在对应关系的时候，就需要用到字典。字典中每个成员是以"键:值"对的形式存在的。字典中的键都是不重复的。

字典中的元素以花括号{}包围。字典中的成员是没有顺序的，通过键来访问成员，而不能像列表那样通过位置访问。在字典中查找数据非常快捷。

```
>>> dict_1={'春':'Spring','夏':'Summer','秋':'Autumn','冬':'Winter'}
>>> type(dict_1)
<class 'dict'>
>>> dict_1['夏']
'Summer'
```

可以更新字典中键的值。

```
>>> dict_1.update({'秋':'Fall'})
>>> dict_1['秋']
'Fall'
```

4. 集合

集合与字典类似，但它仅包含键，而没有值。由于键都是不重复的，所以集合是不包含重复数据的数据集。利用这一特点，我们可以快速整理数据，并删除重复数据。要注意的是，Python 中集合内的元素是无顺序的。

```
>>> list_1=['春','夏','秋','冬','春','夏','秋','冬']
>>> set_1=set(list_1)
>>> set_1
{'夏', '春', '秋', '冬'}
>>> type(set_1)
<class 'set'>
>>> list_1=list(set_1)
>>> type(list_1)
<class 'list'>
>>> list_1
['夏', '春', '秋', '冬']
```

本小节只是简要介绍了列表、元组、字典、集合，涉及圆括号()、方括号[]、花括号{}、冒号:，它们还有千变万化的应用方式。正是借助这些简要的符号，Python 语言才变得轻巧、灵活。

2.2 程序流程控制

程序流程控制就是指"程序怎么执行"，或者说"程序执行的顺序"。我们写一个程序，里面有很多行代码，这时候就有一个问题：哪行先执行，哪行后执行，某行执行完了之后再执行哪行？这些问题的答案就是程序流程控制。

程序流程控制可分为 3 类：顺序执行，先执行第一行再执行第二行……依次从上往下执行；选择执行；有些代码可以跳过不执行，有选择地执行某些代码；循环执行，有些代码会反复执行。我们日常工作中遇到的复杂任务，都可以用这 3 种结构来设计程序。程序通常按照由上而下的顺序来执行各条语句，直到整个过程结束。使用选择结构和循环结构，可以改变程序执行的流程。

Python 编程中对程序流程的控制主要通过 if 语句、for 循环语句、while 循环语句来实现。

2.2.1 if 语句

if 语句是使用最为普遍的条件选择语句，它的格式如下。

```
if 表达式 1:
    语句 1
elif 表达式 2:
    语句 2
...
else:
    语句 N
```

elif 与 else 语句也可以省略。

如果"表达式 1"为真，则 Python 运行"语句 1"，反之则往下运行。如果没有条件为真，就运行 else 内的语句。

if 语句执行过程如图 2-1 所示。

将下面的代码复制到 Spyder 编辑器中，保存后按 F5 键运行。

```
score=input('请您输入分数:')
score=int(score)
if score>=90:
    print('优秀')
elif score>=80:
    print('良好')
elif score>=70:
    print('中等')
elif score>=60:
    print('较差')
else:
    print('未及格')
```

运行后，提示输入分数，输入不同的分数就会获得不同的成绩评价。

要注意的是，if 语句里面还可以继续嵌套 if 语句。

有时候，我们会在一条语句里面使用 if…else 语句。

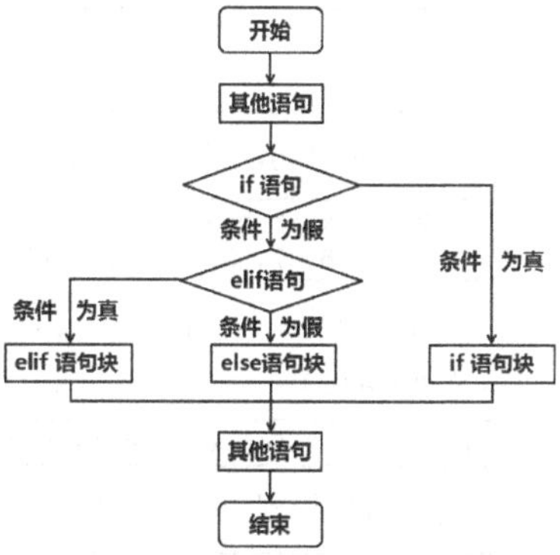

```
>>> is_male=True
>>> state='男性' if is_male else '女性'
>>> state
'男性'
```

图 2-1

2.2.2 for 语句

下面介绍循环语句。"循环"是程序设计里一个很重要的概念，其实就是命令计算机去重复做一件事情（或者一类事情）。Python 里面有两种循环语句：for 循环语句和 while 循环语句。

前面我们已经用过 for 语句构造循环来完成重复工作。for 语句还可以遍历任何序列的项目，如一个列表或者一个字符串。"遍历"就是依次取值，例如遍历列表，就是指依次从列表中取值。每取值一次，就运行循环体内的语句一次。

例如，我们需要输出一个字符串中的每个字符。for 循环语句的录入方法是：在>>>后录入第一行后回车，在…后面录入四个空格再录入 print(a)，然后回车，再回车，代码就运行了。

```
>>> str_1='abc'
>>> for a in str_1:
...     print(a)
...
a
b
c
```

一般来说，能用 for 循环遍历的对象都可以称为可迭代（Iterable）对象。判断一个对象是否是可迭代对象，可以用 isinstance 函数，它可以判断一个对象是否是一个已知的类型。

```
>>> from collections.abc import Iterable
>>> isinstance('abc', Iterable)
True
```

遍历一个列表的每个元素。

```
>>> list_1=['a', 'b', 'c']
>>> for a in list_1:
...     print(a)
...
a
b
c
```

遍历数字序列。

```
>>> for i in range(3):
...     print(i)
...
```

```
0
1
2
```

使用 for 语句，可以快速生成一个列表。

```
>>> [x+2 for x in range(10)]
[2, 3, 4, 5, 6, 7, 8, 9, 10, 11]
```

方括号[]及其包含的内容又叫列表推导式。将方括号[]改为圆括号()，就成了生成器（generator），将它赋给变量 gene_1。

```
>>> gene_1=(x+2 for x in range(10))
```

等式右边得到一个生成器。

```
>>> type(gene_1)
<class 'generator'>
```

使用 Python 的内置函数 next 可以依次获取生成器的值。

```
>>> next(gene_1)
2
>>> next(gene_1)
3
...
>>> next(gene_1)
11
```

2.2.3 while 语句

while 语句是循环语句，也是条件判断语句。其语法如下。

```
while 表达式 1:
    语句
```

看一个例子。

```
>>> m=3
>>> n=0
>>> while m>n:
...     print(m)
...     m=m-1
...
3
2
1
```

本例中，m 初始值为 3，如果条件 m>n 为 True，那么就运行后面的代码，输出 m，同时 m 减小 1。运行完毕以后，程序跳回，继续判断条件 m>n。

要注意的是，如果条件永远为 True，while 循环会进入无限循环，里面的代码块会一直运行。

```
>>> while True:
...     print('1')
```

运行以后，程序会一直输出 1，直到按 Ctrl+C 快捷键强制中断。无限循环通常用于开设服务器，处理客户端实时请求。

按 Ctrl+C 快捷键可以手动中断程序，也可以用代码中断循环或跳出循环，如 continue 语句和 break 语句。使用 continue 语句，Python 将跳出当前循环块中的剩余语句，继续进行下一轮循环。而使用 break 语句则会终止整个循环。

有时候会看到 pass 语句，这个是占位用的，表示什么也不做，直接跳过。我们在编程时，可以先将结构搭建好，用 pass 语句占位，然后再来写结构体内部的语句。

2.3 函数（function）

我们编写一段程序实现了某个功能，如果要在其他地方实现相同的功能，可以把代码块复制过去。但是，如果代码需要修改，就会遇到很大困难，需要把每一处复制粘贴的代码都修改一遍。

这时候，我们就可以使用更高效的工具——函数。函数可以将一段代码封装起来，然后可以被其他 Python 程序重复使用。这样做的好处很明显：一是调用时只需要写函数名称，而不用复制整段代码；二是修改代码时只需要修改函数。

2.3.1 函数的定义与调用

Python 中的函数和数学中的函数非常类似。看一个数学函数的例子。

$f(x,y) = x+y$

这就是一个加法函数，给定两个数 x、y，求二者之和。

在 Python 中可以写成下面的语句。

```
>>> def f(x,y):
...     return x+y
```

查看 f 的类型。

```
>>> f
<function f at 0x000000000435C0D0>
>>> type(f)
<class 'function'>
```

关键字 def 表示定义一个函数，f 是函数的名字，x、y 是函数的参数，关键字 return 指定了调用函数时输出的值，称为函数的返回值。所以，Python 中的函数就是一个拥有名称、参数和返回值的代码块。

函数参数和返回值是可以选的，如果函数只是简单地执行某段代码，并不需要与外部进行交互，那么参数和返回值都可以省略。

定义了函数，后面就可以调用函数了。

```
>>> f(1,2)
3
>>> f('a', 'b')
'ab'
```

2.3.2 函数的应用举例

在程序设计过程中，我们经常需要调试程序。我们需要了解程序运行到哪一步了，这时候可以通过输出特定的符号来标识。下面定义一个函数，用来输出特定的符号。

```
>>> def f():
...     print('**********')
...
>>> f()
**********
```

这是一个没有参数和返回值的函数，每调用一次函数，都会固定输出 10 个星号。

当然，我们也可以设置参数，决定输出星号的个数。

```
>>> def f(n):
...     print('*' * n)
```

```
...
>>> f(10)
**********
>>> f(20)
********************
```

我们还可以将输出的符号和个数都设为参数，这样就更灵活一些，不仅可以输出星号，还可以输出其他字符。

```
>>> def f(x,n):
...     print(x * n)
...
>>> f('*',20)
********************
>>> f('-',20)
--------------------
```

参数越多，函数的功能就越强大，同时又增加了调用时书写参数的麻烦。有时候，如果我们忘记给参数赋值，那么函数将产生错误。为了避免出现这种情形，Python 允许创建带默认值的函数。由于我们经常需要输出 20 个星号，那么在创建函数的时候可以将其设为默认值。

```
>>> def f(x='*',n=20):
...     print(x * n)
...
>>> f()
********************
>>> f('+',30)
++++++++++++++++++++++++++++++
```

我们多次使用的 print 其实也是函数，它是 Python 的内置函数，用于打印输出。之前我们都只向其提供一个参数，其实，它的参数有很多。

在 Python 里还有个内置函数 help，使用它可以查看帮助信息。

```
>>> help(print)
Help on built-in function print in module builtins:

print(...)
    print(value, ..., sep=' ', end='\n', file=sys.stdout, flush=False)
    Prints the values to a stream, or to sys.stdout by default.
    Optional keyword arguments:
    file:  a file-like object (stream); defaults to the current sys.stdout.
    sep:   string inserted between values, default a space.
    end:   string appended after the last value, default a newline.
    flush: whether to forcibly flush the stream.
```

以下是 print 函数的完整语法。

```
print(value, ..., sep=' ', end='\n', file=sys.stdout, flush=False)
```

其中，参数 value 表示输出的内容。....表示该参数个数不固定，也就是一次可以输出一个，也可以输出多个，输出多个内容时，需要用,分隔。

参数 sep 用来间隔多个对象，默认值是一个空格。

参数 end 用来设定以什么结尾。默认值是换行符\n，也可以换成其他字符串。

参数 file 要写入的文件对象。sys.stdout 是 Python 中的标准输出流，默认是映射到打开脚本的窗口中，所以，print 操作会把字符输出到屏幕上。我们也可以修改默认参数，将输出字符保存到文件中。

参数 flush 输出是否被缓存，后面文件处理章节会介绍。

下面设置 file 参数，将字符串保存到本地文件中。

```
>>> f=open('test.txt','w')
>>> print('Hello World!',file=f)
>>> print('Hello Python!',file=f)
>>> f.close()
```

通过设置 file 参数，字符串被保存到本地文件中，而不是输出在屏幕上，如图 2-2 所示。

图 2-2

下面设置 sep 参数，将多个字符串的分隔符设置为-。

```
>>> print('www','www','www',sep='-')
www-www-www
```

可以通过 Python 中内置的 dir 函数获取所有内置函数。

```
>>> dir(__builtins__)
[...,'abs','all','any','ascii','bin','bool','breakpoint','bytearray','bytes','callable','chr','classmethod',
'compile','complex','copyright','credits','delattr','dict','dir','divmod','enumerate','eval','exec','exit',
'filter','float','format','frozenset','getattr','globals','hasattr','hash','help','hex','id','input','int',
'isinstance','issubclass','iter','len','license','list','locals','map','max','memoryview','min','next',
'object','oct','open','ord','pow','print','property','quit','range','repr','reversed','round','set','setattr',
'slice','sorted','staticmethod','str','sum','super','tuple','type','vars','zip']
```

常用的内置函数包括 help、print、input、type、dir、len、int、list、str、range、open、sum 等，这些构成了编程的起点。尤其是 type、dir、help 这 3 个函数，大家要熟练掌握。

2.4 类（class）

初级的编程，用到数据和函数就足够了，为什么要使用类？

一个大型的程序可能有成百上千的函数。这么多函数放在一处，名称很容易混淆，于是我们需要把函数归类，将解决某类问题的函数放在一起，调用函数前先找到它所在的类。

Python 是一门面向对象编程语言（Object Oriented Programming，OOP），类则是面向对象编程的基础。面向对象编程有三大特征：封装（Encapsulation）、继承（Inheritance）和多态（Polymorphism）。

其实，前面我们已经用到了封装。将各种类型的数据放进列表中，这是数据层面的封装；把常用的代码块放入一个函数，这是语句层面的封装。类则是一种更复杂的封装，它把多个函数和数据封装在一起。如果没有封装，我们要完成一个任务，就要复制一段代码，整个代码文件就会非常臃肿。如果代码有错需要修改，就要修改多处。有了封装，我们就不用再一遍一遍地复制粘贴代码，而是调用列表、函数、类。代码文件也就更加简洁、清晰、易于维护。封装的另一个优点是安全，将各种代码和技术细节隐藏起来，让使用者只能通过事先定义好的方法来访问。封装无处不在，例如计算机对普通用户来说就是一个"黑箱"，封装和隐藏了所有细节，但是对外提供了一堆按键，这些按键也正是"接口"的概念。然后我们可以在接口附加上操作的限制，这样就不会误操作损害硬件。封装是一种编程的思想，具体到我们写程序时，当多处都要用到一段相同的代码时，我们就应该把它封装起来。

2.4.1 类的基础用法

1. 类的定义

举个例子，每个人都是不一样的，有不同的性格、爱好（也可以称为属性），不同的行为特征（如吃饭、说话、工作、学习等）。

我们定义一个 Person 类。

```
>>> class Person:
...     def __init__(self,name,age,like):
...         self.name=name
...         self.age=age
...         self.like=like
...     def eat(self):
...         print(self.name+'开始吃饭!')
...     def speak(self):
...         print('%s 说: 我%d 岁了, 我爱好%s.' % (self.name, self.age, self.like))
```

定义后查看 Person，可以看到它是一个类。

```
>>> Person
<class '__main__.Person'>
```

我们定义了类，但这只是一个"模板"，我们还不能使用它。正如定义了函数，如果没有给参数，那么代入数据是无法完成计算的。为了将类变成有用的东西，我们必须代入数据，创建实例（instance）。

```
>>> p=Person('小明',5,'画画')
```

现在再看一下 p 是什么？

```
>>> p
<__main__.Person object at 0x0000000003919828>
```

p 是一个对象（object），或者称为 Person 类的实例化对象，它在内存中的地址为 0x0000000003919828。可以这么理解，Person 是抽象的"人类"，而 p 是"人类"的一个具体的例子——小明。

类的定义和函数非常类似，Person('小明',5,'画画') 看上去像一次函数的调用，但这其实是一个类的实例化，我们创建了一个 Person 类的实例 p。

创建实例 p，它会先自动执行初始化函数 __init__，在 p 里面存放数据（'小明',5,'画画'）。self 是固定写法，代表实例的内存地址，通过 self 就可以找到实例。

现在使用下面的语法查看 p 里面存放的数据。

```
>>> p.name,p.age,p.like
('小明', 5, '画画')
```

这些数据称为对象的属性（attribute）值。

p 里面不仅存放了属性，还存放了类里面定义的 eat、speak 函数。

```
>>> p.eat
<bound method Person.eat of <__main__.Person object at 0x0000000003931358>>
>>> p.speak
<bound method Person.speak of <__main__.Person object at 0x000000000286BDA0>>
```

p 不再是一个普通的变量，而是一个包含属性（name、age、like）和函数（eat、speak）的对象（object）。

看一下类里面函数 eat 的定义，除了第一个参数是 self 外，其他和普通函数类似。同时，它还使用了数据 self.name。由于 self 代表实例的内存地址，self.name 就是实例的属性值。在类的内部定义的能访问实例数据的函数，我们称之为方法（method）。方法就是与实例绑定的函数，和普通函数不同，方法可以直接访问实例的数据。

下面使用类中定义的函数 eat。类里面的函数和普通函数的区别在于，使用类的时候前面要加上类名，例如 Person.eat(self)。参数 self 是实例对象，使用时，将其替换为实例名称 p 即可运行。

```
>>> Person.eat(p)
小明开始吃饭!
```

更常见的是写成下面的形式，效果是一样的。

```
>>> p.eat()
小明开始吃饭!
```

由于 p 中存储了数据（self.name='小明'），所以 p.eat()就可以带着数据调用函数 eat，完成相应的任务。要注意的是，和函数一样，方法后面不带圆括号则返回方法本身，如果带上圆括号，它就会运行。

2. 继承

我们可以通过 Python 内置的 dir 函数查看对象 p 的属性和方法。

```
>>> dir(p)
['__class__', '__delattr__', '__dict__', '__dir__', '__doc__', '__eq__', '__format__', '__ge__',
'__getattribute__', '__gt__', '__hash__', '__init__', '__init_subclass__', '__le__', '__lt__', '__module__',
'__ne__', '__new__', '__reduce__', '__reduce_ex__', '__repr__', '__setattr__', '__sizeof__', '__str__',
'__subclasshook__', '__weakref__', 'age', 'eat', 'like', 'name', 'speak']
```

dir 函数其实是调用对象 p 的 __dir__ 方法，并对该方法返回的属性名和方法名做了排序。p 的属性包含我们创建的 name、like、age，方法包含 eat、speak。

dir 函数还输出了很多前面带双下划线的属性方法，这是 Python 自动创建的，这里就涉及继承的概念。继承是 OOP 另一个重要概念。如果一种语言不支持继承，类就没有什么意义。Python 能在一个类的基础上"继承"其方法和属性，构建另一个类。

在 Python3 里面，我们创建的类都继承了 object 类，所以它自带了 object 类的属性和方法。object 类是其他类的父类，其他类都是 object 类的子类。

Python 为所有类都提供了一个 __bases__ 属性，通过该属性可以查看该类的所有直接父类，该属性返回由所有直接父类组成的元组。

```
>>> Person.__bases__
(<class 'object'>,)
```

下面创建一个 object 类的对象，查看其属性和方法。

```
>>> o=object()
>>> dir(o)
['__class__', '__delattr__', '__dir__', '__doc__', '__eq__', '__format__', '__ge__', '__getattribute__',
'__gt__', '__hash__', '__init__', '__init_subclass__', '__le__', '__lt__', '__ne__', '__new__', '__reduce__',
'__reduce_ex__', '__repr__', '__setattr__', '__sizeof__', '__str__', '__subclasshook__']
```

对比一下对象 o 和对象 p 的属性和方法列表，可以发现后者增加了以下项目：__dict__、__module__、__weakref__、name、like、age、eat、speak。

我们分别查看。

```
>>> p.__dict__
{'name': '小李', 'age': 5, 'like': '画画'}
>>> p.__module__
'__main__'
>>> print(p.__weakref__)
None
>>> p.name,p.age,p.like
('小李', 5, '画画')
```

我们可以修改实例的属性值。

```
>>> p.name='小明';p.age=30;p.like='写作'
```

使用对象的方法，方法后面有圆括号。

```
>>> p.speak()
小明说：我 30 岁了，我爱好写作。
```

和函数一样，假如不使用圆括号，它只会返回方法本身，不会运行方法。

```
>>> p.speak
<bound method Person.speak of <__main__.Person object at 0x0000000003931358>>
```

我们创建了 Person 类，显然一个类不够用。我们需要针对不同的人群特征设计不同的程序功能，将人群按照职业划分为学生和工人，进一步创建类。由于学生和工人都属于 Person 类，他们可以继承 Person 类的方法和属性。这样一来，我们创建 Student 类和 Staff 类，就没有必要从零开始重新写代码。

```
>>> class Student(Person):
...     def __init__(self,name,age,like,grade):
...         Person.__init__(self,name,age,like)
...         self.grade=grade
...     def speak(self):
...         print('%s 说：我%d 岁了，我爱好%s，我在读%d 年级。'% (self.name,self.age,self.like,self.grade))
...     def learn(self):
...         print(self.name+'开始学习！')
```

通过在类名后面加上 Person，就可以继承 Person 类的方法和属性。我们给 Student 类增加了 grade 属性，增加了 learn 方法，改写了 speak 方法。所以，继承不只是简单的封装和调用，继承还可以扩展已存在的代码模块。

子类继承了父类，同时还可以扩展，这一点上类就比函数更强大。写一个函数，若要升级、扩展，就需要修改原函数，也就容易出错，而且如果原函数已经被调用了，对它进行修改的影响就比较大。用类来扩展，更加方便、清晰。

我们创建了 Student 类，就可以基于它创建实例。

```
>>> p2=Student('小云',8,'唱歌',4)
>>> p2.eat()
小云开始吃饭！
>>> p2.speak()
小云说：我 8 岁了，我爱好唱歌，我在读 4 年级。
>>> p2.learn()
小云开始学习！
```

尽管我们没有在 Student 类里面写 eat 方法，但还是可以调用，这就是继承。

同样地，我们可以创建 Staff 类。

```
>>> class Staff(Person):
...     def __init__(self,name,age,like,job):
...         Person.__init__(self,name,age,like)
...         self.job=job
...     def speak(self):
...         print('%s 说：我%d 岁了，我爱好%s，我的职业是%s。'% (self.name, self.age, self.like,self.job))
...     def work(self):
...         print(self.name+'开始工作！')
```

实例化一个对象。

```
>>> p3=Staff('小李',25,'打球','工程师')
>>> p3.eat()
小李开始吃饭！
>>> p3.speak()
小李说：我 25 岁了，我爱好打球，我的职业是工程师。
>>> p3.work()
小李开始工作！
```

Staff 类是 Person 类的子类，后者是前者的父类。子类还可以继续细分，如职员类可以分为白领（ClericalStaff）类、蓝领（ManualStaff）类等，子类的子类依然是父类的子类。通过继承机制，所有子类都可以继承父类的方法和属性，这样我们就可以少写很多代码。

3. 多态

在上面的代码中，p.speak()、p2.speak()、p3.speak()的运行结果是不同的。不同类的对象，可以使用同一个函数名 speak 得到各自想要的结果，这就是最简单的多态。

没有多态机制，会出现什么麻烦呢？假如我们增加一个幼儿（Kid）子类，它的 speak 方法是输出"我在上幼儿园!",由于函数名 speak 在代码文件中出现了很多次,修改 speak 方法就会牵一发而动全身,那就只能把之前用到的函数名 speak 重命名为 speak1、speak2、speak3……

有了多态,我们只需要在新增的 Kid 子类里面改写父类的 speak 方法,而不需要改动其他子类或者已写好的代码。

下面创建子类 Kid。

```
>>> class Kid(Person):
...     def speak(self):
...         print('我在上幼儿园!')
```

创建一个 Kid 类的实例化对象。

```
>>> p4=Kid('小胖',3,'喝奶')
>>> p4.eat()
小胖开始吃饭!
>>> p4.speak()
我在上幼儿园!
```

为了更清楚地看到这一点,我们可以在类外面定义一个函数 speak,它的参数是对象,它每次运行给定对象的 speak 方法。

```
>>> def speak_obj(obj):
...     obj.speak()
```

我们调用该函数,运行一下。

```
>>> speak_obj(p)
小张说:我 30 岁了,我爱好写作。
>>> speak_obj(p2)
小云说:我 8 岁了,我爱好唱歌,我在读 4 年级。
>>> speak_obj(p3)
小李说:我 25 岁了,我爱好打球,我的职业是工程师。
>>> speak_obj(p4)
我在上幼儿园!
```

可以看到,代入不同的对象参数,运行的结果是不同的,但是他们的接口都是统一的。这就增加了程序的灵活性,以不变应万变。尽管子类中的 speak 方法写得千差万别,但都可以用一个统一的形式 speak_obj(obj) 来调用。同时,多态增加了程序的可扩展性,子类想增加新的功能时,都不需要修改其他类的代码。

假如没有多态,我们该如何处理呢?假如我们只有一个函数 speak_obj,由于每类人说的话都是不一样的,因此每增加了一个类型,我们就要修改一次函数 speak_obj,在里面放很多判断语句。一般来说,修改代码是很危险的,容易造成错误,我们尽量不要修改已经存在的、运行良好的代码,而应该尽量去派生和拓展现有程序的功能。

多态的用途非常广泛,前面我们对数字和字符串都进行了加法运算,其结果是完全不同的,数字是求和,字符串是连接。运算符+有多种含义,究竟执行哪种运算取决于参加运算的操作数类型。

2.4.2 类的高级用法

在 Python 里,类无处不在。以最简单的加法运算为例。

```
>>> x,y=1,2
>>> x+y
3
```

Python 在执行 x+y 的过程中,首先是识别出变量 x 的类型整型。

```
>>> type(x)
<class 'int'>
```

整型类有 __add__ 方法,加号调用了该方法,x+y 实际上调用的是 x.__add__(y)。

2.4 类(class) 39

```
>>> x.__add__(y)
3
```

同样地，字符串的加法运算是调用字符串类的__add__方法。

```
>>> 'Hello'+'World!'
'HelloWorld!'
>>> 'Hello'.__add__('World!')
'HelloWorld!'
```

又如列表。

```
>>> list_1=['a',1,1.0,'b']
>>> type(list_1)
<class 'list'>
>>> list_1.pop()
```

list_1 是 list 类的一个实例，它可以使用 list 类的 pop 方法。

为什么变量 list_1 会是 list 类的实例呢？那是因为右边的['a',1,1.0,'b']符合列表特征，Python 程序将其识别为列表的实例对象。

前面说到字符串和列表索引，都是在对象后面使用方括号，底层是调用对象的__getitem__方法。

```
>>> 'Beautiful'[5]
'i'
>>> 'Beautiful'.__getitem__(5)
'i'
>>> list_1[2]
1.0
>>> list_1.__getitem__(2)
1.0
```

从字符串中提取元素和从列表中提取元素，底层的代码肯定是不一样的，但是他们都可以使用统一的接口——方括号，这也是多态的运用。

在 Python 里，对象后面使用圆括号，调用的是__call__方法，当然前提是类里面定义了该方法，否则会报错"object is not callable"。

例如，我们定义一个教师类 Teacher，它是工人类 Staff 的子类，给它添加__call__方法。

```
>>> class Teacher(Staff):
...     def __call__(self):
...         self.speak()
>>> p5=Teacher('小李',35,'打球','教师')
>>> p5()
小李说：我 35 岁了，我爱好打球，我的职业是教师。
```

在 Python 的语法里面，函数名后面使用圆括号将运行该函数。函数也是类，圆括号其实也是在调用__call__方法。

```
>>> def f(x,y):
...     return x+y
>>> f(2,3)
5
>>> f,type(f)
(<function f at 0x0000000003919730>, <class 'function'>)
>>> f.__call__(2,3)
5
```

我们遇到陌生的对象时，常常在提示符>>>后输入对象名称，按 Enter 键，可以查看该对象的信息，通常返回的是"类名+object at+内存地址"信息。它调用了对象的__repr__方法。

```
>>> p5
<__main__.Teacher at 0x0000026E502SCF28>
>>> p5.__repr__()
'<__main__.Teacher object at 0x0000026E502SCF28>'
```

以双下划线开头的方法，通常是不直接使用的。但是有的程序员往往能通过这些方法实现一些特殊的效果。例如，我们通常使用方括号进行索引，然而通过 __call__ 方法的设置，也可以让对象通过圆括号进行"索引"。这些底层的方法，决定了类和对象的行为特征。

在本书后面的内容里，我们并不需要编写类，而主要是运用类，因此要能够看得懂别人写的类。编程的时候，常常会遇到函数或方法返回对象，我们可以通过 Python 内置的 type 函数查询对象所属的类，使用 dir 函数查询对象的方法和属性，使用 help 函数查询方法的参数和语法。

还记得我们统计字符串中的字母出现次数，用到 count 方法吗？

```
>>> 'Beautiful'.count('B')
1
```

问题是我们如何知道这个方法的用法？难道要死记硬背？下面我们解释一下代码的含义。首先，'Beautiful' 是一个对象，我们使用 Python 内置的 type 函数查看对象的类型。

```
>>> type('Beautiful')
<class 'str'>
```

我们看到了，它是一个字符串对象。使用 dir 函数查询该对象的方法和属性。

```
>>> dir('Beautiful')
['__add__', '__class__', '__contains__', '__delattr__', '__dir__', '__doc__', '__eq__', '__format__', '__ge__',
'__getattribute__', '__getitem__', '__getnewargs__', '__gt__', '__hash__', '__init__', '__init_subclass__',
'__iter__', '__le__', '__len__', '__lt__', '__mod__', '__mul__', '__ne__', '__new__', '__reduce__', '__reduce_ex__',
'__repr__', '__rmod__', '__rmul__', '__setattr__', '__sizeof__', '__str__', '__subclasshook__', 'capitalize',
'casefold', 'center', 'count', 'encode', 'endswith', 'expandtabs', 'find', 'format', 'format_map', 'index',
'isalnum', 'isalpha', 'isascii', 'isdecimal', 'isdigit', 'isidentifier', 'islower', 'isnumeric',
'isprintable', 'isspace', 'istitle', 'isupper', 'join', 'ljust', 'lower', 'lstrip', 'maketrans', 'partition',
'replace', 'rfind', 'rindex', 'rjust', 'rpartition', 'rsplit', 'rstrip', 'split', 'splitlines', 'startswith',
'strip', 'swapcase', 'title', 'translate', 'upper', 'zfill']
```

我们看到了这个字符串对象有 count 方法。使用 help 函数查询 count 方法的语法。

```
>>> help('Beautiful'.count)
Help on built-in function count:
count(...) method of builtins.str instance
    S.count(sub[, start[, end]]) -> int
    Return the number of non-overlapping occurrences of substring sub in
    string S[start:end]. Optional arguments start and end are
    interpreted as in slice notation.
```

在本书后面的章节大量使用各种第三方库，里面都有很多类。我们通过大量示例演示类、对象、属性、方法这些概念的实际应用，使读者加深对"面向对象编程"这一思想的理解。

2.5 Python 程序文档结构

我们把函数归为类，那么类越来越多该怎么办呢？我们就需要把类和函数分别放入不同的代码文件，以 .py 为扩展名，每一个代码文件就是一个模块（module），它是处理某一类问题的函数和类的集合。

这样下一个问题又来了，模块越来越多，应该如何管理？很显然，只能把模块文件放入不同的文件夹，或者文件包（package）中。

图 2-3 所示为包、模块、类和函数的关系。

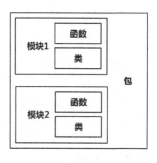

图 2-3

2.5.1 模块

前面用到了变量、函数、类，我们可以将它们保存到一个模块文件中。

在 Spyder 编辑器中新建一个代码文件，写入下列代码。

```
class Person:
    def __init__(self,name,age,like):
        self.name=name
        self.age=age
        self.like=like
    def eat(self):
        print(self.name+'开始吃饭！')
    def speak(self):
        print('%s 说：我%d 岁了，我爱好%s。' % (self.name, self.age, self.like))
class Kid(Person):
    def speak(self):
        print('我在上幼儿园！')
def speak_obj(obj):
    obj.speak()
NUMBER=1000
```

将文件保存为 myModule.py，这就是一个简单的模块。

我们首先进入模块所在文件夹。

```
>>> import os
>>> os.chdir(r'H:\示例\第2章')
```

使用下面的语句导入模块。

```
>>> import myModule
```

然后就可以使用模块中的变量、函数和类了。使用方式就是在前面加上模块名称和点号。

```
>>> myModule.NUMBER
1000
>>> myModule.Person
<class 'myModule.Person'>
>>> myModule.speak_obj
<function speak_obj at 0x0000000002886488>
>>> p=myModule.Person('小李',25,'打球')
>>> p.speak()
小李说：我 25 岁了，我爱好打球。
>>> myModule.speak_obj(p)
小李说：我 25 岁了，我爱好打球。
>>> p=myModule.Kid('小玉',4,'篮球')
>>> myModule.speak_obj(p)
我在上幼儿园！
```

也就是说，我们之前写的类和函数，可以在其他程序里面调用。这样就为我们写大型程序奠定了基础。

上例中，调用程序和模块文件 myModule.py 位于同一目录（r'H:\示例\第2章'），Python 能找到模块并导入。如果模块文件移动了位置，就会出现错误，找不到要导入的模块。

一般来说，Python 解释器首先在当前程序运行目录中查找要导入的模块文件，如果找不到，就会从 sys.path 路径列表中找。我们可以使用下面的代码查看路径列表。

```
>>> import sys
>>> sys.path
['', ' C:\\ProgramData\\Anaconda3\\lib',..., 'C:\\ProgramData\\Anaconda3\\lib\\site-packages\\Pythonwin']
```

如果我们要导入的模块不在列表中，就需要将要导入模块的文件路径添加到 sys.path，其语法是 sys.path.append（'路径名称'）。

除了 import 模块名，还有其他方式调用。

下面的代码是在导入模块的同时，给模块取个简化名。

```
>>> import myModule as M
```

调用时，只需要使用简化名表示模块。

```
>>> M.NUMBER
1000
```

我们可以只调用模块中的某个或某些变量、函数或类。

```
>>> from myModule import NUMBER, Person
```

这样就不必在前面加上"模块."，而可以直接使用。

```
>>> NUMBER
1000
```

也可以使用星号*表示导入全部。

```
>>> from myModule import *
>>> Kid
<class 'myModule.Kid'>
```

我们在模块文件中添加下列代码。

```
__all__=['Kid','speak_obj']
```

这样的话，import *只能导入 Kid 和 speak_obj。

dir 函数是一个非常有用的 Python 内置函数，可以通过它查看对象内所有的属性和方法。在 Python 中，模块也是对象，所以我们可以使用 dir 函数查看它。

```
>>> dir(myModule)
['Kid', 'NUMBER', 'Person', '__all__', '__builtins__', '__cached__', '__doc__', '__file__', '__loader__', '__name__', '__package__', '__spec__', 'speak_obj']
```

看到了定义的变量、函数和类，还有一些带双下划线的特殊变量，它们是 Python 为各个模块添加的属性。例如 __file__ 表示模块文件路径，__name__ 表示模块名。

```
>>> myModule.__file__
'H:\\示例\\第2章\\myModule.py'
myModule.__name__
'myModule'
```

要注意的是，myModule.py 本身作为一个脚本文件运行的时候，__name__ 等于 __main__，而它作为一个模块被引用时，__name__ 等于 myModule。

所以，我们把模块自身作为脚本运行的代码（通常是模块测试语句）放在 if 条件语句 if __name__ == '__main__':内，这样能在模块被引用的同时，确保这些测试代码不会被执行。

除了 dir 函数，还可以使用 Python 自带的 inspect 模块探索模块。

```
>>> import inspect
>>> for name, obj in inspect.getmembers(myModule):
...     if inspect.isclass(obj):
...         print(name,str(obj))
...     if inspect.isfunction(obj):
...         print(name,str(obj))
...
Kid <class 'myModule.Kid'>
Person <class 'myModule.Person'>
speak_obj <function speak_obj at 0x00000000003EC1E0>
```

可以看到，我们获得了模块的类和函数列表。

2.5.2 包

什么是包？包其实就是一个文件夹，只是里面必须包含一个名为"__init__.py"的文件。

我们新建一个文件夹 myPackage，将模块文件 myModule.py 复制进去，再新建一个空白的.py 文件，命名为"__init__.py"，这样 myPackage 就变成了一个包，如图 2-4 所示。

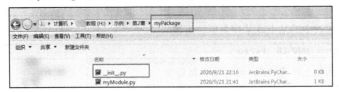

图 2-4

将文件夹 myPackage 复制到 Anaconda 安装目录（C:\ProgramData\Anaconda3\Lib\site-packages）下面，如图 2-5 所示。

图 2-5

这样就完成了包的安装，为了使用包里面的 myModule 模块，我们需要在__init__.py 里写一句：from . import myModule（这里的"."代表当前目录）。然后，我们就可以使用 import 语句导入包。

```
>>> import myPackage
```

想要使用包里面的模块里的变量，要在前面加上"包.模块."。

```
>>> myPackage.myModule.NUMBER
1000
```

我们看到，调用包的语法和调用模块类似。

可以简写包的名称。

```
>>> import myPackage as P
>>> P.myModule.NUMBER
1000
```

可以调用包里面的模块。

```
>>> from myPackage import myModule
>>> myModule.NUMBER
1000
```

可以简写模块的名称。

```
>>> from myPackage import myModule as M
>>> M.NUMBER
1000
```

可以调用包里面的模块里面的变量。

```
>>> from myPackage.myModule import NUMBER
>>> NUMBER
1000
```

我们经常会用到库的概念，库和包的含义基本相同，也经常互用。严格来说，库比包宽泛一些。在 Python 中，具有某些功能的模块和包都可以被称作库。例如，在 Python 标准库中的每个库都有好多个包，而每个包中都有若干个模块。

Python 标准库提供了广泛的功能，涵盖数据处理、文件及文件系统处理、数据库操作、网络通信、多进程与多线程等方面。此外，各种 Python 社区还有大量的第三方库可以使用。当我们遇到问题时，只需要找到相关的库，然后再安装库，导入模块，调用函数。

2.5.3 安装库

安装库有多种方式。

第一种方式是使用 Anaconda Navigator，在"Environments"里输入库名进行查找，找到后单击"Apply"按钮就可以下载安装，如图 2-6 所示。

图 2-6

第二种方式是使用 Anaconda Prompt，假如要安装第三方库 python-docx，打开 Anaconda Prompt 命令窗口并输入"pip install python-docx"，即可自动安装，如图 2-7 所示。

同样，假如要卸载第三方库 python-docx，打开 Anaconda Prompt 命令窗口并输入"pip uninstall python-docx"，即可自动卸载，如图 2-8 所示。

图 2-7   图 2-8

打开 Anaconda Prompt 命令窗口，输入"pip list"，会显示已经安装好的库及其版本号，如图 2-9 所示。

第三种方式是先将安装包下载到本地，然后在本地安装。我们平常用到的安装包都是在 PyPI 这个网站获取的，开发者按照一定的开发标准将包发布到 PyPI 中，然后用户从该网站下载并安装。

下面还是以安装 python-docx 库为例，首先进入第三方库的下载页面，如图 2-10 所示。

将安装包下载到本地，然后解压，如图 2-11 所示。

打开 Anaconda Prompt 命令窗口，切换到安装包中 setup.py 文件所在的目录，输入"python setup.py install"，如图 2-12 所示。

按 Enter 键运行以后，python-docx 库就会被自动安装到下面的路径，如图 2-13 所示。

在提示符>>>后面输入"import docx"，没有报错，表示安装成功，如图 2-14 所示。

Python 第三方库的安装包主要有.tar.gz 和.whl 两种格式。.tar.gz 包是没有编译的源文件压缩包，.whl 包是已经编译的包。.whl 格式本质上也是一个压缩包，里面包含.py 文件，以及经过编译的.pyd 文件。

图 2-9　　　　　　　　　　　　　　　　　图 2-10

图 2-11

　　　　　　　　　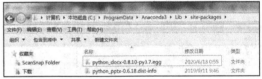

图 2-12　　　　　　　　　　　　　　　　　图 2-13

下面以安装 reportlab 包为例演示安装 .whl 包，同样是先将安装文件下载到本地，如图 2-15 所示。

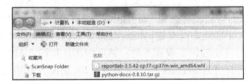　　　　　　　　　

图 2-14　　　　　　　　　　　　　　　　　图 2-15

利用 cd 命令切换到文件路径，然后输入 pip install 包名.whl 并运行即可完成安装，如图 2-16 所示。

同样地，我们看到库文件已经安装到 C:\ProgramData\Anaconda3\Lib\site-packages 文件夹下，如图 2-17 所示。

图 2-16   图 2-17

有的库要依赖其他的库，那么就要依次安装，否则会出错。

有时候，如果通过这几种方式都无法顺利安装，则可以像前面介绍的那样，把解压后的库文件夹直接复制到 C:\ProgramData\Anaconda3\Lib\site-packages 文件夹下就可以了。

以上介绍了第三方库的通用安装方法，后面章节将要用到许多第三方库，其安装方法与此类似，就不再单独介绍。

我们看一下前面安装的 python-docx 库（或者称为包），如图 2-18 所示。

docx 包里面有很多子文件夹，例如 text、image、styles、templates 等。打开 text 子文件夹，里面有多个模块，包括__init__.py，说明它是这个包的子包，如图 2-19 所示。

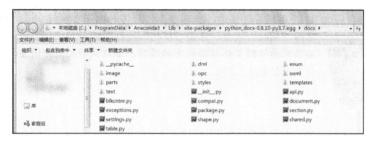

图 2-18

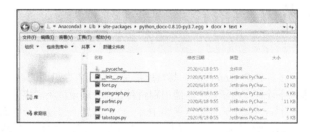

图 2-19

学习 Python 的一个重要途径就是查看这些包里面的函数和方法，借鉴编程思路。包其实是文件夹，我们在第 3 章会进一步分析文件夹。

后面章节就开始介绍如何使用这些库来帮助我们完成日常烦琐的办公室工作。

第3章 高效办公文件管理

在日常工作中，我们少不了和各种电子文件打交道，对文件进行创建、修改、删除、恢复、压缩、解压等操作。随着我们计算机里的文件越来越多，高效率地管理文件变得越来越重要。本章介绍如何使用 Python 自动化处理文件和目录相关工作。

3.1 文件基础知识

3.1.1 文件存储

在前几章中，我们运行了各种 Python 代码，其数据都是存储在内存里面的。

内存条上有许许多多电子元件，电子元件只能识别两种状态：通电或不通电。通过元件是否通电可以记录无数个 0 和 1,0 为 off，1 为 on。每个元件可以视为 1bit（位）信息，通过组合它们存放的信息，可以表达复杂的数据和信息。电信号难以永久存储，一旦关机，元件断电，元件上的数据自然也就消失了。

为了永久存储这些数据，我们就要用到文件，文件是存储在物理存储介质（如硬盘）上的数据。打开文件可以理解为将物理存储介质中的数据调入内存，保存文件就是将数据从内存存入物理存储介质。

物理存储介质有许多，如磁盘、机械硬盘、固态硬盘、光盘、U 盘等，不同的介质有不同的存储原理。例如计算机机械硬盘是磁介质，通常是使用盘面上的磁粉的方向来表达 0 和 1，通过修改磁粉的南北极来记录数据。开机以后，硬盘的盘面高速旋转，配合磁头伸缩，读取或者修改盘面不同区域磁粉的状态，来实现数据的读写。读取数据，就是磁头把感应到的磁信号转为电信号的过程。写入数据，就是磁头把电信号转化为磁信号并记录在硬盘上的过程。

对于机械硬盘来说，一个电子文件要用许多磁粉来记录。当我们在删除文件时，并不会将这些磁粉全部修改状态。即使是彻底删除、清空回收站，也仅仅将这一块磁粉标记为空闲，也就是说可以用来写其他文件。根据这一情况，通过专业的软件是可以恢复删除的文件的。在误删除文件后，要停止计算机的存储操作，不要新建、复制文件，避免原文件所在的区域被新文件填充。硬盘的低级格式化实质是把硬盘存储区域全部写 0 覆盖一次。但是由于所有磁介质都存在剩磁效应的问题，磁粉的状态在一定程度上是抹除不净的，因此使用高灵敏度的磁头和放大器仍可以将原有信息提取出来。据一些资料介绍，即使磁盘已改写了 12 次，第一次写入的信息仍有可能复原出来。所以，一些涉密介质需要通过随机的方式反复写入 35 次，才能相对安全。当然，对于高度涉密的电子文件，存储介质都是一次性的，用完后要将介质粉碎、化学腐蚀、高炉熔化等，成本比较高。

U 盘通过半导体电子元件来存储数据，不存在剩磁效应的问题。因此，只要把 U 盘中的数据覆盖一次就可以彻底清除 U 盘中的数据，当然这也意味着 U 盘数据难以恢复。

3.1.2 文件的编码

编码是信息从一种形式转换为另一种形式的过程。在计算机的世界里只有数字 0 和 1，电子文件也都是由一长串 0 和 1 的组合来存放的。

对于读文件来说，如何识别文件里这些数字要表达的含义？对于写入文件来说，字母、汉字、颜色等信息要用什么样的 0 和 1 的组合来表达？下面一一解答这些问题。

我们需要把人类能看得懂的字符（如字母、汉字、符号等）编码后，变成 0 和 1 的组合，才能存储到计算机中。反过来，如果不知道编码规则，我们也无法识别电子文件要表达的意思。

例如，我们在文本编辑器 Notepad++里面输入字母"A"，保存为 TXT 文档，如图 3-1 所示。

读取 TXT 文档，看看里面保存的是什么信息。

直接阅读二进制比较费事（太长了），因此通常以十六进制方式查看文件内容。

WinHex 是一个十六进制文件编辑软件，我们用它打开 TXT 文档，其中存放的是十六进制的 41（为了避免和十进制数混淆，需要在前面加上 0x，即 0x41，对应十进制数为 65），如图 3-2 所示。

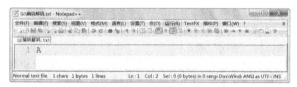

图 3-1   图 3-2

我们可以通过 Python 函数来实现数字的进制转换。

我们用 int 函数将十六进制数转为十进制数。

```
>>> int("0x41", 16)
65
```

我们用 bin 函数将十进制数转为二进制数。

```
>>> bin(65)
'0b1000001'
```

0x、0b 均为前缀，实际上二进制数为 1000001，前面添加 0 补齐 8 位，即 01000001。也就是说，在硬盘上面，字母 A 这个文件中保存的是一串二进制数：01000001。

说明：00000000 是这一行十六进制数的起始位置，表示 00000000-0000000F，和里面保存的内容没有联系，代表内容（41）相对起始位置的偏离度（Offset）。内容对应的二进制内容没法在图中直观看到。

由于汉字编码复杂，我们使用文本编辑器 EmEditor 软件新建一个 TXT 文档，输入汉字"中"，在"编码（E）"

下拉列表框中，可以选择不同的编码格式，例如选择"系统默认（936，gb2312）"，然后保存，如图 3-3 所示。

图 3-3

用 WinHex 打开文件，如图 3-4 所示。
可见，这里用 D6 D0 来表示"中"。
我们换一种编码格式，用"UTF-8 无签名"格式保存文件，再用 WinHex 打开文件，如图 3-5 所示。
可见，这里用 E4 B8 AD 来表示"中"。

图 3-4

图 3-5

所以，不同的编码方式，会将字符转为不同的数据保存。

存放单个字符，很容易解读。如果存储多个字符、多类字符，如"数字+字母+汉字"，文件中就会有一长串二进制数字。此时就好像阅读没有标点的古文，该如何"断句"呢？

在计算机里，8bit（位）组成一个字节（Byte），字节是计算机中表示信息含义的最小单位。也就是说至少要 8 个 0 或 1 的组合才能表示一个字符。8 个 0 或 1，共有 256 种可能性，一个字节最多可以表示 256 种符号。汉字有几千个，至少需要两个字节才能表示全部汉字。在数字、字母和汉字混排的情况下，数字、字母、符号通常占一个字节，汉字占多个字节。

那么，计算机在读取文件时，某一个字节是单独为一个字母，还是与第二个字节组合成为一个汉字，这就是个问题了。

在 GB2312 编码里，每个字节有 8bit（位），若第一个比特位是 0，则这个字节表示一个字符。若第一个比特位是 1，则这个字节要与下一个字节组合起来表示一个字符。D6 D0 对应的二进制数字为：11010110 11010000。当计算机读取 11010110 时，就会连带读取两个字节，放在一起匹配一个字符。

UTF-8 编码也是对位数控制的一种方式。若字节的特征是"0××× ××××"，则它单独构成一个字符。若特征为"110× ××××"，则表示该字节和后面一个字节一起构成一个字符。若特征为"1110××××"，则表示该字节和后面两个字节一起构成一个字符，以此类推。E4 B8 AD 对应的二进制数字为：11100100 10111000 10101101，当计算机读取 11100100 时，就会连带读取后面两个字节，放在一起匹配一个字符。

3.1.3 文件的类型

文件的类型很多，但是通常可以分为文本文件和二进制文件。

文本文件主要是存储字符（数字、字母、汉字等）的文件，一般文件扩展名为.txt、.log、.ini 等。文本文件可以用记事本或者文本编辑器（如前面用到的 Notepad++、EmEditor）直接打开，可以直接修改其内容。简单来说，文本文件可以直接按顺序读取文件中存储的二进制数据，按照文件的编码规则将其解码为数字、字母或汉字，显示在屏幕上。

数据都是以"0"和"1"序列存储，在这层意义上，所有文件都是二进制格式的。狭义的二进制文件是除文本文件以外的文件，常见的如早期的 Office 文档、PDF 文档、图形图像文件、音频和视频文件。二进制文件无法用记事本直接打开，需要使用对应的软件进行解码后读取。用记事本打开二进制文件将显示乱码。

我们可以用一些专业的编辑器（如前面用到的十六进制编辑器 WinHex）查看二进制文件的内容。但是如果要读懂文件要表达的含义，则需要对文件结构有深刻的理解。例如 Word 97-2003 文件，它包括了文本、表格、图像、色彩、字体等复杂的内容。它的存储方式非常复杂，第一段的文字不一定存储在文件中的最前面。

3.2 文件读写

要实现文件读写，首先要获取文件对象，获取文件对象后，就可以使用文件对象的读写方法来读写文件。

3.2.1 open 函数

文件对象可以通过 Python 内置的 open 函数得到，完整的语法如下。

```
open(file, mode='r', buffering=-1, encoding=None, errors=None, newline=None, closefd=True, opener=None)
```

open 函数有 8 个参数，常用前 4 个，除了 file 参数外，其他参数都有默认值。file 指定了要打开的文件名称，应包含文件路径，不写路径则表示文件和当前 py 脚本在同一个文件夹。buffering 用于指定打开文件所用的缓冲方式，默认值-1 表示使用系统默认的缓冲机制。文件读写要与硬盘交互，设置缓冲区的目的是减少 CPU 操作磁盘的次数，延长硬盘使用寿命。encoding 用于指定文件的编码方式，如 GBK、UTF-8 等，默认采用 UTF-8，有时候打开一个文件全是乱码，这是因为编码参数和创建文件时采用的编码方式不一样。

mode 指定了文件的打开模式。打开文件的基本模式包括 r、w、a，对应读、写、追加写入。附加模式包括 b、t、+，表示二进制模式、文本模式、读写模式，附加模式需要和基本模式组合才能使用，如"rb"表示以二进制只读模式打开文件，"rb+"表示以二进制读写模式打开文件。

要注意的是，凡是带 w 的模式，操作时都要非常谨慎，它首先会清空原文件，但不会有提示。凡是带 r 的文件必须先存在，否则会因找不到文件而报错。

3.2.2 读取文本文件

假如文件夹（H:\示例\第 3 章）里有一个文本文件，如图 3-6 所示。

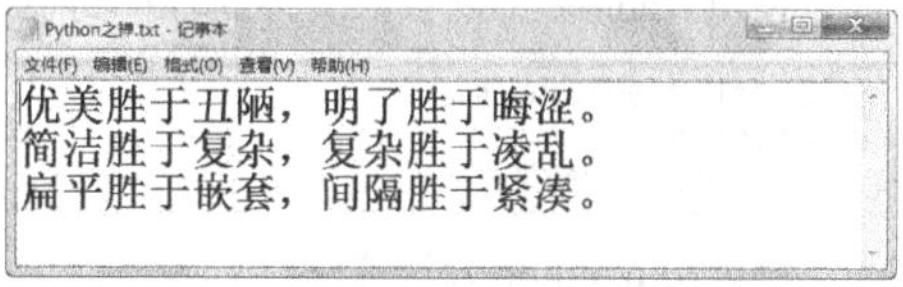

我们用 open 函数打开文件。

图 3-6

```
>>> f=open(r'H:\示例\第3章\Python之禅.txt','r')
>>> type(f)
<class '_io.TextIOWrapper'>
```

得到 TextIOWrapper 对象，我们使用 dir 函数查看对象的部分属性和方法：__iter__、__next__、buffer、close、closed、detach、encoding、errors、fileno、flush、isatty、line_buffering、mode、name、newlines、read、readable、readline、readlines、reconfigure、seek、seekable、tell、truncate、writable、write、write_through、writelines。

我们可以进一步使用 help 函数查询方法的用法。

```
>>> help(f.read)
Help on built-in function read:
read(size=-1, /) method of _io.TextIOWrapper instance
```

```
Read at most n characters from stream.
Read from underlying buffer until we have n characters or we hit EOF.
If n is negative or omitted, read until EOF.
```

常见的对象方法及其作用说明见表 3-1。

表 3-1

方法	作用
read	将文件读入字符串中，也可以读取指定字节
readline	读入文件的一行到字符串中
readlines	将整个文件按行读入列表中
write	向文件中写入字符串
wirtelines	向文件中写入一个行数据列表
close	关闭文件
flush	把缓冲区的内容写入硬盘
tell	返回文件操作标记的当前位置，以文件的开头为原点
next	返回下一行，并将文件操作标记位移到下一行
seek	移动文件指针到指定位置
truncate	截断文件

使用 read 方法将文件读入字符串中。

```
>>> str=f.read()
>>> print(str)
```

运行后，屏幕输出文件的全部内容。

优美胜于丑陋，明了胜于晦涩。
简洁胜于复杂，复杂胜于凌乱。
扁平胜于嵌套，间隔胜于紧凑。

移动文件指针到文件开始处。

```
>>> f.seek(0)
```

使用 readline 方法读入文件的一行到字符串。

```
>>> str=f.readline ()
>>> print(str)
```
优美胜于丑陋，明了胜于晦涩。

继续用 readline 方法读取。

```
>>> str=f.readline ()
>>> print(str)
```
简洁胜于复杂，复杂胜于凌乱。

readline 方法每次只读取一行，它常常与 for 循环配合使用。

```
>>> f.seek(0)
>>> for line in f:
...     print(line, end='')
...
```
优美胜于丑陋，明了胜于晦涩。
简洁胜于复杂，复杂胜于凌乱。
扁平胜于嵌套，间隔胜于紧凑。

我们看一下用 readlines 方法读取的效果。

```
>>> f.seek(0)
>>> str=f.readlines()
>>> print(str)
['优美胜于丑陋,明了胜于晦涩。\n', '简洁胜于复杂,复杂胜于凌乱。\n', '扁平胜于嵌
套,间隔胜于紧凑。']
```

它的效果是一次性读取整个文件,并自动将文件内容按行分解成列表。
读取完毕后要用 close 方法关闭文件。

```
>>> f.close()
```

在进行 Python 文件的读取或者写入的时候,都需要调取 close 方法来关闭文件,前者是避免占用内存,后者是保证将内容顺利写入目标文件中。

有些时候我们会忘记调用 close 方法,或者运行中途代码出错,导致未运行 close 方法。

为了避免这种情况,可以使用 try...finally...结构。

```
try:
    f=open(r'H:\示例\第 3 章\Python 之禅.txt','r')
    ...
finally:
    f.close()
```

这种结构简单地说:无论异常是否发生,在程序结束前,finally 中的语句都会被执行。此外,可以用上下文管理器 with 语句,确保不管使用过程中是否发生异常都会执行必要的"清理"操作,以释放资源。

```
with open(r'H:\示例\第 3 章\Python 之禅.txt','r') as f:
    str=f.read()
    ...
```

可以看到,使用上下文管理器以后代码行数变少了,更加简洁、优美。

案例:统计汉字出现的频率

文件对象有__iter__、__next__方法,所以它是一个可迭代对象,可以用 for 循环遍历。我们可以遍历文件获得每一行字符,再遍历每一行,获得每个字符,将字符放入列表,然后统计每个字符出现的频率。

```
>>> from collections import Counter
>>> list=[]
>>> punctuation=',。! ? 、() 【】 <> 《》 =: +-*— " " ...\n'
>>> with open(r'H:\示例\第 3 章\Python 之禅.txt','r') as f:
...     for line in f:
...         for word in line:
...             if word not in punctuation:
...                 list.append(word)
...
>>> counter=Counter(list)
>>> print(counter)
Counter({'胜': 6, '于': 6, '复': 2, '杂': 2, '优': 1, '美': 1, '丑': 1, '陋': 1, '明': 1, '了': 1, '晦': 1, '涩': 1, '简': 1, '洁': 1, '凌': 1, '乱': 1, '扁': 1, '平': 1, '嵌': 1, '套': 1, '间': 1, '隔': 1, '紧': 1, '凑': 1})
```

当然,本例打开的文件的字数很少。通过这种方法,可以统记长篇小说里面汉字出现的频率,以判断作者的行文风格。

3.2.3 写入文本文件

下面我们写入一个文本文件。

```
>>> f=open(r'H:\示例\第 3 章\Python 之禅.txt','w')
>>> f.write('优美胜于丑陋,明了胜于晦涩。\n简洁胜于复杂,复杂胜于凌乱。')
>>> f.close()
```

w 模式可以新建文件,然后写入内容。如果已经存在"Python 之禅.txt"文件,它会先清空文件,然后写入内容。此时打开"Python 之禅.txt"文件,可以看到已经写入了内容,如图 3-7 所示。

有时候,我们需要逐步写入内容,每次只写入一句话。这时就不能用 w 模式,而要用追加模式 a。

```
>>> f=open(r'H:\示例\第 3 章\Python 之禅.txt','a')
>>> f.write('\n扁平胜于嵌套,间隔胜于紧凑。')
```

我们运行这两句以后,打开"Python 之禅.txt"文件,看见文件内容没有变化,如图 3-8 所示。

图 3-7

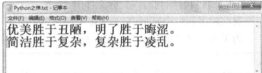
图 3-8

当写文件时,操作系统往往不会立刻把数据写入硬盘,而是先放入内存中缓存起来,然后再陆续写入。只有调用 close 方法时,操作系统才保证把没有写入的数据全部写入硬盘。忘记调用 close 方法的后果是,虽然建立了文件,但是数据并没有写入文件。

我们可以使用 flush 方法,强制将缓存的数据写入文件。

```
>>> f.flush()
```

再次打开"Python 之禅.txt"文件,如图 3-9 所示。

假如我们需要在文件开始位置插入一句话,该怎么办呢?可以用 seek 方法,其语法如下。

```
file.seek(off, whence)
```

表示从 whence(0 代表文件开始位置,1 代表当前位置,2 代表文件末尾)偏移 off 字节。

```
>>> with open(r'H:\示例\第 3 章\Python 之禅.txt','r+') as f:
...     content=f.read()
...     f.seek(0,0)
...     f.write('Python 之禅\n'+content)
```

打开"Python 之禅.txt"文件,如图 3-10 所示。

图 3-9

图 3-10

案例:读取文件头识别文件类型

在日常办公应用中,除了 TXT 文档,其余大多是二进制文件。二进制文件的结构非常复杂,通常都由专门的软件或者第三方库来操作,我们很少用 Python 直接以二进制方式读写文件。

我们通常使用扩展名判断文件类型,事实上扩展名可以任意修改。那如何才能准确判断文件类型?我们可以通过读取文件头几个字节来判断。

将"Python之禅.doc"的文件名修改为"Python之禅.jpg",系统将弹出警告对话框,如图3-11所示。

修改以后,文件图标、文件类型都发生了变化,但是文件大小没有发生变化,如图3-12所示。

图 3-11　　　　　　　　　　　　　　图 3-12

下面用 rb 模式以二进制方式读取文件的前 8 个字节。

```
>>> with open(r'H:\示例\第3章\Python之禅.jpg','rb') as f:
...     str=f.read(8)
...     print(str)
...
b'\xd0\xcf\x11\xe0\xa1\xb1\x1a\xe1'
```

在 r 模式下,read(8)表示读 8 个字符,rb 模式下表示读 8 个字节。前缀 b 表示后面字符串是 bytes 类型,\x 表示后面的字符是十六进制数。

事实上,Office97-2003(.ppt/.xls/.doc)文档的文件头就是:d0 cf 11 e0 a1 b1 1a e1。所以,即使文档被重命名,我们也可以对文件类型做出准确的判断。

在日常工作中,常常用扩展名来判断文件类型,其实这是不准确的。扩展名的意义在于建立了文件与应用程序的关联,当用户双击文件的时候找到相应的应用程序打开文件。修改拓展名,只是变更了打开文件的软件,并不能改变文件的内容和性质。

很多木马程序文件伪装成正常的数据文件,例如图片文件(.jpg)、文本文件(.txt)、视频文件(.rmvb)等。这些文件的扩展名和正常文件一样,但实际上是一些可执行文件(.exe),即恶意木马程序文件具有很强的隐蔽性。用户一般很难正确识别这些伪装的文件,一旦打开,虽然这些文件还能正常显示其中的内容,但是恶意木马程序会在操作系统的后台自动激活,而用户无法察觉到。

我们常常说"文件打不开",意思是文件呈现的内容无法让人直观理解,例如呈现的是乱码。从计算机的角度,文本文件总是可以用文本编辑器打开,二进制文件总是可以用二进制查看器打开,文件是不存在"打不开"的问题的。

下面用 WinHex 打开"Python之禅.jpg"文件,如图3-13所示。

可以看到,文件前几位与 Python 代码读取的是一样的。

下面打开一个真正的.jpg 文件,文件头是 FFD8FF,如图3-14所示。

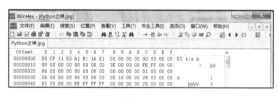

图 3-13　　　　　　　　　　　　　　图 3-14

常见文件的文件头特征见表3-2。

表 3-2

文件类型	文件头
Office97-2003	D0CF11E0A1BA1AE1
JPEG(.jpg)	FFD8FF
PNG(.png)	89504E47
GIF(.gif)	47494638
PDF(.pdf)	255044462D312E
AVI(.avi)	41564920
ZIP Archive(.zip)	504B0304
RAR Archive(.rar)	52617221

将"Python 之禅.doc"文件用 Word 软件打开，另存为"Python 之禅.jpg"，如图 3-15 所示。

再次用 WinHex 查看文件内容，如图 3-16 所示。

可以看到文件头是 50 4B 03 04，这就是表 3-2 中 ZIP Archive(.zip) 文件类型的文件头特征。也就是说，.docx 文档本质上是压缩包文件。

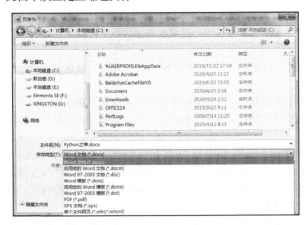

图 3-15

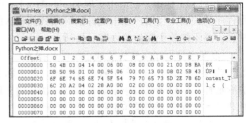

图 3-16

3.3 文件和目录操作

前面是针对文件的内容进行操作，下面介绍对文件本身和目录的操作。

3.3.1 使用 os 库

os 库是 Python 标准库，随 Python 一起安装，无须单独安装。os 是 operation system（操作系统）的缩写，os 库提供了使用各种操作系统功能的接口。os 库中包含很多操作文件和目录的函数，可以方便地进行重命名文件、添加/删除目录、复制目录/文件等操作。

1. 主要操作方法

导入 os 库。

```
>>> import os
>>> dir(os)
```

运行后将显示 os 库包含的类、属性和函数，主要包括：abc、abort、access、altsep、chdir、chmod、close、closerange、cpu_count、curdir、defpath、device_encoding、devnull、dup、dup2、environ、error、execl、execle、execlp、execlpe、execv、execve、execvp、execvpe、extsep、fdopen、fsdecode、fsencode、fspath、fstat、fsync、ftruncate、get_exec_path、get_handle_inheritable、get_inheritable、get_terminal_size、getcwd、getcwdb、getenv、getlogin、getpid、getppid、isatty、kill、linesep、link、listdir、lseek、lstat、makedirs、mkdir、name、open、pardir、path、pathsep、pipe、popen、putenv、read、readlink、remove、removedirs、rename、renames、replace、rmdir、scandir、sep、set_handle_inheritable、set_inheritable、spawnl、spawnle、spawnv、spawnve、st、startfile、stat、stat_result、statvfs_result、strerror、supports_bytes_environ、supports_dir_fd、supports_effective_ids、supports_fd、supports_follow_symlinks、symlink、sys、system、terminal_size、times、times_result、truncate、umask、uname_result、unlink、urandom、utime、waitpid、walk、write。

其中，常用的操作函数如表 3-3 所示。

表 3-3

函数	说明
getcwd	获取当前工作目录，即当前 Python 脚本所在的目录路径
listdir	列出指定目录下的所有文件和子目录，包括隐藏文件
mkdir	创建目录
unlink	删除文件
remove	删除文件
rmdir	删除空目录
removedirs	若目录为空，则删除，并递归到上一级目录，若上一级目录为空，也删除
rename	重命名文件
stat	获取一个文件的属性及状态信息

使用 os.path 可以调用 ntpath.py 模块。

```
>>> os.path
<module 'ntpath' from 'C:\\ProgramData\\Anaconda3\\lib\\ntpath.py'>
```

通过 dir 函数查看 ntpath.py 模块中包含文件路径操作的函数，主要包括：abspath、altsep、basename、commonpath、commonprefix、curdir、defpath、devnull、dirname、exists、expanduser、expandvars、extsep、genericpath、getatime、getctime、getmtime、getsize、isabs、isdir、isfile、islink、ismount、join、lexists、normcase、normpath、os、pardir、pathsep、realpath、relpath、samefile、sameopenfile、samestat、sep、split、splitdrive、splitext、stat、supports_unicode_filenames、sys。

其中常用的操作函数见表 3-4。

表 3-4

函数	说明
abspath	返回规范化的绝对路径
basename	返回最后的文件名部分
dirname	返回目录部分
split	将文件名分割成目录和文件名
splitext	分离扩展名

续表

函数	说明
join	将多个路径组合起来，以字符串中含有/的第一个路径开始拼接
getctime	返回文件或者目录的创建（复制到某个目录）的时间
getatime	访问时间，读一次文件的内容，这个时间就会更新
getmtime	修改时间，修改一次文件的内容，这个时间就会更新
getsize	获取文件大小
isabs	如果 path 是绝对路径，返回 True
exists	如果 path 存在，则返回 True；如果 path 不存在，则返回 False
isdir	如果 path 是一个存在的目录，则返回 True，否则返回 False
isfile	如果 path 是一个存在的文件，则返回 True，否则返回 False

2. 当前工作目录

前面用到 open 函数，其必填参数是 file。如果文件就在 Python 程序所在的目录，就可以不写文件路径。我们看一下当前脚本的工作目录。

```
>>> import os
>>> os.getcwd()
'C:\\Users\\Administrator'
```

如果工作目录和文件所在目录不一致，就需要写出文件的完整路径才能正确读取文件。我们也可以修改当前脚本的工作目录。

```
>>> os.chdir(r'H:\示例\第 3 章')
>>> os.getcwd()
'H:\\示例\\第 3 章'
```

修改以后，该文件夹下的文件都只需要写文件名即可读取。保存文件也是默认保存到当前工作目录。
通过 os.listdir()方法可以获取当前目录的全部文件和子目录。

```
>>> os.listdir()
['Python 之禅.txt', 'Python 之禅.doc', 'Python 之禅.jpg', '子文件夹']
```

3. 遍历文件目录

os.listdir()方法不能获取子目录里面的文件，要进一步获取则需要用到 os.walk 方法。下面是常用的遍历一个文件夹的代码，它可以列出文件夹及其子目录的所有文件。

```
>>> import os
>>> path=r'H:\示例\第 3 章'
>>> for foldName, subfolders, filenames in os.walk(path):
...     for filename in filenames:
...         print(foldName,filename)
...
H:\示例\第 3 章 Python 之禅.txt
H:\示例\第 3 章 Python 之禅.doc
H:\示例\第 3 章 Python 之禅.jpg
H:\示例\第 3 章\子文件夹 Python 之禅.txt
```

foldName 是文件目录，filename 是文件名。可以用 os.path.join(foldName,filename)来获取文件的绝对路径。

```
>>> os.path.join(foldName,filename)
'H:\\示例\\第 3 章\\子文件夹\\Python 之禅.txt'
```

4. 文件路径管理

操作文件目录时，常常需要对路径进行拆分组合。

下面对一个绝对路径文件名进行拆分。

```
>>> path='C:\ProgramData\Anaconda3\Lib\site-packages\PyPDF2\pdf.py'
>>> os.path.split(path)
('C:\\ProgramData\\Anaconda3\\Lib\\site-packages\\PyPDF2', 'pdf.py')
>>> os.path.dirname(path)
'C:\\ProgramData\\Anaconda3\\Lib\\site-packages\\PyPDF2'
>>> os.path.basename(path)
'pdf.py'
>>> os.path.splitext(path)
('C:\\ProgramData\\Anaconda3\\Lib\\site-packages\\PyPDF2\\pdf', '.py')
```

还可以将文件名组合起来。

```
>>> os.path.join(os.getcwd(),'子文件夹',os.path.basename(path))
'H:\\示例\\第3章\\子文件夹\\pdf.py'
```

5. 获取文件属性

os.path 模块也包含若干函数，用来获取文件的属性，包括文件的创建时间、修改时间、文件的大小等。

```
>>> path=r'H:\示例\第3章\Python之禅.txt'
>>> os.path.getctime(path)
1595512609.77
>>> os.path.getmtime(path)
1595521676.0
>>> os.path.getatime(path)
1599148800.0
```

上述格式的时间表示从 1970 年 1 月 1 日到现在已经经过多少秒，要把它转换成可以理解的时间要使用 time 模块。

```
>>> import time
>>> time.ctime(os.path.getctime(path))
'Thu Jul 23 21:56:49 2020'
>>> time.ctime(os.path.getmtime(path))
'Fri Jul 24 00:27:56 2020'
>>> time.ctime(os.path.getatime(path))
'Fri Sep  4 00:00:00 2020'
```

这里的创建时间，并不是指这个文件内容的原创时间，如果文件从别处复制过来，那就是复制的时间。
下面继续查看文件大小。

```
>>> os.path.getsize(path)
100
```

使用 stat 方法获取文件的属性及状态信息。

```
>>> os.stat(r'H:\示例\第3章\Python之禅.txt')
os.stat_result(st_mode=33206, st_ino=13222019168, st_dev=3103564725, st_nlink=1, st_uid=0,
st_gid=0,st_size=100, st_atime=1599148800, st_mtime=1595521676, st_ctime=1595512609)
```

st_atime 表示最近访问的时间，以秒表示；st_mtime 表示最近修改内容的时间，以秒表示；st_ctime 表示文件创建的时间，以秒表示。

我们遍历文件夹，可以获取全部文件的属性，基于属性能更加精确地筛选和管理文件，例如根据文件大小、创建时间来分类管理文件。这里是获取文件的一般属性，对于特殊的文件（如照片），我们还可以用专门的模块来获取更多文件信息，例如地理位置经纬度等。我们可以将分散在不同文件夹的照片找出来，然后根据拍摄地点分类管理照片。

案例：删除小文件

在实际应用中，当我们批量下载网络文件时，有时候会下载许多无效文件，这些文件的特征是特别小。但是其中有些文件是 TXT 文档，本身就比较小。所以，我们需要找出其中不是 TXT 文档且小于 2000 字节的文件，通过下面的代码批量删除。

```
for file in os.listdir():
    path=os.path.abspath(file)
    filesize=os.path.getsize(file)
    if (filesize <2000) & (os.path.splitext(path)[1]!='.txt'):
        os.remove(file)
```

我们可以手动对文件按照大小排序，删除小文件。但是对于多条件甚至在多目录下批量删除特定文件，编程的优势就体现出来了。掌握了编程方法，可以满足更多复杂、个性化的需求。

案例：批量更名

下面对文件夹里的所有文件更名，在文件名前面和后面都加上"2020"。

```
>>> import os
>>> path=r'H:\示例\第3章\批量更名'
>>> for foldName, subfolders, filenames in os.walk(path):
...     for filename in filenames:
...         abspath=os.path.join(foldName,filename)
...         extension=os.path.splitext(abspath)[1]
...         new_name=filename.replace(extension,'2020'+extension)
...         new_name='2020'+new_name
...         os.rename(abspath,os.path.join(foldName,new_name))
```

可以看到文件夹、子文件夹、子文件夹的子文件夹中的所有文件都被更名了，如图 3-17 所示。

图 3-17

3.3.2 使用 shutil 库

shutil 库也是 Python 标准库，它可以处理文件、文件夹、压缩包，能实现文件复制、移动、压缩、解压缩等功能。

1. 主要操作方法

首先，导入 shutil 库。

```
>>> import shutil
>>> dir(shutil)
```

运行后将显示 shutil 库包含的类、函数，主要包括：chown、collections、copy、copy2、copyfile、copyfileobj、copymode、copystat、copytree、disk_usage、errno、fnmatch、get_archive_formats、get_terminal_size、get_unpack_formats、getgrnam、getpwnam、ignore_patterns、make_archive、move、nt、os、register_archive_format、register_unpack_format、rmtree、stat、sys、unpack_archive、unregister_archive_format、unregister_unpack_format、which。

shutil 库常用的操作函数见表 3-5。

表 3-5

函数	说明
copy	复制文件和权限
copy2	复制文件和元数据

续表

函数	说明
copyfile	将一个文件的内容复制到另外一个文件当中
copyfileobj	将一个文件的内容复制到另外一个文件当中
copytree	复制整个文件目录
move	递归地移动文件或者目录,原文件或者目录就不存在了
rmtree	删除一个目录以及目录内的所有内容
make_archive	创建压缩包并返回文件路径
unpack_archive	解压缩文件

2. 复制文件

复制文件是比较复杂的事情。文件主要由两部分组成,一部分是文件的数据,另一部分是用来描述该文件的元数据。元数据指文件的访问时间、修改时间、作者等信息。所以复制文件时要弄清楚是仅复制内容还是同时要复制元数据。

下面看看几个方法的区别。

shutil.copyfile(A, B)仅仅是复制 A 文件的内容到 B 文件。A 和 B 必须是文件,不可以是目录。而且只有当目标文件 B 有写入权限时,这个方法才会有效。shutil.copyfile 方法调用的是底层函数 copyfileobj,两者的功能类似。

shutil.copy(A, B)不仅复制文件 A 的内容,还包括权限(例如只读)到文件 B。如果目标 B 参数是目录,则 shutil.copy 方法将复制文件 A 到该目录下。

shutil.copy2(A, B)是先调用 shutil.copy 方法,然后使用 shutil.copystat 方法。它复制的信息比较多,包括内容、权限,以及尽可能多的元数据。

下面用实例说明。

```
>>> import shutil
>>> shutil.copyfile('Python之禅.txt',r'H:\示例\第3章\批量更名\2020case2020.jpg')
```

"Python 之禅.txt"是一个文本文件,目标文件 2020case2020.jpg 是一个图片文件。完成复制以后,打开 2020case2020.jpg,发现其内容已经不是图片信息,而是替换为"Python 之禅.txt"中的文本,如图 3-18 所示。

图 3-18

如果目标不是文件,而是文件夹,这就是常见的复制文件到某个文件夹操作。

```
>>> shutil.copy ('Python之禅.txt','H:\示例\第3章\批量更名')
```

也可以整体复制文件夹。

```
>>> shutil.copytree(r'H:\示例\第3章\批量更名',r'H:\示例\第3章\子文件夹1')
```

shutil.copytree(A,B)的含义是新建一个文件夹 B,并将文件夹 A 内部的全部内容复制到文件夹 B 中。但是，如果目标文件夹 B 已经存在，该方法就会报错抛出异常了。

3. 移动文件

移动文件是指将文件剪切、粘贴到目标目录，当目标目录有同名文件时会报错。

```
>>> shutil.move(r'H:\示例\第3章\Python之禅.doc',r'H:\示例\第3章\子文件夹1')
```

还可以整体移动目录（移动目录本身，而不是只移动目录内部的文件和文件夹）。

```
>>> shutil.move (r'H:\示例\第3章\批量更名',r'H:\示例\第3章\子文件夹')
```

4. 删除文件夹和删除文件

使用 shutil.rmtree 方法可以删除整个目录。

```
>>> shutil.rmtree(r'H:\示例\第3章\子文件夹\新建文件夹')
```

在 os 模块里，os.rmdir 方法和 os.removedirs 方法都要求被删除的目录非空，否则会报错。而 shutil.rmtree 方法不管目录是否非空，都直接删除整个目录。

用 os.unlink 方法可以删除单个文件。

```
>>> os.unlink(r'H:\示例\第3章\子文件夹\批量更名\Python之禅.txt')
```

5. 压缩与解压文件

压缩包对于文件管理非常有用。例如，有时需要定期将某个目录进行打包存档，按照时间命名，形成完善的电子档案。还有的时候需要发送文件给同事，这时使用一个压缩包附件比发送多个文件的附件更加便于处理。相应地，收到压缩包以后的第一件事情就是对压缩包进行解压。

使用 shutil 模块，只需要一句代码即可将文件夹 "H:\示例\第3章\子文件夹" 压缩成 "压缩包.zip"。

```
>>> shutil.make_archive(r'压缩包', 'zip', root_dir=r'H:\示例\第3章\子文件夹')
'H:\\示例\\第3章\\压缩包.zip'
```

也可以将压缩包放置在指定的路径下面。

```
>>> shutil.make_archive(r'H:\示例\压缩包', 'zip', root_dir=r'H:\示例\第3章\子文件夹')
'H:\\示例\\压缩包.zip'
```

解压缩也非常简单，将压缩包解压到指定文件夹（可新建）内即可。

```
>>> shutil.unpack_archive(r'H:\示例\压缩包.zip',extract_dir=r'H:\示例\第3章\3',format='zip')
```

除了 shutil 模块，不同的压缩文件类型也有相应的处理模块。.zip 文件可以用 zipfile 模块处理，.rar 文件用 rarfile 模块处理，rarfile 模块需要安装。

下面就来创建一个压缩包，并写入一个文件。方法是将压缩包看作一个文件，通过 w 模式写入。

```
>>> import zipfile
>>> z=zipfile.ZipFile(r'H:\示例\第3章\压缩包.zip', 'w')
>>> z.write('Python之禅.txt')
>>> z.close()
```

打开压缩包，可以看到，文件已经添加，如图 3-19 所示。

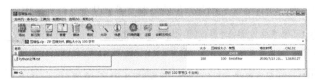

图 3-19

我们还可以向压缩包.zip 内追加一个文件。还是将压缩包看作一个文件，通过 a 追加模式写入。

```
>>> z=zipfile.ZipFile(r'H:\示例\第3章\压缩包.zip', 'a')
>>> z.write('Python之禅.jpg')
>>> z.close()
```

打开压缩包，可以看到，文件已经追加，如图 3-20 所示。

图 3-20

下面解压文件到指定文件夹。

```
>>> z=zipfile.ZipFile(r'H:\示例\第3章\压缩包.zip')
>>> z.extractall(path=r'H:\示例\第3章')
>>> z.close()
```

zipfile 模块还可以解压带密码的压缩包，例如解压密码是"123"的压缩包"加密.zip"。

```
>>> z=zipfile.ZipFile(r'H:\示例\第3章\加密.zip')
>>> z.extractall(path=r'H:\示例\第3章',pwd='123'.encode())
>>> z.close()
```

如何创建带密码的压缩包？目前还没有太好用的库。但是，我们可以使用其他变通的方法来创建，在后面章节会介绍。

案例：整理压缩文件

我们从邮箱下载了一批简历压缩包，总共 100 份，如图 3-21 所示，任务是分类整理这些简历。

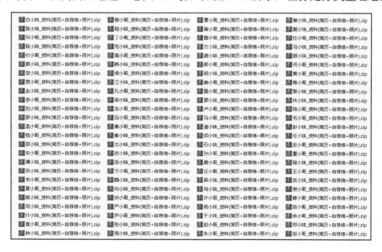

图 3-21

每个压缩包内部包括各种类型文件，如图 3-22 所示。

3.3　文件和目录操作　63

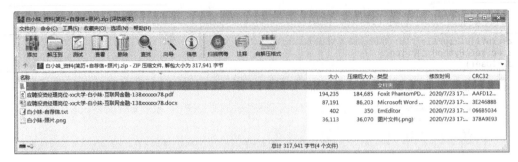

图 3-22

我们需要将里面的文件按类型解压到不同的文件夹中,先按文件类型创建子文件夹。

```
>>> import os
>>> path=r'H:\示例\第 6 章\提取简历\简历包'
>>> os.mkdir(path+r'\docx')
>>> os.mkdir(path+r'\photo')
>>> os.mkdir(path+r'\txt')
>>> os.mkdir(path+r'\pdf')
```

创建临时文件夹用于放置解压文件。

```
>>> os.mkdir(path+r'\解压')
```

将 100 个简历包解压到该文件夹。

```
>>> import zipfile
>>> import glob
>>> zipFiles=glob.glob(r'H:\示例\第 6 章\提取简历\简历包\*.zip')
>>> for f in zipFiles:
...     z=zipfile.ZipFile(f)
...     z.extractall(path+r'\解压')
...     z.close()
```

然后进入解压文件夹,筛选符合条件的文件,并将其移动到前面创建的子文件夹中。

```
>>> import shutil
>>> docxFiles=glob.glob(r'H:\示例\第 6 章\提取简历\简历包\解压\*.docx')
>>> for f in docxFiles:
...     shutil.move(f,r'H:\示例\第 6 章\提取简历\简历包\docx')
>>> pdfFiles=glob.glob(r'H:\示例\第 6 章\提取简历\简历包\解压\*.pdf')
>>> for f in pdfFiles:
...     shutil.move(f,r'H:\示例\第 6 章\提取简历\简历包\pdf')
>>> txtFiles=glob.glob(r'H:\示例\第 6 章\提取简历\简历包\解压\*.txt')
>>> for f in txtFiles:
...     shutil.move(f,r'H:\示例\第 6 章\提取简历\简历包\txt')
>>> pngFiles=glob.glob(r'H:\示例\第 6 章\提取简历\简历包\解压\*.png')
>>> for f in pngFiles:
...     shutil.move(f,r'H:\示例\第 6 章\提取简历\简历包\photo')
```

最后整理的效果如图 3-23 所示。

当然,手动解压全部压缩包,然后借助文件检索软件 Everthing 也可以很方便地提取不同类型的文件。但是,如果我们要自动下载邮箱文件,同时要做后续的工作,还是需要用 Python 把各个流程"粘"起来。如何从 DOC/DOCX、PDF 文档里面提取信息将在后面章节介绍。

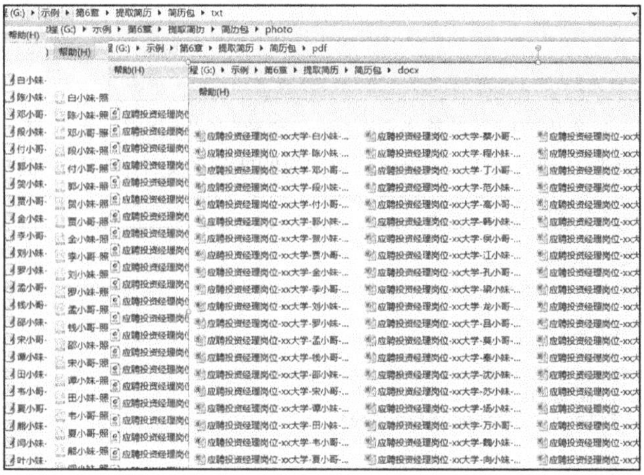

图 3-23

3.3.3 文件查找

对于文件操作，最需要熟练掌握的就是查找文件。前面介绍了使用 os.listdir、os.walk 方法可以批量列出当前工作目录的全部文件，下面介绍常用于查找特定文件的模块。

1. glob 模块

glob 是 Python 自带的一个文件操作相关模块，用它可以查找符合条件的文件。例如，我们要找到当前目录下全部的.zip 文档，可以用下面的代码。

```
>>> import glob
>>> glob.glob('*.zip')
['子文件夹.zip', '子文件夹1.zip', '压缩包.zip', '加密.zip']
```

这里主要是写匹配条件，"*"匹配任意个字符，"?"匹配单个字符，也可以用"[]"匹配指定范围内的字符，如[0-9]匹配数字。

glob.glob('*[0-9]*.*') 可以匹配当前目录下文件名中带有数字的文件。

glob.glob(r'G:*')可以获取 G 盘下的所有文件和文件夹，但是它不会进一步列明文件夹下的文件。也就是说，其返回的文件名只包括当前目录里的文件名，不包括子文件夹里的文件。

2. fnmatch 模块

fnmatch 也是 Python 自带的库，是专门用来进行文件名匹配的模块，使用它可以完成更为复杂的文件名匹配。它有 4 个函数，分别是 fnmatch、fnmatchcase、filter 和 translate，其中最常用的是 fnmatch 函数，其语法如下。

```
fnmatch.fnmatch(filename, pattern)
```

pattern 表示匹配条件，测试文件名 filename 是否符合匹配条件。

下面找出目标文件夹里所有结尾带数字的文件。

```
>>> import os, fnmatch
>>> path=r'H:\示例\第3章\批量更名'
>>> for foldName, subfolders, filenames in os.walk(path):
...     for filename in filenames:
...         if fnmatch.fnmatch(filename,'*[0-9].*'):
...             print(filename)
...
```

```
2020Python 之禅 2020.txt
2020case2020.jpg
2020Python 之禅 2020.jpg
2020case2020.jpg
```

fnmatchcase 和 fnmatch 函数类似，只是 fnmatchcase 函数强制区分字母大小写。

以上两个函数都返回 True 或者 False，filter 函数则返回匹配的文件名列表，其语法如下。

```
fnmatch.filter(filelist, pattern)
```

其中参数 filelist 是文件列表。

```
>>> import os, fnmatch
>>> path=r'H:\示例\第3章\批量更名'
>>> fileList=[]
>>> for foldName, subfolders, filenames in os.walk(path):
...     for filename in filenames:
...             fileList.append(filename)
...
>>> fileList
['2020Python 之禅 2020.txt', '2020case2020.jpg', '2020Python 之禅 2020.jpg', '2020case2020.jpg']
>>> fnmatch.filter(fileList, '*[0-9].jpg')
['2020case2020.jpg', '2020Python 之禅 2020.jpg', '2020case2020.jpg']
```

3. hashlib 模块

随着计算机中文件越来越多，我们需要找出重复文件。重复文件可能有不同的文件名，不能简单用文件名和文件大小来判断。从科学角度，最简单的办法就是通过 MD5 来确定两个文件是不是一样的。

Python 自带的 hashlib 库里提供了获取文件 MD5 值的方法。

```
>>> import hashlib
>>> m=hashlib.md5()
>>> f=open(r'H:\示例\第3章\Python 之禅.txt', 'rb')
>>> m.update(f.read())
>>> f.close()
>>> md5_value=m.hexdigest()
>>> print(md5_value)
2bd1ec7e7a789a519829d8389d5ce754
```

电子文件容易被篡改或者伪造，在出现纠纷时，怎么提供有力的证据来证明文件的真实性？一个可行的办法就是制作文件后对整个文件生成 MD5 值。一旦 MD5 值生成之后，文件发生过任何修改，MD5 值都将改变，通过此方法可以确定文件是否被篡改过。

案例：清理文件"迷宫"

我们经常新建文件夹，然后复制一些文件进去。长此以往，就会发现文件夹太多了，找资料很麻烦。一些不常打开的文件"掩埋"在文件夹最深处，我们经常不得不在文件夹"迷宫"里面穿梭，浪费大量时间，而且文件夹内的资料重复率很高。我们希望了解一下文件夹里到底有多少文件，哪些文件是重复的，是可以删除的。图 3-24 所示是一个文件"迷宫"。

1. 文件树状图

首先，我们通过递归方法，来输出文件夹里全部文件的树状图。

```
import os
def filetree(path, depth):
    if depth==0:
        print('文件夹:' + path)
    for file in os.listdir(path):
        print('|     ' * depth + '+--' + file)
        directory=path +'/'+ file
        if os.path.isdir(directory):
```

```
            filetree(directory, depth +1)
filetree(r'H:\示例\第 3 章\case', 0)
```

运行后,可以得到以下结果。

```
文件夹:H:\示例\第 3 章\case
+--2020case2020.jpg
+--A 银行项目
|    +--2 月进度
|    |    +--小李
|    |    |    +--2020case2020.jpg
...
|    |    +--小王
|    |    |    +--2020case2020 (2).jpg
|    |    +--Python 之禅.txt
|    +--3 月进度
|    |    +--2020case2020 (2).jpg
...
+--B 银行项目
|    +--2020Python 之禅 2020 (2).txt
...
+--2020case2020 (2).jpg
+--Python 之禅.txt
```

2. 修改文件名

文件夹的名称有时候有一定含义,下面将文件夹的名称添加到文件名里。

```
path=r'H:\示例\第 3 章\case'
for foldName, subfolders, filenames in os.walk(path):
    for filename in filenames:
        abspath=os.path.join(foldName,filename)
        new_name=abspath.replace('\\','-').replace(':','-').replace('--','-')
        new_name='H:\\示例\\第 3 章\\case\\'+new_name
        os.rename(abspath,os.path.join(foldName,new_name))
```

通过修改文件名,将文件从各个子文件夹移动到了主文件夹下面,同时文件名里面包含原所在子文件夹的目录信息。这样"扁平化"处理以后,我们查看文件就更方便了。移动后的文件夹如图 3-25 所示。

图 3-24

图 3-25

3. 删除空文件夹

事实上,更名以后,所有的子文件夹都是空文件夹了。下面通过遍历目录来删除所有子文件夹。

```
import os,shutil
path=r'H:\示例\第 3 章\case'
for file in os.listdir(path):
    directory=path +'\\'+ file
    if os.path.isdir(directory):
        shutil.rmtree(directory)
```

4. 删除重复文件

虽然文件名称不一样，但是很多文件都是从不同文件夹复制而来的，因此重复率很高。下面通过计算 MD5 值，保留不重复的文件。

```
import os,shutil,hashlib
path=r'H:\示例\第3章\case'
list=[]
for file in os.listdir(path):
    fileName=path +'\\'+ file
    if os.path.isdir(fileName):
        shutil.rmtree(fileName)
    else:
        m=hashlib.md5()
        with open(fileName, 'rb') as mfile:
            m.update(mfile.read())
        md5_value=m.hexdigest()
        if md5_value in list:
            os.unlink(fileName)
        else:
            list.append(md5_value)
```

删除重复文件以后，可以看到不重复的文件只有 3 个，如图 3-26 所示。虽然项目文件堆积了很多，但是真正有价值的文件却很少。

图 3-26

案例：第三方库探索

我们常常要使用大量的 Python 第三方库，也就是除了标准库之外的库。这些库不一定有详细的说明文档，我们需要自己探索其功能。例如，库里面有哪些模块文件？模块文件内有哪些类？有哪些函数？类里面有哪些属性和方法？

库本身也是一个文件夹，我们可以遍历库文件夹，列出全部文件。对于以.py 结尾的模块文件，使用 inspect 库提取其中的类和函数；对于类，进一步提取其中的属性和方法。

```
import os,inspect,importlib
def filetree(path, depth,f):
    if depth==0:
        print('文件夹:' + path,file=f)
    for file in os.listdir(path):
        print('|      ' * depth + '+--' + file,file=f)
        directory=path +'\\'+ file
        if file.endswith('.py'):
            use_inspect(path, depth,f,file)
        if os.path.isdir(directory):
            filetree(directory, depth +1,f)
def use_inspect(path, depth,f,file):
    fileN=file.replace('.py','')
    module_name=path.replace(rootdir,'').replace('\\','.')+'.'+fileN
    print('|      ' * (depth+1) + '+--模块' + file,file=f)
    try:
        my_module=importlib.import_module(module_name)
        for name, obj in inspect.getmembers(my_module):
            if inspect.isclass(obj):
                pt0='|      ' * (depth+1) + '+--' + str(obj)
                print(pt0,file=f)
```

```
                for k,v in obj.__dict__.items():
                    if not( str(k).startswith('_')):
                        pt1='|       ' * (depth+2) + '+--' + str(k)+':'+str(v)
                        print(pt1,file=f)
                if inspect.isfunction(obj):
                    pt0='|       ' * (depth+1) + '+--' + str(obj)
                    print(pt0,file=f)
    except:
        print('导入'+module_name+'失败',file=f)
rootdir='C:\\ProgramData\\Anaconda3\\Lib\\site-packages\\'
package='openpyxl'
with open('test.txt','w') as f:
    filetree(rootdir+package,0,f)
```

运行后，得到如下结果，如图 3-27 所示。

图 3-27

第4章
网络信息自动获取

当今社会已经进入大数据时代,数据深刻地改变着我们的工作和生活。随着互联网的迅猛发展,各种数量庞大、种类繁多、随时随地产生和更新的数据,蕴含着前所未有的社会价值和商业价值。对数据的获取、处理与分析,已成为提高职场竞争力的关键要素。要如何获取这些宝贵的数据呢?网络爬虫就是一种高效的信息采集利器,利用它可以快速、准确地采集我们想要的各种数据资源。因此,可以说网络爬虫技术几乎已成为大数据时代 IT 从业者的必修课程。

本章介绍利用 Python 进行网络爬虫开发的基本技术,提高信息获取的效率。

4.1 借用 Excel 实现简单的爬虫

提到爬虫(Web Crawler),大家会觉得它高深莫测,很难掌握。所谓爬虫,就是代替人工去获得网络数据的一种工具。想象一下常见的工作,我们需要从网页上抓取数据并整理成 Excel 文档。

例如,我们通过中国地震台网可以查询到最新的地震信息,如图 4-1 所示。

图 4-1

常见的获取数据的做法是,将数据复制、粘贴到 Excel 表格中。

假如这是一项日常工作,那么我们需要每天查询、复制、粘贴,这种手工操作比较烦琐。在 Excel 中,有一项功能可以实现自动化查询网站并同步更新数据。

打开 Excel，在"数据"选项卡里找到"自网站"按钮并单击，如图 4-2 所示。

这时候会弹出一个对话框，在弹出的对话框的"地址"文本框中输入目标网页地址，单击"转到"按钮，就会进入下面的网站。对于复杂的网页，会显示各种脚本错误对话框，提示有些内容无法显示。但只要能正常显示表格就可以不用管这个提示。Excel 会自动识别表格，页面上每张表的附近都有一个黄色箭头，将鼠标指针悬停在箭头上方，提示"单击可选定此表"。单击勾选➡按钮，就可以选择需要的表格。单击"导入"按钮，设置数据存放起始单元格，如图 4-3 所示。

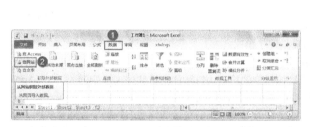

图 4-2

图 4-3

单击"确定"按钮以后，等待几秒钟，数据就获取到了工作表里，如图 4-4 所示。

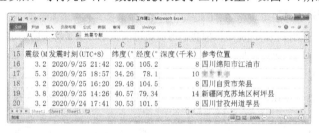

图 4-4

以上步骤和手工复制粘贴的效果是一样的。我们在数据区域的任一单元格右击，选择"刷新"命令，可以更新数据。选择"编辑查询"命令，可以修改网址。选择"数据范围属性"命令，可以在弹出的对话框中设置数据刷新方式。例如每 60 分钟刷新一次，或者打开文件时刷新数据，如图 4-5 所示。

图 4-5

4.1 借用 Excel 实现简单的爬虫 71

设置以后每次打开工作簿，数据都会更新到与网站一致。这样就再也不用登录网站复制粘贴数据了。

在 Excel 中打开网页，用到的是浏览器组件 WebBrowser，它没有专门的浏览器功能全面，对网站数据表的解析能力有限，只能识别一些简单的网页表格。

4.2 浏览网页的基本原理

在写爬虫之前，我们还需要了解一些基础知识，如 HTTP 原理、网页的基础知识。

我们在浏览器中输入一个网址（URL），按 Enter 键之后便会在浏览器中观察到页面内容。实际上，这个过程是浏览器向网站所在的服务器发送了请求，网站服务器接收到请求后，要验证请求（例如验证 IP 地址、用户名、密码等），然后返回对应的响应，将数据传回给浏览器，如图 4-6 所示。响应里包含页面的源代码等内容，浏览器再对其进行解析，便将网页呈现了出来。

图 4-6

浏览器是用于浏览网站的一种客户端程序，主要通过 HTTP 协议与服务器交互并获取 URL 指定网页。客户端的种类比浏览器要广，还包括计算机软件（如 QQ）或手机 App。做一个对比，服务器好比一台 24 小时运转的 ATM 机，客户端好比排队取款的一个个客户。

我们使用浏览器或者软件上网，就必须有发送或接收的数据。我们对这些传递的数据进行截获就叫"抓包"。要制作爬虫，首先就要抓包分析，常见的抓包工具包括浏览器自带的调试工具（通常按 F12 键可以调出）和 Fiddler、Wireshark 等抓包软件。

4.2.1 浏览器调试工具

日常浏览网页时，一切都在瞬间完成，但我们可以通过调试工具来了解上网的整个过程。下面用 Chrome 浏览器的开发者模式下的 Network 监听组件来做演示，它可以显示访问当前网页时发生的所有网络请求和响应。

1. 开发者工具设置

打开 Chrome 浏览器，单击右上角的 3 个小圆点。在打开的下拉菜单中，选择"更多工具"→"扩展程序"命令，如图 4-7 所示。

进入后，在右上角有一个"开发者模式"的选项，把开关打开，如图 4-8 所示。设置以后，就可以使用开发者工具。

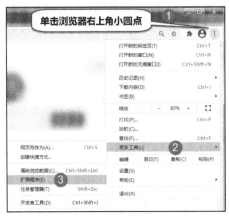

图 4-7　　　　　　　　　　　图 4-8

单击"Network"选项卡。勾选"Preserve log",这样浏览网页的全部过程都会在下面记录。单击 ⊘ 按钮可以清空记录,通常在每次分析网页之前都会清除历史记录。下面是类别和过滤,默认是"All",显示所有请求记录,也可以过滤和选择不同的记录。例如"XHR",是一个 Ajax 请求,如图 4-9 所示。

图 4-9

2. 访问百度主页

以访问百度主页为例,输入主页网址,按 Enter 键,左侧是网页界面。右侧在"Network"选项卡下方出现了 48 个条目,其中每一个条目代表一次发送请求和接收响应的过程,如图 4-10 所示。也就是说,按一次 Enter 键,背后竟然产生了 48 次数据传输,最后才呈现出百度主页。

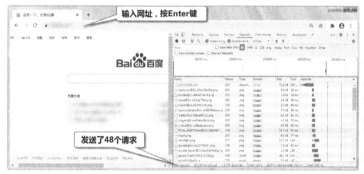

图 4-10

单击每个条目,就可以查看这个请求的详细信息。由于请求条数很多,可以按请求数据类型(如文本、图片、JS、CSS 等)筛选,也可以输入关键词筛选,如图 4-11 所示。

图 4-11

下面筛选数据类型为"Doc"的请求,结果如图 4-12 所示,里面网页预览只有文字而没有百度的 Logo 图片。

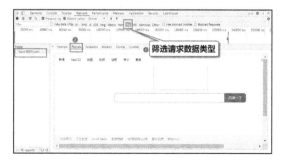

图 4-12

4.2 浏览网页的基本原理 73

单击"Headers",可以查看该请求基本信息。浏览器发送的请求,可以分为 4 部分内容:请求的网址(Request URL)、请求方法(Request Method)、请求头(Request Headers)、请求体(Request Body)。

请求的网址通常就是在浏览器地址栏输入的网址,我们已经很熟悉了。请求方法包括 get、head、post、patch、put、delete、options。我们平常遇到的绝大部分请求方法都是 GET 或 POST 请求。

浏览网页一般是 GET 请求,所有的参数都在网址里面。发送请求,就是要向服务器发送请求信息或参数。GET 请求的参数都在 URL 里面,所以请求体为空,结果如图 4-13 所示。请求头包含内容很多,其中最重要的是 cookies,服务器通过 cookies 识别不同的请求者。

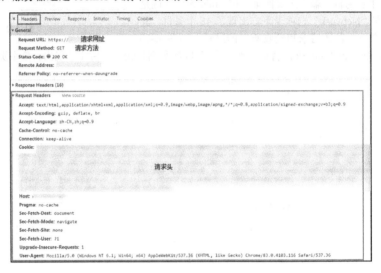

图 4-13

当我们登录时,需要向服务器发送用户名和密码参数,如果将其放在网址里很不安全。所以,登录要使用 POST 请求,将参数放在请求体里面,如图 4-14 所示。

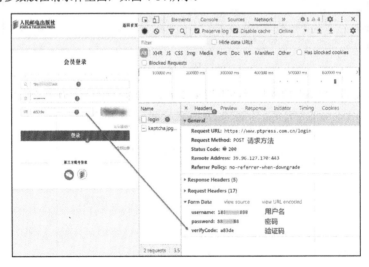

图 4-14

单击"Response",可以查看服务器返回的数据,结果如图 4-15 所示。

服务器返回的数据是网页的源代码,我们看到里面出现了"百度一下,你就知道"。那么我们通过爬虫模拟请求,向该请求地址发送请求,也可以得到这些文字信息。源代码是文本,看起来很乱,和我们通过浏览器看到的网页不一样。因此通常要用文本处理工具筛选出我们需要的信息。

上面的请求没有返回百度的 logo 图片,那么要获取图片该怎么办呢?继续看其他请求,我们筛选请求类型为 Img,结果如图 4-16 所示。该请求有不同的请求地址,要获取图片,就需要向该地址发送请求。

图 4-15

图 4-16

通过示例可以看出来,浏览百度主页时,百度服务器第一次仅返回了 HTML 文档内容,其中引用了其他文件,如图片等,那么浏览器还会自动发送二次请求去获取图片。当所有文件下载成功后,浏览器根据 HTML 语法结构,将完整网页呈现给用户。呈现给用户的最终网页是由多个部分组成的。一般来说,网页可以分为三大部分,HTML、CSS 和 JavaScript。要想深入理解网页,要在这 3 块内容上下功夫。

4.2.2 Fiddler 抓包方法

Fiddler 是一款基于 Windows 操作系统的专用代理服务器软件。在本地客户端上运行的程序,如 Web 浏览器、应用程序以及其他客户端应用,可以把请求发送给 Fiddler,Fiddler 再把请求转发给 Web 服务器。然后,服务器把这些请求的响应返回给 Fiddler,Fiddler 再把这些响应转发给客户端,如图 4-17 所示。基于此,Fiddler 能记录客户端和服务器的请求和响应,可以捕获所有的本地数据流。

图 4-17

安装并打开 Fiddler 软件,在分析网站之前,通常先进行如下初始化操作:单击左侧 ✕ 按钮,清空信息。在右侧上方依次单击"Inspectors"→"Raw"按钮,右侧下方将显示服务器响应信息,如图 4-18 所示。

图 4-18

打开浏览器,输入要分析的网址,按 Enter 键。就可以看到 Fiddler 左侧会话窗口检测到一条请求。在右侧上半部分可以看到请求信息,下半部分可以看到服务器返回的响应信息,如图 4-19 所示。

图 4-19

还有的网站,单击链接会发生跳转,新打开一个窗口或者标签,这样难以用浏览器抓包。但是,无论网页如何跳转,Fiddler 都会记录全部请求信息,我们可以逐条查找,直到查找到跳转后的网址和响应的请求内容。这也体现出 Fiddler 便捷的优点,如图 4-20 所示。

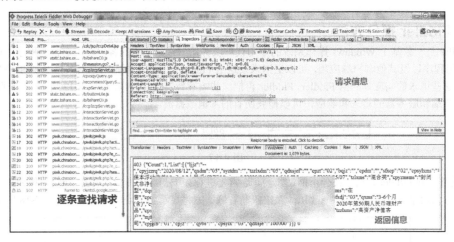

图 4-20

Fiddler 还可以记录 Python 爬虫的请求和响应过程。当爬虫访问网站得到的响应和人工用浏览器访问网站得到的响应不一致时,就可以用 Fiddler 抓包进行对比,进一步修改完善爬虫。

由于 Fiddler 会记录所有客户端的请求,包括 QQ 等软件,所以在抓包之前要关闭不必要的软件,在已经出现需要的结果时要及时停止抓包,其步骤是执行菜单栏的 "File" → "Capture Traffic" 命令,开启或暂停抓包,如图 4-21 所示。

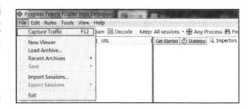

图 4-21

4.3 requests 库与爬虫开发

通过分析浏览网页的过程，我们可以知道浏览器发送的请求包含请求的网址、请求方法、请求头、请求体。然后就可以通过 Python 模拟发送请求。

下面用 Python 来制作爬虫。在 Python3 中可以使用 requests 库，requests 库的语法简单、优雅，可以直接用 pip 命令安装。

4.3.1 发送请求

使用 requests 库发送网络请求非常简单。下面导入 requests 库。

```
>>> import requests
```

用 dir 函数查看一下 requests 库中的类和函数：ConnectTimeout、ConnectionError、DependencyWarning、FileModeWarning、HTTPError、NullHandler、PreparedRequest、ReadTimeout、Request、RequestException、RequestsDependencyWarning、Response、Session、Timeout、TooManyRedirects、URLRequired、adapters、api、auth、certs、chardet、check_compatibility、codes、compat、cookies、cryptography_version、delete、exceptions、get、head、hooks、logging、models、options、packages、patch、post、put、pyopenssl、request、session、sessions、status_codes、structures、urllib3、utils、warnings。

HTTP 请求有 7 类。requests 库为每类 HTTP 请求提供了一个对应的函数：get、head、post、patch、put、delete、options。常用的是 get、post 函数。

打开 __init__.py，可以看到，这些函数是从 api 模块导入的。

```
from .api import request, get, head, post, patch, put, delete, options
```

查看 api.py 源代码可以看到，以上函数都是调用 request 函数。

```
def get(url, params=None, **kwargs):
    return request('get', url, params=params, **kwargs)
def post(url, data=None, json=None, **kwargs):
    return request('post', url, data=data, json=json, **kwargs)
```

查看 request 函数的定义可知，request 函数调用的是 sessions 模块中 Session 类的 request 方法。

```
from. import sessions
def request(method, url, **kwargs):
    with sessions.Session() as session:
        return session.request(method=method, url=url, **kwargs)
```

可以看到 Session 类中 request 方法的定义和参数。

```
class Session(SessionRedirectMixin):
    def request(self, method, url,
        params=None, data=None, headers=None, cookies=None, files=None,
        auth=None, timeout=None, allow_redirects=True, proxies=None,
        hooks=None, stream=None, verify=None, cert=None, json=None):
...
```

requests 库的核心就是这个方法，里面的参数都有特定的含义，后面会进一步解释。通常只需要使用 method、url 参数。

下面通过 get 函数自动访问新闻，如图 4-22 所示。

```
>> url='https://www.ptpress.com.cn/p/news/1575352076676.html'
>> r=requests.get(url)
```

图 4-22

也可以直接使用 request 函数，将 get 作为 method 的参数值。

```
>> r=requests.request(method='get', url=url)
```

我们看一下请求返回的对象类型。

```
>> r,type(r)
<Response [200]>, <class 'requests.models.Response'>)
```

可以看到返回的是 Response 对象。我们先用 dir 函数查看对象的属性和方法，主要包括：apparent_encoding、close、connection、content、cookies、elapsed、encoding、headers、history、is_permanent_redirect、is_redirect、iter_content、iter_lines、json、links、next、ok、raise_for_status、raw、reason、request、status_code、text、url。

Response 对象的常用属性见表 4-1。

表 4-1

属性	说明	属性	说明
status_code	请求的返回状态	headers	响应头部信息
text	响应内容的文本形式	url	返回请求的 url
content	响应内容的二进制形式	encoding	根据 Header 判断响应内容的编码方式
json	响应内容的 json 形式	apparent_encoding	根据网页内容分析出的编码方式
raw	响应内容的原始形式	request	对应的请求对象

下面用 Response 对象的 status_code 属性查看请求的返回状态。

```
>>> r.status_code
200
```

200 是状态码，状态码由 3 个十进制数字组成，按照首位数字的不同，通常分为 5 种类型，见表 4-2。

表 4-2

分类	分类描述
1**	服务器收到请求，需要请求者继续执行操作
2**	表示成功，操作被成功接收并处理
3**	表示重定向，需要进一步操作以完成请求
4**	表示客户端错误，请求包含语法错误或无法完成请求
5**	表示服务器错误，服务器在处理请求的过程中发生了错误

下面用 text 属性获取网页的文本内容。

```
>>> r.text
```

运行以后得到源代码，节选如图 4-23 所示。

```
class="container">\n  <div class="row">\n    <div class="col-md-12 col-sm-12 col-xs-12">\n      <img src="/upload//
2019/12/8dc644364b6e4429a785191e3e15685e.jpg" width="100%" height="auto">\n    </div>\n  </div>\n  <div class="row article">\n    <div class="col-md-10
col-sm-10 col-xs-12 col-md-offset-1">\n      <div class="col-md-12 col-sm-12 col-xs-12 pull-left">\n        <h1>我社发布新书《爱上科学&bull;科学引领未来》
</h1>\n      </div>\n      \n      \n      \n      \n      \n      \n      \n      \n      <div class="col-md-12 col-sm-12 col-sm-12 article_text">\n
<p>2019年11月30日，我社与中科院“SELF格致论道”讲坛联合举办《爱上科学•科学引领未来》系列新书发布会。发布会也是“SELF格致论道”讲坛的第49期，同时是首期SELF+未来少年
讲坛，主题为“少年 · 感知”，由第21届茅以升北京青年科技奖获得者、北京交通大学陈征博士主持，10位优秀少年分别从学习化学、古诗、医学、自然、生物等不同知识的角度，讲述
了自己的故事，700多名师生参加论坛。<br/></p><p style="text-align: center;"><img src="https://www.ptpress.com.cn/upload/2019/12//
docx_ffc28d875bfc49488877611c7430268b/word/media/image1.jpeg" width="412.7pt" height="281.4pt" class="neditor_img_dialog_add"/></p><p>《爱上科学•科学引领
未来》系列精选“SELF格致论道”讲坛中，诸多院士、科学家、教育家演讲的精华内容，涉及干细胞、暗物质、暗能量、核能、航天、人工智能、量子通信、机器人、大飞机、北斗、基
因测序、精准医疗、医药材料等前沿科技话题，也涵盖了家庭教育、学校教育、美术教育、超常儿童教育、创新人才培养等教育领域，演讲内容经精心打磨后结集成书，不仅具有很强
的科学性，而且可读性好。丛书首套共6册，分别是讲述探海探空探索的《阅读宇宙》，讲述物理和化学微观世界的《冷原子 热太阳》，讲述DNA与大脑前沿技术的《生命探秘》，讲述
青少年心理教育的《出国墙记》，以及分享大咖们生活经历、成长轨迹的《别人家的孩子》（1、2）。</p><p style="text-align: center;"><img src="https://
www.ptpress.com.cn/upload/2019/12//docx_ffc28d875bfc49488877611c7430268b/word/media/image2.jpeg" width="415.3pt" height="249.15pt"
class="neditor_img_dialog_add"/></p><p>“SELF格致论道”讲坛是中国科学院计算机网络信息中心和中国科学院科学传播局联合主办的公益讲坛，旨在以“格物致知”的精神探讨科
技、教育、生活、未来的发展，定期邀请中科院院士、知名科学家、教育家、企业家等行业领袖分享自己的思想、观点和感悟。后续我社将深化与论坛及相关单位、专家的合作，为青
少年提供更多的精品读物。</p><p><br/></p><p><br/></p>\n      </div>\n    </div>\n  </div>\n</div>\n\n<!-- footer -->\n\n<div id="footer"></div>\n<script>\n
$(\'#header\').load(\'/p/model/header.html\');\n  $(\'#footer\').load(\'/p/model/footer.html\');\n</script>\n</body>\n</html>\n\n'
```

图 4-23

可以看到代码里面有文字信息，还有图片的链接地址。我们可以通过文本处理工具进一步提取其中的文字、图片 URL 等数据，方法后面会介绍。

假如我们已经提取到了图片的 URL，下面请求获取新闻图片，将其保存到本地。

我们使用 text 属性获取文本信息，对于图片、文件、音频、视频等二进制文件，需要用到 content 属性。

```
>>> url='https://www.ptpress.com.cn/upload/2019/12//docx_ffc28d875bfc49488877611c7430
268b/word/media/image2.jpeg'
>>> r=requests.get(url)
>>> with open('H:\示例\第 4 章\image2.jpeg','wb') as f:
...     f.write(r.content)
```

对于比较大的文件，可以用下面的语句将其分批写入本地。

```
url='https://www.ptpress.com.cn/upload/newbookcatalog/20200913 新书目录.xls'
r=requests.get(url.encode('utf-8'),stream=True)
with open('H:\示例\第 4 章\down.xls','wb') as f:
    for chunk in r.iter_content(chunk_size=100000):
        if chunk:
            f.write(chunk)
```

发起请求时，默认情况下 stream=False，它会立即开始下载文件并将其存放到内存当中，如果文件过大就会导致内存不足。当把 get 函数的 stream 参数设置成 True 时，它不会立即开始下载，而是遍历内容时才开始下载。可以使用 iter_content 按块遍历要下载的内容，或者使用 iter_lines 按行遍历要下载的内容。

在发送请求时，还可以设置超时参数。有时候我们发送了请求，服务器却没有响应，这时就要等待，为了避免等待时间过长，可以在请求中加入一个超时时间。

下面将 timeout 参数设定为 5 秒。

```
r=requests.get(url,timeout=5)
```

requests 在经过 5 秒之后停止等待，并报出连接失败的异常。我们在异常处理里面可以做进一步设置，设置重试多少次后直接进入下一条网址的请求，这样可以避免因个别页面等待时间过长而影响效率。

4.3.2 构造网址

前面抓取新闻的例子中，URL 都是在浏览器地址栏直接复制得到的。图片的链接 URL 是从网页源代码里面直接复制提取的。但是有的网站，从地址栏是提取不到 URL 的。

例如，我们希望了解出版社近年来的全部工作动态，如何批量获取这些数据呢？可以看到工作动态一共

有 10 页，每页最多 20 条新闻，也就是大概 200 条新闻，如图 4-24 所示。

图 4-24

如果我们知道每条新闻的 URL，那么就可以通过上面的代码批量获取其内容。在页面上右击，选择"查看网页源代码"命令，没有找到链接。单击第二页，地址栏网址也没有任何变化，如图 4-25 所示。

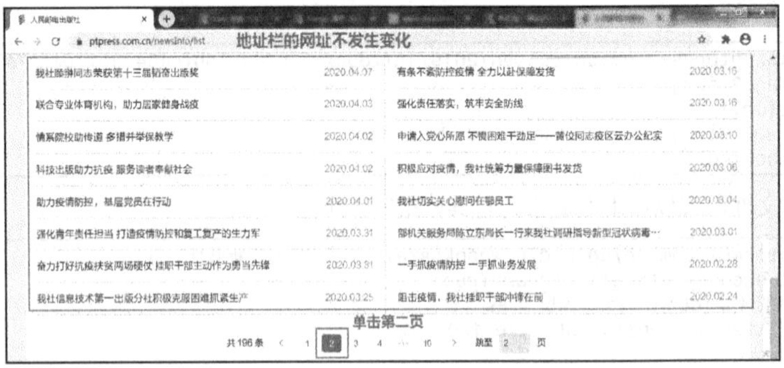

图 4-25

这时就需要通过浏览器来抓包分析了。单击第二页，共抓到 7 条请求，如图 4-26 所示。

图 4-26

查看第二条请求，在右侧我们看到了第二页的真实 URL 地址。
https://www.ptpress.com.cn/newsInfo/getNewsInfoList?rows=20&page=2&type=news
使用 GET 方法请求时，各种参数数据都放在网址中，通常在问号?后面追加参数，多个参数由&连接，

80　第 4 章　网络信息自动获取

如图 4-27 所示。由此可以判断，2 代表第二页，20 代表每页 20 条。基于该判断，我们构造第一页到第十页的网址。

图 4-27

再看服务器返回的数据，它采用的是 JSON 格式。预览一下，可以看到里面包含第二页 20 条新闻的真实 URL 地址，如图 4-28 所示。

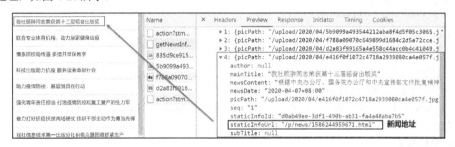

图 4-28

这里得到是相对地址/p/news/1586244959671.html，这也是网页设计时的通常写法，其完整地址需要补全为 https://www.ptpress.com.cn/p/news/1586244959671.html。

下面我们通过代码获取第二页的 20 条新闻的网址。

```
>>> url='https://www.ptpress.com.cn/newsInfo/getNewsInfoList?rows=20&page=2&type=news'
>>> r=requests.get(url)
```

由于返回的数据是 JSON 格式，因此我们用 r.json 方法查看内容。

```
>>> r.json()
{'data': {'total': 197,
  'rows': [{'picPath': '/upload/2020/04/2beb02055a46448c887283ecd2c062a7.jpg',
    'newsContent': '',
    'subTitle': None,
    'mainTitle': '×××',
    'author': None,
    'newsDate': '2020-04-13+08:00',
    'seq': '1',
    'staticInfoUrl': '/p/news/1586755222474.html',
    'staticInfoId': 'f01302fc-eb67-4891-b423-c08ea028ab45'},
...] },
 'msg': '返回数据成功！',
 'success': True}
>>> type(r.json())
<class 'dict'>
```

这里得到了一个字典，里面嵌套了字典和列表，列表里面又有字典。

下面通过索引的方式访问成员。

```
>>> r.json()['data']['rows'][0]['staticInfoUrl']
'/p/news/1586755222474.html'
```

在发送 GET 请求时，如果请求参数比较多，可以在发送 GET 请求时，将问号？之前的部分作为请求 URL，将参数放入 params。

```
>>> url='https://www.ptpress.com.cn/newsInfo/getNewsInfoList'
>>> data={'rows': '20','page': '2','type': 'news'}
>>> r=requests.get(url,params=data)
```

下面通过代码自动获取全部网址，共计 196 个。

```
>>> import requests
>>> url='https://www.ptpress.com.cn/newsInfo/getNewsInfoList'
>>> for i in range(1,11):
...     data={'rows': '20','page': i,'type': 'news'}
...     r=requests.get(url,params=data)
...     lists=r.json()['data']['rows']
...     for list in lists:
...         print(list['staticInfoUrl'])
...
/p/news/1594968671465.html
/p/news/1594974198484.html
.........................
/p/news/1501206441225.html
```

工作中，我们经常浏览网页和各种论坛，一次检索结果有几十页，一个网络热帖有几百页，人工看非常耗时间。通过爬虫技术，我们可以一次性获取各个分页的 URL 地址，然后在分页的源代码里面提取出文字信息，大大节约了时间。

案例：采集数据

下面访问中国国家统计局网站，获取不同月份的工业增加值增长速度数据，并保存到本地 Excel 文档。手动查询 2019 年 12 月的数据，并通过浏览器抓包分析请求的相关信息，如图 4-29 所示。

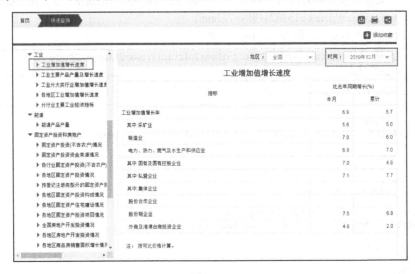

图 4-29

查看请求信息，如图 4-30 所示。

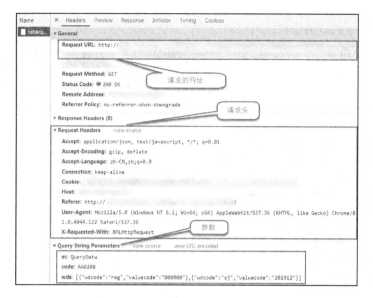

图 4-30

通过 Request URL 查看到请求的网址。URL 里一般不会有中文，如果有中文，则需要添加百分号进行转义。为了更清晰地看到 URL 内容，通过网络上的在线 URL 解码工具，我们可以得到传入的参数，如图 4-31 所示。

图 4-31

通过分析，可以发现 valuecode 代表月份。通过设置不同的月份，可以获取全部数据。下面批量获取一年的数据，存放在 Excel 表格里。

```
❶ import requests,xlwt,time, random
❶ file=xlwt.Workbook()
  month=['201903','201904','201905','201906','201907','201908',
  '201909','201910','201911','201912','202001','202002','202003']
❷ for i in range(len(month)):
❸     params={'m': 'QueryData','code': 'AA020B',
       'wds': '[{"wdcode":"reg","valuecode":"000000"},{"wdcode":"sj","valuecode":"'+month[i]+'"}]'}
❹     r=requests.get('https://x.x.x.x',params=params, verify=Flase)
❺     time.sleep(random.randint(5,10)+random.random())
❻     dict=r.json()
       data=dict['exceltable']
❼     table=file.add_sheet(month[i])
       n=len(data)
❽     for j in range(n):
           row=data[j]['row']
           col=data[j]['col']
           value=data[j]['data']
```

```
        table.write(row,col,value)
    file.save('工业增加值增长速度.xls')
```

语句⓿导入需要用到的库 requests、xlwt、time、random，其中 xlwt 库是用于生成 Excel 文档的，在第 5 章会详细介绍其用法；语句❶新建一个 Excel 文档，用于保存采集的数据；语句❷设置循环，依次采集 2019 年 3 月至 2020 年 3 月的数据；语句❸构造参数；语句❹发起 GET 请求，这里没有写出具体的网址，是由于网站的网址可能变动，请读者自行查询需要访问的网址，以下代码均按此方式处理，以 https://×.×.×.×代替。

语句❺设置延迟。random.randint(5,10)产生一个 5 至 10 之间的随机整数，random.random()产生一个 0 至 1 之间的随机小数，这样获得的延迟时间更像一个用户的行为。当然还可以进一步优化，例如每隔随机次数，间隔一个更长的随机时间，而不是每次都间隔 5 至 10 秒。

语句❻将返回的数据转换为字典；语句❼向 Excel 文档增加工作表；语句❽构造循环语句，向单元格写入采集到的数据，最后保存文件。

打开得到的 Excel 文档，如图 4-32 所示。

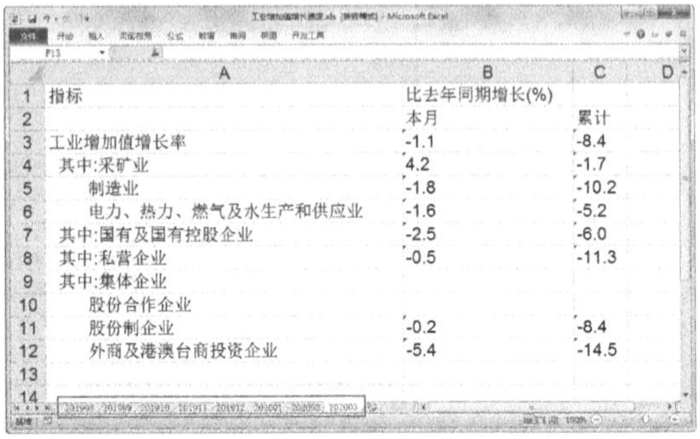

	A	B	C
1	指标	比去年同期增长(%)	
2		本月	累计
3	工业增加值增长率	-1.1	-8.4
4	其中:采矿业	4.2	-1.7
5	制造业	-1.8	-10.2
6	电力、热力、燃气及水生产和供应业	-1.6	-5.2
7	其中:国有及国有控股企业	-2.5	-6.0
8	其中:私营企业	-0.5	-11.3
9	其中:集体企业		
10	股份合作企业		
11	股份制企业	-0.2	-8.4
12	外商及港澳台商投资企业	-5.4	-14.5

图 4-32

4.3.3 爬虫攻防策略

我们希望可以高效率地获取网站信息，但网站不希望数据被轻易抓取，因此爬虫与反爬虫是一对永恒的主题。网络爬虫会给服务器带来巨大的访问量，操作不当还会引起网站瘫痪。科技本身无罪，爬虫可以是“害虫”，也可以是“益虫”。例如，我们使用百度搜索引擎，输入关键词后，就能轻而易举地找到需要的文件。那是因为百度爬虫每天穿梭在互联网的各个角落，把分散的数据记录到百度的数据库中。

很多初学者在采集数据时，往往简单粗暴、不顾服务器压力，通过爬虫循环不停地访问网站，甚至代码出错导致爬虫失控，或忘记及时停止变成被人遗忘的爬虫。这类爬虫危害很大，也往往会在第一时间被网站封锁。来自各种客户端的访问都会被站点记录，所以站点通过对访问的统计，来限制“害虫”，例如对单个 IP 的访问做限制等。高端的反爬虫机制还包括行为分析、验证码、字符转图片等，这些手段都是为了增加数据获取的难度。当然，网站一方面要限制爬虫，另一方面又希望增加真实访问量，所以要提高访问的便捷性，就不会设置太多、太频繁的验证码。

要想和网站长期共存，就必须做一只“友好”的爬虫：首先是要限制爬虫爬取的速度，人工需要耗多少时间，就设置多少延迟时间，可以以随机数的形式延迟；此外，还可以设置请求头、代理等。

1. 添加 headers

前面提到，完整的请求包括请求的网址、请求方法、请求头、请求体。前面提交的请求都没有带请求头，但也可以获取数据。

下面看一下我们之前发送到服务器的请求头。

使用 Response 对象的 request 属性查看请求信息。

```
>>> r.request
<PreparedRequest [GET]>
>>> type(r.request)
<class 'requests.models.PreparedRequest'>
```

用 dir 函数查看对象的属性和方法：body、copy、deregister_hook、headers、hooks、method、path_url、prepare、prepare_auth、prepare_body、prepare_content_length、prepare_cookies、prepare_headers、prepare_hooks、 prepare_method、prepare_url、register_hook、url。

可以看到，其中包括 headers 属性。

```
>>> r.request.headers
{'User-Agent': 'python-requests/2.19.1', 'Accept-Encoding': 'gzip, deflate', 'Accept': '*/*', 'Conne
ction': 'keep-alive'}
```

要注意区别的是，r.request.headers 表示请求头，而 r.headers 表示服务器返回的响应头部信息。

可以看到，请求头里面有"python-requests"字样，服务器就知道这是来自 Python 爬虫的请求，可能会拒接请求。

请求头的完整参数说明见表 4-3。

表 4-3

参数	说明
Accept	指定客户端能够接收的内容类型
Accept-Encoding	指定浏览器可以支持的 Web 服务器返回内容压缩编码类型
Accept-Language	浏览器可接收的语言
Connection	表示是否需要持久连接
Cookie	是某些网站为了辨别用户身份而存储在用户本地终端上的数据
Content-Length	请求的内容长度
Content-Type	请求的与实体对应的 MIME 信息
Host	指定请求的服务器的域名和端口号
Referer	告诉服务器本请求是从哪个页面链接过来的
User-Agent	包含发出请求的用户信息

举一个实例，通过中国理财网，可以查询理财产品的真实性，如图 4-33 所示。输入理财产品编码，单击"查询"按钮，就能返回产品相关信息。通过抓包分析，我们知道这是 POST 请求，发送的参数很多，其中包括理财产品编码。

下面用 Python 模拟请求。只需要传递有数据的参数，我们分两次请求，分别不带请求头和带请求头，以查看区别。

```
import requests
headers={
'User-Agent':'Mozilla/5.0(WindowsNT6.1;Win64;x64;rv:75.0)Gecko/20100101Firefox/75.0'
    }
data={
'mjfsdm':'01',
'cpdjbm':'Z7000920000329',
'tzzlxdm':'03,05,NA',
'pagenum':'1'
}
r0=requests.post('https://×.×.×.×',data=data)
r1=requests.post('https://×.×.×.×',data=data,headers=headers)
print('不修改 headers 的请求状态：    '+str(r0.status_code))
print('修改 headers 后的请求状态：    '+str(r1.status_code))
```

将代码复制到 Spyder 编辑区，运行结果如下。

```
不修改 headers 的请求状态：    403
修改 headers 后的请求状态：    200
```

上例中，我们只加了 User-Agent 就可以成功访问，有些网站还需要用到其他的请求头参数。

2. Session

Session 的意思是"会话控制",Session 对象存储了会话所需要的属性和配置信息。我们用浏览器登录一个网站,就会和该网站建立一个会话,服务器会在浏览器存放 cookies 等数据,登录以后在网页之间跳转,服务器都会"认识"我们,而不会再次要求登录。关闭浏览器以后,就退出了会话。

在前面的例子里,利用 get 或 post 等函数可以模拟网页的请求。我们通过分析源代码,知道 get 或 post 函数调用的是 sessions 模块中 Session 类的 request 方法。每次调用,都会重新实例化一个 Session 类,各个对象之间没有关系。也就是说,每一次都相当于退出并重新打开浏览器,每一次都建立新的会话。

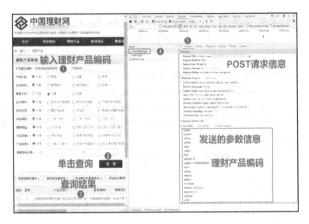

图 4-33

有些网站不是访问一次就能获得想要的结果,例如第一次请求利用 post 方法提交用户名和密码进行登录验证,然后再用 get 方法获取成功登录后才能访问的信息。对于这类场景,如果直接写两次请求,就相当于用了两个浏览器,第二次请求根本无法访问需要登录才能访问的信息。

解决这个问题的主要方法就是维持同一个 Session,也就是相当于打开一个新的浏览器选项卡而不是新开一个浏览器。具体的语法如下。

```
import requests
s=requests.Session()
...
r=s.post(url,data=data)
...
r=s.get(url)
```

这样两次请求就处于同一个会话了。

当我们在多个 Web 页面之间跳转时,存储在 Session 对象中的变量不会丢失,这样就确保了不会"掉线"。但是如果一个 Session 的访问量过大,就还是会被服务器封杀或者要求输入验证码。

3. 设置代理

服务器反爬虫的机制是要查出属于代码的访问,然后封锁 IP。解决办法是,在采集数据时使用代理 IP。

代理(proxies)是一种特殊的网络服务,简单来说,A 与 B 通信,必须通过 C,代理就是网络信息的中转站。抓包工具 Fiddler 正是运用了代理机制,才能看到我们发出去和收到的信息。

我们可以维护一个代理 IP 池,让爬虫隐藏自己真实的 IP,网上也有很多免费的代理 IP。

Requests 本身有相应的 proxies 属性,我们只需要将代理 IP 地址以字典的形式赋给 proxies,再传输给 requests 即可。

具体代码如下。

```
import requests
proxies={'http': 'http:// xxx.xxx.xxx.xxx:xxx',
        'https': ' http:// xxx.xxx.xxx.xxx:xxx'
        }
requests.get(url, proxies=proxies)
```

免费的代理 IP 都不太稳定,除了使用代理 IP,还可以使用拨号上网。因为每次拨号的 IP 是会变化的,这样就可以避免固定 IP 容易被封锁的问题了。

4. 善用 API

互联网时代是协作的时代，我们要提升办公效率，就要善于借用他人的劳动，独自钻研反而是成本最高、效率最低的。当在工作中要持续、稳定、高效地获取一些数据时，首先考虑是否有现成的数据提供商。只有特别小众化的数据采集，才需要考虑亲自写爬虫。

在对一个网站进行分析之前，先考虑该网站是否有数据接口（Application Programming Interface，API），大量的网站提供了现成的 API，让我们不使用爬虫也可以调用信息，更不用担心反爬虫的问题了。例如，我们需要企业详细工商信息、上市公司财务数据、股票信息、宏观数据、天气数据等，都可以购买现成的 API 服务。

API 也是通过 Requests 请求和提供商服务器端的 Response 回应来完成 API 的一次调用，所以用 Python 进行 API 的调用时，便可以使用 requests 库来进行请求。我们需要做的就是注册、提交请求，API 自动返回 JSON 数据，我们再对 API 返回的 JSON 数据进行解析。

随着网络技术的发展，API 的应用也越来越多，不仅可以提供数据查询，还可以提供一些人工智能支持。例如，可以通过百度识图 API 进行图片识别，还有很多服务商提供的文档格式转换、文档 OCR（Optical Character Recognition，光学字符识别）等服务。我们只需要通过 POST 请求提交文件，就能得到需要的结果。

4.4 网页解析工具

前面我们通过 requests 库发送请求，获得了网页的源代码，但是如何从源代码里面提取出我们需要的内容呢？例如文字、图片或者文件的 URL？这时就需要用到网页解析工具。最常用的是正则表达式，此外还有各种解析库，如 lxml、BeautifulSoup 等，下面介绍常用的网页解析方法。

4.4.1 正则表达式

正则表达式是对字符串操作的一种逻辑公式，用于从字符串里面提取符合特定规则的子串。如果能熟练地掌握正则表达式，就能使文字处理效率得到极大的提升。

常见的正则字符和含义见表 4-4。正则表达式本身是个复杂的话题，读者如果想了解更为详细的正则表达式的写法，可以自行查阅相关资料。

表 4-4

符号	描述	符号	描述
.	匹配除换行符\n 外的任意字符	\s	匹配空白字符，如空格、Tab 键
*	匹配前一个字符 0 次或多次	\S	匹配任何非空白字符
+	匹配前一个字符一次或多次	\d	匹配数字，等价于[0-9]
?	匹配前一个字符 0 次或一次	\D	匹配任何非数字，等价于[^0-9]
^	匹配字符串开头	\w	匹配普通字符，如 a~z、A~Z、0~9、_、汉字
$	匹配字符串结尾	\W	匹配特殊字符
()	匹配括号内的表达式	[]	匹配 "[]" 中列举的字符

其中较常用的是.*?和.*，用来前后截取一段特征数据。.*是贪婪匹配，会尽可能地往后匹配；.*?是非贪婪匹配，会尽可能少地匹配单词。

```
>>> import re
>>> dir(re)
```

用 dir 函数查看 re 库的函数和类，主要包括 compile、copyreg、enum、error、escape、findall、finditer、 fullmatch、functools、match、purge、search、split、sre_compile、sre_parse、sub、subn、template。

其中 3 种常用方法分别是 match、search 和 findall。match 方法是从字符串首字母开始匹配，search 方法是在整个字符串里匹配。如果 match、search 方法匹配成功，则会返回 Match 对象，通过 group 方法获取匹配到的文本内容；如果匹配失败，则返回 None。

findall 方法会匹配所有字符串，返回的是 list。下面看一个实例，需要匹配"Python"和"!"之间的内容，我们先用 match 方法。

```
>>> s='Python 是一种程序设计语言! Python 很简单!'
>>> r=re.match('Python(.*)!',s)
>>> print(r)
<re.Match object; span=(0, 26), match='Python 是一种程序设计语言! Python 很简单!'>
```

由于是贪婪匹配，它匹配了整个句子。返回 Match 对象，用 dir 函数查看对象的属性和方法，主要包括：end、endpos、expand、group、groupdict、groups、lastgroup、lastindex、pos、re、regs、span、start、string。

下面通过 group 方法获取匹配到的文本内容。

```
>>> print(r.group())
Python 是一种程序设计语言! Python 很简单!
>>> print(r.group(0))
Python 是一种程序设计语言! Python 很简单!
>>> print(r.group(1))
是一种程序设计语言! Python 很简单
```

下面用非贪婪匹配，只匹配到第一句。

```
>>> r=re.match('Python(.*?)!',s)
>>> print(r)
<re.Match object; span=(0, 16), match='Python 是一种程序设计语言!'>
>>> print(r.group())
Python 是一种程序设计语言!
```

假如字符串不是以"Python"开始，则无法匹配。

```
>>> s='语言简介：Python 是一种程序设计语言! Python 很简单!'
>>> r=re.match('Python(.*?)!',s)
>>> print(r)
None
```

使用 search 方法就不存在这个问题。

```
>>> r1=re.search('Python(.*?)!',s)
>>> print(r1)
<re.Match object; span=(5, 21), match='Python 是一种程序设计语言!'>
>>> print(r1.group())
Python 是一种程序设计语言!
```

使用 findall 方法将以列表形式返回所有匹配结果。

```
>>> r2=re.findall('Python(.*?)!',s)
>>> print(r2)
['是一种程序设计语言', '很简单']
>>> print(r2[0])
是一种程序设计语言
```

我们提取网页中的数据时，可以先把网页的源代码变成字符串，然后用正则表达式匹配想要的数据。

下面以访问人民邮电出版社官网上的新闻为例，我们提取文字和图片的地址。

```
import re
import requests
r=requests.get('https://www.ptpress.com.cn/p/news/1575352076676.html')
s=r.text
```

```
txt=re.findall('<p>(.*?)</p>',s)
print(txt)
pic=re.findall('img src="(.*?)"',s)
print(pic)
```

运行结果如图 4-34 所示。

```
['2019年11月30日，我社与中科院“SELF格致论道”讲坛联合举办《爱上科学•科学引领未来》系列新书发布会。发布会也是“SELF格致论道”讲坛的第49期，同时是首期SELF+未来少年讲坛，主题为“少年 · 感知”，由第21届茅以升北京青年科技奖获得者、北京交通大学陈征博士主持，10位优秀少年分别从学习化学、古诗、医学、自然、生物等不同知识的角度，讲述了自己的故事，700多名师生参加论坛。<br/>', '《爱上科学•科学引领未来》系列精选“SELF格致论道”讲坛中，诸多院士、科学家、教育家演讲的精华内容，涉及干细胞、暗物质、暗能量、核能、航天、人工智能、量子通信、机器人、大飞机、北斗、基因测序、精准医疗、医药材料等前沿科技话题，也涵盖了家庭教育、学校教育、美术教育、超常儿童教育、创新人才培养等教育领域。演讲内容经精心打磨后结集成书，不仅具有很强的科学性，而且可读性好。丛书首套共6册，分别是讲述深海深空探索的《阅读宇宙》，讲述物理和化学微观世界的《冷原子 热太阳》，讲述DNA与大脑前沿技术的《生命探秘》，讲述青少年心理教育的《出围墙记》，以及分享大咖们生活经历、成长轨迹的《别人家的孩子》（1、2）。', '“SELF格致论道”讲坛是中国科学院计算机网络信息中心和中国科学院科学传播局联合主办的公益讲坛，旨在以“格物致知”的精神探讨科技、教育、生活、未来的发展，定期邀请中科院院士、知名科学家、教育家、企业家等行业领袖分享自己的思想、观点和感悟。后续我社将深化与论坛及相关单位、专家的合作，为青少年提供更多的精品读物。', '<br/>', '<br/>']
['/upload//2019/12/8dc644364b6e4429a785191e3e15685e.jpg', 'https://www.ptpress.com.cn/upload/2019/12//docx_ffc28d875bfc49488877611c7430268b/word/media/image1.jpeg', 'https://www.ptpress.com.cn/upload/2019/12//docx_ffc28d875bfc49488877611c7430268b/word/media/image2.jpeg']
```

图 4-34

4.4.2 lxml 库

网页是 XML 文档，有一定的结构和层级关系。lxml 库就是借助网页的结构和属性等特性来解析网页。

我们主要是使用 lxml 库中的 XPath 选择器来获取某个网页元素。XPath 是一门在 XML 文档中查找信息的语言。XPath 使用路径表达式来选择 XML 文档中的节点或节点集，也可以用于获取 HTML 文档的数据。

我们通过抓包工具选择要获取内容的网页元素并右击，在弹出的菜单中执行“Copy”→“Copy full XPath”命令，复制 XPath，即可得到 XPath 路径，例如第一段正文文字路径为/html/body/div[2]/div[2]/div/div[2]/p[1]，如图 4-35 所示，根据规律构造出全部文字和图片的一般路径。

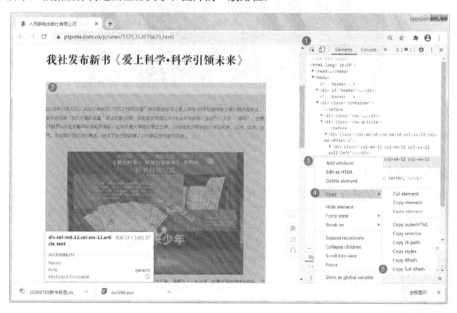

图 4-35

首先获取网页文件。

```
>>> import requests
>>> r=requests.get('https://www.ptpress.com.cn/p/news/1575352076676.html')
>>> s=r.text
```

调用 lxml 库中的 etree 包。

```
>>> from lxml import etree
```

或者使用以下代码调用 HTML 函数打开网页文件。

```
>>> from lxml import html
>>> etree=html.etree
>>> html=etree.HTML(s)
>>> html,type(html)
(<Element html at 0x38a29c8>, <class 'lxml.etree._Element'>)
```

返回 lxml.etree._Element 对象，用 dir 函数查看对象的属性和方法，主要包括：addnext、addprevious、append、attrib、base、clear、cssselect、extend、find、findall、findtext、get、getchildren、getiterator、getnext、getparent、getprevious、getroottree、index、insert、items、iter、iterancestors、iterchildren、iterdescendants、iterfind、itersiblings、itertext、keys、makeelement、nsmap、prefix、remove、replace、set、sourceline、tag、tail、text、values、xpath。

使用 xpath 方法来获取某个网页元素。

```
>>> txt=html.xpath('//body/div[2]/div[2]/div/div[2]/p/text()')
>>> pic=html.xpath('//body/div[2]/div[2]/div/div[2]/p/img/@src')
>>> txt,pic
```

运行结果如图 4-36 所示。

图 4-36

结尾的 text()、img/@src 是固定写法，分别提取文字和图片。

4.4.3 BeautifulSoup4 库

BeautifulSoup4 库和 lxml 库一样，也是一个 HTML/XML 的解析器。它可以将复杂的 HTML 文档转换成一个复杂的树形结构，每个节点都是 Python 对象，都有标签。我们可以利用 soup 加标签名轻松地获取这些标签的内容。

注意：有一个名为 BeautifulSoup 的包，那是 BeautifulSoup3 的发布版本，目前已经停止开发。

```
>>> from bs4 import BeautifulSoup
>>> import requests
>>> r=requests.get('https://www.ptpress.com.cn/p/news/1575352076676.html')
>>> s=r.text
>>> soup=BeautifulSoup(s,'lxml')
>>> soup.title.string
'人民邮电出版社有限公司'
```

BeautifulSoup4 支持 lxml 解析器和 HTML 解析器（html.parser）。

我们看到案例中，新闻文字都是位于 p 节点，图片地址位于 img 节点。findAll 函数可以帮助我们通过标签过滤 HTML 页面，查找需要的标签。

```
>>> soup=BeautifulSoup(s,'html.parser')
>>> texts=soup.findAll('p')
>>> for text in texts:print(text.text)
```

运行结果如图 4-37 所示。

```
>>> imgs=soup.findAll('img')
>>> for img in imgs:print(img.get('src'))
/upload//2019/12/8dc644364b6e4429a785191e3e15685e.jpg
https://www.ptpress.com.cn/upload/2019/12//docx_ffc28d875bfc49488877611c7430268b/word/media/image1.
jpeg
https://www.ptpress.com.cn/upload/2019/12//docx_ffc28d875bfc49488877611c7430268b/word/media/image2.
jpeg
```

获取图片的地址后，我们将其放入列表，通过循环发送 GET 请求，就能将图片批量下载到本地。GET 请求图片的代码前面已经介绍，就不再赘述。

案例：获取上市公司数据

下面我们从东方财富网获取某上市公司基本资料和历年财务指标，网页如图 4-38 所示。

图 4-37

图 4-38

通过抓包分析可以发现，单击"公司概况"按钮时，浏览器总共发送了 62 条请求。第一次请求只获得了网页框架源代码，但是里面并没有具体数据内容，如图 4-39 所示。

我们筛选出 XHR（XML HttpRequest）数据类型，找到了基本资料对应的具体数据，如图 4-40 所示。

图 4-39

图 4-40

GET 请求返回的数据如下。

```
'gsmc':'××××××股份有限公司'
```

而我们需要的数据是"公司名称:××××××股份有限公司"。

那么就需要整理出对应关系，如"公司名称:gsmc"，而这个对应关系正好在图中的源代码里。手动整理比较烦琐，可以通过正则表达式提取我们需要的信息。下面以部分源代码作为示例。

```
>>> import re
>>> text='''
... <tr>
...     <th class="tips-fieldnameL" width="174">
...         公司名称
...     </th>
...     <td class="tips-dataL" colspan="3">
...         {{jbzl.gsmc}}
...     </td>
... </tr>
... <tr>
...     <th class="tips-fieldnameL">
...         英文名称
...     </th>
...     <td class="tips-dataL" colspan="3">
...         {{jbzl.ywmc}}
...     </td>
... </tr>
... '''
>>> txt=text.replace('\n', '').replace('\r', '').replace(' ', '')
>>> lst=re.findall('<thclass="tips-fieldnameL".*?(.*?)</th>.*?{{jbzl.(.*?)}}',txt)
>>> dict_CompanySurvey=dict(lst)
>>> print(dict_CompanySurvey)
{'公司名称': 'gsmc', '英文名称': 'ywmc'}
```

下面是完整的代码。

```
import requests,time, random,re
r=requests.get('https://×.×.×.×')
txt=r.text.split('<table id="Table0">')[1].split('<div class="name" id="fxxg">')[0].replace('\n', \
'').replace('\r', '').replace(' ', '')
lst=re.findall('<thclass="tips-fieldnameL".*?(.*?)</th>.*?{{jbzl.(.*?)}}',txt)
dict_CompanySurvey=dict(lst)
r=requests.get('https://×.×.×.×')
txt=r.text.split('<script type="text/template" id="tmpl_dbfx">')[0].replace('\n', '').replace('\r', \
'').replace(' ', '')
lst=re.findall('<tdclass="tips-fieldname-Left"><span>(.*?)</span>.*?<tdclass="tips-data-Right"> \
<span>{{value.(.*?)}}',txt)
dict_NewFinanceAnalysis=dict(lst)
codes=['×××','×××','×××']
for code in codes:
    r=requests.get('https://×.×.×.×'+code)
    time.sleep(random.randint(1,3)+random.random())
    dict_CompanySurvey_Value=r.json()
    r=requests.get('https://×.×.×.×'+code)
    time.sleep(random.randint(1,3)+random.random())
    dict_NewFinanceAnalysis_Value=r.json()
    with open(code+'基本资料.txt', 'w') as f:
        for key,value in dict_CompanySurvey.items():
            f.write(key+'|'+dict_CompanySurvey_Value['jbzl'][value]+'\n')
    with open(code+'财务指标.txt', 'w') as f:
        for key,value in dict_NewFinanceAnalysis.items():
            txt=key
            for Value in dict_NewFinanceAnalysis_Value:
                txt=txt+'|'+Value[value]
            f.write(txt+'\n')
```

运行结果如图4-41和图4-42所示，我们将相应数据保存到了TXT文档中。

图 4-41 图 4-42

4.5 用 selenium 爬取复杂页面

selenium 库是一个自动化测试工具，可以操控浏览器。它可以模拟人在浏览器上的各种操作，如打开、单击、输入、登录等。因此，它也是一个强大的网络数据采集工具。使用它，我们不需要分析客户端和服务器的复杂通信过程，直接模拟人的行为即可。

selenium 库需要与浏览器结合在一起才能使用，支持的浏览器包括 IE、Mozilla Firefox、Safari、Google Chrome、Opera 等。需要下浏览器对应的驱动程序，如笔者计算机上安装的是 Google Chrome 浏览器（版本 85.0.4183.83，64 位），就需要下载相应版本的驱动 chromedriver.exe。

4.5.1 网页截图

我们来看一个用 selenium 库操控浏览器的例子。要实现的需求是自动打开 Google Chrome 浏览器，访问百度主页，自动输入关键词"python"，将搜索界面截图，自动打开第一个搜索结果，截图。下面是具体代码。

导入子模块 webdriver。

```
>>> from selenium import webdriver
```

webdriver 是 selenium 文件夹的子文件夹，因为它里面有 __init__.py，所以它也是模块，可以被调用。调用语句指向了 __init__.py，该文件里面有 "from. chrome.webdriver import WebDriver as Chrome"。即 Chrome 是 webdriver\chrome 文件夹下 webdriver 模块中 WebDriver 类的别名。

```
>>> webdriver.Chrome
<class 'selenium.webdriver.chrome.webdriver.WebDriver'>
```

下面实例化类，参数为 Google Chrome 浏览器的驱动程序文件（含文件路径）。

```
>>> driver=webdriver.Chrome(r'H:\示例\第 4 章\chromedriver.exe')
```

调用以后，浏览器会自动打开，如图 4-43 所示。

图 4-43

driver 是实例化的 WebDriver 对象，用 dir 函数查看对象的属性和方法，主要包括：add_cookie、application_cache、back、capabilities、close、command_executor、create_options、create_web_element、current_url、current_window_handle、delete_all_cookies、delete_cookie、desired_capabilities、error_handler、execute、execute_async_script、execute_cdp_cmd、execute_script、file_detector、file_detector_context、find_element、find_element_by_class_name、find_element_by_css_selector、find_element_by_id、find_element_by_link_text、find_element_by_name、find_element_by_partial_link_text、find_element_by_tag_name、find_element_by_xpath、find_elements、find_elements_by_class_name、find_elements_by_css_selector、find_elements_by_id、find_elements_by_link_text、find_elements_by_name、find_elements_by_partial_link_text、find_elements_by_tag_name、find_elements_by_xpath、forward、fullscreen_window、get、get_cookie、get_cookies、get_log、get_network_conditions、get_screenshot_as_base64、get_screenshot_as_file、get_screenshot_as_png、get_window_position、get_window_rect、get_window_size、implicitly_wait、launch_app、log_types、maximize_window、minimize_window、mobile、name、orientation、page_source、quit、refresh、save_screenshot、service、session_id、set_network_conditions、set_page_load_timeout、set_script_timeout、set_window_position、set_window_rect、set_window_size、start_client、start_session、stop_client、switch_to、switch_to_active_element、switch_to_alert、switch_to_default_content、switch_to_frame、switch_to_window、title、w3c、window_handles。

下面使用 WebDriver 对象的 get 方法访问百度主页，如图 4-44 所示。

```
>>> driver.get('https://x.x.x.x')
```

图 4-44

我们使用 WebDriver 对象的 find_element_by_id 方法找到输入框。该方法将返回一个 WebElement 对象，用 dir 函数查看对象的属性和方法，主要包括：clear、click、find_element、find_element_by_class_name、find_element_by_css_selector、find_element_by_id、find_element_by_link_text、find_element_by_name、find_element_by_partial_link_text、find_element_by_tag_name、find_element_by_xpath、find_elements、find_elements_by_class_name、find_elements_by_css_selector、find_elements_by_id、find_elements_by_link_text、find_elements_by_name、find_elements_by_partial_link_text、find_elements_by_tag_name、find_elements_by_xpath、get_attribute、get_property、id、is_displayed、is_enabled、is_selected、location、location_once_scrolled_into_view、parent、rect、screenshot、screenshot_as_base64、screenshot_as_png、send_keys、size、submit、tag_name、text、value_of_css_property。

使用对象的 send_keys 方法，代入参数 python，运行结果如图 4-45 所示。

```
>>> driver.find_element_by_id('kw').send_keys('python')
```

我们使用 WebDriver 对象的 find_element_by_xpath 方法找到"百度一下"按钮，该方法将返回一个 WebElement 对象，使用该对象的 click 方法，运行结果如图 4-46 所示。

```
>>> driver.find_element_by_xpath('//*[@id="su"]').click()
```

图 4-45

图 4-46

为了等待服务器响应请求,设置延迟 3 秒钟。

```
>>> import time
>>> time.sleep(3)
```

使用 WebDriver 对象的 save_screenshot 方法截屏,代入参数为文件名。

```
>>> driver.save_screenshot('H:\示例\第 4 章\python_1.png')
True
```

使用 WebDriver 对象的 find_element_by_xpath 方法找到第一个检索结果,该方法将返回一个 WebElement 对象,使用该对象的 click 方法。

```
>>> driver.find_element_by_xpath('//*[@id="1"]/h3/a[1]').click()
>>> time.sleep(3)
```

使用 WebDriver 对象的 switch_to.window 方法跳转到检索结果网页标签窗口,参数是窗口句柄 driver.window_handles[1],[]中为 0 代表百度检索窗口,为 1 代表刚刚新打开的检索结果窗口。可以通过不同的参数实现页面切换,如图 4-47 所示。

```
>>> driver.switch_to.window(driver.window_handles[1])
```

图 4-47

使用 WebDriver 对象的 save_screenshot 方法截屏,代入参数为文件名。

```
>>> driver.save_screenshot('H:\示例\第 4 章\python_2.png')
```

使用 WebDriver 对象的 close 方法关闭当前网页窗口。

```
>>> driver.close()
```

使用 WebDriver 对象的 quit 方法退出，关闭浏览器。

```
>>> driver.quit()
```

打开文件夹，可以看到截图的效果，如图 4-48 所示。

有时候网页的分析难度太大，或者工作的时效性很强，没有时间深入分析。我们可以将其批量截图，保存到本地。然后通过后面章节介绍的图片识别方法，提取其中的文字信息，这也是一种"另类"的爬虫方法。

此外，还可以按 Ctrl+P 快捷键，将网页另存为 PDF 文档，保存到本地，然后从 PDF 文档中提取文字和图表信息，如图 4-49 所示。

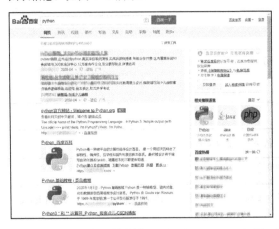

图 4-48　　　　　　　　　　　　　　图 4-49

4.5.2　定位元素

示例中，关键的步骤在于如何准确定位网页中的元素，如文本框、按钮等。前面我们看到 WebDriver 对象有各种方法，其中 find_element_by_×××方法可以用来定位页面上的元素。那么方法的参数如何获得呢？

单击左上角的 ▣ 按钮，然后将鼠标指针放置在需要定位的网页元素上，如图 4-50 所示。

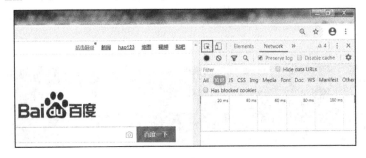

图 4-50

定位搜索框，在右边出现了该元素的代码，如图 4-51 所示。

图 4-51

在红色框处右击,复制元素代码,可以看到 id="kw",它就是 find_element_by_id 方法的参数。

```
<input type="text" class="s_ipt" name="wd" id="kw" maxlength="100" autocomplete="off">
```

再定位"百度一下"按钮,如图 4-52 所示。

在红色框内的代码处右击,在弹出的菜单中选择"Copy"→"Copy XPath"命令,得到//*[@id="su"],如图 4-53 所示。

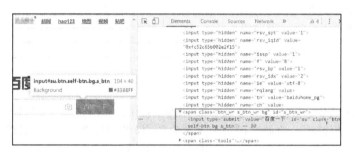

图 4-52   图 4-53

我们可以用同样的方法获得搜索结果页面,第一条搜索结果的 XPath 如下。

```
//*[@id="1"]/h3/a[1]
```

这就是 find_element_by_xpath 方法的参数。

4.5.3 按键与单击

示例中在搜索框内直接输入了文本,如果要在网页中使用功能键,则需要调用键盘按键来操作,因此需要引入 Keys 包。

示例代码如下。

```
from selenium.webdriver.common.keys import Keys
```

定位到元素上,按 Ctrl+A 快捷键全选内容。

```
driver.find_element_by_id('kw').send_keys(Keys.CONTROL,'a')
```

定位到元素上,按 Enter 键代替单击按钮。

```
driver.find_element_by_id('user_pwd').send_keys(Keys.ENTER)
```

有些时候，需要在页面上模拟一些鼠标操作，例如单击、双击、右击、拖曳等，可以通过 ActionChains 类来实现。

导入 ActionChains 类。

```
from selenium.webdriver import ActionChains
```

假如有一个元素 a，将鼠标指针移动到元素上，语法如下。

```
ActionChains(driver).move_to_element(a).perform()
```

移动到元素上面进行单击，语法如下。

```
ActionChains(driver).move_to_element(a).click(a).perform()
```

移动到元素上面进行双击，语法如下。

```
ActionChains(driver).move_to_element(a).double_click(a).perform()
```

移动到元素上面进行右击，语法如下。

```
ActionChains(driver).move_to_element(a).context_click(a).perform()
```

将元素 a 拖曳到元素 b 上面，语法如下。

```
ActionChains(driver).drag_and_drop(a,b).perform()
```

移动到元素上面进行单击，并按住鼠标不松开，语法如下。

```
ActionChains(driver).move_to_element(a).click_and_hold(a).perform()
```

4.5.4 页面等待

在前面的实例中，我们使用 time 模块设置了强制延迟，是为了等待浏览器操作。如果延迟设置得过短，往往无法达到预想的效果。例如，由于网速比较慢，页面尚未打开，后面的截图操作已经开始运行了，最后得到就是空白图片。或者某个页面元素还没出来，就被代码引用，代码就会出现异常，导致程序中断。

selenium 库提供了两种等待方式：一种是隐式等待，另一种是显式等待。

隐式等待是指设置固定时间。如果超过设置的时间，元素还没有被加载出来，则抛出异常（TimeoutException）。其语法如下。

```
driver.implicitly_wait(10)
```

显式等待是指每隔一段时间检测一次当前页面元素是否存在，如果超过设置时间检测不到元素，则抛出异常。其语法如下。

```
WebDriverWait(driver, timeout, poll_frequency=0.5, ignored_exceptions=None)
```

timeout 是最长超时时间（单位为秒），poll_frequency 是间隔时间，默认为 0.5 秒。
WebDriverWait 一般要与 until 或 until_not 方法配合使用。
看一个实例。

```
  from selenium import webdriver
❶ from selenium.webdriver.support.ui import WebDriverWait
❶ from selenium.webdriver.support import expected_conditions as EC
❷ from selenium.webdriver.common.by import By
  driver=webdriver.Chrome(r'H:\示例\第4章\chromedriver.exe')
  driver.get('https://×.×.×.×')
```

```
❸ kw=WebDriverWait(driver, 5,0.5).until(EC.presence_of_element_located((By.ID, 'kw')))
  kw.send_keys('python')
  driver.find_element_by_xpath('//*[@id="su"]').click()
```

语句❶、❶、❷导入必要的模块。

语句❸是核心语句，等待直到 kw 出现，最长等待时间为 5 秒。

presence_of_element_located 是内置的等待条件,检查页面是否存在该元素。与之相似的还有 visibility_of_element_located 条件，它要检查元素是否存在以及元素是否可见。这两个条件常常容易混淆。例如有时元素虽然存在，但是被其他弹出元素挡住了，导致元素不可见，这种情况下应该使用 visibility_of_element_located 条件，即等待直到元素可见，才能进行后续单击操作。

4.5.5 调用 JavaScript 代码

driver 可以执行 JavaScript(JS)代码，例如，我们在百度搜索页面执行下面的代码，可以将百度搜索边框设置为红色。

```
>>> js='var q=document.getElementById(\'kw\');q.style.border=\'1px solid red\';'
>>> driver.execute_script(js)
```

效果如图 4-54 所示。

有些网页属于动态网页，页面不会只经过一次请求就全部展示出来，而是需要多次请求，多次返回。例如微博，不断滚动鼠标滚轮向下浏览页面，每滚动一次，都会新增一些内容。这时候，如果我们直接截图或者打印网页，往往无法获取全部内容。我们需要使用一段 JS 代码，以完成鼠标滚动的动作。

```
  from selenium import webdriver
  driver=webdriver.Chrome(r'H:\示例\第 4 章\chromedriver.exe')
  driver.get('https://×.×.×.×')
  from selenium.webdriver.support.ui import WebDriverWait
  from selenium.webdriver.support import expected_conditions as EC
  from selenium.webdriver.common.by import By
❶ WebDriverWait(driver,15,0.5).until(EC.title_contains(u'微博'))
❶ js='window.scrollTo(0,document.body.scrollHeight)'
❷ for i in range(10):
❸     driver.execute_script(js)
       time.sleep(3)
```

语句❶表示等待打开主页，直到标题出现微博字样；u 后面加字符串，表示字符串以 Unicode 格式进行编码，一般用在中文字符串前面；语句❶是一段 JS 代码，可以模拟鼠标滚动一屏的高度；语句❷构造循环，共 10 次；语句❸执行 JS 代码，等待时间为 3 秒。

运行效果如图 4-55 所示。

图 4-54   图 4-55

4.5.6 获取页面 cookies

用 selenium 模拟浏览器的行为有很大的缺点，要启动浏览器进程，性能低下。我们可以将 selenium 和 requests 配合起来使用，以提升效率。

在平时的爬虫开发过程中，分析网站登录过程是最复杂的，登录以后再获取其他页面相对来说比较简单。登录涉及冗长的 JavaScript 函数分析，参数加密机制还经常更新，如果把过多的时间花费在破解登录上，将会得不偿失。一个好的思路是：首先利用 selenium 实现用户登录，然后将登录后的 cookies 保存下来，传递给 requests，后面的数据下载操作由 requests 完成。

```
import requests, json,re,time
from selenium import webdriver
❶ driver1=webdriver.Chrome(r'H:\示例\第 4 章\chromedriver.exe')
driver1.get('https://×.×.×.×')
time.sleep(3)
driver1.save_screenshot('百度 1.png')
time.sleep(30)
Cookies1=driver1.get_cookies()
jsonCookies=json.dumps(Cookies1)
with open('cookies.txt', 'w') as f:
    f.write(jsonCookies)
driver1.quit()
❶ driver2=webdriver.Chrome(r'H:\示例\第 4 章\chromedriver.exe')
driver2.get('https://×.×.×.×')
driver2.delete_all_cookies()
with open('cookies.txt', 'r', encoding='utf8') as f:
    Cookies=json.loads(f.read())
for cookie in Cookies:
    if 'expiry' in cookie:
        del cookie['expiry']
    driver2.add_cookie(cookie)
driver2.refresh()
time.sleep(3)
driver2.save_screenshot('百度 2.png')
driver2.quit()
Cookies3={}
for cookie in Cookies1:
    Cookies3[cookie['name']]=cookie['value']
headers={'User-Agent': 'Mozilla/5.0 (Windows NT 6.1; Win64; x64) AppleWebKit/537.36 (KHTML, like Gecko) \
Chrome/81.0.4044.122 Safari/537.36'}
❷ r=requests.get('https://×.×.×.×', headers=headers, cookies=Cookies3)
m=re.findall('[\u4e00-\u9fa5]',r.text)
print(''.join(m))
```

语句❶创建一个 ChromeDriver 实例，访问百度个人中心，延迟 30 秒，这期间手动登录网站，后续代码获取 cookies，保存到本地 TXT 文件中；语句❶重新启动一个 ChromeDriver 实例，调用本地保存的 cookies，刷新，截屏时已经进入了登录状态；语句❷启动 requests 实例，使用第一次保存的 cookies，带着 cookies 发起请求，进入个人中心，输出文字信息。

打开图片"百度 1.png"，这是未登录的状态，如图 4-56 所示。

打开图片"百度 2.png"，可以看出这是已登录的状态，如图 4-57 所示。

requests 库访问个人中心，获取网页源代码的文字信息，包括以下内容。

百度搜索...新闻地图视频贴吧学术***设置更多产品个人中心帐号设置退出...

因为出现了***，这是个人账户名，所以已经是登录状态。

示例说明，通过 selenium 获取的 cookies 可以在多个实例之间共享，也可以传递给 requests 的实例。通过 selenium 完成了登录，后续的其他操作都可以使用 requests 完成。

图 4-56

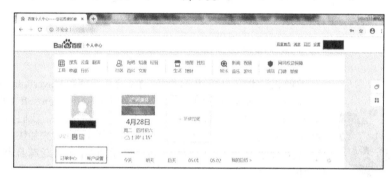

图 4-57

4.5.7 无界面模式

在前面的示例中，每次启动都会弹出浏览器，其实我们在请求数据的时候并不需要看到打开的浏览器界面，只需要它在后台运行即可。

Chrome 浏览器更新到 59 版本之后，加入了 headless 模式，可以操纵 Chrome 浏览器进入无界面模式。它会把网站加载到内存并执行，因为不会展示图形界面，所以运行起来更高效。

下面是具体的示例。

```
❶ from selenium import webdriver
❷ opt=webdriver.ChromeOptions()
❸ opt.set_headless()
❹ driver=webdriver.Chrome(r'H:\示例\第 4 章\chromedriver.exe',options=opt)
  driver.get('https://×.×.×.×')
  print(driver.page_source)
  driver.close()
  driver.quit()
```

语句❶导入必要的模块。

语句❶、❷、❸是核心语句，设置以无界面模式启动 Chrome 浏览器。

运行后，将在屏幕上输出网页源代码，其效果和有界面模式启动一样。

第 5 章
Python 与 Excel 自动操作

Office 文档（包括 Word 文档、Excel 工作簿和 PowerPoint 演示文稿）是我们日常工作中经常遇到的文件，这些文件通常用 Microsoft Office（以下简称 Office）软件来创建、编辑、修改。为了提升办公效率，我们要熟练掌握 Office 软件的各种菜单的用法，以及借助快捷键、公式、函数来加快对文件的处理，这些方式都要手动进行。正如前面提到的，手动操作重复乏味且容易出错，而自动化操作可靠且可复用。

从本章开始，将介绍如何用 Python 自动化操作常用的办公文档。

5.1 从 VBA 说起

想要自动化操作 XLS/XLSX（以及 DOC/DOCX、PPT/PPTX）文档，VBA 是首选工具，下面简要介绍一下 VBA 的使用方法。

5.1.1 一个 VBA 示例

下面先看 VBA 如何自动将单元格 A1 的值设为 1000，底纹设为红色。

VBA 的最大优势是方便，只要安装了 Office 软件就可以使用，不用另外安装或配置编程环境。

新建 Excel 文档，按 Alt+F11 快捷键，进入 VBA 编辑（Visual Basic Editor，VBE）窗口，双击 "Sheet1" 选项，在右边空白区域输入下列代码。

```
Sub abc()
    Range("A1").Value=1000
    Range("A1").Interior.Color=rgbRed
End Sub
```

按 "运行" 按钮 ▶ （或者按 F5 键），程序运行完毕，结果如图 5-1 所示。

我们看一下上述 VBA 语句，关键字 Sub 是 Subroutine 的缩写，表明这是一个子程序，一直到 End Sub 结束。

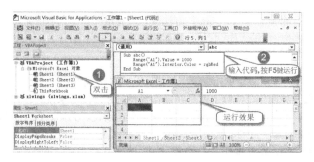

图 5-1

VBA 主要包括 Sub 和 Function 这两类语句，Sub 语句主要用于完成一件事情，没有返回值，而 Function 语句是函数，有返回值。

Range("A1")是一个单元格区域对象，Value 是这个对象的属性，该语句实际上就是设置了对象的属性值。Interior 也是单元格区域对象的属性，该属性返回一个 Interior 对象，它表示单元格对象的内部。Interior 对象也有属性，Color 属性表示它的颜色。

通过这个例子，我们看到设置 Excel 单元格的值和颜色，实际上就是给单元格对象的属性赋值。

5.1.2 Excel 中的对象

在第 2 章，我们介绍了类、对象、属性、方法等面向对象编程的概念。类是对象的抽象，对象是类的实例。Range("A1")是单元格区域对象，为什么它会有 Value 属性？因为它是 Range 类的一个实例，而 Excel 应用程序的开发者定义了 Range 类，编写了属性 Value。类是一种抽象和归纳，它将成千上万的单元格区域归纳成 Range 类，将单元格方面的解决方案写成类属性和方法。当我们遇到具体某个单元格区域时，直接创建一个 Range 类的实例化对象，就可以使用这些解决方案（属性和方法）。广义来讲，类也是对象，在 VBA 的语境里往往没有严格区分对象和类，通常直接讲 Range 对象，没有区分它是 Range 类还是实例。

Excel 应用程序是由对象组成的，小到一个单元格，大到 Excel 应用程序都是对象。常见的对象有 Application 对象（Excel 程序）、Workbook 对象（工作簿）、Worksheet 对象（工作表）、Range 对象（单元格区域）、Chart 对象（图表）。此外，还有 Workbooks 对象，表示打开的所有工作簿。

要注意 Excel 软件和工作簿的区别。例如，我们打开 Microsoft Excel 软件（Application 对象），新建 3 个 Excel 工作簿（Workbook 对象），每个工作簿里面默认有 3 张工作表（Worksheet 对象），每张工作表里面有密密麻麻的单元格区域（Range 对象），如图 5-2 所示。

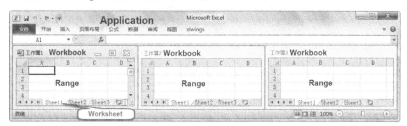

图 5-2

下面关闭 3 个工作簿，Microsoft Excel 软件（Application 对象）并没有退出，如图 5-3 所示。

工作簿里面还有几类不常用的工作表，如图表、宏表和对话框表，如图 5-4 所示。Workbook 对象的 Sheets 属性返回 Sheets 对象，它包括这 3 类表，Workbook 对象的 Worksheets 属性也返回 Sheets 对象，但是它只包括工作表。

对象有属性和方法。什么是对象的方法呢？方法就是要完成一件事情。例如，我们要清空 Sheet1 中单元格 A1 的值和格式，可以使用下面的 VBA 代码。

```
Range("A1").Clear
```

Range 对象的 Clear 方法表示清除单元格区域的值、公式和格式设置。

我们每天对 Excel 做各种操作，实际上就是在操作各种对象，给对象设置各种方法，修改对象的各种属性。我们打开或退出 Excel 程序，是在操作 Application 对象；新建、关闭、保存、另存 Excel 文档，是在操作 Workbooks 或 Workbook 对象；复制、删除工作表，是在操作 Worksheet 对象；输入、清空单元格内容，是在操作 Range 对象；设置字体，是在操作 Font 对象……

图 5-3　　　　　　　　　　　　　　　　图 5-4

Excel 有大量对象，对象之间以层次化结构相互关联，从而形成对象模型体系。

在 VBE 窗口中按 F2 键，可以打开对象浏览器。例如，我们选择 Excel 库，查看 Range 类的成员函数 Clear，如图 5-5 所示。

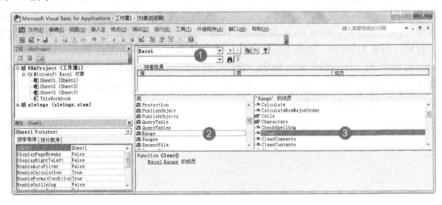

图 5-5

还可以打开"帮助"菜单，查看 Excel 对象模型参考，这里面包含全部对象，如图 5-6 所示。

每个对象都有很多属性和方法，程序员不可能全部记住。事实上也没有必要全部记住，在需要的时候查看相应对象的资料，调用相应的属性和方法即可。

例如，我们想要了解 Excel 的数据透视表功能，可以直接搜索 PivotTable 对象，里面有其说明和 VBA 示例，如图 5-7 所示。

图 5-6

图 5-7

要找到对象的全部方法和属性，通常可以搜索"××对象成员"，如图 5-8 所示。

逐一点开搜索结果，可以进一步了解这些方法和属性的语法，参数的取值范围（枚举值表）等。要特别注意的是，VBA 中对象的属性是可以带参数的，按 Python 的语法理解，这些属性实质上应当是对象的方法。

图 5-8

5.1.3 自定义函数

前面的例子是 VBA 过程（Sub 语句），有时候我们还要用到 Function 语句。Function 就是函数，虽然 VBA 里面有许多内置函数可供使用，但在实际应用中，并不是所有的问题都能找到合适的函数来解决，这时候就需要自定义函数。

例如，我们需要整理 Excel 表格中的数据，从不规范的字符串里面提取数字，如图 5-9 所示。

5.1 从 VBA 说起 105

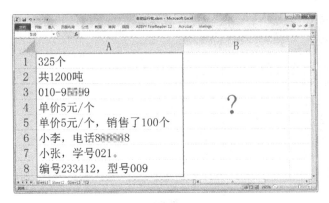

图 5-9

由于没有现成的函数，我们按 Alt+F11 快捷键，选择"插入"菜单，单击"模块"，输入下面的代码，如图 5-10 所示。

```
Function GetNum(x As String) As String
    GetNum=x
    For i=1 To Len(x)
        If Not IsNumeric(Mid(x, i, 1)) Then
            GetNum=Replace(GetNum, Mid(x, i, 1), "-")
            GetNum=Replace(GetNum, "--", "-")
        End If
    Next i
    If Left(GetNum, 1)="-" Then
        GetNum=Right(GetNum, Len(GetNum) - 1)
    End If
    If Right(GetNum, 1)="-" Then
        GetNum=Left(GetNum, Len(GetNum) - 1)
    End If
End Function
```

我们自定义了公式 GetNum，其用法和 Excel 中的普通公式一样。返回到工作表，在 B1 单元格中输入公式"=GetNum(A1)"，得到 A1 单元格提取数字的结果。下拉自动填充，得到全部 A 列提取结果，如图 5-11 所示。

图 5-10　　　　　　　　　　　　　　图 5-11

最后，工作簿要保存为"Excel 启用宏的工作簿（.xlsm 文件）"，否则自定义公式会丢失。

5.2　从 VBA 过渡到 Python

就 Python 操作 Excel 而言，和 VBA 最接近的解决方案是 win32com 库，利用 Windows 的 COM 机制实

现 Python 对 Excel 的控制。

win32com 库操作 XLS/XLSX（以及 DOC/DOCX、PPT）文档的原理和 VBA 几乎一样，对象和模型与 VBA 完全一样，只是程序编写风格有区别。正如前面提到的，Python 对大小写敏感，需要缩进，方法后面要带括号。win32com 库本身的文档和案例都比较少，可以参考 VBA 帮助文档，熟悉 VBA 语言的读者可以很自然地过渡到 Python。

5.2.1 win32com 库

用 win32com 库控制 Excel 文档和 VBA 一样，不需要区分文件格式，.xls 和.xlsx 文档都可以读写。

1. 安装方法

win32com 库包含在 pywin32 库里面，下载与当前 Python 版本对应的库，直接安装即可。通常安装到 C:\ProgramData\Anaconda3\Lib\site-packages 目录下。

安装以后，还要手动生成缓存文件，缓存文件就是一堆与 COM 对应的 Python 代码。生成缓存文件以后才能使用各种常量参数（例如上面的颜色 rgbRed）。

启动 Anaconda Prompt 命令窗口，输入下列代码。

```
cd /d C:\ProgramData\Anaconda3\Lib\site-packages\win32com\client
```

进入 makepy.py 程序所在文件夹，输入并运行 python makepy.py，打开"Select Library"对话框。选择"Microsoft Excel 14.0 Object Library(1.7)"（根据计算机上安装的 Office 版本，此处略有不同），单击"OK"按钮，如图 5-12 所示。程序开始运行，如图 5-13 所示。

图 5-12

进入文件夹 C:\Users\Administrator\AppData\Local\Temp\gen_py\3.7，就会发现生成的.py 和.pyc 文件（位于文件夹_pycache_下），这些就是缓存文件，如图 5-14 所示。

图 5-13

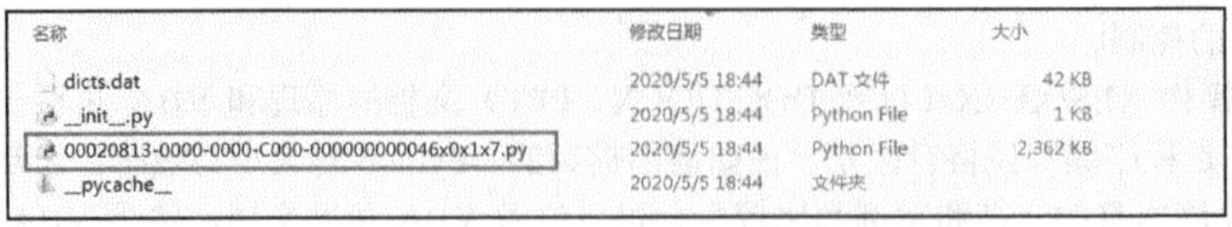

图 5-14

手动运行 makpy.py 程序其实就是做语言的转换，用文本编辑器打开.py 文件，可以看到 Excel 中各种对象在 Python 中的使用语法。Word、PowerPoint 与此类似，都需要生成相应的缓存文件。

2. 自动创建 Excel 表格

下面调用 win32com 库完成前面的 VBA 示例。

引用必要的模块。

```
>>> from win32com.client import Dispatch
```

绑定 Excel 应用程序，命名为 xlApp。

```
>>> xlApp=Dispatch('Excel.Application')
```

查看变量 xlApp。

```
>>> xlApp
<win32com.gen_py.Microsoft Excel 14.0 Object Library._Application instance at 0x53071096>
>>> type(xlApp)
<class 'win32com.gen_py.00020813-0000-0000-C000-000000000046x0x1x7._Application._Application'>
```

xlApp 是 Application 对象，表示 Excel 程序。通常来说，当我们获取对象后，就可以使用 dir 函数查询其属性和方法，使用 help 函数查询其方法的参数和用法。但是，这里用 dir 函数只能看到部分方法，用 help 函数能返回的信息也很少。

我们打开 00020813-0000-0000-C000-000000000046x0x1x7.py（不同的计算机文件名不一样），找到 _Application 类，可以看到它的方法，对应了 VBA Excel 对象模型里 Application 对象成员列表中的方法，如图 5-15 所示。这些方法通过 Python 内置的 dir 函数可以查到。

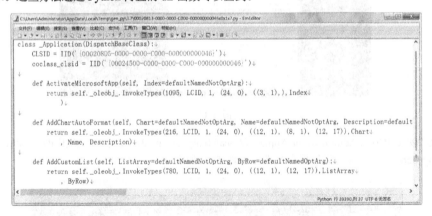

图 5-15

继续往下看，还有很多属性放在_prop_map_get_ = {}里面，对应了 VBA Excel 对象模型里 Application 对象成员列表中的属性，如图 5-16 所示。这些属性通过 dir 函数是查不到的。正如前面所述，这里面的属性，有些实质上还是方法。

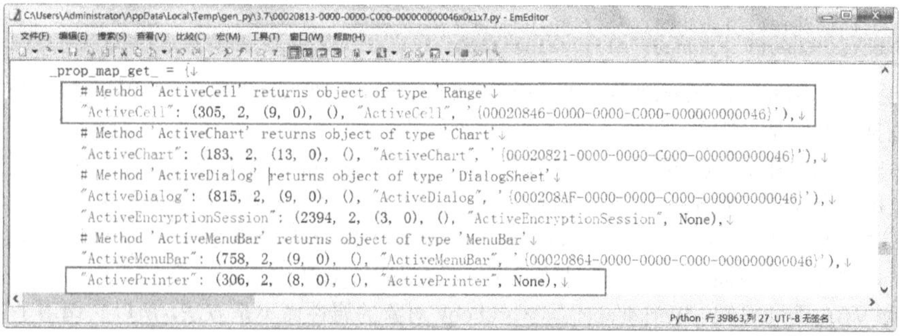

图 5-16

我们看一下 ActiveCell 属性，它返回的是{00020846-0000-0000-C000- 000000000046}，这种格式通常表示一个对象，查询源代码后面的 CLSIDToClassMap 表得知，它指代 Range 对象。

```
CLSIDToClassMap={...'{00020846-0000-0000-C000-000000000046}' : Range, ...}
>>> xlApp.ActiveCell
<win32com.gen_py.Microsoft Excel 14.0 Object Library.Range instance at 0x55442568>
```

ActivePrinter 属性返回的是 None，通常表示一个字符串。

```
>>> xlApp.ActivePrinter
'Adobe PDF 在 Ne06:'
```

在源代码里面，我们看不到太多帮助信息。所以，使用 win32com 编程时，我们只能更多地查询和参考 VBA 帮助，了解各种对象属性和方法的用法。

我们可以设置 Application 对象的 Visible 属性，让 Excel 程序在后台运行，不显示窗口界面。

```
>>> xlApp.Visible=False
```

在 Python 代码运行之前，可能已经手动打开了很多其他 Excel 文档，上述设置常常会导致已打开的文档界面消失。究其原因，Dispatch 不会新启动一个 Excel 进程，如果系统内存中存在 Excel 进程则直接绑定现有的进程，故而会影响对其他 Excel 文档的操作。如果要新启动一个独立的 Excel 进程，可以用下面的语句。

```
>>> from win32com.client import DispatchEx
>>> xlApp=DispatchEx('Excel.Application')
```

这样就会真正启动一个新的 Excel 进程，不会干扰我们目前正在操作的其他 Excel 文档。

Excel 程序经常会弹出警告对话框，影响自动执行。我们可以通过设置 Application 对象的 DisplayAlerts 属性，禁止弹出警告信息。

```
>>> xlApp.DisplayAlerts=False
```

如果要新建工作簿，首先要通过 Application 对象的 Workbooks 属性获得 Workbooks 对象，然后使用 Workbooks 对象的 Add 方法，它会返回 Workbook 对象。

```
>>> wb=xlApp.Workbooks.Add()
```

然后使用 Workbook 对象的 Worksheets 属性返回 Sheets 对象。通过 Sheets 对象的 Item 方法（代入参数 Sheet1）返回_Worksheet 对象，然后使用_Worksheet 对象的 Range 方法（代入参数 A1）得到 Range 对象，最后设置 Range 对象的 Value 属性值。

```
>>> wb.Worksheets.Item('Sheet1').Range('A1').Value=1000
```

为单元格赋值，还有下面两种写法。

```
>>> wb.Worksheets('Sheet1').Range('A1').Value=1000
>>> wb.Worksheets['Sheet1'].Range('A1').Value=1000
```

也就是说，wb.Worksheets.Item('Sheet1')等价于 wb.Worksheets('Sheet1')或者 wb.Worksheets['Sheet1']，如何理解这里的圆括号和方括号呢？

在 VBA 的语法解释中，将 Sheets 这种结尾带 s、里面有成员的对象称为"集合"对象。它们有 Item 方法，可以获取每一个成员。Item 方法又可以简写为圆括号和索引号（可以是数字或字符串），称为"集合"对象的"索引"。这一点容易引起语法符号的混乱。在 Python 语法里，方括号才是索引，它调用对象的__getitem__方法。圆括号可以在方法后面，也可以在对象后面，后者调用__call__方法。

通过查询 VBA 帮助可知，Worksheets 是 Workbook 对象的属性而不是方法，所以它调用了__call__方法。我们将语句分解成两步，先运行括号之前的语句，即先调用 Workbook 对象的 Worksheets 属性。

```
>>> s=wb.Worksheets
>>> s
<win32com.gen_py.Microsoft Excel 14.0 Object Library.Sheets instance at 0x51911592>
```

我们看到调用该属性返回 Sheets 对象。如果 Sheets 对象后面使用圆括号，则会调用 Sheets 类的__call__方法。如果它后面使用方括号，则会调用 Sheets 类的__getitem__方法。

```
>>> s.Item('Sheet1')
<win32com.gen_py.Microsoft Excel 14.0 Object Library._Worksheet instance at 0x51827208>
>>> s.__call__('Sheet1')
<win32com.gen_py.Microsoft Excel 14.0 Object Library._Worksheet instance at 0x51827376>
>>> s.__getitem__('Sheet1')
<win32com.gen_py.Microsoft Excel 14.0 Object Library._Worksheet instance at 0x51827544>
```

以上 3 种方式，返回的结果都是工作表对象_Worksheet，都达到了"索引"的效果。这是因为 win32com 通过对__call__、__getitem__方法的设置，使得它们的返回值和 Item 方法一样。虽然在语法解释上有差异，但是语句达到的效果是完全一样的。在本章以及第 6 章、第 7 章，本着实用主义的原则，我们不再纠结"集合"对象的"索引"语法。

要注意的是，在 VBA 帮助里面，Item 是 Sheets 对象的属性，Range 是 Worksheet 对象的属性。也就是说，在 VBA 的语法体系里，属性能代入参数。但在 Python 里，它们都应该理解为对象的方法，这也是 VBA 和 Python 的差异。

为单元格赋值，还可以写成下面的语句。

```
>>> wb.Worksheets('Sheet1').Cells(1,1).Value=1000
```

如何理解 Cells(1,1)？Cells 是_Worksheet 对象的属性还是方法？通过查询 VBA 帮助可知，Cells 是_Worksheet 对象的属性。

```
>>> wb.Worksheets('Sheet1').Cells
<win32com.gen_py.Microsoft Excel 14.0 Object Library.Range instance at 0x75754576>
```

Range 对象后面使用圆括号，调用的是 Range 类的__call__方法。参数(i,j)代表第 i 行第 j 列交叉的单元格，一般来说，通过设置 i、j 的值，就可以访问 Excel 表格中的任意单元格。

下面设置单元格的底纹颜色为红色。

其步骤为：先通过 Range 对象的 Interior 属性返回 Interior 对象，然后设置 Interior 对象的 Color 属性。关键是如何表示红色？

通过 VBA 帮助查询颜色的 XlRgbColor 枚举值，rgbRed 表示红色，值为 255。在 win32com 里不能直接使用常量 rgbRed，要写成"win32com.client.constants.rgbRed"，如果导入了 constants，就简写为"constants.rgbRed"。

```
>>> from win32com.client import Dispatch, constants
>>> wb.Worksheets.Item('Sheet1').Range('A1').Interior.Color=constants.rgbRed
```

要注意的是，如果没有运行 makepy.py，那么使用常量就会出错。这时候可以用下面的语句替换 Dispatch 语句。

```
>>> xlApp=win32com.client.gencache.EnsureDispatch('Excel.Application')
```

它和 Dispatch 语句的功能一样，但会检测是否存在缓存文件，若没有则生成缓存文件。

要注意，有的常量即使生成了缓存文件也是无法使用的，替代方式是直接写常量对应的数值。

```
>>> wb.Worksheets('Sheet1').Range('A1').Interior.Color=255
```

设置完毕以后，我们还需要使用 Workbook 对象的 SaveAs 方法保存工作簿。

```
>>> wb.SaveAs(r'H:\示例\第5章\新建工作簿.xlsx')
```

使用 Workbook 对象的 Close 方法关闭工作簿。

```
>>> wb.Close()
```

使用 Application 对象的 Quit 方法退出 Excel 进程。

```
>>> xlApp.Quit()
```

在实际操作中，如果程序中途出现错误，导致创建的 Excel 进程没有彻底退出，可以用下列语句彻底终止内存里所有的 Excel 进程。

```
>>> import os
>>> cmd='taskkill /F /IM EXCEL.EXE'
>>> os.system(cmd)
成功: 已终止进程 'EXCEL.EXE'，其 PID 为 13704。
```

使用 win32com 库操作 Word、PPT 文档时，生成缓存、使用常量、终止进程的方法与此类似，后面不再重复讲述。

上面代码中的 Add、SaveAs、Close、Quit 都是对象的方法。这些方法的详细用法可以参考 Excel 的 VBA 帮助，如图 5-17 所示。

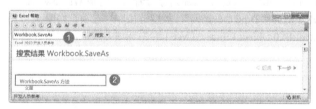

图 5-17

打开以后，可以看到 Workbook.SaveAs 方法的详细解释和示例，图 5-18 所示为查询结果节选。

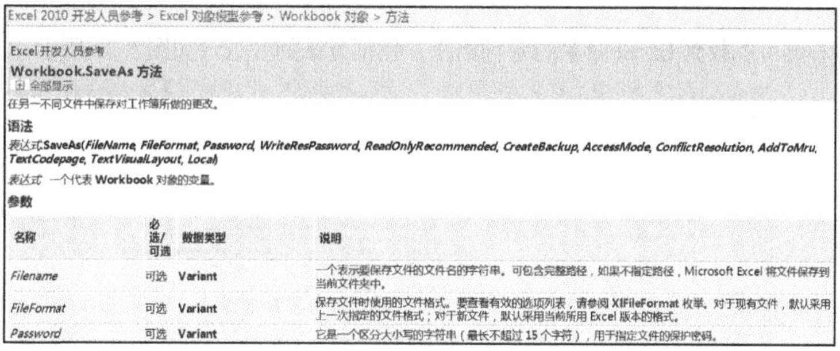

Excel 2010 开发人员参考 > Excel 对象模型参考 > Workbook 对象 > 方法

Excel 开发人员参考

Workbook.SaveAs 方法

全部显示

在另一不同文件中保存对工作簿所做的更改。

语法

表达式.**SaveAs**(*FileName*, *FileFormat*, *Password*, *WriteResPassword*, *ReadOnlyRecommended*, *CreateBackup*, *AccessMode*, *ConflictResolution*, *AddToMru*, *TextCodepage*, *TextVisualLayout*, *Local*)

表达式 一个代表 **Workbook** 对象的变量。

参数

名称	必选/可选	数据类型	说明
Filename	可选	**Variant**	一个表示要保存文件的文件名的字符串。可包含完整路径，如果不指定路径，Microsoft Excel 将文件保存到当前文件夹中。
FileFormat	可选	**Variant**	保存文件时使用的文件格式。要查看有效的选项列表，请参阅 **XlFileFormat** 枚举。对于现有文件，默认采用上一次指定的文件格式；对于新文件，默认采用当前所用 Excel 版本的格式。
Password	可选	**Variant**	它是一个区分大小写的字符串（最长不超过 15 个字符），用于指定文件的保护密码。

图 5-18

我们看到，参数 FileFormat 的取值需要参阅 XlFileFormat 枚举，可以通过 Excel VBA 帮助搜索 XlFileFormat，图 5-19 所示为查询结果节选。

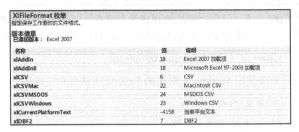

图 5-19

帮助文档还提供了 Workbook.SaveAs 方法的 VBA 语法示例。

```
NewBook.SaveAs Filename:=fName
```

Python 语法中对象的方法和 VBA 差异较大，方法后面要加上圆括号，参数放在圆括号内，且参数后面没有冒号。

下面将编辑后的工作簿另存为"Excel 97-2003 工作簿"，并且增加了密码 123。

```
>>> wb.SaveAs(r'H:\示例\第 5 章\新建工作簿.xls',constants.xlExcel8,'123')
```

通过 SaveAs 方法，可以实现.xls 文档与.xlsx 文档的互相转换。

除了使用本地 VBA 帮助，我们还可以使用 Office 开发人员中心在线帮助，例如，Docs/Office VBA 参考/Excel/对象模型，或者 Docs/.NET/.NET API browser/ Microsoft.Office.Interop.Excel，后者会提供 C#示例，其语法与 Python 更接近。

此外，还可以使用 OLE/COM Object Viewer 对象查看器，它是 Windows 开发工具包内的一个工具。双击打开 oleview.exe，单击左侧的"Type Libraries"（类型链接库）选项，如图 5-20 所示。

找到"Microsoft Excel 14.0 Object Library（Ver 1.7）"选项并双击，如图 5-21 所示。

图 5-20

图 5-21

在弹出的窗口右侧可以找到 Excel 对象的各种语法，包括方法的参数，如图 5-22 所示。

图 5-22

也可找到参数的枚举值，如图 5-23 所示。

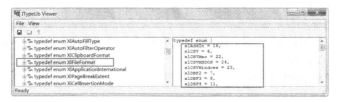

图 5-23

目前关于 Excel VBA 的资料非常多，各种对象的使用方法都有介绍，感兴趣的读者可以自行查阅，本书不再一一罗列。

3. 自动汇总 Excel 表格

在实际工作中，我们会遇到各种各样的 Excel 表格，例如我们制定了工作任务，下发了附表要求各部门填写工作进展和考核情况，收集以后就需要进行汇总，逐个打开表格再复制粘贴数据非常烦琐，这时候可以考虑自动化操作。

案例中有 3 个部门的员工年度考核信息表，数据如图 5-24 所示，需要将其汇总。

图 5-24

我们把 3 个工作簿放置在一个工作簿的 3 张工作表里面，这样只需要打开一次，就可以分别查看各部门的情况。具体代码如下。

```
import os
from win32com.client import Dispatch
xlApp=Dispatch('Excel.Application')
xlApp.Visible=False
xlApp.DisplayAlerts=False
file_dir=r'H:\示例\第5章\合并工作簿'
❶ wb0=xlApp.Workbooks.Add()
❷ for root, dirs, files in os.walk(file_dir):
    for file in files:
        wb1=xlApp.Workbooks.Open(os.path.join(root,file))
❸       ws0=wb0.Sheets.Add()
❹       ws0.Name=file.split('.')[0]
❺       wb1.Worksheets(1).UsedRange.Copy(ws0.Cells(1))
        wb1.Close(SaveChanges=0)
❻ wb0.SaveAs(r'H:\示例\第5章\合并工作簿.xlsx')
wb0.Close()
xlApp.Quit()
```

语句❶新建一个工作簿；语句❶开始遍历文件夹的所有文件，构成循环语句，依次打开各部门工作簿。语句❷每次都新建一张工作表；语句❸修改工作表名称为"部门1""部门2"等；语句❹复制各部门表内数据粘贴到新建工作表；语句❺保存文件。

UsedRange 是工作表 Worksheet 的属性，它返回的 Range 对象指鼠标指针从整个表格左上角的非空单元格一直拖动到整个表格右下角的非空单元格所选择的矩形区域。

使用 Range 对象的 Copy(Destination)方法，可以实现对数据区域的复制，参数 Destination 表示要复制到的新位置。

运行后，打开"合并工作簿.xlsx"文件，效果如图 5-25 所示。

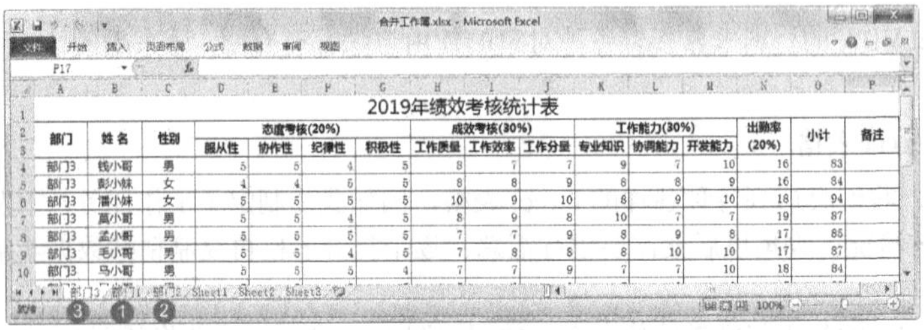

图 5-25

下面将 3 个工作簿的数据汇总到一个工作簿的一张工作表里。首先手动制作一个只含有表头的工作簿，如图 5-26 所示。

图 5-26

然后依次打开 3 个工作簿，将除了表头之外的内容粘贴到新建工作表里面。

```
import os
from win32com.client import Dispatch
xlApp=Dispatch('Excel.Application')
xlApp.Visible=False
xlApp.DisplayAlerts=False
wb0=xlApp.Workbooks.Open(r'H:\示例\第 5 章\合并表头.xlsx')
file_dir=r'H:\示例\第 5 章\合并工作簿'
ws0=wb0.Worksheets(1)
for root, dirs, files in os.walk(file_dir):
    for file in files:
        wb1=xlApp.Workbooks.Open(os.path.join(root,file))
        ws1=wb1.Worksheets(1)
❶       r1=ws1.UsedRange.Rows.Count
❶       c1=ws1.UsedRange.Columns.Count
❷       r0=ws0.UsedRange.Rows.Count
        Cell_start=ws1.Cells(4,1)
        Cell_end=ws1.Cells(r1,c1)
❸       ws1.Range(Cell_start,Cell_end).Copy(ws0.Cells(r0+1,1))
        wb1.Close(SaveChanges=0)
wb0.SaveAs(r'H:\示例\第 5 章\合并工作簿_1.xlsx')
wb0.Close()
xlApp.Quit()
```

表头占了 3 行，数据区域开始单元格 Cell_start 是 A4，问题的关键在于找到数据结束的单元格 Cell_end。
语句❶统计全部已用单元格行数；语句❶统计全部已用单元格列数，由于工作表从 A1 开始使用，Cells（行数总计，列数总计）就代表数据区域的末尾，每次粘贴以后，汇总工作簿都会变化；语句❷获取汇总工作簿全部已用的行数，下次复制到该行的下一行 Cells(r0+1,1)；语句❸实现复制。

Range 是工作表的方法，它的参数有多种写法。Range(Cell_start,Cell_end)返回一个 Range 对象，表示 Cell_start 和 Cell_end 围成的矩形区域。

需要注意的是，判断单元格是否已用，不是将单元格是否非空作为标准，而是非空且无格式（如边框线、底纹等）。即使单元格不包含任何数据，但是如果设置了格式（如行高、列宽等），那么 UsedRange 也会认为单元格已被使用。这样汇总的数据可能会包含带格式的空白单元格。

4. 查找数据和格式

上例中，我们目测表头占了 3 行，数据区域开始单元格是 A4，即 ws1.Cells(4,1)。

然而在实际工作中，收集上来的数据，表头被改得五花八门，有的在表头前面插入了填报单位和时间，有的在表头插入了空行空列。这些操作虽然是为了方便或者方便阅读，但是都导致了表格格式不统一，数据区域不固定。

如何定位表头？我们可以用查找 Range 对象的 Find 方法。上例中，无论表头前面插入多少行列，我们找到"备注"所在单元格，就定位了数据结束的列，向左偏移 15 列就是数据开始的列，向下偏移两行就是数据开始的行。

```
xCell=ws1.Cells.Find(What='备注',SearchFormat=False)
Cell_start=ws1.Cells(xCell.Row+2, xCell.Column-15)
```

要注意的是，Worksheet 的 Cells 属性返回一个 Range 对象，它代表工作表中的所有单元格。

Find 方法用途比较广泛。实际工作中，我们有时需要在一堆 Excel 文档里面找某个单词是否出现过。例如在各个部门下发的黑名单里面检索某些企业名称或者法人代表是否出现过。如果手动打开每张表格陆续查询待查询名单，是一件非常枯燥而烦琐的事情，这时就可以尝试用 Python 来自动化操作。

```
>>> wb=xlApp.Workbooks.Open(r'H:\示例\第5章\find.xlsx')
>>> ws=wb.Worksheets(1)
>>> xCell=ws.Cells.Find(What='×××',SearchFormat=False)
```

Find 方法将返回第一个查询到的单元格，它是 Range 对象，可以使用 Address 属性得到地址。

```
>>> xCell.Address
'$G$12'
```

还可以用 FindNext 方法继续查找，需要提供单元格作为参数，表示从该单元格开始向后继续查找。

```
>>> xCellNext=ws.Cells.FindNext(xCell)
>>> xCellNext.Address
'$C$14'
```

还有一种情形，我们下发了表格，让各个部门核对数据，凡是有修改的，都用红色加粗字体。我们收集到这些反馈的表格，如何快速找到被修改的内容？

Find 方法就可以查找具有特定格式的单元格，下面查找"红色字体、加粗"的单元格。

```
>>> xlApp.FindFormat.Font.FontStyle='Bold'
>>> xlApp.FindFormat.Font.Color=constants.rgbRed
>>> xCell=ws.Cells.Find(What='',SearchFormat=True)
>>> xCell.Address
'$G$12'
```

5. 自动运行 VBA 代码

工作中，我们有时会接触到以前留下来的 VBA 代码，这些代码的逻辑很难理清楚，但是又不能贸然修改，因为这些代码还在用。把 VBA 实现的所有功能移植到 Python 上来是一项艰巨的工作。然而，从 VBA 过渡到 Python，并不意味着要把大量现成的 VBA 重写一遍。在 Python 中，执行工作簿中指定的宏代码，可以用下列语句。

```
  wb=xlApp.Workbooks.Open(r'H:\示例\第 5 章\自动运行宏.xlsm')
❶ xlApp.Run('abc')
  wb.Save()
```

语句❶是关键语句，使用 Application 对象的 Run 方法，执行了"自动运行宏.xlsm"文件中名为"abc"的宏代码。

以上代码相当于给 VBA 增加了"开关"，我们无须手动打开工作簿，使用 Python 就可以自动执行其中的 VBA 代码。例如，我们从网上采集数据，把数据写入现存的 Excel，调用 VBA 处理分析。得益于 Excel 天然的存储数据的功能和 VBA 强大的数据处理能力，这很容易上手。但是 VBA 不擅长写爬虫，对 Office 之外的文件没有太多处理方法。用 Python 的好处是，可以把一系列的操作全部黏合起来，全部实现程序化处理。

5.2.2 免费库 xlwings

我们看到，和 VBA 一样，win32com 语法非常冗长，于是产生了一些更简洁的库，例如 xlwings、DataNitro、Pyxll。这些库的底层还是调用了 pywin32 库的功能，但是将其冗长的语句做了封装，让语法更简洁。它们的功能和 win32com 库一样全面，支持.xls 和.xlsx 文件的读写、编辑和修改。缺点是依赖于 pywin32 库，需要安装 Excel 软件。xlwings 库是免费的，我们重点介绍。

1. 安装与使用

xlwings 包的安装方法非常简单。

```
pip install xlwings
```

然后再安装 Excel 插件。

```
xlwings addin install
```

在已经打开 Excel 文档的情况下，在控制台输入以下代码。

```
>>> import xlwings as xw
>>> xw.Range('A1').value=1000
```

可以看到，活动工作簿的当前工作表单元格 A1 的值变成 1000，如图 5-27 所示。

图 5-27

这样我们就可以一边写代码，一边自动对当前 Excel 文件内容进行编辑，实现了对 Excel 文件的操控。从另外一个角度来说，Excel 成了实时显示 Python 程序运行结果的一个界面。这样既可以利用 Python 代码流畅的特点，又可以实现 Excel 的"所见即所得"的可视化效果。

2. 对象模型

在 xlwings 库中，Excel 的对象（类）层级大体上遵循 App 类（Excel 程序）→Book 类（工作簿）→Sheet

类（工作表）→Range 类（单元格区域）的顺序。除此之外，还有 Chart 和 Shape 类。

我们看一下 App 类的定义。

```
class App(object):
    def __init__(self, visible=None, spec=None, add_book=True, impl=None):
        if impl is None:
            self.impl=xlplatform.App(spec=spec, add_book=add_book)
            if visible or visible is None:
                self.visible=True
        else:
            self.impl=impl
            if visible:
                self.visible=True
```

可以看到，该类实际上是 xlplatform.App(spec=spec, add_book=add_book)类。

__init__.py 中引用了_xlwindows 模块和_xlmac 模块，又称 xlplatform。

```
if sys.platform.startswith('win'):
    from. import _xlwindows as xlplatform
else:
    from. import _xlmac as xlplatform
```

可以看到，根据 Mac OS 和 Windows 操作系统的不同，xlwings 库调用了不同模块。由此可见，xlwings 库可以在 Mac OS 下使用。

```
>>> import sys
>>> sys.platform
'win32'
```

如果我们的计算机平台是 win32，则适用_xlwindows 模块，下面查看该模块源代码里 App 类的定义。

```
class App(object):
    def __init__(self, spec=None, add_book=True, xl=None):
        if spec is not None:
            warn('spec is ignored on Windows.')
        if xl is None:
            self._xl=COMRetryObjectWrapper(DispatchEx('Excel.Application'))
            if add_book:
                self._xl.Workbooks.Add()
            self._hwnd=None
        elif isinstance(xl, int):
            self._xl=None
            self._hwnd=xl
        else:
            self._xl=xl
            self._hwnd=None
```

可以在底层看到_xl = COMRetryObjectWrapper(DispatchEx('Excel.Application'))，xlwings 库的底层和 win32com 库是一样的，调用的都是 Excel.Application。

3. 基础操作

下面使用 xlwings 库新建和打开 Excel 文档。

由于 xlwings 包里面的__init__.py 中已经导入了 App 类。

```
from .main import App
```

所以，我们使用 xw.App 调用类，通过参数 visible= False 设置程序不可见，add_book=False 表示只打开 Excel 程序但不新建工作薄。

```
>>> app=xw.App(visible=False,add_book=False)
>>> app,type(app)
(<Excel App 18572>, <class 'xlwings.main.App'>)
```

5.2 从 VBA 过渡到 Python 117

用 dir 函数查看对象的属性和方法，主要包括：activate、api、books、calculate、calculation、display_alerts、hwnd、impl、kill、macro、pid、quit、range、screen_updating、selection、version、visible。

使用属性 display_alerts 禁止弹出警告信息。

```
>>> app.display_alerts=False
```

使用属性 screen_updating 关闭屏幕更新。

```
>>> app.screen_updating=False
```

使用属性 books 返回 Books 对象。

```
>>> type(app.books)
<class 'xlwings.main.Books'>
```

用 dir 函数查看对象的属性和方法，主要包括：active、add、api、count、impl、open。add 方法可以新建工作簿，open 方法可以打开工作簿，它们都会返回 Book 对象。

```
>>> wb=app.books.add()
>>> wb,type(wb)
(<Book [工作簿1]>, <class 'xlwings.main.Book'>)
```

用 dir 函数查看对象的属性和方法，主要包括：activate、api、app、caller、close、fullname、impl、macro、name、names、open_template、save、selection、set_mock_caller、sheets。

Book 对象的 sheets 属性，返回的是 Sheets 类。

```
>>> type(wb.sheets)
<class 'xlwings.main.Sheets'>
```

用 dir 函数查看对象的属性和方法，主要包括：__call__、__getitem__、active、add、api、count、impl。

因为有 __call__ 方法，所以 Sheets 对象后面可以使用圆括号索引。因为有 __getitem__ 方法，所以 Sheets 对象后面可以使用方括号索引。

从外观来看，以下 4 种方式都能获得工作表对象（Sheets），但是它们调用的方法是不同的。

```
>>> wb.sheets['sheet1'],wb.sheets('sheet1')
(<Sheet [工作簿1]Sheet1>, <Sheet [工作簿1]Sheet1>)
>>> wb.sheets(1),wb.sheets[0]
(<Sheet [工作簿1]Sheet1>, <Sheet [工作簿1]Sheet1>)
```

用 dir 函数查看对象的属性和方法，主要包括：__getitem__、activate、api、autofit、book、cells、charts、clear、clear_contents、delete、impl、index、name、names、pictures、range、select、shapes。

由于 Sheet 类有 __getitem__ 方法，因此我们可以使用方括号索引获取单元格区域，索引的方式有多种，可以是大写或小写字母，还可以是数字。

```
>>> ws=wb.sheets[0]
>>> ws['A1'],ws['a1'],ws[0,0]
(<Range [工作簿1]Sheet1!$A$1>,<Range [工作簿1]Sheet1!$A$1>,<Range [工作簿1]Sheet1!$A$1>)
```

也可以使用 range 方法获取单元格区域，它的参数可以是可变的。

```
>>> ws.range('A1'),ws.range('A1:B2')
(<Range [工作簿1]Sheet1!$A$1>, <Range [工作簿1]Sheet1!$A$1:$B$2>)
>>> ws.range(1,1),ws.range((1,1),(2,2))
(<Range [工作簿1]Sheet1!$A$1>, <Range [工作簿1]Sheet1!$A$1:$B$2>)
```

我们查看 cells 方法的源代码，它上面有装饰器，也就表示 cells 是作为属性使用的。

```
@property
def cells(self):
    return Range(xl=self.xl.Cells)
```

使用 cells 属性可以返回工作表的全部单元格。

```
>>> ws.cells
<Range [工作簿1]Sheet1!$1:$1048576>
```

以上得到都是 Range 对象，用 dir 函数查看对象的属性和方法，主要包括：__call__、__getitem__、add_hyperlink、address、api、autofit、clear、clear_contents、color、column、column_width、columns、count、current_region、end、expand、formula、formula_array、get_address、height、hyperlink、impl、last_cell、left、name、number_format、offset、options、raw_value、resize、row、row_height、rows、select、shape、sheet、size、top、value、width。

Range 类有 __call__、__getitem__ 方法，ws.cells 是 Range 对象，它后面可以使用圆括号和方括号。

```
>>> ws.cells(1,1),ws.cells[0,0]
(<Range [工作簿3]Sheet1!$A$1>, <Range [工作簿3]Sheet1!$A$1>)
>>> ws.range('A1:B2')[0,1],ws.range('A1:B2')(2)
(<Range [工作簿3]Sheet1!$B$1>, <Range [工作簿3]Sheet1!$B$1>)
```

由此可见，在 xlwings 库里，通过对魔术方法的灵活使用，用户可以非常方便地使用圆括号、方括号。

下面向新建工作簿的 sheet1 工作表的 A1 单元格输入内容"1000"。

```
>>> wb.sheets['sheet1']['A1'].value=1000
```

调用 Book 对象的 save 方法将文件保存到本地。

```
>>> wb.save(r'H:\示例\第5章\xlwings新建表.xlsx')
```

调用 Book 对象的 close 方法关闭工作簿。

```
>>> wb.close()
```

调用 App 对象的 quit 方法退出 Excel 进程。

```
>>> app.quit()
```

打开生成的 Excel 文档，如图 5-28 所示。

图 5-28

4. Python 调用 VBA

工作簿里面有 3 段 VBA 代码：两个 Sub 过程，一个 Function 函数，如图 5-29 所示。

我们用 xlwings 打开工作簿，并自动执行过程 abc。

```
>>> wb=app.books.open(r'H:\示例\第5章\自动运行宏.xlsm')
>>> wb.activate()
>>> wb.api.Application.Run('abc')
>>> wb.save()
```

以上代码和在 win32com 中自动打开工作簿并执行的宏代码非常相似。唯一的差别就是，增加了.api，那么 wb.api 是什么？

5.2 从 VBA 过渡到 Python

```
>>> wb.api
<win32com.gen_py.None.Workbook>
>>> type(wb.api)
<class 'win32com.gen_py.00020813-0000-0000-C000-000000000046x0x1x7.Workbook.Workbook'>
```

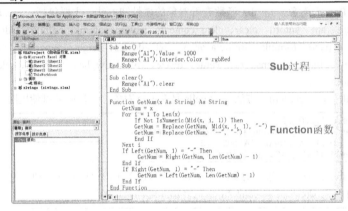

图 5-29

由以上代码可知，通过 api 属性，可以把 xlwings 中的对象转换为 win32com 中的对象，进而可以使用后者的属性和方法。

下面新建一个工作簿。

```
>>> wb=app.books.add()
>>> ws=wb.sheets[0]
>>> rg=ws.range('A1')
>>> rg.value=1000
```

查看 ws、rg 的 api 属性。

```
>>> ws.api
<win32com.gen_py.Microsoft Excel 14.0 Object Library._Worksheet instance at 0x118082360>
>>> rg.api
<win32com.gen_py.Microsoft Excel 14.0 Object Library.Range instance at 0x118082472>
```

我们可以将 xlwings 中的 Range 对象转换为 win32com 中的 Range 对象，然后使用后者的属性和方法。

```
>>> rg=ws.range('B1')
>>> rg.api.Value=2000
>>> rg.api.AddComment('修改日期：2020-1-1')
>>> rg.api.Font.Name='宋体'
>>> rg.api.Font.Size=25
>>> rg.api.Font.Bold=True
>>> wb.save(r'H:\示例\第 5 章\xlwings_API.xlsx')
>>> app.quit()
```

打开生成的 Excel 文档，如图 5-30 所示。

上面的 "自动运行宏.xlsm" 文件里面还有一个自定义函数。在 xlwings 中可以通过 App 类或者 Book 类的 macro 方法调用写好的自定义函数。

```
>>> wb=app.books.open(r'H:\示例\第 5 章\自动运行宏.xlsm')
>>> GetNum=wb.macro('GetNum')
```

经过以上调用，我们就可以在后续的 Python 程序里面直接使用 VBA 函数了。

```
>>> GetNum('编号 233412，型号 009')
'233412-009'
```

图 5-30

5. VBA 调用 Python

我们在 Python 里可以自动运行 VBA 宏，可以调用现有的 VBA 自定义函数。同样地，在 Excel 和 VBA 里面，我们也可以使用 Python 写成的函数。

首先搭建环境。第一步是安装 xlwings 包（pip install xlwings），第二步是在 Excel 中安装 xlwings 插件（xlwings addin install）。

打开新的工作簿，一般来说，此时已经可以看到 xlwings 选项卡，如图 5-31 所示。图中的 Interpreter、PYTHONPATH、UDF Modules 3 个方框，需要我们进行配置。Interpreter 代表编译器，在其文本框内输入 python.exe 文件的完整路径。在 PYTHONPATH 的文本框内输入被调用的 Python 代码文件所在路径。在 UDF Modules 的文本框内输入被调用的 Python 代码文件名称（不带.py）。设置以后，将新建的工作簿另存为"Excel 启动宏的工作簿（*.xlsm）"，同时设置宏安全性（在 Excel 菜单栏执行"文件"→"选项"→"信任中心"→"信任中心设置"→"宏设置"→"启用所有并勾选"命令，勾选"对 VBA 对象模型的信任访问"）。这个工作簿就具有特殊功能，它里面可以使用配置的 Python 代码文件里的函数。

按 Alt+F11 快捷键进入 VBE 窗口，执行菜单栏的"工具"→"引用"命令，勾选"xlwings"，单击"确定"按钮，如图 5-32 所示。

图 5-31　　　　　　　　　　　　　　图 5-32

下面以实例进行说明。图 5-33 所示是一个 Python 代码文件"Python2VBA.py"。

代码文件里的@是修饰符号（感兴趣的读者可以进一步了解函数的装饰器）。@xw.sub 表示后面是一个过程，@xw.func 表示后面是一个函数。

任意打开一个工作簿，配置 xlwings 选项卡。

```
Interpreter: C:\ProgramData\Anaconda3\python.exe
PYTHONPATH: H:\示例\第 5 章
UDF Modules: Python2VBA
```

配置后保存为启动宏的工作簿"VBA 调用 Python.xlsm"文件。

使用时，打开工作簿，单击"Import functions"按钮，弹出窗口，表示设置生效，如图 5-34 所示。

图 5-33

图 5-34

在单元格 A1 中输入公式 "=add(1,2)"，按 Enter 键得到值 3，如图 5-35 所示，可见我们可以在单元格调用 Python2VBA.py 中的 add 函数。

图 5-35

按 Alt+F11 快捷键进入 VBA 工程，新建宏代码，如图 5-36 所示。

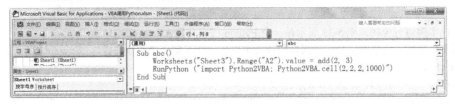

图 5-36

单击 ▶ 按钮运行 VBA 代码，Sheet3 的单元格 A2 的值变为 5，可见宏代码可以调用 Python2VBA.py 中的 add 函数。Sheet3 的单元格 B2 的值变为 1000，可见宏代码可以调用 Python2VBA.py 中的 cell 方法，如图 5-37 所示。

图 5-37

为什么 Excel 可以调用 Python 中的函数和方法呢？实际上，Excel 只能调用 VBA 模块中的函数和过程。当我们单击"Import functions"按钮的时候，xlwings 根据 Python 代码自动生成了 VBA 代码。打开 VBE 窗口，单击模块"xlwings_udfs1"，就可以看到这里自动生成了许多 VBA 代码，如图 5-38 所示。

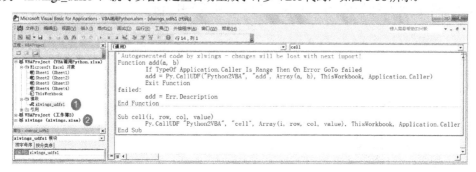

图 5-38

"xlwings.xlsm"文件已经加密，想看其中的代码可以通过 xlwings.bas，它位于 xlwings 的安装目录下，可以用文本编辑器打开。这里面的 VBA 函数可以在 Excel 中直接使用。常用的是 sql 函数，是通过调用 xlwings 库子目录 ext 下面的 sql 模块来实现的，如图 5-39 所示。

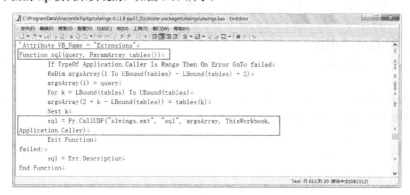

图 5-39

我们在 Sheet2 的单元格 F1 中输入下面的公式并按 Enter 键，就会得到查询结果，如图 5-40 所示。

=sql("select * from A where A.性别='男'",A1:D52)

从公式中可以看出，数据 A 对应后面的 A1:D52 数据区域。

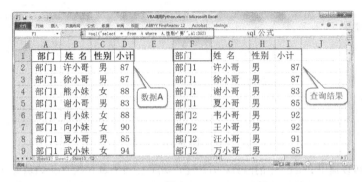

图 5-40

我们还可以写出更复杂的 sql 公式进行数据表关联，如图 5-41 所示。

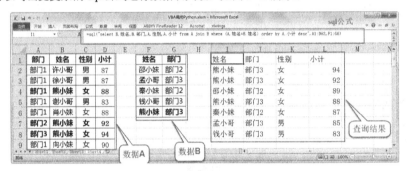

图 5-41

=sql("select B.姓名,B.部门,A.性别,A.小计 from A join B where (A.姓名=B.姓名) order by A.小计 desc",A1:D52,F1:G6)

这里的数据 A 表示 A1:D52 所在的区域，数据 B 表示 F1:G6 所在的区域。对两个数据表进行关联，取出符合条件的数据，相当于在数据 A 中找出符合条件 B 的数据，做了条件筛选。

5.2.3 商业库 DataNitro

要在 Excel 中运行 Python 代码，还可以选择其他付费商业库，例如 DataNitro、Pyxll 等。下面以 DataNitro 为例简要介绍。

安装 DataNitro 以后，打开 Excel，可以看到多了一个 DataNitro 选项卡。单击"Python Shell"按钮进入代码编写窗口，如图 5-42 所示。代码编写窗口如图 5-43 所示。

图 5-42

在提示符>>>后输入命令"Cell(1,1).value=1"，按 Enter 键，如图 5-44 所示。

图 5-43

图 5-44

我们看到单元格 A1 写入了数值 1，这样就实现了对 Excel 文档的写入操作。

5.3 Excel 文档分析库

5.3.1 自动化思路

使用前面这些方法，让我们在没有手动打开 Excel 软件的情况下，就自动实现了 Excel 文档的创建、编辑、修改。然而这些方法都是利用官方 COM 接口，相当于用 Python 代码去启动并控制 Excel 程序，来实现文件的读写。

在前面的例子中，无论是用 win32com 库运行 xlApp=Dispatch('Excel.Application')，还是使用 xlwings 库运行 app=xw.App(visible= False,add_book=False)，打开任务管理器都可以看到 Excel 程序启动了，如图 5-45 所示。

图 5-45

这些方法的缺点在于系统必须安装 Excel 软件。虽然 Excel 软件的功能十分强大，但启动也比较慢，占用内存多，批量操作时各种卡顿、崩溃、闪退也会不时出现，操作不当容易导致进程没有及时关闭。

要特别提示读者的是，笔者开发环境是 Office 2010，如果读者计算机安装了其他版本的 Office 或者 WPS，在照搬 win32com 库自动化操作 Office 文档的个别代码时，可能会报错。这是很正常的，编程环境不同，个别代码需要调整，重点是编程思路的学习。

我们可以用 Python 调用 Excel 程序来实现对 Excel 文档的各种操作。例如，我们调用 Workbook 对象的 SaveAs 方法保存文件，和我们手动打开 Excel 软件，执行菜单栏的"文件"→"另存为"命令，输入文件名和文件类型，单击"保存"按钮保存文件，两者的结果没有本质区别，如图 5-46 所示。

单击"保存"按钮将文件存储到硬盘，这个过程我们是看不见的，Excel 软件如何实现不同格式文件的创建？我们还是不知道。Office 系列软件是由 Microsoft 公司几千人的团队开发和维护，其代码量之大难以想象，代码也没有开源。

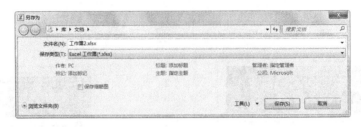

图 5-46

想要精通 Excel 其实是很难的。熟悉 Excel 软件的菜单就好比熟练使用电视机遥控器，熟悉 VBA 对象模型好比能看懂厂商提供的产品说明书，和真正理解电视机的构造和原理还有很大距离，Word 和 PowerPoint 软件与此类似。

Office 系列软件的逻辑是我们无法探究的，但是 Office 文档是可以研究的。Office 文档的结构是公开的、标准化的。对于同一类产品，不同的厂商有不同的解决思路，但是产品是有行业标准的。只要了解了产品的构造，我们也可以开发出一套解决方案，虽然功能不太全面，但是够用就行。

自动化操作 Office 文档的另一种方法是直接研究 Office 文档的构造，直接读写磁盘上的实质文件。前面我们使用 Python 内置的 open 函数，可以获得文件对象，通过文件对象的 read 和 write 方法可以直接读写文件。Office 文档比文本文件复杂得多，它有格式，它的内容不一定按照我们肉眼看到的顺序存储。先读取哪一块，后读取哪一块？如何拼接？要解决这些问题，就要求程序员具备扎实的文件结构知识。

2003 版及以前的 Office 软件制作的 Office 文档只采用 Microsoft 公司独有的二进制格式（扩展名为.xls、.doc、.ppt 的文档），也称为复合文档格式（Compound Document File Format）。2006 年，Microsoft 公司将文档格式公开，任何人和企业在不违反相关协议的前提下，都可以免费得到其技术规范文件。

Office 系列软件自 2007 版本之后采用了 OOXML（Office Open XML）格式存储文件，扩展名为.xlsx、.docx、.pptx 的文档都采用这类格式。OOXML 是一种以 XML 为基础并以 ZIP 格式压缩的电子文件规范，它将文档属性、文档内容、图表、图片、音视频文件以及文档之间的关系等压缩在一起。OOXML 文档格式的详细说明以及规格是在 2006 年欧洲计算机制造商协会（European Computer Manufacturers Association，ECMA）批准的一项标准 ECMA-376（2006 年 12 月，第 1 版）中定义的，EMCA 文档版本不断更新，最新版是 2016 年出的 ECMA-376 第 5 版，读者可以免费在网上下载研究。

想要自动化操作 Office 软件有很多种编程语言可以选用，例如 VBA、C#、Java、C++。这些编程语言无所谓优劣，重点在于第三方库资源的多少。通过对 Office 文档结构的研究，前人已经开发了比较成熟的文件解析库，我们可以直接使用，避免"重复造轮子"。

5.3.2 .xls 格式文档

1. 文件分析

OffVis 是一款专业的 Office 文档分析及修复工具，主要用于分析.doc、.xls、.ppt 格式文档，包括文件流、内容结构、偏移值等参数。

假如有一个 Excel 文档（Excel97-2003 格式文件.xls），其内容如图 5-47 所示。

用 OffVis 软件打开文件，选择以 "Excel" 开头的下拉条目，单击 "Parse" 按钮，可以看到左侧就是文件的二进制内容，文件头为 "D0 CF 11 E0 A1 B1 1A E1"，右侧是文件的结构图，如图 5-48 所示。

前面讲过，扩展名为.xls、.doc、.ppt 的文档其实是复合文档格式，它的存储原理类似于文件系统。复合文档将文件数据分成许多仓库（Storage）和流（Stream），其中仓库相当于文件夹中的子目录，流存放具体的数据，相当于文件夹里面的文件。要解析复合文档，就要知道各个流存放的位置。

图 5-47

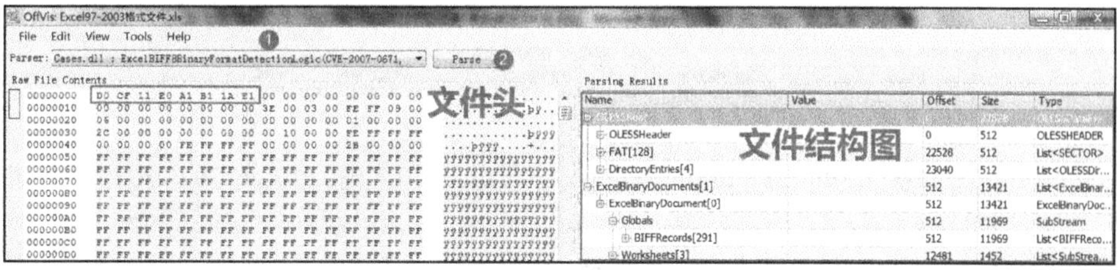

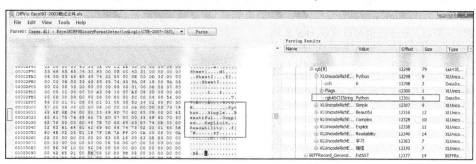

图 5-48

从左边的二进制数对应的字符串里面,可以找到单元格文本"Python"所在的位置,如图 5-49 所示。

图 5-49

可以看到,"Python"位于文件偏离值为 12301 位置,长度为 6。我们可以用二进制方式读取文件内容。

```
>>> with open(r'H:\示例\第5章\Excel97-2003格式文件.xls','rb') as f:
...     txt=f.read()
...
>>> txt[12301:12307]
b'Python'
```

由此可见,即使我们的计算机没有安装 Office 软件,只要我们弄懂了.xls 文档的内部结构,也可以读取.xls 文档的内容。什么是文件结构?举例来说就是指单元格 A1 的值偏离文件头多少位等。

自从 2006 年 Microsoft 公司公开了二进制文件的格式规范后,诞生了一些操作二进制格式 Office 文档的第三方库,例如读.xls 文档的 xlrd 库、写.xls 文档的 xlwt 库,但是目前还没有能够处理.doc 和.ppt 文档的成熟的第三方库。

xlrd、xlwt 库是 Python 读写 Excel 文档的先驱。xlrd 库可以读.xls 文档(其 2.0 版本可以读.xlsx 文档),xlwt 库可以生成.xls 文档。此外,还有个 xlutils 库,它可以修改.xls 文档。

5.3 Excel 文档分析库　127

2. xlrd 库

下面介绍用 xlrd 库读取 Excel 表格。我们以 "2019 年绩效考核统计表.xls" 文件为例，如图 5-50 所示。

导入 xlrd 库。

```
>>> import xlrd
```

xlrd 是一个库文件夹，里面的 __init__.py 定义了一个 open_workbook 函数，用于打开 Excel 工作簿。

```
>>> wb=xlrd.open_workbook(r'H:\示例\第5章\2019年绩效考核统计表.xls')
```

图 5-50

open_workbook 函数会读取文件头前 4 个字节，如果是 b'PK\x03\x04'（P 对应 0x 50，K 对应 0x 4B，即第 3 章提到的 ZIP 压缩包文件头 50 4B 03 04），则表明它可能是.xlsx 文档，调用 xlsx 模块的 open_workbook_2007_xml 函数打开文件。否则，就可能是.xls 文档，调用 book 模块的 open_workbook_xls 函数打开文件。所以，xlrd 库也可以读取.xlsx 文档。

```
>>> wb,type(wb)
(<xlrd.book.Book object at 0x0000000003AC1908>, <class 'xlrd.book.Book'>)
```

变量 wb 是一个工作簿对象（xlrd.book.Book object），是工作簿类（class xlrd.book.Book）的一个实例。用 dir 函数查看对象的属性和方法，主要包括：actualfmtcount、addin_func_names、base、biff2_8_load、biff_version、builtinfmtcount、codepage、colour_indexes_used、colour_map、countries、datemode、derive_encoding、dump、encoding、encoding_override、fake_globals_get_sheet、filestr、font_list、format_list、format_map、formatting_info、get2bytes、get_record_parts、get_record_parts_conditional、get_sheet、get_sheets、getbof、handle_boundsheet、handle_builtinfmtcount、handle_codepage、handle_country、handle_datemode、handle_efont、handle_externname、handle_externsheet、handle_filepass、handle_font、handle_format、handle_name、handle_obj、handle_palette、handle_sheethdr、handle_sheetsoffset、handle_sst、handle_style、handle_supbook、handle_writeaccess、handle_xf、initialise_format_info、is_date_format_string、load_time_stage_1、load_time_stage_2、logfile、mem、name_and_scope_map、name_map、name_obj_list、names_epilogue、nsheets、on_demand、palette_epilogue、palette_record、parse_globals、ragged_rows、raw_user_name、read、release_resources、sheet_by_index、sheet_by_name、sheet_loaded、sheet_names、sheets、stream_len、style_name_map、unload_sheet、use_mmap、user_name、verbosity、xf_epilogue、xf_list、xfcount。

根据 xlrd.book.Book，我们知道 Book 类应该在 xlrd 库的模块文件 book.py 内定义。我们可以从里面找到 Book 类的属性和各种方法的定义，如图 5-51 所示。

变量 wb 是一个 Book 类的实例化对象，它可以使用 Book 类的各种属性和方法。

使用 sheetnames 方法获取工作簿的全部工作表名称列表。

```
>>> wb.sheet_names()
['部门1', '部门2', '部门3']
```

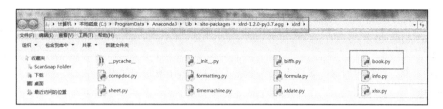

图 5-51

使用 sheet_by_name 方法，通过代入名字参数获取某张工作表。

```
>>> ws=wb.sheet_by_name('部门3')
```

还可以通过编号读取工作表。

```
>>> ws=wb.sheet_by_index(2)
```

注意，工作表的编号，以及工作表中的单元格的行、列号都是从 0 开始。

```
>>> ws,type(ws)
(Sheet 2:<部门3>, <class 'xlrd.sheet.Sheet'>)
```

变量 ws 是工作表类（class xlrd.sheet.Sheet）的一个实例。用 dir 函数查看到对象的属性和方法，主要包括：automatic_grid_line_colour、bf、biff_version、book、bt、cached_normal_view_mag_factor、cached_page_break_preview_mag_factor、cell、cell_note_map、cell_type、cell_value、cell_xf_index、col、col_label_ranges、col_slice、col_types、col_values、colinfo_map、columns_from_right_to_left、computed_column_width、cooked_normal_view_mag_factor、cooked_page_break_preview_mag_factor、default_additional_space_above、default_additional_space_below、default_row_height、default_row_height_mismatch、default_row_hidden、defcolwidth、dump、fake_XF_from_BIFF20_cell_attr、first_visible_colx、first_visible_rowx、fixed_BIFF2_xfindex、formatting_info、gcw、get_rows、gridline_colour_index、gridline_colour_rgb、handle_feat11、handle_hlink、handle_msodrawingetc、handle_note、handle_obj、handle_quicktip、handle_txo、has_pane_record、horizontal_page_breaks、horz_split_first_visible、horz_split_pos、hyperlink_list、hyperlink_map、insert_new_BIFF20_xf、logfile、merged_cells、name、ncols、nrows、number、panes_are_frozen、put_cell、put_cell_ragged、put_cell_unragged、ragged_rows、read、remove_splits_if_pane_freeze_is_removed、req_fmt_info、rich_text_runlist_map、row、row_label_ranges、row_len、row_slice、row_types、row_values、rowinfo_map、scl_mag_factor、sheet_selected、sheet_visible、show_formulas、show_grid_lines、show_in_page_break_preview、show_outline_symbols、show_sheet_headers、show_zero_values、split_active_pane、standardwidth、string_record_contents、tidy_dimensions、update_cooked_mag_factors、utter_max_cols、utter_max_rows、verbosity、vert_split_first_visible、vert_split_pos、vertical_page_breaks、visibility。

使用 nrows、ncols 属性，获取工作表的行列数量。

```
>>> ws.nrows,ws.ncols
(24, 16)
```

使用 cell(rowx, colx) 方法获取单元格的值，它的参数是行、列号。

```
>>> cl=ws.cell(0, 0)
>>> cl,type(cl)
(text:'2019年绩效考核统计表 ', <class 'xlrd.sheet.Cell'>)
```

变量 cl 是单元格类（class xlrd.sheet.Cell）的一个实例。用 dir 函数查看 Cell 类的属性和方法，主要包括：ctype、dump、value、xf_index。其中常用的是 value 属性。

```
>>> cl.value
'2019年绩效考核统计表 '
```

使用 Sheet 类的 cell_value(rowx, colx)方法也可以直接获取单元格的值,它的参数是行、列号。

```
>>> ws.cell_value(0, 0)
'2019年绩效考核统计表 '
```

有了工作表数、行数和列数,通过3重循环就可以读出工作簿的全部内容。

3. xlwt 库

引入 xlwt 库。

```
>>> import xlwt
```

要生成工作簿,首先要找到工作簿类。我们在 Workbook 模块里面找到了 Workbook 类的定义。xlwt 是一个库文件夹,里面的__init__.py 使用语句 from .Workbook import Workbook 导入了 Workbook 模块中的 Workbook 类。因此可以直接使用 Workbook 类实例化工作簿对象。

```
>>> wb=xlwt.Workbook()
>>> type(wb)
<class 'xlwt.Workbook.Workbook'>
```

返回的是一个工作簿对象(xlwt.Workbook.Workbook),代表新建的工作簿。用 dir 函数查看对象的属性和方法,主要包括:active_sheet、add_font、add_rt、add_sheet、add_sheet_reference、add_str、add_style、backup_on_save、convert_sheetindex、country_code、dates_1904、default_style、del_str、encoding、get_active_sheet、get_backup_on_save、get_biff_data、get_country_code、get_dates_1904、get_default_style、get_height、get_hpos、get_hscroll_visible、get_obj_protect、get_owner、get_protect、get_sheet、get_style_stats、get_tab_width、get_tabs_visible、get_use_cell_values、get_vpos、get_vscroll_visible、get_width、get_wnd_mini、get_wnd_protect、get_wnd_visible、height、hpos、hscroll_visible、obj_protect、owner、protect、raise_bad_sheetname、rt_index、save、set_active_sheet、set_backup_on_save、set_colour_RGB、set_country_code、set_dates_1904、set_height、set_hpos、set_hscroll_visible、set_obj_protect、set_owner、set_protect、set_tab_width、set_tabs_visible、set_use_cell_values、set_vpos、set_vscroll_visible、set_width、set_wnd_mini、set_wnd_protect、set_wnd_visible、setup_ownbook、setup_xcall、sheet_index、str_index、tab_width、tabs_visible、use_cell_values、vpos、vscroll_visible、width、wnd_mini、wnd_protect、wnd_visible。

使用 add_sheet 方法添加一张工作表并命名为"abc"。

```
>>> ws=wb.add_sheet('abc')
>>> type(ws)
<class 'xlwt.Worksheet.Worksheet'>
```

返回的是一个工作表对象(xlwt.Worksheet.Worksheet),代表新建的工作表。用 dir 函数查看对象的属性和方法,有 257 个之多,在此不一一列举。其中,用得较多的是 write 方法,用于向单元格写入内容。用 help 函数可以查看 write 方法的用法。

```
write(r, c, label='', style=<xlwt.Style.XFStyle object>)
```

参数 r、c 分别是行、列号,label 是写入的内容,style 是格式样式。

向第1行第1列单元格输入内容"1000",无格式。

```
>>> ws.write(0,0,1000)
```

xlwt 模块支持一些简单的格式样式,要使用它,首先要实例化样式对象。

```
>>> style0=xlwt.Style.XFStyle()
```

由__init__.py 中使用了语句 from .Style import XFStyle,因此上述代码也可以直接写成下面的形式。

```
>>> style0=xlwt.XFStyle()
>>> style0,type(style0)
(<xlwt.Style.XFStyle object at 0x0000000004129C50>, <class 'xlwt.Style.XFStyle'>)
```

用 dir 函数查看对象的属性和方法，主要包括：alignment、borders、font、num_format_str、pattern、protection。官方文档提示 protection 方法尚未完善，尽量不要使用。

XFStyle 对象的 alignment 属性返回的是 Alignment 对象，它用来设置对齐方式。

```
>>> style0.alignment
<xlwt.Formatting.Alignment object at 0x0000000004FD9358>
```

用 dir 函数查看对象的属性和方法主要包括：dire、horz、inde、merg、orie、rota、shri、vert、wrap。xlwt 库中有很多简写名称，例如，horz 表示 horizontal（水平）的意思，vert 表示 vertical（垂直）的意思。

下面通过 Alignment 对象的属性进一步设置对齐方式（水平居中和垂直居中），等号右边是对应的常量。

```
>>> style0.alignment.horz=xlwt.Formatting.Alignment.HORZ_CENTER
>>> style0.alignment.vert=xlwt.Formatting.Alignment.VERT_CENTER
```

由于 __init__.py 中使用了语句 from .Formatting import Alignment，因此上述代码也可以直接写成下面的形式。

```
>>> style0.alignment.horz=xlwt.Alignment.HORZ_CENTER
>>> style0.alignment.vert=xlwt.Alignment.VERT_CENTER
```

borders 是边框线条样式和颜色。

```
>>> style0.borders.bottom=xlwt.Borders.THICK
>>> style0.borders.bottom_colour=xlwt.Style.colour_map['red']
```

font 是字体格式。

```
>>> style0.font.name=u'微软雅黑'
>>> style0.font.colour_index=xlwt.Style.colour_map['red']
>>> style0.font.bold=True
```

向第 2 行第 1 列单元格输入内容"1000"，调用样式 style0。

```
>>> ws.write(1,0,1000,style0)
```

pattern 是背景区域风格和颜色。

下面我们不直接给样式设置属性值，而是先创建 Pattern 对象。

```
>>> pt=xlwt.Pattern()
>>> type(pt)
<class 'xlwt.Formatting.Pattern'>
```

设置 Pattern 对象的属性。

```
>>> pt.pattern=xlwt.Pattern.SOLID_PATTERN
>>> pt.pattern_fore_colour=xlwt.Style.colour_map['red']
>>> pt.pattern,pt.pattern_fore_colour
(1, 10)
```

创建 XFStyle 对象，将 pattern 属性值赋为 pt。

```
>>> style1=xlwt.XFStyle()
>>> style1.pattern=pt
>>> style1.pattern.pattern,style1.pattern.pattern_fore_colour
(1, 10)
```

向第 3 行第 1 列单元格输入内容"1000"，调用样式 style1。

```
>>> ws.write(2,0,1000,style1)
```

用 num_format_str 设置显示的样式，下面分别写入货币和日期。

```
>>> style2=xlwt.XFStyle()
>>> style2.num_format_str='$#,##0.00'
```

```
>>> ws.write(3,0,1000,style2)
>>> import datetime
>>> style3=xlwt.XFStyle()
>>> style3.num_format_str='m/d/yy h:mm'
>>> ws.write(0, 1, datetime.datetime.now(), style3)
```

在 xlwt 库里还可以使用 Style 模块的 easyxf 函数设置样式。

```
>>> from xlwt import easyxf
>>> style4=easyxf(
...'align:vertical center, horizontal center;'
...'font:name 微软雅黑,bold True,colour white;'
...'borders: bottom_colour blue, bottom thick;'
...'pattern: pattern solid, fore_colour blue;',
...num_format_str='m/d/yy h:mm')
>>> ws.write(1,1,datetime.datetime.now(),style4)
```

单元格可以写入公式。

```
>>> from xlwt import Formula
>>> ws.write(4,0,Formula('$A$1+$A$2*SUM($A$2:$A$4)'))
```

使用 Worksheet 的 write_merge 方法可以实现单元格合并的效果，其语法如下。

```
write_merge(self, r1, r2, c1, c2, label='', style=Style.default_style)
```

下面使用该方法。

```
>>> ws.write_merge(0,4,2,3,'这是一个合并单元格',style0)
```

Worksheet 的 row 方法可以返回 Row（行）对象。

```
>>> ws.row(5)
<xlwt.Row.Row object at 0x0000000002C215C8>
```

用 dir 函数查看对象的属性和方法，主要包括：collapse、get_cells_biff_data、get_cells_count、get_height_in_pixels、get_index、get_max_col、get_min_col、get_row_biff_data、get_xf_index、has_default_height、height、height_mismatch、hidden、insert_cell、insert_mulcells、level、set_cell_blank、set_cell_boolean、set_cell_date、set_cell_error、set_cell_formula、set_cell_mulblanks、set_cell_number、set_cell_rich_text、set_cell_text、set_style、space_above、space_below、write、write_blanks、write_rich_text。

使用 Row 对象的 write 方法也可以写入单元格，第一个参数代表列号。

```
>>> ws.row(5).write(0,'这是表格 A5')
```

使用 Row 对象的 set_cell_text 方法可以设置单元格文本内容，第一个参数代表列号。

```
>>> ws.row(5).set_cell_text(1,'这是表格 B5')
```

使用 Row 对象的 set_style 方法可以设置行的格式。

```
>>> ws.row(6).set_style(style0)
```

使用 Row 对象的属性 height 可以设置行的格式。

```
>>> ws.row(6).height=300
```

使用 Worksheet 的 col 方法可以返回 Column（行）对象。

```
>>> ws.col(0)
<xlwt.Column.Column object at 0x0000000002C93B70>
```

用 dir 函数查看对象的属性和方法，主要包括：best_fit、collapse、get_biff_record、get_width、hidden、level、set_style、set_width、unused、user_set、width、width_in_pixels。

Column 对象的属性 width 用于设置列宽。

```
>>> ws.col(0).width=4000
>>> ws.col(1).width=4000
```

将文件保存到本地。

```
>>> wb.save(r'H:\示例\第 5 章\xlwt 新建表.xls')
```

打开生成的 Excel 文档，如图 5-52 所示。

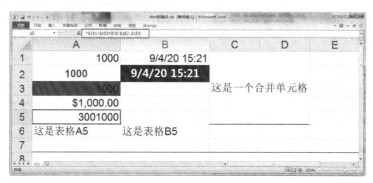

图 5-52

4. xlutils 库

xlwt 库写入 Excel 表格，其实是从零开始新建一个文件并写入内容。有时候我们需要向现有的文件写入内容，或者对已有的文件进行编辑、添加、删除，这时候就需要用到 xlutils 库。xlutils 是一个提供了许多修改 Excel 文档方法的库。修改需要先读再写，xlutils 库正是通过复制一个副本并对其进行操作后保存一个新文件。

下面以修改上例生成的表格为例。

导入相关的库。

```
>>> import xlrd,xlwt
```

用到 xlutils 库里 copy 模块中的 copy 函数。

```
>>> from xlutils.copy import copy
```

打开 Excel 工作簿，注意设置 formatting_info=True 才能保留之前文件的格式。

```
>>> wb0=xlrd.open_workbook(r'H:\示例\第 5 章\xlwt 新建表.xls',formatting_info=True)
```

复制一份 Excel 工作簿。

```
>>> wb1=copy(wb0)
>>> wb1
<xlwt.Workbook.Workbook object at 0x00000000075654E0>
```

可以看到，复制后得到变量 wb1 是 xlwt.Workbook.Workbook 对象，那么可以使用 xlwt 库的相关方法，例如新建工作表，写入数据。

```
>>> ws1=wb1.add_sheet('new')
>>> ws1.write(0, 0, 3000)
```

使用 get_sheet 方法获取之前创建的工作表 "abc"，修改其内容。

get_sheet 方法的参数是什么呢？我们通过查询库的源代码文件（xlwt/Workbook.py），查看 Workbook 类的

get_sheet 方法定义，可以看到下面的代码行。

```
def get_sheet(self, sheet):
    if isinstance(sheet, int_types):
        return self.__worksheets[sheet]
    elif isinstance(sheet, basestring):
        sheetnum=self.sheet_index(sheet)
        return self.__worksheets[sheetnum]
    else:
        raise Exception("sheet must be integer or string")
```

通过上面的代码，我们知道了，参数既可以用工作表名称"abc"，也可以用工作表的编号（从 0 开始）。

```
>>> ws0=wb1.get_sheet("abc")
>>> ws0.write(3, 1, '修改工作簿')
```

将文件保存到本地。

```
>>> wb1.save(r'H:\示例\第 5 章\xlutils 修改表.xls')
```

打开生成的 Excel 文档，如图 5-53 所示。

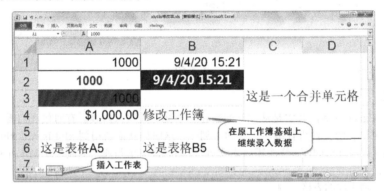

图 5-53

5.3.3 .xlsx 格式文档

1. 文件分析

图 5-54 所示为一个有宏的工作簿文件（Excel2007 格式文件.xlsm），里面有数值、图片、VBA 代码。

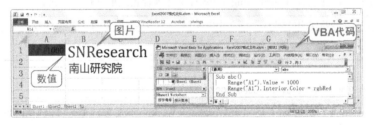

图 5-54

修改文件名为"Excel2007 格式文件.zip"，解压该文件，如图 5-55 所示。

继续打开 xl 文件夹，如图 5-56 所示。

图 5-55

vbaProject.bin 就是存储 VBA 代码的 VBA 工程文件。media 文件夹里面是插入的图片，如图 5-57 所示。

图 5-56

图 5-57

进一步打开 worksheets 文件夹，如图 5-58 所示。

图 5-58

可以用文本文件编辑器、XML 编辑器、浏览器查看这些 XML 文档，如图 5-59 所示。

图 5-59

XML 文档实际上就是文本文件，只是里面有一些标签来表示结构和样式。这些标签我们看起来会比较"乱"，但是它们便于计算机识别文件的内容和结构。通过这种方式，可以在没有安装 Excel 的情况下得到一个工作簿的数据，例如，Sheet1、A1、1000 等信息。

我们可以在编辑器里修改 XML 文档，例如将 1000 改为 Python，如图 5-60 所示。

```
▼<sheetData>
  ▼<row r="1" spans="1:1" x14ac:dyDescent="0.25">
    ▼<c r="A1" s="1">
      <v>Python</v>
    </c>
  </row>
</sheetData>
```

图 5-60

我们也可以通过压缩软件直接打开一个 Excel 文档，查看其中的内容，如图 5-61 所示。

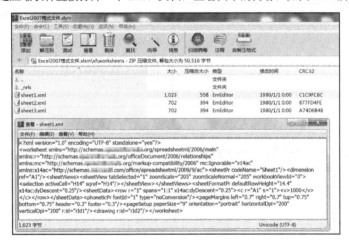

图 5-61

我们还可以将之前修改过的"sheet1.xml"文件拖入压缩包，替换掉原始的"sheet1.xml"文件，保存并退出压缩文件。打开 Excel 文档，会发现单元格内容发生了变化，如图 5-62 所示。

图 5-62

整个压缩包里除了 VBA 文件和插入的图片是二进制文件外，其余大都是 XML 文档。XML 文档包含工作簿的文本、样式、设置等重要信息。通过文件夹操作，我们可以复制图片和 VBA 文件。在特殊情况下，还可以通过进一步分析二进制文件，去除 VBA 文件的保护密码。

通过这个例子，我们发现可以通过读写 XML 文档来操作 Office 文档。基于这个思路，很多程序员写了各种库，例如读写.xlsx 文档的 openpyxl 库，读写.docx 文档的 python-docx 库，读写.pptx 文档的 python-pptx 库等。我们可以直接使用这些成熟的库，没有必要再解析 XML 文档。

2. openpyxl 库

openpyxl 是一个非常简单的库，它可以读写.xlsx 文档。安装命令非常简单：pip install openpyxl。

openpyxl 库是基于 XML 文档解析开发的，只能操作.xlsx 文档。在 openpyxl 库中，常用的类有 3 个：Workbook（工作簿）、Worksheet（工作表）、Cell（单元格）。

它们的使用方法非常简单，首先导入库。

```
>>> import openpyxl
```

openpyxl 是库文件夹，里面的__init__.py 使用语句 from openpyxl.reader.excel import load_workbook 导入 reader 子文件夹的 excel 模块中的 load_workbook 函数。

```
load_workbook(filename, read_only=False, keep_vba=KEEP_VBA, data_only=False, keep_links=True)
```

参数 filename 是文件名，read_only 表示是否以只读方式打开，默认是可读写的。打开巨大的 Excel 文档时，建议设置 read_only=True。

下面直接使用 load_workbook 函数打开一个 Excel 文档。

```
>>> wb=openpyxl.load_workbook(r'H:\示例\第 5 章\合并工作簿.xlsx')
>>> type(wb)
<class 'openpyxl.workbook.workbook.Workbook'>
```

函数返回一个工作簿对象（Workbook Object），用 dir 函数查看对象的属性和方法，主要包括：active、add_named_range、add_named_style、calculation、chartsheets、close、code_name、copy_worksheet、create_chartsheet、create_named_range、create_sheet、data_only、defined_names、encoding、epoch、excel_base_date、get_active_sheet、get_index、get_named_range、get_named_ranges、get_sheet_by_name、get_sheet_names、guess_types、index、is_template、iso_dates、loaded_theme、mime_type、move_sheet、named_styles、path、properties、read_only、rels、remove、remove_named_range、remove_sheet、save、security、shared_strings、sheetnames、style_names、template、vba_archive、views、worksheets、write_only。

使用 sheetnames 属性获取工作簿中的全部工作表名称列表。

```
>>> wb.sheetnames
['部门3', '部门2', '部门1', 'Sheet1', 'Sheet2', 'Sheet3']
```

使用 Workbook 类的 get_sheet_by_name 方法，通过工作表名称访问每一张表。

```
>>> ws=wb.get_sheet_by_name('部门1')
>>> type(ws)
<class 'openpyxl.worksheet.worksheet.Worksheet'>
```

由于 Workbook 类定义了__getitem__方法，因此它的实例 wb 就可以以 wb[sheetname]的方式访问成员工作表，它会调用类中的__getitem__方法。

```
>>> wb['部门1'],type(wb['部门1'])
(<Worksheet '部门1'>, <class 'openpyxl.worksheet.worksheet.Worksheet'>)
```

变量 ws 是一个工作表对象（Worksheet Object），用 dir 函数查看对象的属性和方法，主要包括：active_cell、add_chart、add_data_validation、add_image、add_pivot、add_table、append、auto_filter、calculate_dimension、cell、col_breaks、column_dimensions、columns、conditional_formatting、data_validations、delete_cols、delete_rows、dimensions、encoding、evenFooter、evenHeader、firstFooter、firstHeader、formula_attributes、freeze_panes、insert_cols、insert_rows、iter_cols、iter_rows、legacy_drawing、max_column、max_row、merge_cells、merged_cell_ranges、merged_cells、mime_type、min_column、min_row、move_range、oddFooter、oddHeader、orientation、page_breaks、page_margins、page_setup、paper_size、parent、path、print_area、print_options、print_title_cols、print_title_rows、print_titles、protection、row_breaks、row_dimensions、rows、scenarios、selected_cell、set_printer_settings、sheet_format、sheet_properties、sheet_state、sheet_view、show_gridlines、show_summary_below、show_summary_right、title、unmerge_cells、values、views。

使用 max_row、max_column 属性，分别获取工作表的行、列数量。

```
>>> ws.max_row,ws.max_column
(13, 16)
```

cell(row, column, value=None)方法的必要参数是行列号，要注意的是，行、列的编号都是从 1 开始。

```
>>> cell=ws.cell(1,1)
>>> cell,type(cell)
(<Cell '部门1'.A1>, <class 'openpyxl.cell.cell.Cell'>)
```

变量 cell 是单元格对象（Cell Object），用 dir 函数查看对象的属性和方法，主要包括：alignment、base_date、border、check_error、check_string、col_idx、column、column_letter、comment、coordinate、data_type、encoding、fill、font、guess_types、has_style、hyperlink、internal_value、is_date、number_format、offset、parent、pivotButton、protection、quotePrefix、row、set_explicit_value、style、style_id、value。

使用对象的 value 属性获取单元格的值。

```
>>> cell.value
'2019年绩效考核统计表 '
```

使用 Workbook 类的 create_sheet 方法在工作簿里面创建新的工作表。

```
>>> ws=wb.create_sheet(title='新建工作表')
```

使用 Worksheet 对象的 sheet_properties 属性将工作表标签颜色设置为红色。

```
>>> from openpyxl.styles import colors
>>> ws.sheet_properties.tabColor=colors.RED
```

使用 Cell 对象的 value 属性设置单元格的值。

```
>>> ws.cell(1,1).value='2019年绩效考核统计表'
```

使用 Cell 对象的 font 属性设置字体格式。

```
>>> from openpyxl.styles import Font
>>> ws.cell(1,1).font=Font(name=u'微软雅黑', bold=True, size=24)
```

使用 Cell 对象的 alignment 属性设置对齐方式。

```
>>> from openpyxl.styles import Alignment
>>> ws.cell(1,1).alignment=Alignment(horizontal='center', vertical='center')
```

使用 Worksheet 对象的 merge_cells 方法合并单元格，需要提供起始行列和结束行列。

```
>>> ws.merge_cells(start_row=1, start_column=1, end_row=1, end_column=16)
```

使用 Workbook 对象的 remove(worksheet)方法删除工作表，参数是工作表对象。

```
>>> wb.remove(wb['Sheet1'])
>>> wb.remove(wb['Sheet2'])
>>> wb.remove(wb['Sheet3'])
```

使用 Workbook 对象的 save(filename)方法保存工作簿。

```
>>> wb.save(r'H:\示例\第5章\合并工作簿_2.xlsx')
```

使用 Workbook 对象的 close 方法关闭工作簿。

```
>>> wb.close()
```

打开保存的工作簿，如图 5-63 所示。

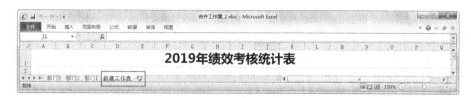

图 5-63

下面重新打开工作簿,将其中 3 张工作表"部门 3""部门 2""部门 1"汇总到一张表中。

```
import openpyxl
from openpyxl.styles import Alignment
wb=openpyxl.load_workbook(r'H:\示例\第5章\合并工作簿.xlsx')
ws=wb.copy_worksheet(from_worksheet=wb['部门1'])
ws.title='汇总工作表'
shts=[wb['部门2'],wb['部门3']]
for sht in shts:
    max_row0,max_column0=ws.max_row,ws.max_column
    max_row1,max_column1=sht.max_row,sht.max_column
    for r in range(4,max_row1+1):
        for c in range(1,max_column1+1):
            ws.cell(r+max_row0-3,c).value=sht.cell(r,c).value
            ws.cell(r,c).alignment=Alignment(horizontal='center', vertical='center')
wb.remove(wb['Sheet1'])
wb.remove(wb['Sheet2'])
wb.remove(wb['Sheet3'])
wb.save(r'H:\示例\第5章\合并工作簿_3.xlsx')
wb.close()
```

使用 Workbook 类的 copy_worksheet 方法可以复制工作表,其参数是被复制的工作表对象,它返回一张工作表,位于工作簿最后。它只能在工作簿内部复制工作表,不能跨工作簿复制。

打开汇总后的工作表,如图 5-64 所示。

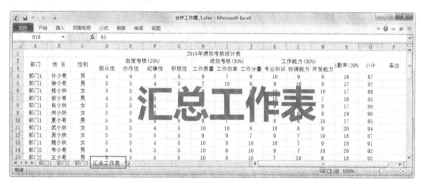

图 5-64

3. XlsxWriter 库

XlsxWriter 是一个功能强大的.xlsx 文档生成库,它可以实现各种复杂格式。安装方法非常简单:pip install XlsxWriter。

安装后就可以使用,首先导入库。

```
>>> import xlsxwriter
```

xlsxwriter 是库文件夹，里面的 __init__.py 使用语句 from .workbook import Workbook 导入了 workbook 模块中的 Workbook 类。

我们通过实例化对象，新建一个 Excel 文档。

```
>>> wb=xlsxwriter.Workbook(r'H:\示例\第5章\生成 Excel 图表.xlsx')
>>> wb
<xlsxwriter.workbook.Workbook object at 0x00000000073874E0>
>>> type(wb)
<class 'xlsxwriter.workbook.Workbook'>
```

变量 wb 是一个工作簿对象，是工作簿类（class Workbook）的一个实例。用 dir 函数查看对象的属性和方法，主要包括：add_chart、add_chartsheet、add_format、add_vba_project、add_worksheet、allow_zip64、border_count、calc_id、calc_mode、calc_on_load、chart_name、chartname_count、charts、chartsheet_class、close、constant_memory、createtime、custom_colors、custom_properties、date_1904、default_date_format、default_format_properties、default_url_format、define_name、defined_names、doc_properties、drawing_count、drawings、dxf_format_indices、dxf_formats、escapes、excel2003_style、fh、fileclosed、filehandle、filename、fill_count、font_count、formats、get_default_url_format、get_worksheet_by_name、image_types、images、in_memory、internal_fh、named_ranges、nan_inf_to_errors、num_comment_files、num_format_count、num_vml_files、palette、remove_timezone、selected、set_calc_mode、set_custom_property、set_properties、set_size、set_tab_ratio、set_vba_name、sheet_name、sheetname_count、sheetnames、str_table、strings_to_formulas、strings_to_numbers、strings_to_urls、tab_ratio、tmpdir、use_zip64、vba_codename、vba_is_stream、vba_project、window_height、window_width、worksheet_class、worksheet_meta、worksheets、worksheets_objs、x_window、xf_format_indices、xf_formats、y_window。

使用 add_worksheet 方法给工作簿增加一张工作表。

```
>>> ws=wb.add_worksheet()
>>> type(ws)
<class 'xlsxwriter.worksheet.Worksheet'>
```

变量 ws 是一个工作表对象。用 dir 函数查看对象的属性和方法，有 222 个，常见的方法及其作用见表 5-1。

表 5-1

方法	作用	方法	作用
activate	激活工作表	set_footer	设置页脚
add_format	给单元格设置样式	set_header	设置页眉
add_sparkline	添加迷你线图	set_landscape	设置页面朝向为横向
add_table	添加一张表	set_margins	设置页边距
autofilter	设置自动过滤区域	set_paper	设置纸张类型
conditional_format	添加一个条件格式	set_portrait	设置页面朝向为纵向
data_validation	添加数据验证	set_row	设置行的属性值
dset_zoom	设置缩放	set_selection	设置选定的单元格
filter_column	设置筛选过滤条件	set_tab_color	设置表标签的颜色
filter_column_list	设置列表样式筛选标准	show_comments	展示单元格注释
freeze_panes	将工作表窗格冻结	split_panes	分割窗格
get_name	获取工作表的名称	write	写入单元格
hide	隐藏工作表	write_array_formula	写入数组公式

续表

方法	作用	方法	作用
insert_button	插入一个按钮	write_blank	将空白写入单元格
insert_chart	插入图表	write_boolean	写入布尔值
insert_image	插入图片	write_column	从列方向批量写入
insert_textbox	插入文本框	write_comment	为单元格添加注释
merge_range	合并单元格	write_datetime	填写日期
protect	设置密码和保护项	write_formula	写入公式
select	选中工作表	write_rich_string	填写富文本字符串
set_column	设置列的宽度	write_row	从行方向批量写入
set_comments_author	设置注释作者	write_string	将字符串写入单元格
set_default_row	设置默认行属性	write_url	写入链接地址
set_first_sheet	设置为第一张表	writer_number	向单元格中写入数字

使用 write 方法向单元格写入文本内容，注意行、列编号都从 0 开始。

```
>>> ws.write(0,0,'部门')
```

write 方法的参数都是可变参数，定位单元格的参数可以用坐标形式如（0,0），也可以用字母和数字组合如 A1。

```
>>> ws.write('A1','部门')
```

write 方法的参数还包括单元格格式和一个 Format 对象。

下面调用 Workbook 类的 add_format 方法，将格式字典以参数形式代入，得到 Format 对象。

```
>>> f_title=wb.add_format({'border':1,'align':'center','font_size':12,'bold':True})
>>> f_title
<xlsxwriter.format.Format object at 0x0000000006932550>
```

也可以不代入参数，先创建 Format 对象，再使用其属性和方法进一步设置格式。

```
>>> f_num=wb.add_format()
>>> f_num.set_border(1)
>>> f_num.set_align('center')
>>> f_num.set_num_format('0.00')
```

有了 Format 对象，在写入单元格的时候代入参数，可以直接设置单元格格式。

```
>>> ws.write('A1','部门',f_title)
```

使用 write_row、write_column 方法，可以按行或者列方向批量写入一串数值，参数是初始单元格位置和数据列表。

```
>>> title=['部门','态度考核','成效考核','工作能力','出勤率','综合得分']
>>> ws.write_row('A1', title,f_title)
>>> ws.write_column('A2', ['部门1','部门2','部门3'],f_title)
>>> ws.write_row('B2', [19.20,28.00,26.30,17.30],f_num)
>>> ws.write_row('B3', [18.85,24.00,25.35,19.10],f_num)
>>> ws.write_row('B4', [19.10,27.00,25.71,17.52],f_num)
```

使用 write_formula 方法，可以写入公式。

```
>>> ws.write_formula('F2','=(0.2*B2+0.3*C2+0.3*D2+0.2*E2)',f_num)
>>> ws.write_formula('F3','=(0.2*B3+0.3*C3+0.3*D3+0.2*E3)',f_num)
>>> ws.write_formula('F4','=(0.2*B4+0.3*C4+0.3*D4+0.2*E4)',f_num)
```

使用 merge_range 方法合并单元格。

```
>>> ws.merge_range('G6:I10','')
```

使用 write_rich_string 方法写入富文本字符串。

```
>>> ws.write_rich_string('G6','成效考核',f_title,'部门1','得分：28.00')
```

使用 write_comment 方法，可以写入批注。

```
>>> ws.write_comment('F15','作者：HHP')
```

使用 show_comments 方法显示批注。

```
>>> ws.show_comments()
```

使用 set_column 方法设置列宽。

```
>>> ws.set_column(0, 5, 11)
```

使用 insert_image 方法插入图片。

```
>>> ws.insert_image('G1',r'H:\示例\第5章\pic.png',{'x_scale':0.2,'y_scale':0.2})
```

使用 add_chart 方法增加一个图表。

```
>>> chart=wb.add_chart({'type': 'column'})
>>> type(chart)
<class 'xlsxwriter.chart_column.ChartColumn'>
```

给图表对象添加 3 个数据系列。

```
>>> for r in range(2,5):
...     r=str(r)
...     chart.add_series({
...     'categories': '=Sheet1!$B$1:$E$1',
...     'values': '=Sheet1!$B$'+r+':$E$'+r,
...     'line': {'color': 'black'},'name': '=Sheet1!$A$'+r,
...     'data_labels': {'value': True,'num_format': '0'}
...     })
```

给图表对象添加标题。

```
>>> chart.set_title({'name':'各部门考核情况'})
```

在单元格 A6 插入图表。

```
>>> ws.insert_chart('A6',chart)
```

关闭工作簿的同时会保存工作簿。

```
>>> wb.close()
```

生成图表如图 5-65 所示。

XlsxWriter 库的缺点是无法读取现有 Excel 文档并进行编辑，它只适合从零开始制作.xlsx 文档。

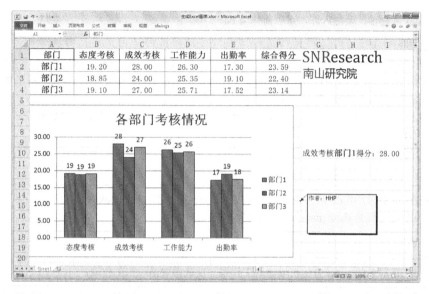

图 5-65

5.4 pandas 库与 Excel

Excel 是 Microsoft 公司的经典之作，在日常工作中的数据整理、分析和可视化方面，有其独到的优势。尤其是在掌握了函数和数据透视等高级功能之后，Excel 可以大幅度提高工作效率。但如果数据量超大，Excel 的劣势也就显现出来，打开文件慢甚至无法打开，要进行后续的分析更是难上加难。这时候，我们可以用 Python 数据分析包来解决此问题。

Python 数据分析离不开 pandas 包，pandas 的名称来自面板数据（panel data）和 Python 数据分析（data analysis）。Excel 软件的分列、去重、排序、筛选、查找匹配、数据汇总、数据透视等功能都可以用 pandas 库实现。pandas 库的官方文档有几千页，功能非常全面，在此无法一一介绍，这里只介绍与 Excel 文档读写相关的内容。pandas 读写 Excel 文档常用到 ExcelFile 和 ExcelWriter 这两个类，以及 read_excel、to_excel 这两个方法。

5.4.1 读入 Excel 文档

前面各种库读入 Excel 文档，往往需要遍历行列，逐个单元格读取。而 pandas 库可以将工作簿中的所有表一次性读入，其效率非常高。

我们读一个简单的 Excel 文档，如图 5-66 所示。

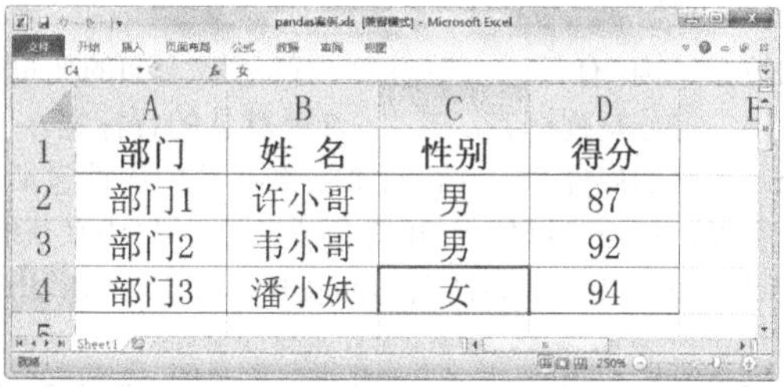

图 5-66

使用 pandas 库之前，要导入库，可以简称为 pd。

```
>>> import pandas as pd
```

pandas 是库文件夹，里面的__init__.py 使用语句 from pandas.io.api import *导入了 io 子文件夹下的 api 模块，api 模块使用语句 from pandas.io.excel import ExcelFile, ExcelWriter, read_excel 导入了 io 子文件夹下 excel 模块中的 ExcelFile、ExcelWriter 类，以及 read_excel 函数。

我们可以直接用 pd.ExcelFile 调用 ExcelFile 类，代入 Excel 文档作为参数，实例化对象。ExcelFile 调用的是 xlrd，打开 Excel 文档。

```
>>>xl=pd.ExcelFile(r'H:\示例\第5章\pandas案例.xls')
>>> type(xl)
<class 'pandas.io.excel.ExcelFile'>
```

得到 ExcelFile 对象，用 dir 函数查看对象的属性和方法，主要包括：book、close、io、parse、sheet_names。使用 ExcelFile 对象的 sheet_names 属性返回工作表名称。

```
>>> xl.sheet_names
['Sheet1']
```

使用 ExcelFile 对象的 parse 方法可以读取工作表，默认读取第一张工作表。

```
parse(sheet_name=0,header=0,names=None,index_col=None,usecols=None,squeeze=False,converters=None,true_values=None,false_values=None,skiprows=None,nrows=None,na_values=None,parse_dates=False,date_parser=None,thousands=None,comment=None,skipfooter=0,convert_float=True,**kwds)
>>>df=xl.parse('Sheet1')
```

打开工作簿和工作表，这两句可以合并为一句。

```
>>>df=pd.ExcelFile(r'H:\示例\第5章\pandas案例.xls').parse()
```

读取 Excel 文档更常用的是 read_excel 函数，其底层调用的也是 ExcelFile 类，其语法如下。

```
read_excel(io,sheet_name=0,header=0,names=None,index_col=None,usecols=None,squeeze=False,dtype=None,engine=None,converters=None,true_values=None,false_values=None,skiprows=None,nrows=None,na_values=None,parse_dates=False,date_parser=None,thousands=None,comment=None,skipfooter=0,convert_float=True,**kwds)
```

read_excel 函数必要的参数是 Excel 文档，默认打开第一张工作表。

```
>>> df=pd.read_excel(r'H:\示例\第5章\pandas案例.xls')
```

我们查看变量 df 的内容和数据类型。

```
>>> df
   部门  姓名  性别  得分
0  部门1 许小哥  男   87
1  部门2 韦小哥  男   92
2  部门3 潘小妹  女   94
>>> type(df)
<class 'pandas.core.frame.DataFrame'>
```

DataFrame 是一种二维的数据结构，有行、列、列标签、行标签。上面的变量 df 就是一个简单的 DataFrame 对象，其中，部门、姓名、性别、得分是列标签，0、1、2 是默认的行标签。

用 dir 函数查看 DataFrame 对象的属性和方法，有 215 个，其中属性包括：得分、性别、部门。供类内部使用的方法有__getitem__。所以，我们可以使用 df.得分或者 df['得分']来获取得分列数据。当我们使用 df.得分时，它会调用__getattr__(self, name)方法，方法会返回 self[name]。所以 df.得分返回的是 df['得分']，这两种写法本质上是一回事。

```
>>> df.得分
0    87
```

```
1    92
2    94
Name: 得分, dtype: int64
>>> df['得分']
0    87
1    92
2    94
Name: 得分, dtype: int64
>>> type(df['得分'])
<class 'pandas.core.series.Series'>
```

返回的是 Series 对象，用 dir 函数查看 Series 对象的属性和方法，有 220 个，此处就不一一列举。

Series 是一种类似于一维数组的对象，是由一组数据和数据标签组成。Series 与 DataFrame 是 pandas 库的两大基本数据类型。DataFrame 可以看作是由 Series 组成的。

上面我们获取了列，获取行有两种索引方式，一种是 df.loc[行标签]，另一种是 df.iloc[行顺序号]。loc 是 location 的意思，iloc 中的 i 是 integer。

要注意的是，iloc、loc 不是 DataFrame 对象的方法，而是属性，所以后面不用圆括号。

```
>>> type(df.iloc)
<class 'pandas.core.indexing._iLocIndexer'>
>>> type(df.loc)
<class 'pandas.core.indexing._LocIndexer'>
```

df.iloc 属性得到的是 pandas.core.indexing._iLocIndexer 对象，它具有 __getitem__ 方法，所以后面可以用方括号索引；df.loc 与此同理。

下面我们获取 DataFrame 对象的第 1 行的值，由于行标签和行顺序号都是 0，因此二者结果是一样的。

```
>>> df.iloc[0]
部门     部门1
姓名     许小哥
性别       男
得分      87
Name: 0, dtype: object
>>> df.loc[0]
部门     部门1
姓名     许小哥
性别       男
得分      87
Name: 0, dtype: object
>>> type(df.iloc[0]),type(df.loc[0])
(<class 'pandas.core.series.Series'>, <class 'pandas.core.series.Series'>)
```

要获取 DataFrame 对象中某个值，使用 df.iat[行顺序号,列顺序号]。例如获取第 1 行、第 1 列的值。为了更好看清代码逻辑，下面我们将 df.iat[0,0]分解为两步。

```
>>> cell=df.iat
>>> type(cell)
<class 'pandas.core.indexing._iAtIndexer'>
>>> cell[0,0]
'部门1'
```

简单来说，Excel 表格中的行或列类似 Series 对象，一个表格类似 DataFrame 对象。在 pandas 里，DataFrame 和 Series 对象有非常多的属性和方法，用来完成复杂的数据分析。通过 read_excel 函数，将 Excel 表格转换成 DataFrame 以后，就可以使用 pandas 完成后续数据分析。

read_excel 函数还有很多参数，通过设置参数，可以更灵活地读取复杂的 Excel 表格。例如读取部分行、读取部分列、读取有数据的行和列、筛选列、筛选行、表头不固定等，这些都可以实现。

图 5-67 所示的工作簿有 6 张工作表，我们需要读前 3 张表。

图 5-67

这就是我们常见的"手工报表",它结构复杂、分析困难。列头复杂且不规则,虽然比较美观,但是计算机不能识别。对于数据分析来说,带有合并单元格的表格都是不规范的,标题也不应该放在表格里面。规范化的数据表格应该如图 5-68 所示。

我们使用 pandas 读入 Excel 文档并整理。

首先读入 Excel 工作簿的前 3 张工作表[0,1,2],取 A 到 O 列,备注列舍弃。

```
>>> df=pd.read_excel(r'H:\示例\第5章\合并工作簿.xlsx',[0,1,2],usecols='A:O')
```

df[0]、df[1]、df[2]分别包含第 1、2、3 张工作表的数据。

```
>>> df[0]
```

运行结果如图 5-69 所示。

图 5-68

图 5-69

可以看到有很多 NaN,那些是合并的单元格被读取后产生的空白。可以使用 DataFrame 的 fillna 方法从上向下填充合并的单元格。

```
>>> df0=df[0].fillna(method='ffill')
```

将第 2 行作为列标签。

```
>>> df0.columns=df0.iloc[1].tolist()
```

删除数据的前两行。

```
>>> df0.drop(df0.head(2).index,inplace=True)
```

注意:inplace=True 表示用计算得到的 DataFrame 直接覆盖之前的 DataFrame。

进一步修改个别列标签名称。

```
>>> df0.rename(columns={'出勤率(20%)': '出勤率'}, inplace=True)
>>> df0
```

运行结果如图 5-70 所示,得到的数据规范了很多。

图 5-70

5.4.2 导出 Excel 文档

将 DataFrame 写入 Excel 文档的方法是 to_excel。

```
>>> df0.to_excel(r'H:\示例\第5章\pandas_导出0.xlsx',index=False)
```

导出结果如图 5-71 所示。

图 5-71

默认导出的 Excel 文档带行标签，可以通过设置 index=False，使导出的 Excel 文档不带行标签，这样更符合我们的阅读习惯。

to_excel 方法的定义和详细参数如下。

```
DataFrame.to_excel(excel_writer,sheet_name='Sheet1',na_rep='',float_format=None,columns=None,header=True,index=True,index_label=None,startrow=0,startcol=0,engine=None,merge_cells=True,encoding=None,inf_rep='inf',verbose=True)
```

pandas 在读出、写入 Excel 数据时实际上依赖其他更底层的库。例如，read_excel 函数读 Excel 文档时用的是 xlrd 库，写入.xls 文档时用的是 xlwt 库，写入.xlsx 文档时用的是 openpyxl 库。

5.4.3 数据汇总

用 pandas 汇总 Excel 表格的方法是：将 Excel 表格读入 DataFrame 对象，然后在 DataFrame 对象里面将数据汇总。把几个 DataFrame 对象合并成一个 DataFrame 对象有多种方法，如 append、merge、join、concat，它们的含义是不一样的。append 方法是将一个表格添加到另一个表格下面；merge 方法与 join 方法类似，是根据特定列取两个数据集的交、并、补集；concat 方法能同时实现 merge 和 append 方法的功能。

1. append 方法

前面我们整理了部门 3 的数据到 df0，运行结果如图 5-72 所示。

```
>>> df0
```

图 5-72

类似地，我们可以整理部门 1 和部门 2 的数据，分别是 df1、df2。

```
>>> df1=df[1].fillna(method='ffill')
>>> df1.columns=df1.iloc[1].tolist()
>>> df1.drop(df1.head(2).index,inplace=True)
>>> df1.rename(columns={'出勤率(20%)': '出勤率'},inplace=True)
>>> df1
```

运行结果如图 5-73 所示。

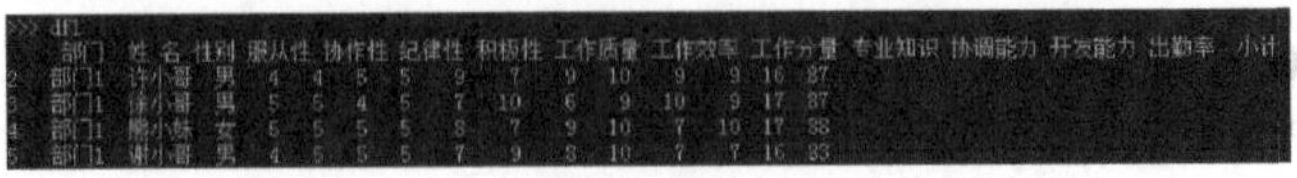

图 5-73

```
>>> df2=df[2].fillna(method='ffill')
>>> df2.columns=df2.iloc[1].tolist()
>>> df2.drop(df2.head(2).index,inplace=True)
>>> df2.rename(columns={'出勤率(20%)': '出勤率'},inplace=True)
>>> df2
```

运行结果如图 5-74 所示。

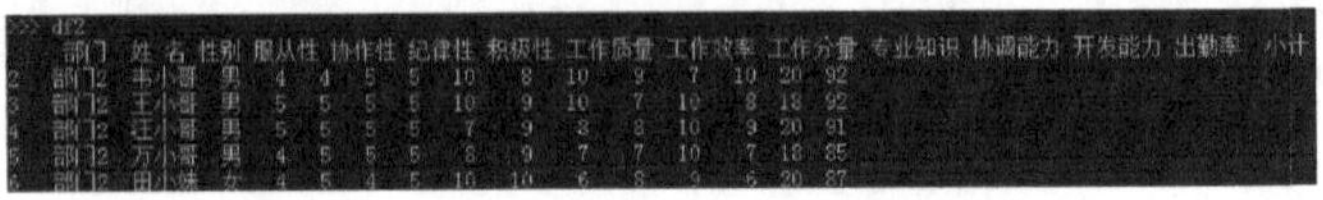

图 5-74

可以看到 df0、df1、df2 列标签是一样的，我们可以将 df1、df2 添加到 df0 后面。

```
>>> df3=df0.append([df1, df2], ignore_index=True)
>>> df3
```

运行结果如图 5-75 所示。

图 5-75

我们可以将整理后的数据导出到一个 Excel 工作簿，也可以将数据筛选后，分别导出到 3 个工作簿。如何将 df3 按部门导出到一个工作簿的不同工作表呢？

可以用 DataFrame 的 to_excel 方法，其参数 excel_writer 既可以是一个文件路径，也可以是一个 ExcelWriter 对象。前面我们代入了文件路径，下面我们构造 ExcelWriter 对象。

调用 ExcelWriter 类实例化一个 ExcelWriter 对象，代入参数为 Excel 文件名。

```
>>> writer=pd.ExcelWriter(r'H:\示例\第 5 章\pandas_汇总导出.xlsx')
>>> type(writer)
<class 'pandas.io.excel._XlsxWriter'>
```

基于已创建的 XlsxWriter 对象，用 DataFrame 的 to_excel 方法将不同的数据及其对应的工作表名称写入该对象中。

```
>>> df3[(df3.部门=='部门1')].to_excel(writer, sheet_name='部门1',index=False)
>>> df3[(df3.部门=='部门2')].to_excel(writer, sheet_name='部门2',index=False)
>>> df3[(df3.部门=='部门3')].to_excel(writer, sheet_name='部门3',index=False)
```

使用 DataFrame 的 save 方法将 writer 中的内容写入实体 Excel 文档中。

在交互式环境中输入以下代码。

```
>>> writer.save()
```

运行后可以看到拆分结果,如图 5-76 所示。

图 5-76

2. merge 方法

下面我们介绍一下 merge 方法,它与 Excel 中的 VLOOKUP 函数功能相似。

VLOOKUP 函数是 Excel 里最常用的函数之一,是否会用 VLOOKUP 函数往往是 Excel 普通用户和资深用户的分水岭。我们看一个场景,如图 5-77 所示,我们需要查询右边 5 名职员的部门和考核得分小计,如果不太会用函数公式,就需要从左边的大表里按照姓名一个一个手动查找,而使用 VLOOKUP 函数则可以轻松地批量获取数据。

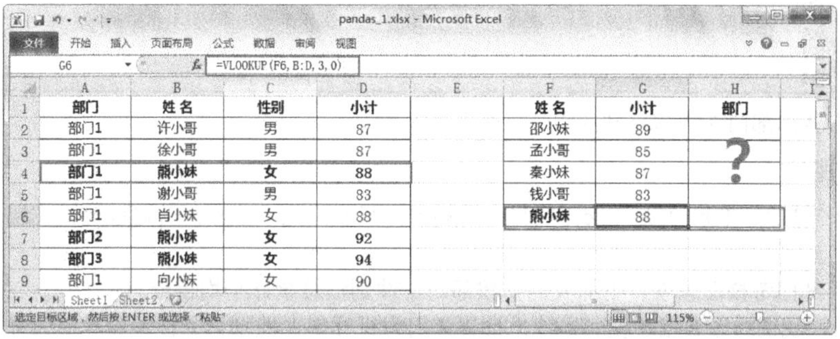

图 5-77

VLOOKUP 函数有局限性:首先,被查找的值必须在数据区域里的第一列,如果"姓名"列位于"部门"列右侧,就难以匹配部门数据;其次,只能返回第一个匹配结果,对于多个查询结果(如"熊小妹"出现了3次),就需要用复杂的数组公式来解决。

用 pandas 库处理此类问题更为简单,这实际上就是两个数据集的合并问题。

在交互式环境中输入以下代码。

```
>>> df=pd.read_excel(r'H:\示例\第5章\pandas_1.xlsx',sheetname='sheet2'usecols=[0,1,2,3])
>>> df1=pd.read_excel(r'H:\示例\第5章\pandas_1.xlsx',sheetname='sheet2'nrows=5,usecols=[5])
>>> df1.merge(df[['姓名','小计', '部门']], how='left', on='姓名')
   姓名  小计  部门
0  邵小妹  89  部门2
1  孟小哥  85  部门3
2  秦小妹  87  部门2
3  钱小哥  83  部门3
4  熊小妹  88  部门1
5  熊小妹  92  部门2
6  熊小妹  94  部门3
```

可以看到,3 名"熊小妹"都被查找到了。

pandas 还可以实现多条件的匹配。我们通过姓名和部门双重条件匹配,结果如图 5-78 所示。

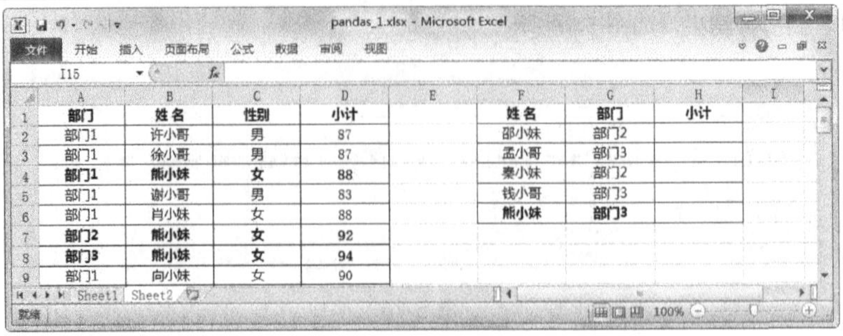

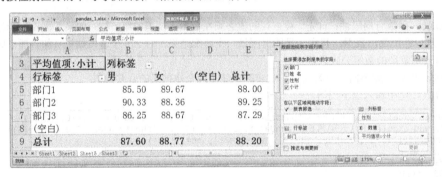

图 5-78

在交互式环境中输入以下代码。

```
>>> df=pd.read_excel(r'pandas_1.xlsx',sheetname='Sheet2',usecols=[0,1,2,3])
>>> df1=pd.read_excel(r'pandas_1.xlsx',sheetname='Sheet2',nrows=5,usecols=[5,6])
>>> df1.merge(df[['姓名','小计','部门']], how='left', on=['姓名','部门'])
    姓名   部门  小计
0   邵小妹  部门2  89
1   孟小哥  部门3  85
2   秦小妹  部门2  87
3   钱小哥  部门3  83
4   熊小妹  部门3  94
```

这一次只查找到部门 3 的熊小妹的小计。

3. 数据透视

数据透视表（Pivot Table）是 Excel 的另一个利器，只要点几下鼠标，就可以轻松实现对数据的多维度汇总分析。

上面获取了部门考核汇总表，下面我们要按部门、性别汇总统计平均得分。

在 Excel 里，我们通过数据透视表操作，设置部门为行标签，性别为列标签，数值为平均值，很快就统计出各部门按性别区分的平均考核成绩，结果如图 5-79 所示。

图 5-79

可以看到，"男""女"从原来的性别列的值变成了列名，也就是行旋转成了列。Pivot 直译就是旋转。
使用 pandas 里的 pivot_table 函数可以实现相同的效果。在交互式环境中输入以下代码。

```
>>> df=pd.read_excel(r'H:\示例\第5章\pandas_1.xlsx',sheetname='Sheet3',usecols=[0,1,2,3])
>>> df1=pd.pivot_table(df, values=['小计'], index=['部门','性别'] , aggfunc='mean')
>>> df1
                小计
```

```
部门     性别
部门 1   女      89.666667
         男      85.500000
部门 2   女      88.363636
         男      90.333333
部门 3   女      88.666667
         男      86.250000
```

案例：提取某列文本中的数字

在前面，我们用 VBA 写了一个公式，将 Excel 某一列文本中的数字一次性提取出来，见图 5-9。下面我们用 Python 来完成操作。

首先，我们用 pandas 库的 read_excel 函数读取 Excel 工作簿。

```
>>> import pandas as pd
>>> df=pd.read_excel(r"H:\示例\第 5 章\自动运行宏.xlsm","Sheet2",header=None)
```

我们要提取的是第一列，也即是 df[0]。

```
>>> df[0]
0                325 个
1               共 1200 吨
2              010-95599
3             单价 5 元/个
4      单价 5 元/个，销售了 100 个
5         小李，电话 888888
6            小张，学号 021。
7         编号 233412，型号 009
Name: 0, dtype: object
>>> type(df[0])
<class 'pandas.core.series.Series'>
```

它是一个 Series 对象，我们要对它进行操作，就要使用 Series 对象的方法。

在 Excel 中，我们通过在单元格写入一个自定义公式（函数），然后下拉，自动填充，完成批量操作。在 pandas 中，我们对 Series 对象应用一个 apply 方法，即可实现同样的操作。

apply 方法的参数是函数。下面，我们将 VBA 函数改写为 Python 函数。

```
>>> def getNum(x):
...     for _ in x:
...         if not _.isdigit():
...             x=x.replace(_,"-").replace("--","-")
...     if x[0]=="-":
...         x=x[1:]
...     if x[-1]=="-":
...         x=x[:-1]
...     return x
```

调用 apply 方法，就可以将数字批量提取出来，运行结果和图 5-11 是一样的。

```
>>> df[0].apply(getNum)
0              325
1             1200
2        010-95599
3                5
4            5-100
5           888888
6              021
7       233412-009
Name: 0, dtype: object
```

案例：Excel 报表汇总和拆分大全

某大型销售公司在全国有 276 家门店。为了便于管理，公司将全国市场划分为 12 个大区，每个大区管理几

个省份的门店。我们需要对销售数据进行适当的汇总和拆分。

1. 将一个工作簿的多张工作表汇总

如图 5-80 所示，这是 2 月份全国销售情况汇总表。例如 2 月 2 日，东北大区辽宁门店 Retailer_10,产品销售了产品 3、4、7。

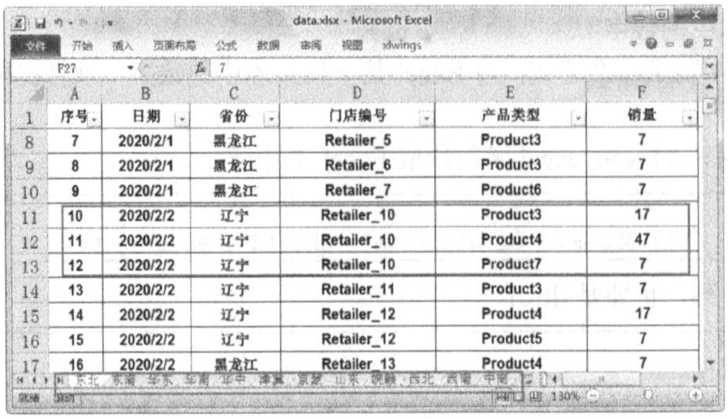

	序号	日期	省份	门店编号	产品类型	销量
8	7	2020/2/1	黑龙江	Retailer_5	Product3	7
9	8	2020/2/1	黑龙江	Retailer_6	Product3	7
10	9	2020/2/1	黑龙江	Retailer_7	Product6	7
11	10	2020/2/2	辽宁	Retailer_10	Product3	17
12	11	2020/2/2	辽宁	Retailer_10	Product4	47
13	12	2020/2/2	辽宁	Retailer_10	Product7	7
14	13	2020/2/2	辽宁	Retailer_11	Product3	7
15	14	2020/2/2	辽宁	Retailer_12	Product4	17
16	15	2020/2/2	辽宁	Retailer_12	Product5	7
17	16	2020/2/2	黑龙江	Retailer_13	Product4	7

图 5-80

为了进一步分析，我们需要将 12 个大区的工作表汇总到一张表里。同时，要给这张表增加一列，表示门店所属的大区。具体代码如下。

首先我们要获取工作簿里面所有工作表的名称，为后续读取每张表做准备。

```
>>> import pandas as pd
>>> path="H:\\示例\\第 5 章\\汇总与拆分\\"
>>> xlsfile_0=path+"data.xlsx"
>>> wb=pd.ExcelFile(xlsfile_0)
>>> sheet_names=wb.sheet_names
>>> sheet_names
['东北', '东南', '华东', '华南', '华中', '津冀', '京蒙', '山东', '皖赣', '西北', '西南', '中南']
```

我们读取工作簿里面所有工作表。

```
>>> dfs=pd.read_excel(xlsfile_0,sheet_name=sheet_names)
>>> type(dfs)
<class 'dict'>
```

我们得到的是字典对象，我们前面学过，字典是以“键:值”对的形式组成的。我们可以使用字典的 keys、values 方法，查看字典的全部键和值。

```
>>> dfs.keys()
dict_keys(['东北', '东南', '华东', '华南', '华中', '津冀', '京蒙', '山东', '皖赣', '西北', '西南', '中南'])
```

我们也可以遍历字典，查看每个键和值分别是什么，以及它们的类型。

```
>>> for k,v in dfs.items():
...     k,type(k),type(v)
...
('东北', <class 'str'>, <class 'pandas.core.frame.DataFrame'>)
('东南', <class 'str'>, <class 'pandas.core.frame.DataFrame'>)
......
('中南', <class 'str'>, <class 'pandas.core.frame.DataFrame'>)
```

知道了字典中“键”是字符串，存放了工作表名称，“值”对象类型是 DataFrame。

下面我们再次遍历字典，给每个 DataFrame 增加“区域”列，删除无效行，将日期列转为标准日期格式，将销量转为整数类型。这些操作就是最基础的数据整理，为后续分析做准备。

```
>>> for k,v in dfs.items():
...     v["区域"]=k
...     v.dropna(inplace=True)
...     v['日期']=pd.to_datetime(v['日期'])
...     v['日期']=v['日期'].dt.strftime('%Y-%m-%d')
...     v["销量"]=v["销量"].astype(int)
```

下面使用 pandas 的 concat 方法合并 DataFrame，其参数是列表，所以要先转换数据类型。

```
>>> type(dfs.values())
<class 'dict_values'>
>>> sht_list=list(dfs.values())
>>> type(sht_list)
<class 'list'>
```

合并 DataFrame，导出到目标工作簿。

```
>>> df_a=pd.concat(sht_list)
>>> df_a.to_excel(path+"data_all.xlsx",index=False)
```

运行结果如图 5-81 所示。

2. 将工作表拆分为多张工作表

我们接着上面的代码继续操作，将操作颠倒过来。我们将汇总后的工作表，按照大区拆分到 1 个工作簿的不同工作表。

由于要导出到多张工作表，我们要构造 ExcelWriter 对象。

```
>>> writer=pd.ExcelWriter(path+'data_split.xlsx')
```

我们使用集合 set 函数，将大区这一列（Series）去重。

```
>>> areas=set(df_a["区域"])
```

遍历集合对象，筛选数据，导出到不同的工作表。

```
>>> for area in areas:
...     df_a[df_a["区域"]==area ].to_excel(writer, sheet_name=area,index=False)
>>> writer.save()
```

运行结果如图 5-82 所示。

图 5-81

图 5-82

3. 将工作表拆分为多个工作簿

我们接着上面的代码继续操作，我们将汇总后的工作表，按照区域拆分到不同的工作簿。

首先创建一个子文件夹，用于存放多个工作簿。

```
>>> import os
>>> if not os.path.exists(path+"区域\\"):
...     os.makedirs(path+"区域\\")
```

然后筛选数据,导出到不同的工作簿。

```
>>> for area in areas:
...     file_name=path+"区域\\"+area+".xlsx"
...     df_a[df_a["区域"]==area].to_excel(file_name,index=False)
```

运行结果如图 5-83 所示。

4. 将多个工作簿汇总到一个工作簿

我们在上的例子基础上继续操作,我们将各个区域的工作簿汇总到一个工作簿。

实际上就是将一个文件夹下面所有 Excel 表汇总起来。我们可以遍历文件夹,使用 pandas 读取每个工作簿,将 DataFrame 全部放入列表,然后使用 pandas 的 concat 方法合并。

```
>>> list_b=[]
>>> for foldName, subfolders, filenames in os.walk(path+"区域\\"):
...     for filename in filenames:
...         file_name=os.path.join(foldName,filename)
...         df_b=pd.read_excel(file_name)
...         list_b.append(df_b)
>>> df_x=pd.concat(list_b)
>>> df_x.to_excel("data_all_1.xlsx",index=False)
```

运行结果如图 5-84 所示。

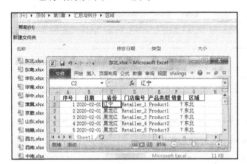

图 5-83

图 5-84

5. 将工作表拆分到多个工作簿(内含多个工作表)

我们将汇总后的工作表,按照区域拆分到不同的工作簿。与前面例子不同的是,每个区域工作簿里面,各个省份的数据分别放在不同工作表里。

首先创建一个子文件夹,用于存放多个工作簿。

```
>>> if not os.path.exists(path+"区域2\\"):
...     os.makedirs(path+"区域2\\")
```

下面使用两层循环,根据区域创建工作簿,根据区域筛选数据后,再继续根据省份筛选数据放入工作簿里面的不同工作表。

```
>>> for area in areas:
...     file_name=path+"区域2\\"+area+".xlsx"
...     writer=pd.ExcelWriter(file_name)
...     df_c=df_a[df_a["区域"]==area]
...     provinces=set(list(df_c["省份"]))
...     for province in provinces:
...         df_d=df_c[df_c["省份"]==province]
...         df_d.to_excel(writer, sheet_name=province,index=False)
...     writer.save()
```

运行结果如图 5-85 所示。

6. 将多个工作簿（内含多个工作表）汇总

我们接着上面的例子继续操作，将操作颠倒过来。我们将拆分后的工作簿，重新汇总起来。

我们还是遍历文件夹，对于每个工作簿，先获取全部工作表名称，然后使用 pandas 读取全部工作表，将字典值转为列表，将列表合并，然后再使用 pandas 的 concat 方法合并。要注意，列表 extend 方法用于在列表末尾一次性追加另一个列表中的多个值。

```
>>> xls_list=[]
>>> for foldName, subfolders, filenames in os.walk(path+"区域2\\"):
...     for filename in filenames:
...         file_name=os.path.join(foldName,filename)
...         wb=pd.ExcelFile(file_name)
...         sheet_names=wb.sheet_names
...         dfs=pd.read_excel(file_name,sheet_name=sheet_names)
...         sht_list=list(dfs.values())
...         xls_list.extend(sht_list)
>>> df_x=pd.concat(xls_list)
>>> df_x.to_excel(path+"data_all_2.xlsx",index=False)
```

运行结果如图 5-86 所示。

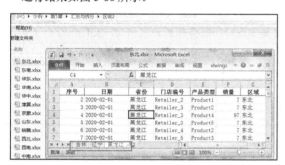

图 5-85

图 5-86

7. 将工作表拆分到最细

我们将汇总后的工作表，继续往下拆分。通过文件夹，扩展了细分维度。每个区域占一个文件夹，在文件夹内，每个省占一个工作簿，在工作簿里面，每个店占一个工作表。

首先创建一个子文件夹，用于存放多个工作簿。

```
>>> if not os.path.exists(path+"区域3\\"):
...     os.makedirs(path+"区域3\\")
```

下面使用三层循环，根据区域创建子文件夹，按照省创建工作簿，根据门店筛选数据放入不同的不同工作表。

```
>>> for area in areas:
...     if not os.path.exists(path+"区域3\\"+area):
...         os.makedirs(path+"区域3\\"+area)
...     df_c=df_a[df_a["区域"]==area]
...     provinces=set(df_c["省份"])
...     for province in provinces:
...         file_name=path+"区域3\\"+area+"\\"+province+".xlsx"
...         writer=pd.ExcelWriter(file_name)
...         df_d=df_c[df_c["省份"]==province]
...         retailers=set(df_d["门店编号"])
...         for retailer in retailers:
```

```
...        df_e=df_d[df_d["门店编号"]==retailer]
...        df_e.to_excel(writer, sheet_name=retailer,index=False)
...    writer.save()
```

运行结果如图 5-87 所示。

图 5-87

将拆分后的工作簿重新汇总起来怎么操作呢？代码和前面"6.将多个工作簿（内含多个工作表）汇总"完全一样。我们用遍历文件夹的方法，不区分文件夹内的工作簿还是子文件夹里的工作簿，所以代码和前面完全一样，不再赘述。

案例：自动生成 Excel 版研究报告

在前面章节，我们介绍了如何下载上市公司的基本资料和财务指标，以 TXT 文件保存。下面，我们介绍如何用这些数据自动化生成图文并茂的研究报告。这里，笔者使用的是虚拟数据，仅作为实例介绍技术。

1. 将 TXT 文件转为 Excel

我们先用 pandas 读取 TXT 文件，另存为 Excel。

```
import pandas as pd
file_1=r'H:\示例\第5章\TXT2Excel\虚拟数据\四川公司基本资料.txt'
file_2=r'H:\示例\第5章\TXT2Excel\四川公司基本资料.xls'
df=pd.read_csv(file_1, header=None, sep='|',engine='python')
df.to_excel(file_2,index=False,header=None)
file_3=r'H:\示例\第5章\TXT2Excel\虚拟数据\四川公司财务指标.txt'
df=pd.read_csv(file_3, header=None, sep='|',engine='python')
df.columns=['财务指标', '2019', '2018', '2017', '2016', '2015', '2014', '2013', '2012', '2011']
df.to_excel(r'H:\示例\第5章\TXT2Excel\四川公司财务指标.xls',index=False)
```

打开 Excel 表，如图 5-88 所示。

pandas 读取 CSV 和 TXT 文件的函数都是 read_csv，CSV 和 TXT 都属于文本文件，只是 CSV 文件的字段间由逗号隔开，而 TXT 文件则没有明确要求。pandas 可以读取多种格式的数据文件，甚至可以直接用 read_html 函数读取网页，将数据抓取和分析功能结合在一起。

我们也可以将同类型的数据放在一个工作簿，例如我们将 5 个公司的基本资料保存到一个工作簿的 5 张工作表。

```
import glob
fileList=glob.glob(r'H:\示例\第5章\TXT2Excel\虚拟数据\*基本资料.txt')
writer=pd.ExcelWriter(r'H:\示例\第5章\TXT2Excel\基本资料.xls')
for f in fileList:
    df=pd.read_csv(f, header=None, sep='|',engine='python')
    sheetName=os.path.basename(f).replace('基本资料.txt','')
    df.to_excel(writer, sheet_name=sheetName,index=False,header=None)
writer.save()
```

运行后，打开基本资料.xls，如图 5-89 所示。

图 5-88   图 5-89

前面我们将 TXT 中的全部数据转为 Excel。我们也可以先做一些筛选，只将我们需要用到的数据转为 Excel。

```
file_1=r'H:\示例\第 5 章\TXT2Excel\虚拟数据\四川公司基本资料.txt'
file_2=r'H:\示例\第 5 章\TXT2Excel\虚拟数据\四川公司财务指标.txt'
df=pd.read_csv(file_1, header=None, sep='|',engine='python')
df=df.loc[[0,1,3,4,9,10,11,14,19,20,21,22,26,27,28,29,30,33,34]]
writer=pd.ExcelWriter(r'H:\示例\第 5 章\TXT2Excel\四川公司数据库.xls')
df.to_excel(writer, sheet_name='基本资料',index=False,header=None)
df=pd.read_csv(file_2, header=None, sep='|',engine='python')
df=df.loc[[29,31,7,14,20,19,18,6,28]]
df=df[[0,5,4,3,2,1]]
df.columns=['财务指标', '2015', '2016', '2017', '2018', '2019']
df.to_excel(writer, sheet_name='财务指标',index=False)
writer.save()
```

注意，这里导出至新建的 Excel 工作簿，下面我们通过将数据导出到已有的 Excel 工作簿。

2. 将 TXT 文件导入 Excel 模板

我们自动生成 Excel 报告的思路是：先手工制作一套模板，然后用 Python 自动填充数据。如图 5-90 所示，这个文件是我们手工制作的一个研究报告模板，里面的数据是通过公式链接得到的。数据保存在"基本资料"、"财务指标"两个工作表里。

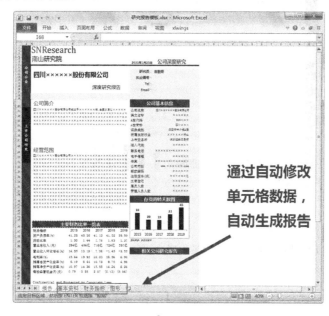

图 5-90

5.4 pandas 库与 Excel

我们只需要将"基本资料""财务指标"工作表的数据更新,即可得到不同公司的研究报告。例如,我们设置变量 name='重庆公司'。

```
import pandas as pd
from openpyxl import load_workbook
name='重庆公司'
file_1='H:\\示例\\第5章\\TXT2Excel\\虚拟数据\\'+name+'基本资料.txt'
file_2='H:\\示例\\第5章\\TXT2Excel\\虚拟数据\\'+name+'财务指标.txt'
df=pd.read_csv(file_1, header=None, sep='|',engine='python')
df0=df.loc[[0,1,3,4,9,10,11,14,19,20,21,22,26,27,28,29,30,33,34]]
df=pd.read_csv(file_2, header=None, sep='|',engine='python')
df1=df.loc[[29,31,7,14,20,19,18,6,28]]
df1=df1[[0,5,4,3,2,1]]
df1.columns=['财务指标', '2015', '2016', '2017', '2018', '2019']
wb=load_workbook(r'H:\示例\第5章\TXT2Excel\研究报告模板.xlsx')
file_3="H:\\示例\\第5章\\TXT2Excel\\研究报告_"+name+".xlsx"
writer=pd.ExcelWriter(file_3, engine='openpyxl')
writer.book=wb
writer.sheets=dict((ws.title, ws) for ws in wb.worksheets)
df0.to_excel(writer, sheet_name='基本资料',index=False,header=None)
df1.to_excel(writer, sheet_name='财务指标',index=False)
writer.save()
```

我们查看生成的报告,如图 5-91 所示。

图 5-91

我们通过循环语句更改变量 name,即可批量生成全部公司的研究报告。

第 6 章
Python 与 Word 自动操作

Word 文档是日常工作中常见的一种文件类型，各种报告、会议纪要、通知、通告、稿件、论文、请柬、合同、标书等基本都是 Word 格式的。Word 软件本身提供了非常丰富的自动化特性，例如域、邮件合并等。但很多任务单单依靠 Word 的默认功能是无法完成的，例如处理大批量的 Word 文档、多次处理 Word 文档，这些简单重复的工作，借助 Python 则可轻松实现。

6.1 用 win32com 库操作 Word 文档

和操作 Excel 文档一样，使用 win32com 库可以像使用 Word 软件一样全方位操作 Word 文档（包括.doc 格式文档）。

6.1.1 Word 对象模型

操作 Word 文档就是与 Word 对象模型交互。可以说，Word 软件里面每一项功能背后都有相应的对象，通过调用对象的方法，设置对象的属性，我们就可以完全操控 Word 文档。详细的 Word 对象及其使用方法可以查看对象浏览器或者 Word 的 VBA 帮助，如图 6-1 所示。

单击打开"Word 对象模型参考"，可以看到全部 Word 对象，如图 6-2 所示。

比较常用的 Word 对象包括：Application（Word 应用程序）、Document（文档）、Range（文本区域）、Selection（选定区域）和 Bookmark（书签）。

1. Application 对象

和 Excel.Application 类似，Word.Application 对象表示 Word 应用程序，是所有其他 Word 对象的父级，可以使用其属性和方法控制 Word 运行环境。

图 6-1

在 win32com 里面,我们通常用下面的语句调用 Word 程序。

```
>>> from win32com.client import Dispatch
>>> wordApp=Dispatch('Word.Application')
>>> wordApp
<win32com.gen_py.Microsoft Word 14.0 Object Library._Application instance at 0x49820000>
```

可以看到,变量 wordApp 是一个 Application 对象。按照面向对象编程的逻辑,我们看一下 Word 的 VBA 帮助中 Application 对象的属性和方法,如图 6-3 所示。

图 6-2　　　　　　　　　　　　　　　　图 6-3

以 Visible 属性为例,我们看到其属性的含义、语法和 VBA 示例如图 6-4 所示。

图 6-4

Python 里面设置对象属性的语法和 VBA 一样。

```
>>> wordApp.Visible=False
```

它的主要作用就是让程序在后台运行，不显示界面。

另一个常用的属性是 DisplayAlerts，我们用下面的语句禁止弹出警告信息。

```
>>> wordApp.DisplayAlerts=0
```

下面看一下 Application 对象的 Quit 方法的用法，如图 6-5 所示。

Word 2010 开发人员参考 > Word 对象模型参考 > Application 对象 > 方法

Word 开发人员参考

Application.Quit 方法

退出 Microsoft Word，并可选择保存或传送打开的文档。

语法

表达式.Quit(*SaveChanges, Format, RouteDocument*)

表达式 必选。一个代表 Application 对象的变量。

参数

名称	必选/可选	数据类型	说明
SaveChanges	可选	Variant	指定 Word 在关闭前是否保存更改过的文档。可以是 WdSaveOptions 常量之一。
OriginalFormat	可选	Variant	指定 Word 保存其源格式不是 Word 文档格式的文档的方式。可以是 WdOriginalFormat 常量之一。
RouteDocument	可选	Variant	如果为 True，则将文档传送给下一个收件人。如果文档没有附加传送名单，则忽略该参数。

示例

本示例关闭 Word，并提示用户保存自上次保存后已更改过的每篇文档。

Visual Basic for Applications

```
Application.Quit SaveChanges:=wdPromptToSaveChanges
```

本示例提示用户保存所有文档。如果用户单击"是"，则在关闭 Word 前，以 Word 格式保存所有文档。

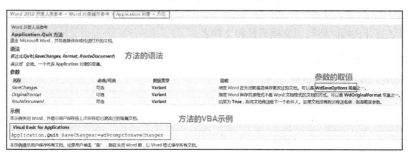

图 6-5

Quit 方法用于退出 Word 进程，它有 3 个可选参数。SaveChanges 用于指定 Word 在关闭前是否保存更改过的文档，取值是 WdSaveOptions 常量之一。我们通过 VBA 帮助进一步搜索 WdSaveOptions 常量的枚举值，如图 6-6 所示。

Word 2010 开发人员参考 > Word 对象模型参考 > 枚举

Word 开发人员参考

WdSaveOptions 枚举

指定应该如何处理待定的更改。

名称	值	说明
wdDoNotSaveChanges	0	不保存待定的更改。
wdPromptToSaveChanges	-2	提示用户保存待定更改。
wdSaveChanges	-1	自动保存待定更改，而不提示用户。

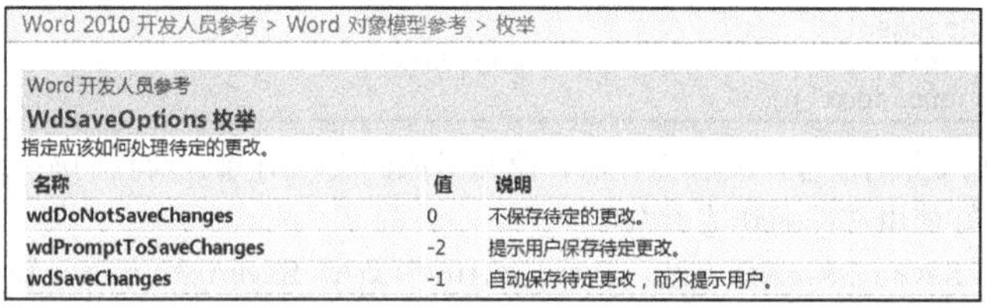

图 6-6

如果退出 Word 进程之前要保存修改（从最近一次保存到退出这期间所做的修改），VBA 中 Quit 方法的写法如下。

```
Application.Quit SaveChanges:=wdSaveChanges
```

对应 Python 的写法如下。

```
>>> from win32com.client import constants
>>> wordApp.Quit(SaveChanges=constants.wdSaveChanges)
```

我们看到，二者区别是很明显的。使用属性常量前必须先引用，同时在常量前加 constants，也可以直接写常量数值。

```
>>> wordApp.Quit(SaveChanges=-1)
```

由于默认情况是不保存，因此可以直接简写如下。

```
>>> wordApp.Quit()
```

2. Document/Documents 对象

Document 表示文档，在自动化操作 Word 文档时，Document 对象处于重要位置。打开文档或创建新文档，就要创建 Document 对象。Word 软件可以打开多个文档，一个 Word 的 Application 进程可以有多个 Document

对象，这些 Document 对象的集合就是 Documents 对象。

使用 Application 对象的 Documents 属性，可以返回 Documents 对象。

```
>>> wordApp.Documents
<win32com.gen_py.Microsoft Word 14.0 Object Library.Documents instance at 0x75754576>
```

查看 VBA 帮助，可以看到 Documents 对象有两个常用的方法：Open 方法用于打开指定的文档，Add 方法用于新建文档。

用 Open 方法打开文档时要写明文档路径和文件名。

```
>>> myDoc=wordApp.Documents.Open('文档路径+文件名')
```

Add 方法是基于默认的模板新建文档。

```
>>> myDoc=wordApp.Documents.Add()
```

传入一个已有的 Word 文档作为模板，新建的文档内容和模板一样。

```
>>> myDoc=wordApp.Documents.Add('文档路径+模板文件名')
```

打开或新建文档，都会返回一个 Document 对象。

```
>>> myDoc
<win32com.gen_py.None.Document>
```

Documents 对象有__call__方法，它后面可以用圆括号，实现 VBA 中集合对象的索引。

```
>>> wordApp.Documents(1)
<win32com.gen_py.None.Document>
>>> myDoc=wordApp.Documents.Open(r'H:\示例\第6章\abc.docx')
>>> wordApp.Documents('abc.docx')
```

圆括号里面可以传入文档编号，或者文件名，返回对应的文档对象。当我们添加或关闭文档时，文档编号会发生改变，所以最好使用文件名作为参数。

Document 对象有 Save、SaveAs 方法。Word 2010 中新增 SaveAs2 方法（较 SaveAs 多出一个参数 CompatibilityMode，即兼容模式）。

SaveAs 方法有一个重要参数 FileFormat，表示文档的保存格式，它可以实现不同格式文档的转换。我们进一步查询保存格式参数 WdSaveFormat 的取值，如图 6-7 所示。

Word 开发人员参考

WdSaveFormat 枚举

指定要在保存文档时使用的格式。

版本信息

已添加版本：

名称	值	说明
wdFormatDocument	0	Microsoft Word 格式。
wdFormatDOSText	4	Microsoft DOS 文本格式。
wdFormatDOSTextLineBreaks	5	Microsoft DOS 文本格式，并且保留换行符。
wdFormatEncodedText	7	编码文本格式。
wdFormatFilteredHTML	10	筛选的 HTML 格式。
wdFormatHTML	8	标准 HTML 格式。
wdFormatRTF	6	RTF 格式。
wdFormatTemplate	1	Word 模板格式。
wdFormatText	2	Microsoft Windows 文本格式。
wdFormatTextLineBreaks	3	Windows 文本格式，并且保留换行符。
wdFormatUnicodeText	7	Unicode 文本格式。
wdFormatWebArchive	9	Web 档案格式。
wdFormatXML	11	可扩展标记语言 (XML) 格式。
wdFormatDocument97	0	Microsoft Word 97 文档格式。
wdFormatDocumentDefault	16	Word 默认文档文件格式。对于 Word 2010，这是 DOCX 格式。
wdFormatPDF	17	PDF 格式。
wdFormatTemplate97	1	Word 97 模板格式。
wdFormatXMLDocument	12	XML 文档格式。
wdFormatXMLDocumentMacroEnabled	13	启用了宏的 XML 文档格式。
wdFormatXMLTemplate	14	XML 模板格式。
wdFormatXMLTemplateMacroEnabled	15	启用了宏的 XML 模板格式。
wdFormatXPS	18	XPS 格式。

图 6-7

将文件另存为带密码的 .doc 格式文档，代码如下。

```
>>> myDoc.SaveAs(r'H:\示例\第6章\test.doc',0, Password='123456')
```

将文件另存为 PDF 文档，代码如下。

```
>>> myDoc.SaveAs(r'H:\示例\第6章\test.pdf',17)
```

查询 VBA 帮助，可以获取 Document 对象的常用属性，见表 6-1。

表 6-1

属性	含义	返回对象	属性	含义	返回对象
Content	内容	Range	InlineShapes	图片	InlineShapes
Tables	表	Tables	TablesOfContents	目录	TablesOfContents
Sections	节	Sections	Bookmarks	书签	Bookmarks
Fields	域	Fields	Characters	字符	Characters
Sentences	句子	Sentences	Hyperlinks	超链接	Hyperlinks
Words	词	Words	PageSetup	页面设置	PageSetup
Comments	批注	Comments	Paragraphs	段落	Paragraphs
Shapes	形状	Shapes	BuiltInDocumentProperties	属性	DocumentProperties

以上属性都是只读属性，只能访问属性值，而不能赋值。但是可以通过返回的对象进一步设置。例如 TablesOfContents 属性返回 TablesOfContents 对象，可以使用该对象的各种属性和方法，又如使用 TablesOfContents 对象的 Add 方法添加目录。

使用 BuiltInDocumentProperties 属性返回一个 DocumentProperties 对象，通过它可以查看文档的各种基本信息，例如查看文档页数。

```
>>> myDoc.BuiltInDocumentProperties(constants.wdPropertyPages).Value
1
```

参数 wdPropertyPages 表示文档页数，其余文档信息参数见表 6-2。

表 6-2

参数	值	说明	参数	值	说明
wdPropertyTitle	1	标题	wdPropertyCharacters	16	字符数
wdPropertySubject	2	主题	wdPropertySecurity	17	安全设置
wdPropertyAuthor	3	作者	wdPropertyCategory	18	类别
wdPropertyKeywords	4	关键词	wdPropertyFormat	19	不支持
wdPropertyComments	5	批注	wdPropertyManager	20	文档主管经理
wdPropertyTemplate	6	模板名称	wdPropertyCompany	21	文档归属公司
wdPropertyLastAuthor	7	上个作者	wdPropertyBytes	22	字节数
wdPropertyRevision	8	修订次数	wdPropertyLines	23	行数
wdPropertyAppName	9	应用程序	wdPropertyParas	24	段落数
wdPropertyTimeLastPrinted	10	上次打印时间	wdPropertySlides	25	不支持
wdPropertyTimeCreated	11	创建时间	wdPropertyNotes	26	注释

续表

参数	值	说明	参数	值	说明
wdPropertyTimeLastSaved	12	上次保存时间	wdPropertyHiddenSlides	27	不支持
wdPropertyVBATotalEdit	13	VBA 编辑次数	wdPropertyMMClips	28	不支持
wdPropertyPages	14	页数	wdPropertyHyperlinkBase	29	不支持
wdPropertyWords	15	字数	wdPropertyCharsWSpaces	30	字符数含空格

Document 还有很多属性，例如 Password 属性。它是只写属性，即只能设置属性值，但是无法访问属性值，这主要是为了文档安全。

```
>>> myDoc.Password='123'
```

一般情况下，一个 Word 文档包含页、节、段、句、词、字、书签、批注、脚注、尾注、域、表格、图形等内容概念。

我们看一个实际的 Word 文档，如图 6-8 所示。

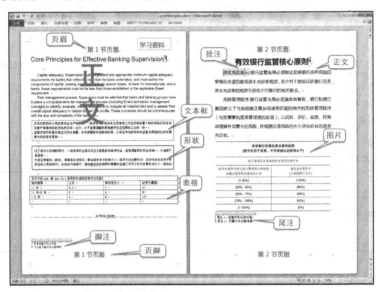

图 6-8

就正文而言，文档（Document）是由一个或多个节（Sections）组成，一节有若干段（Paragraphs），每段由几个句子（Sentences）组成，每个句子又由众多单词（Words）组成，每个单词由几个字符（Characters）组成。

打开文件。

```
>>> from win32com.client import DispatchEx
>>> wordApp=DispatchEx('Word.Application')
>>> myDoc=wordApp.Documents.Open(r'H:\示例\第6章\CorePrinciples.docx')
```

获取文档的节、段、句、词、字符数量。

```
>>> myDoc.Sections.Count,myDoc.Paragraphs.Count,myDoc.Sentences.Count
(2, 51, 32)
>>> myDoc.Words.Count,myDoc.Characters.Count
(359, 1190)
```

如何访问文档的页眉页脚、脚注、尾注、批注呢？Document 对象有 StoryRanges 属性，它可以返回一个 StoryRanges "集合"对象，该集合代表指定文档中的所有文字部分。

可以通过下面的语句访问文档各部分的类型。

```
>>> [aStory.StoryType for aStory in myDoc.StoryRanges]
[1, 2, 3, 4, 5, 7, 9, 12, 13, 15, 16]
```

这些类型的取值及含义见表 6-3。

表 6-3

名称	值	说明
wdMainTextStory	1	正文部分
wdFootnotesStory	2	脚注部分
wdEndnotesStory	3	尾注部分
wdCommentsStory	4	批注部分
wdTextFrameStory	5	文本框架部分
wdEvenPagesHeaderStory	6	偶数页页眉部分
wdPrimaryHeaderStory	7	主页眉部分
wdEvenPagesFooterStory	8	偶数页页脚部分
wdPrimaryFooterStory	9	主页脚部分
wdFirstPageHeaderStory	10	首页页眉部分
wdFirstPageFooterStory	11	首页页脚部分
wdFootnoteSeparatorStory	12	脚注分隔符部分
wdFootnoteContinuationSeparatorStory	13	脚注延续分隔符部分
wdFootnoteContinuationNoticeStory	14	脚注延续标记部分
wdEndnoteSeparatorStory	15	尾注分隔符部分
wdEndnoteContinuationSeparatorStory	16	尾注延续分隔符部分
wdEndnoteContinuationNoticeStory	17	尾注延续标记部分

可以通过下面的语句访问文档各部分的文字。

```
>>> [aStory.Text for aStory in myDoc.StoryRanges]
```

3. Range 对象

我们操作 Word 文档时，绝大多数工作是操作文本，例如添加或删除文本，设置段落或单词的格式。这时候就要使用 Range 或 Selection 这两个对象。Range 对象表示文档中的一块连续的区域。Range 对象可以小至一个插入点，大至整个文档。Range 是 Word 中最灵活的一种对象，它由起始字符位置（Start）和结束字符位置（End）进行定义。我们可以使用 Range 来定位 Word 文档中的各个区域。要注意，除了名称一样，它和 Excel 中的 Range 对象没有任何联系。

创建 Range 对象的方式很多，可以通过 Sentences 等集合对象的索引得到，见表 6-4。

表 6-4

表达式	含义	返回的对象
Sections(index)	节	Section
Paragraphs(index)	段落	Paragraph

表达式	含义	返回的对象
Sentences(index)	句子	Range
Words(index)	单词	Range
Characters(index)	字符	Range

在 Word 对象模型中，不存在 Sentence、Word、Character 对象，相关集合对象的索引返回的是 Range 对象。而 Paragraphs(index)返回的是 Paragraph 对象，Paragraph 对象也有 Range 属性，但 Paragraph.Range 返回的才是 Range 对象。Section.Range 也返回一个 Range 对象。

通过 Document 对象的 Range(Start, End)方法获取 Range 对象，Start、End 分别表示起始和结束字符的位置。

如果 Range 方法中不传入参数，则表示获取整个文档正文。

```
>>> rangeA=myDoc.Range()
>>> rangeA.Start,rangeA.End,rangeA.StoryType
(0, 1193, 1)
```

Start、End 和 StoryType 属性唯一地确定了一个 Range 对象。StoryType 属性值为 1 时代表文档正文。每个文档起始的字符位置是 0，第一个字符之后的位置是 1，依此类推。

Document 对象的 Content 属性返回的是 Range 对象。

```
>>> myDoc.Content
<win32com.gen_py.Microsoft Word 14.0 Object Library.Range instance at 0x50435016>
```

Range 的 Text 属性可以得到文本，使用 myDoc.Content.Text 输出正文文字。

```
>>> myDoc.Content.Text
```

将文档按节依次输出文字。

```
>>> for i in range(1,myDoc.Sections.Count+1):
...     print('节'+str(i)+':',myDoc.Sections(i).Range.Text)
```

将文档按段落依次输出文字。

```
>>> for i in range(1,myDoc.Paragraphs.Count+1):
...     print('段落'+str(i)+':',myDoc.Paragraphs(i).Range.Text)
```

将文档按句子输出文字。

```
>>> for i in range(1,myDoc.Sentences.Count+1):
...     print('句子'+str(i)+':',myDoc.Sentences(i).Text)
```

将文档按单词输出文字。

```
>>> for i in range(1,myDoc.Words.Count+1):
...     print('单词'+str(i)+':',myDoc.Words(i).Text)
```

将文档按字符输出文字。

```
>>> for i in range(1, myDoc.Characters.Count+1):
...     print('字符'+str(i)+':',myDoc.Characters(i).Text)
```

运行以后，我们将会看到"Core""Principles"","有效""率""。"被识别为单词，"C""o"…" "…"有""效""。"被识别为字符。一般来说，英文单词可以被正确识别，而对于中文而言，Words（单词）对象是非常不准确的概念。

如果我们需要按照节、段落、句子、单词、字符层级关系获取文本，应该如何书写呢？由于 Section 对象并没有属性 Paragraphs，Paragraph 对象并没有属性 Sentences，因此可以用 Range 对象过渡。Section、Paragraph 对象都有 Range 属性，返回 Range 对象。而 Range 的属性包括 Sections、Paragraphs、Sentences、Words、Characters，见表 6-5。

表 6-5

属性	含义	返回的对象
Range.Sections	区域包含的节	Sections
Range.Paragraphs	区域包含的段落	Paragraphs
Range.Sentences	区域包含的句子	Sentences
Range.Words	区域包含的单词	Words
Range.Characters	区域包含的字符	Characters

例如，我们要获取文档第 1 节第 4 段第 2 句第 2 个单词第 2 个字符文本。

```
>>> myDoc.Sections(1).Range.Paragraphs(4).Range.Sentences(2).Words(2).Characters(2).Text
'r'
```

其中，Sentences(2)返回的是 Range 对象，Range 对象有 Words 属性，所以不需要再用 Range 对象过渡。Range.Characters 返回一个 Characters 对象，该集合对象的索引返回 Range 对象。最后用 Range 对象的 Text 属性获取文本。

除了正文有 Range 对象，其他位置也可以返回 Range 对象。例如，我们获取页眉里面的文字区域。

```
>>> rangeA=myDoc.Sections(1).Headers(constants.wdHeaderFooterPrimary).Range
>>> rangeA.Start,rangeA.End,rangeA.StoryType
(0, 7, 7)
```

相应地，我们还可以获取页眉文本。

```
>>> myDoc.Sections(1).Headers(constants.wdHeaderFooterPrimary).Range.Text
'第1节页眉\r'
```

获取页眉文本框里面的文本。

```
>>> myDoc.Sections(1).Headers(1).Shapes(1).TextFrame.TextRange.Text
'学习资料\r'
```

通过 StoryRanges 的索引访问脚注（类型常量为 wdFootnotesStory,索引值为 2）、尾注、批注的文字内容。

```
>>> myDoc.StoryRanges(2).Text
'\x02 来自巴塞尔协议文档\r\x02 节选自巴塞尔协议翻译稿\r'
>>> myDoc.StoryRanges(3).Text
'\x02 尾注1：巴塞尔协议英文稿\r\x02 尾注2：巴塞尔协议翻译稿\r'
>>> myDoc.StoryRanges(4).Text
'\x05 提高银行资本基础的质量、一致性和透明度。这将确保大型国际活跃银行同时增强在持续经营条件下和清算条件下吸收损失的能力。\r'
```

通过表格单元格索引，可以读取单元格里面的文本。

```
>>> myDoc.Tables(1).Cell(2,1).Range.Text
'剩余期限\r\x07'
```

文本中常常出现"\x02""\x05""\x07""\r"等特殊字符，在 Python 里用字符串的 replace 函数将其替换即可。

```
>>> txt=myDoc.Tables(1).Cell(2,1).Range.Text
>>> txt.replace('\x07', '').replace('\r', '')
'剩余期限'
```

Range 对象表示文档中的一个区域（如节、段、句、词、字符），这个区域是可以变化的。Range 对象有很多方法可以改变选定区域，例如 Expand、WholeStory、Collapse、Move、MoveEnd、MoveEndUntil、MoveEndWhile、MoveStart、MoveStartUntil、MoveStartWhile、MoveUntil、MoveWhile，见表 6-6。

表 6-6

方法	作用
Expand	扩展指定区域或选定内容
WholeStory	扩展某一选定区域,使其包括整个文档
Collapse	将选定内容折叠到起始位置或结束位置
Move	将选定内容折叠后移动指定的单位数
MoveStart	移动选定区域的起始位置
MoveStartUntil	移动选定区域的起始位置,直到在文档中找到一个指定的字符
MoveStartWhile	当在文档中找到任何指定的字符时,移动选定区域的起始字符位置
MoveEnd	移动选定区域的结束字符位置
MoveEndUntil	移动选定区域的结束位置,直到在文档中找到任何指定的字符
MoveEndWhile	当在文档中找到任何指定的字符时,移动选定区域的结束字符位置
MoveUntil	移动选定区域,直到在文档中找到一个指定的字符
MoveWhile	当在文档中找到任何指定的字符时,移动选定区域

Expand 方法的语法是 Range.Expand(Unit),参数 Unit 代表扩展的单位,其取值见表 6-7。

表 6-7

名称	值	说明	名称	值	说明
wdCharacter	1	字符	wdColumn	9	列
wdWord	2	词语	wdRow	10	行
wdSentence	3	句子	wdWindow	11	窗口
wdParagraph	4	段落	wdCell	12	单元格
wdLine	5	行	wdCharacterFormatting	13	字符格式
wdStory	6	全文	wdParagraphFormatting	14	段落格式
wdScreen	7	屏幕	wdTable	15	表格
wdSection	8	节	wdItem	16	项

例如,我们定义 Range 对象为表格单元格(2,1),然后将其扩展至整个表格。

```
>>> rangeA=myDoc.Tables(1).Cell(2,1).Range
>>> rangeA.Expand(constants.wdTable)
```

可以使用 Range.WholeStory 方法扩展区域使其包含整个文档。

```
>>> rangeA.WholeStory()
>>> rangeA.Start,rangeA.End,rangeA.StoryType
(0, 1193, 1)
```

它等价于下面的语句。

```
>>>rangeA.Expand(constants.wdStory)
```

Range.Collapse(Direction)方法用于折叠区域,就是让起始位置和结束位置相同。根据参数 Direction 的不同取值,将区域折叠到起始位置(wdCollapseStart)或结束位置(wdCollapseEnd)。

各种 Move 方法的语法基本类似,如 Range.Move(Unit, Count)。Unit 代表移动的单位,其取值同表 6-7。Count 代表移动的数量,如果 Count 为正数,则 Range 对象折叠到其结束位置,变成光标,并在文档中向文档末尾方向移动指定的单位数;如果 Count 为负数,则对象折叠到其起始位置,并向文档开始方向移动指定的单位数。

例如,我们定义 Range 对象为文档第 3 段,观察移动的效果。

```
>>> rangeA=myDoc.Paragraphs(3).Range
>>> rangeA.Start,rangeA.End
(53, 442)
>>> rangeA.Move(constants.wdCharacter,1)
1
>>> rangeA.Start,rangeA.End
(442, 442)
```

运行结果是,区域首先折叠到第 3 段末尾变成了光标,正向移动一个字符,光标位于第 4 段开始处。光标是特殊的 Range 对象,起始位置相同,可以理解为长度为 0 的选择区域。

我们可以将 Range 对象扩展到光标所在段落。

```
>>> rangeA.Expand(constants.wdParagraph)
431
>>> rangeA.Start,rangeA.End
(442, 873)
```

现在选择区域变成了第 4 段,其效果相当于以下语句。

```
>>> rangeA=myDoc.Paragraphs(1).Range
>>> rangeA.MoveStart(constants.wdParagraph,3)
>>> rangeA.MoveEnd(constants.wdParagraph,3)
```

所以这里的移动仅仅是区域的范围变化,而不是内容的挪动。区域好比"漂浮"在文档内容上方的选择框,选择框移动,其选择的内容发生变化,但是文档本身是不会发生变化的。

而对于文档本身的编辑,我们可以用 Range 的 Copy、Paste、Cut、Delete、InsertAfter、InsertBefore 方法。

例如,把文档第 2 节的第 2 段粘贴至新建文档。

```
>>> myDoc.Sections(2).Range.Paragraphs(2).Range.Copy()
>>> myDoc_New=wordApp.Documents.Add()
>>> myDoc_New.Content.Paste()
>>> myDoc_New.SaveAs(r'H:\示例\第 6 章\myDoc_New.docx')
>>> myDoc_New.Close()
```

4. Selection 对象

Selection 对象也代表区域,它非常类似我们用鼠标选择的区域,选择的区域通常以深色背景显示。如果当前未选择任何内容,则它表示插入点(一个闪烁的光标点),也可以理解为长度为 0 的选择区域。文档中始终存在一个 Selection 对象,整个应用程序中(可能有多个打开的文档)只能有一个活动的 Selection 对象(通过 Application.Selection 获得)。

Selection 对象无处不在,我们在 Word 文档中光标闪烁处输入文字,实际上就是"将当前选定区域的 Text 属性设置为输入的内容",其语法如下。

```
selectionA.TypeText('...') 或者 selectionA.Text='...'
```

Range 和 Selection 对象都是用来定位文档区域的,其方法和属性都类似,通常我们首选 Range 对象。但是,Range 对象只能代表文档中的一个连续区域,而 Selection 对象可以包含多个不相邻的区域。Range 对象可以通过 Select 方法转为 Selection 对象。

```
>>> myDoc.Paragraphs(1).Range.Select()
>>> selectionA=wordApp.Selection
```

Selection 对象可以实现对一些复杂区域的选择,常用方法及其作用见表 6-8。

表 6-8

方法	作用	方法	作用
HomeKey	将选定内容移动或扩展至指定单位的开始	MoveLeft	将选定区域向左移动
EndKey	将选定内容移动或扩展至指定单位的末尾	MoveRight	将选定区域向右移动
Shrink	将所选内容缩减至下一级较小的文字单位	MoveUp	将选定区域向上移动
Goto	将光标跳转至指定位置	MoveDown	将选定区域向下移动

HomeKey 方法类似于按下 Home 键，默认是将光标移动到行首；EndKey 方法类似于按下 End 键，可以将光标移动到行尾。假如我们按 Shift+Home 快捷键，那就是选定光标到行首的区域；而按 Shift+End 快捷键，则选定光标到行尾的区域。

Selection 对象的 HomeKey 方法，对上述操作进行了拓展，语法如下。

`Selection.HomeKey(Unit,Extend)`

Unit 参数是移动或扩展选定内容时基于的单位，默认值为 wdLine。Extend 参数可以是 wdMove 或 wdExtend。

wdMove（移动区域）相当于在选定区域的情况下按 Home 键，首先是取消了原来选定的区域，区域折叠变成光标，然后光标移动到行首（默认值 wdLine 是行，也可以设置为段等）。而 wdExtend（扩展）类似于按 Shift+Home 键，相当于把原选定区域扩展到行首（默认）。

Shrink 方法将所选内容缩减至下一级较小的文字单位，将选定区域按照整篇文档、节、段落、句子、单词、插入点的层级依次缩减范围。

```
>>> myDoc.Paragraphs(4).Range.Select()
>>> selectionA=wordApp.Selection
>>> selectionA.Start, selectionA.End
(442, 873)
>>> selectionA.Shrink()
>>> selectionA.Start, selectionA.End
(442, 785)
>>> selectionA.Shrink()
>>> selectionA.Start, selectionA.End
(442, 447)
>>> selectionA.Shrink()
>>> selectionA.Start, selectionA.End
(442, 442)
```

MoveUp、MoveDown、MoveLeft、MoveRight 方法的作用分别类似于按 ↑、↓、←、→ 键。

下面以 MoveLeft 方法为例详细说明。

`Selection.MoveLeft(Unit,Count,Extend)`

Unit 参数是移动或扩展选定内容时基于的单位，默认值为 wdCharacter。Count 参数是按键的数量，默认值为 1。Extend 参数可以是 wdMove 或 wdExtend。

wdMove 相当于在选定区域的情况下，按 ↑、↓、←、→ 键，首先是取消了原选定区域，区域折叠变成光标，然后光标向上、下、左、右移动一定的单位距离（默认一个字符）。而 wdExtend 类似于按 Shift+↑/↓/←/→ 快捷键，相当于在原选定区域的基础上扩大或缩小。

我们定义 Selection 对象为文档第 4 段。

```
>>> myDoc.Paragraphs(4).Range.Select()
>>> selectionA=wordApp.Selection
>>> selectionA.Start, selectionA.End
(442, 873)
```

将其向左移动 3 个字符。

```
>>> selectionA.MoveLeft(constants.wdCharacter,3)
3
```

发现选区折叠成了光标。

```
>>> selectionA.Start, selectionA.End
(440, 440)
```

定义 Range 对象为文档第 4 段。

```
>>> myDoc.Paragraphs(4).Range.Select()
>>> selectionA=wordApp.Selection
>>> selectionA.Start, selectionA.End
(442, 873)
```

将其向左移动 3 个字符。

```
>>> selectionA.MoveLeft(constants.wdCharacter,3,constants.wdExtend)
3
```

发现选区缩减了 3 个字符。

```
>>> selectionA.Start, selectionA.End
(442, 870)
```

和 Range 对象一样，Selection 对象的移动，也不是指选定区域内容的挪动，而是区域在内容上面移动。随着选定区域的移动，其选择的内容是会变化的。

假如我们要选择第 4 段最后一行。

```
>>> myDoc.Paragraphs(4).Range.Select()
>>> selectionA=wordApp.Selection
>>> selectionA.Collapse(constants.wdCollapseEnd)
>>> selectionA.MoveEnd(constants.wdCharacter,-1)
-1
>>> selectionA.HomeKey(Unit=constants.wdLine,Extend=constants.wdExtend)
-48
>>> selectionA.Text
'with the size and complexity of the institution.'
```

假如我们要选择第 4 段倒数第 2 行。由于目前选定的是最后一行，因此首先需要将选区折叠到此行起始位置。

```
>>> selectionA.Collapse(constants.wdCollapseStart)
```

此时光标应该在第 4 段最后一行行首，向上移动光标，到达倒数第 2 行。

```
>>> selectionA.MoveUp(Unit=constants.wdLine)
1
```

选择从光标位置至当前行尾的内容，就是所需的内容。

```
>>> selectionA.EndKey(Unit=constants.wdLine,Extend=constants.wdExtend)
99
>>> selectionA.Text
'overall capital adequacy in relation to their risk profile. These processes should be commensurate '
```

假如我们需要选择第 4 段整段，需要先将选择区域扩展至本段开始。

```
>>> selectionA.Collapse(constants.wdCollapseEnd)
>>> selectionA.MoveUp(Unit=constants.wdParagraph,Extend=constants.wdExtend)
```

在选定本段倒数第 2 行的情况下，将选择区域扩展至本段结尾。

```
>>> selectionA.MoveDown(Unit=constants.wdParagraph,Extend=constants.wdExtend)
```

GoTo 方法是将光标跳转到某个位置，其语法如下。

```
Selection.GoTo(What, Which, Count, Name)
```

参数用来描述位置，例如跳到某个书签。What 指定位置的种类为书签（wdGoToBookmark）；Name 可以指定书签的名字；Which 可以设置为下一个（wdGoToNext），例如移动到下一个表格（wdGoToTable）、跳转到第 2 页（wdGoToPage），还可以设置为按绝对计值计数（wdGoToAbsolute）；Count 可以设置为 2。

例如，我们要找到第 1 个做了批注的句子，先将光标跳转到第 1 个批注位置。

```
>>> rangeA=selectionA.GoTo(constants.wdGoToComment,constants.wdGoToFirst)
```

返回的是 Range 对象，先将其拓展到所在的句子，然后获取句子内容。

```
>>> rangeA.Expand(constants.wdSentence)
>>> rangeA.Text
'资本充足率\x05:银行监管者必须制定反映银行多种风险的审慎且合适的最低资本充足率规定。'
```

选定区域以后，可以复制、剪切、粘贴、删除、插入所选区域的内容。Selection 对象的 Copy、Paste、Cut、Delete、InsertAfter、InsertBefore 方法用法和 Range 对象类似，此处不再赘述。

5. Bookmark/Bookmarks 对象

Bookmark，即书签，用来标记文档中的某个位置，或者作为文档中内容的容器。用 Range 和 Selection 对象定位区域比较烦琐，有了书签，我们可以直接定位到文档的某个位置。

书签常用来设计 Word 模板，通过填充书签，我们可以批量生成各种格式文档，如通知书、合同、报价单、邀请函等。邮件合并通常用于批量插入文字，借助书签我们还可以插入表格和图片。

例如手工制作一份人员信息表模板 Word 文档，其中有 3 个书签，分别为"name""picture""table"，然后在书签位置填充姓名、照片、表格。核心代码如下。

```
myDoc.Bookmarks('name').Range.Text='小明'
myDoc.Bookmarks('picture').Range.InlineShapes.AddPicture(r'H:\示例\第6章\photo.png')
myDoc.Tables.Add(myDoc.Bookmarks('table').Range,2,4)
```

假如需要将课程成绩按姓名分发给不同的人，每人的课程不完全一样，成绩单是 Word 格式。这是个典型的一对多列表式邮件合并问题，用 MS-Word 软件也可以实现，但是操作起来比较复杂。"成绩汇总表.xlsx"文件如图 6-9 所示。

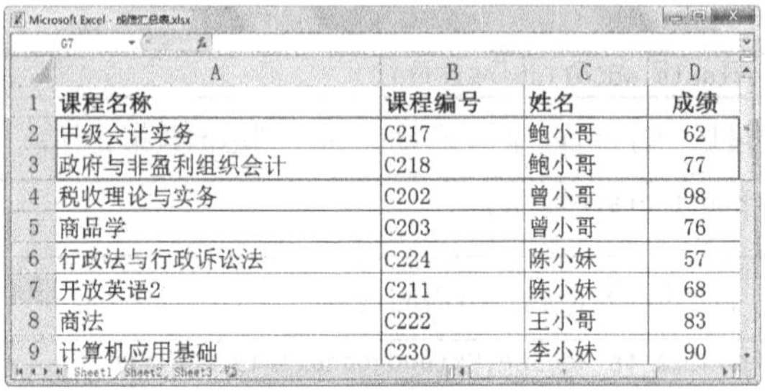

	A	B	C	D
1	课程名称	课程编号	姓名	成绩
2	中级会计实务	C217	鲍小哥	62
3	政府与非盈利组织会计	C218	鲍小哥	77
4	税收理论与实务	C202	曾小哥	98
5	商品学	C203	曾小哥	76
6	行政法与行政诉讼法	C224	陈小妹	57
7	开放英语2	C211	陈小妹	68
8	商法	C222	王小哥	83
9	计算机应用基础	C230	李小妹	90

图 6-9

我们首先制作 Word 成绩单模板，分别在适当的位置添加"姓名"和"成绩表"书签，如图 6-10 所示。
在 Spyder 编辑器中输入下列代码，然后运行。

```
from win32com.client import constants,DispatchEx
import pandas as pd
df=pd.DataFrame(pd.read_excel(r'H:\示例\第6章\书签应用\成绩汇总表.xlsx'))
df=df[['姓名', '课程编号', '课程名称', '成绩']]
names=df['姓名'].drop_duplicates().values.tolist()
wordApp=DispatchEx('Word.Application')
for name in names:
    myDoc=wordApp.Documents.Open(r'H:\示例\第6章\书签应用\成绩单模板.docx')
```

```
df1=df[df['姓名']==name]
rows=len(df1)
df2=df1[['课程编号','课程名称','成绩']]
bm=myDoc.Bookmarks('姓名')
bm.Range.Text=name
bmRange=myDoc.Bookmarks('成绩表').Range
table=myDoc.Tables.Add(bmRange, rows+1, 3)
table.Borders.Enable=1
table.Cell(1, 1).Range.Text='课程编号'
table.Cell(1, 2).Range.Text='课程名称'
table.Cell(1, 3).Range.Text='成绩'
for i in range(rows):
    for j in range(3):
        table.Cell(i+2, j+1).Range.Text=str(df2.iloc[i,j])
myDoc.SaveAs(r'H:\\示例\\第6章\\书签应用\\'+name+'.docx',16)
myDoc.Close()
word App.Quit()
```

图 6-10

运行后，在目标文件夹自动生成了一批 Word 文档，如图 6-11 所示。

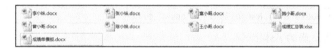

图 6-11

打开任意一个 Word 文档，可以看到效果，如图 6-12 所示。

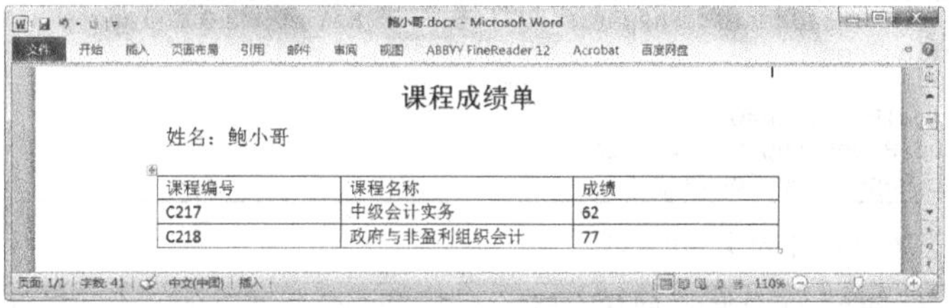

图 6-12

6.1 用 win32com 库操作 Word 文档　173

由于此处的 Word 文档比较简单，我们也可以不用书签，直接用程序生成文字和表格。书签更多地用在比较复杂的 Word 模板中，便于控制插入内容的位置。

6.1.2 常用文档操作方法

1. 页面设置

通过 Document 对象的 PageSetup 属性返回 PageSetup 对象。

```
>>> myDoc.PageSetup
<win32com.gen_py.Microsoft Word 14.0 Object Library.PageSetup instance at 0x59442904>
```

PageSetup 对象包含文档的所有页面设置属性。可以使用 PageSetup 对象的 Orientation 属性设置页面方向。

```
>>> myDoc.PageSetup.Orientation=constants.wdOrientPortrait
```

其中，Orientation 表示页面方向，wdOrientPortrait 为纵向，wdOrientLandscape 为横向。

此外，还可以通过 PageSetup 对象的其他属性设置更多页面属性，例如下面的语句。

```
>>> myDoc.PageSetup.TopMargin=72
>>> myDoc.PageSetup.BottomMargin=72
>>> myDoc.PageSetup.LeftMargin=72
>>> myDoc.PageSetup.RightMargin=72
>>> myDoc.PageSetup.HeaderDistance=30
>>> myDoc.PageSetup.FooterDistance=30
```

其中，TopMargin 表示上页边距，BottomMargin 表示下页边距，LeftMargin 表示左页边距，RightMargin 表示右页边距，HeaderDistance 表示页眉位置，FooterDistance 表示页脚位置，取值均以磅为单位。

为了达到特殊的显示效果，我们设置页面分栏数为 2。

```
>> myDoc.PageSetup.TextColumns.SetCount(2)
```

一个文档可以分为不同的节 Sections，页眉页脚总是与节有联系。设置主页眉的方法如下。

```
>>> myDoc.Sections(1).Headers(1).Range.Text='Header text'
```

wdHeaderFooterPrimary（值为 1）表示主页眉页脚，wdHeaderFooterFirstPage（值为 2）和 wdHeaderFooterEvenPages（值为 3）分别表示首页和偶数页的页眉页脚。设置时既可以写常量名称，也可以写常量值。下面设置主页脚。

```
>>> myDoc.Sections(1).Footers(1).Range.Text=' Footer text'
```

还可以进一步设置页眉的字体字号。

```
>>> myDoc.Sections(1).Headers(1).Range.Font.NameFarEast='黑体'
>>> myDoc.Sections(1).Headers(1).Range.Font.Size=15.75
```

可以向页眉添加图片。

```
>>> pic=myDoc.Sections(1).Headers(1).Shapes.AddPicture(r'H:\示例\第6章\logo.png')
>>> pic.LockAspectRatio=True
>>> pic.Height=30
>>> pic.RelativeVerticalPosition=0
>>> pic.Left=10- myDoc.PageSetup.LeftMargin
>>> pic.Top=10- myDoc.PageSetup.TopMargin
```

可以向页眉添加艺术字，作为文档的水印。

```
>>> myDoc.Sections(1).Headers(1).Shapes.AddTextEffect(0, '内部资料，注意保密', '宋体', 1, False, False, 0, 0)
```

可以向页眉添加文本框。

```
>>> txtBox=myDoc.Sections(1).Headers(1).Shapes.AddTextbox(Orientation=1,
        Left=myDoc.PageSetup.PageWidth-60, Top=0, Width=60, Height=20)
>>> txtBox .TextFrame.TextRange.InsertAfter('机密')
```

不同的节可以设置不同的页眉页脚，先要做如下设置。

```
>>> myDoc.Sections(2).Headers(1).LinkToPrevious=False
>>> myDoc.Sections(2).Footers(1).LinkToPrevious=False
>>> myDoc.Sections(2).Headers(1).Range.Text=' Header text 1'
>>> myDoc.Sections(2). Footers (1).Range.Text=' Header text 1'
```

页脚的设置和页眉基本类似。我们通常在页脚中添加页码。

```
>>> pns=myDoc.Sections(2).Footers(1).PageNumbers
>>> pns
<win32com.gen_py.Microsoft Word 14.0 Object Library.PageNumbers instance at 0x59871640>
```

返回的是 PageNumbers 对象，代表页脚中的页码。进一步设置对象的属性。

```
>>> pns.NumberStyle=constants.wdPageNumberStyleNumberInDash
>>> pns.HeadingLevelForChapter=0
>>> pns.IncludeChapterNumber=False
>>> pns.RestartNumberingAtSection=True
>>> pns.StartingNumber=1
```

使用 PageNumbers 对象的 Add 方法添加页码到页脚，返回一个 PageNumber 对象。

```
>>> pn=pns.Add(PageNumberAlignment=1,FirstPage=True)
```

参数 PageNumberAlignment 表示对齐方式，FirstPage 表示首页是否带页码。PageNumberAlignment 取值 1 表示居中对齐（wdAlignPageNumberCenter）。

使用 PageNumber 对象的 Select 方法可以选定页码，之后就可用 Selection 对象的各种属性设置页码格式了。

```
>>> pn.Select()
>>> selectionA=wordApp.Selection
>>> selectionA.Font.Bold=True
```

2. 段落与字体格式

Paragraph 对象代表一个段落。Paragraph 对象为 Paragraphs 集合的一个成员。

生成 Paragraph 对象的方式很多，可用 Paragraphs 的 Add 方法添加一个空段落，它将返回一个 Paragraph 对象。

在文档末尾添加一个新段落。

```
>>> myDoc.Paragraphs.Add()
```

Add 方法有可选参数，表示插入段落的位置，例如在第 2 段之前添加一个新段落。

```
>>> myDoc.Paragraphs.Add(myDoc.Paragraphs(2).Range)
```

Document 和 Range 对象的 Paragraphs 属性会返回 Paragraphs 集合对象，Paragraphs(index)返回一个 Paragraph 对象，其中 index 为索引号，取值从 1 开始。

在文档第 3 段后面新增一个段落。

```
>>> myDoc.Paragraphs(3).Range.Paragraphs.Add()
```

在文档第 3 段前面写入文字。

```
>>> myDoc.Paragraphs(3).Range.Select()
>>> selectionA=wordApp.Selection
>>> selectionA.Collapse(constants.wdCollapseStart)
>>> selectionA.TypeText('这是第3段<')
```

在文档第 3 段后面写入文字。

```
>>> myDoc.Paragraphs(3).Range.Select()
>>> selectionA=wordApp.Selection
>>> selectionA.Collapse(constants.wdCollapseEnd)
>>> selectionA.MoveLeft(constants.wdCharacter)
>>> selectionA.TypeText('>这是第 3 段')
```

运行结果如图 6-13 所示。

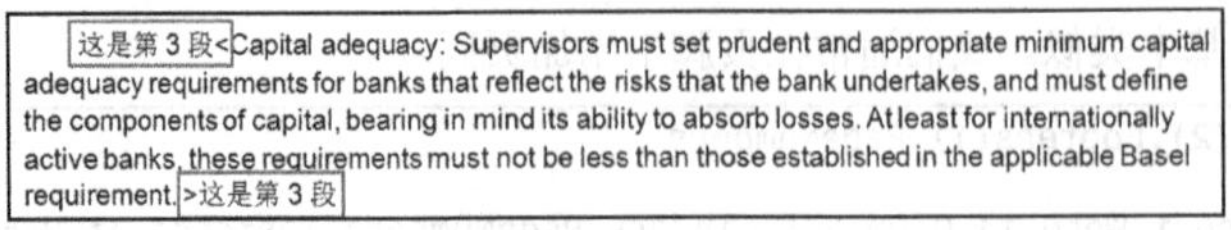

这是第 3 段<Capital adequacy: Supervisors must set prudent and appropriate minimum capital adequacy requirements for banks that reflect the risks that the bank undertakes, and must define the components of capital, bearing in mind its ability to absorb losses. At least for internationally active banks, these requirements must not be less than those established in the applicable Basel requirement.>这是第 3 段

图 6-13

在 Word 软件里，我们可以设置段落样式、段落格式，以及字体的格式，其底层是通过 Paragraph、ParagraphFormat、Font、Style 对象来操作，如图 6-14 所示。

图 6-14

我们可以通过 Paragraph 对象的属性来设置段落格式，其常见的属性说明见表 6-9。

表 6-9

属性	说明
AddSpaceBetweenFarEastAndAlpha	在段落中的中文和拉丁文字间添加空格
AddSpaceBetweenFarEastAndDigit	在段落中的中文文字与数字间添加空格
Alignment	段落对齐方式
Application	段落对象所在进程
AutoAdjustRightIndent	自动调整段落的右缩进
BaseLineAlignment	设置垂直对齐方式
Borders	返回边框对象
CharacterUnitFirstLineIndent	设置首行缩进或者悬挂缩进字符数
CharacterUnitLeftIndent	段落左缩进字符数
CharacterUnitRightIndent	段落右缩进字符数
Creator	段落对象所在进程的创建者
DisableLineHeightGrid	段落中的字符与行网格对齐
DropCap	首字下沉
FarEastLineBreakControl	将东亚语言的换行规则应用于段落
FirstLineIndent	首行缩进
Format	返回一个 ParagraphFormat 对象
HalfWidthPunctuationOnTopOfLine	行首标点符号改为半角字符

续表

属性	说明
HangingPunctuation	段落中的标点将可以溢出边界
Hyphenation	允许西文在单词中间换行
KeepTogether	段中不分页
KeepWithNext	与下段同页
LeftIndent	左缩进，单位为磅
LineSpacing	行距，单位为磅
LineSpacingRule	行距模式，如单倍行距
LineUnitAfter	段后间距
LineUnitBefore	段前间距
ListNumberOriginal	段落的原始列表级别
MirrorIndents	左侧和右侧缩进的宽度是否相同
NoLineNumber	取消行号
OutlineLevel	大纲级别
PageBreakBefore	段前插入分页符
ReadingOrder	段落的阅读顺序
RightIndent	右缩进，单位为磅
Shading	返回底纹对象
SpaceAfter	段后间距
SpaceAfterAuto	自动设置段后间距
SpaceBefore	段前间距
SpaceBeforeAuto	自动设置段前间距
Style	段落样式
TabStops	制表位
TextboxTightWrap	表示文字环绕形状或文本框的紧密程度
WidowControl	孤行控制，同一段内容位于同一页
WordWrap	西文单词中间断字换行
Range	该对象代表指定段落中包含的文档部分
IsStyleSeparator	确定段落是否包含特殊的隐藏段落标记
Parent	指定 Paragraph 对象的父对象

例如，我们设置文档第 1 段的段落样式为标题 3，行距改为最小 25 磅。

```
>>> prg_1=myDoc.Paragraphs(1)
>>> prg_1.Style=constants.wdStyleHeading3
>>> prg_1.LineSpacingRule=constants.wdLineSpaceAtLeast
>>> prg_1.LineSpacing=25
```

Range 对象有一个 ParagraphFormat 属性，它也可以设置段落格式。该属性返回一个 ParagraphFormat 对象，ParagraphFormat 对象又有各种属性。例如，我们要设置段落对齐方式，需要用到 Alignment 属性，其取值为 WdParagraphAlignment 常量。

我们通过 VBA 帮助搜索"WdParagraphAlignment"得到其取值（枚举值），见表 6-10。

表 6-10

名称	值	说明
wdAlignParagraphLeft	0	左对齐
wdAlignParagraphCenter	1	居中
wdAlignParagraphRight	2	右对齐
wdAlignParagraphJustify	3	完全两端对齐
wdAlignParagraphDistribute	4	段落字符被分布排列，以填满整个段落宽度
wdAlignParagraphJustifyMed	5	两端对齐，字符中度压缩
wdAlignParagraphJustifyHi	7	两端对齐，字符高度压缩
wdAlignParagraphJustifyLow	8	两端对齐，字符轻微压缩
wdAlignParagraphThaiJustify	9	按照泰语格式布局两端对齐

将第 1 节的所有段落设置为右对齐。

```
>>> rangeA=myDoc.Sections(1).Range
>>> rangeA.ParagraphFormat.Alignment=constants.wdAlignParagraphRight
```

下面我们设置文档的字体格式（如字体名称、字号、颜色等）。设置字体格式要用 Font 对象，Range 和 Selection 对象都有 Font 属性，可以返回 Font 对象。

我们可以通过 Font 对象的属性来设置字体格式，其常见的属性说明见表 6-11。

表 6-11

属性	说明
AllCaps	如果字体格式为全部字母大写，则该属性值为 True
Animation	返回或设置应用于字体的动态效果类型
Bold	如果字体格式为加粗，则该属性值为 True
Borders	返回一个 Borders 集合，该集合代表指定字体的所有边框
Color	返回或设置指定 Font 对象的 24 位颜色
DoubleStrikeThrough	如果将指定字体的格式设置为双删除线文本，则该属性值为 True
Emboss	如果指定字体格式为阳文，则该属性值为 True
Engrave	如果字体格式为阴文，则该属性值为 True
Fill	返回一个 FillFormat 对象，字体的填充格式。只读
Glow	返回一个 GlowFormat 对象，字体的发光格式。只读
Hidden	如果字体格式为隐藏文字，则该属性值为 True
Italic	如果将字体或范围设置为倾斜格式，则该属性值为 True
Line	返回一个 LineFormat 对象，该对象指定行的格式
Name	返回或设置指定对象的名称
NameFarEast	返回或设置一种东亚字体名称
NumberSpacing	返回或设置字体的数字间距
Outline	如果字体格式为镂空，则该属性值为 True

续表

属性	说明
Shading	返回一个 Shading 对象,该对象代表指定字体的底纹格式
Shadow	如果将指定字体设置为阴影格式,则该属性值为 True
Size	返回或设置字号(以磅为单位)
SmallCaps	如果字体格式为小型大写字母,则该属性值为 True
Spacing	返回或设置字符的间距(以磅为单位)
StrikeThrough	如果字体格式为带有删除线,则该属性值为 True
Subscript	如果字体格式为下标,则该属性值为 True
Superscript	如果字体格式为上标,则该属性值为 True
TextColor	返回一个 ColorFormat 对象,字体的颜色。只读
TextShadow	返回一个 ShadowFormat 对象,字体的阴影格式
ThreeD	返回一个 ThreeDFormat 对象,字体的三维效果格式属性。只读
Underline	返回或设置应用于字体的下划线类型
UnderlineColor	返回或设置指定 Font 对象的下划线的颜色

设置第 3 段第 1 句的字体格式。

```
>>> rangeB=myDoc.Paragraphs(3).Range.Sentences(1)
>>> rangeB.Font.Size=14
>>> rangeB.Font.Name='微软雅黑'
>>> rangeB.Font.Bold=True
>>> rangeB.Font.Underline=constants.wdUnderlineDotDash
```

要注意的是,段落格式和字体格式不仅指的是正文部分,凡是文本内容都可以设置。例如设置尾注的格式。

```
>>> prg_2=myDoc.StoryRanges(constants.wdEndnotesStory).Paragraphs(1)
>>> prg_2.Style=constants.wdStyleHeading4
>>> prg_2.Alignment=constants.wdAlignParagraphRight
>>> rangeC=prg_2.Range.Sentences(1)
>>> rangeC.Font.Size=14
>>> rangeC.Font.Name='微软雅黑'
>>> rangeC.Font.Bold=True
>>> rangeC.Font.Underline=constants.wdUnderlineDotDash
```

我们可以把常用的格式设置为样式,然后在需要的时候应用样式。Style 对象代表单个内置样式或用户定义的样式。Style 对象将样式属性(如字体、字形、段落间距)添加为 Style 对象的属性。Styles 集合包含指定文档中的所有样式。

下面我们添加段落样式和正文字符样式,将其应用到 Range 对象(第 3 段和第 4 段)。

```
>>> myStyle0=myDoc.Styles.Add(Name='Bold', Type=constants.wdStyleTypeCharacter)
>>> myStyle0.Font.Bold=True
>>> myStyle0.Font.Size=10
>>> myStyle1=myDoc.Styles.Add(Name='Center', Type=constants.wdStyleTypeParagraph)
>>> myStyle1.ParagraphFormat.Alignment=constants.wdAlignParagraphCenter
>>> myRange=myDoc.Range(myDoc.Paragraphs(3).Range.Start,myDoc.Paragraphs(4).Range.End)
>>> myRange.Style=myStyle0
>>> myRange.Style=myStyle1
```

样式设置效果如图 6-15 所示。

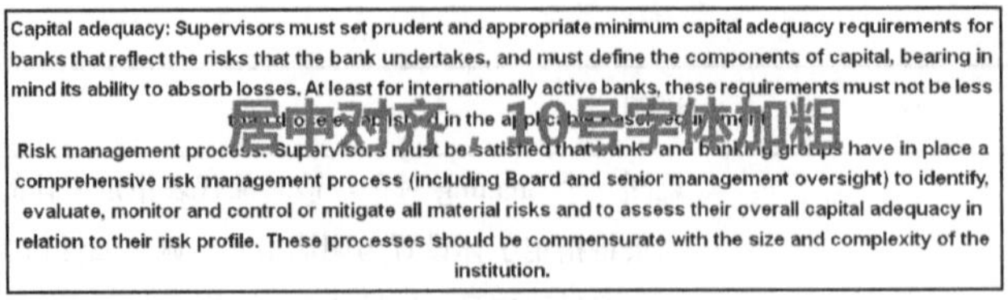

> Capital adequacy: Supervisors must set prudent and appropriate minimum capital adequacy requirements for banks that reflect the risks that the bank undertakes, and must define the components of capital, bearing in mind its ability to absorb losses. At least for internationally active banks, these requirements must not be less 居中对齐、10号字体加粗 in the applicable case, at a minimum.
> Risk management process: Supervisors must be satisfied that banks and banking groups have in place a comprehensive risk management process (including Board and senior management oversight) to identify, evaluate, monitor and control or mitigate all material risks and to assess their overall capital adequacy in relation to their risk profile. These processes should be commensurate with the size and complexity of the institution.

图 6-15

3. 表格

Document 的 Tables 属性可以返回一个 Tables 集合对象，该集合代表指定文档中的所有表格。

```
>>> myDoc.Tables.Count
1
```

通过 Tables 集合对象的 Add 方法可以插入表格，其语法如下。

`Tables.Add(Range, NumRows, NumColumns, DefaultTableBehavior, AutoFitBehavior)`

Add 方法的参数说明见表 6-12。

表 6-12

参数	必选/可选	说明
Range	必选	插入表格的位置，Range 对象
NumRows	必选	行数
NumColumns	必选	列数
DefaultTableBehavior	可选	禁用/启用"自动调整"表格单元格的大小
AutoFitBehavior	可选	"自动调整"规则

在第 4 段前和第 2 段后分别插入一个 3×4 表格。

```
>>> start=myDoc.Paragraphs(4).Range.Start
>>> table=myDoc.Tables.Add(myDoc.Range(start,start),3, 4)
>>> end=myDoc.Paragraphs(2).Range.End
>>> table=myDoc.Tables.Add(myDoc.Range(end,end),3, 4)
>>> table
<win32com.gen_py.Microsoft Word 14.0 Object Library.Table instance at 0x50888320>
```

创建以后，得到一个 Table 对象，通过 Table 对象的属性，我们可以设置表格格式。

```
>>> table.Borders(constants.wdBorderTop).LineStyle=constants.wdLineStyleSingle
>>> table.Borders(constants.wdBorderBottom).LineStyle=constants.wdLineStyleSingle
>>> table.AllowAutoFit=True
>>> table.Cell(1,1).Range.InsertAfter('单元格')
```

可以合并单元格。

```
>>> table.Cell(2,2).Merge(table.Cell(2,3))
```

可以向表格单元格插入图片。

```
>>> table.Cell(2,2).Range.InlineShapes.AddPicture(r'H:\示例\第6章\logo.png')
```

在第 2 节页眉插入一个 2×2 表格。

```
>>> rg=myDoc.Sections(2).Headers(constants.wdHeaderFooterPrimary).Range
>>> rg.Collapse(constants.wdCollapseEnd)
```

```
>>> table=myDoc.Tables.Add(rg,2, 2)
>>> table.Borders.Enable=True
```

在批注处插入一个 2×2 表格。

```
>>> rg=myDoc.StoryRanges(4)
>>> table=myDoc.Tables.Add(rg,2, 2)
>>> table.Borders.Enable=True
```

运行结果如图 6-16 所示。

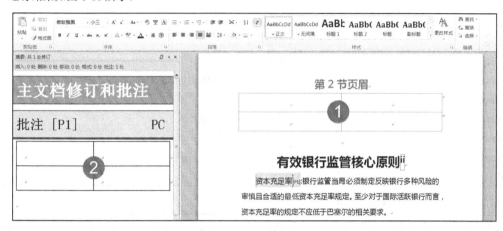

图 6-16

4. 图形

Word 里面有两类图形：浮动式图形和嵌入式图形。它们分别对应了两类对象：Shape 和 InlineShape。

InlineShape 代表文档中的嵌入式图形对象。所谓嵌入式图形对象，是指将图像作为文字处理，在排版上以文字的方式进行排版，它相当于一个字，它会在段落字面占据一个字的位置，就好像是在两个字符之间嵌入一个字符一样，需要设置文字围绕四周才能完整显示。而 Shape 是浮动式图形对象，浮动在文字层上方，不会被文字遮挡，随意性很大，可以拖动到任何地方。两类图形的插入位置是不同的：InlineShapes 只能指定 Range 进行插入，这与文档中的文字插入是相同的；而 Shapes 插入的图片可以任意定位（指定上下宽高）。

浮动式图形和嵌入式图形对象可以互相转换。把 Shape 对象转换为 InlineShape 对象，可以使用 ConvertToInlineShape 方法，并且返回 InlineShape 对象。如果要把 InlineShape 对象转换为 Shape 对象，可以使用 ConvertToShape 方法，并且返回 Shape 对象。

Document 的 Shapes 属性可以返回一个 Shapes 集合，该集合代表指定文档中的所有 Shape 对象。

```
>>> myDoc.Shapes.Count
2
```

可以通过遍历 Shapes 输出文档里面全部形状的类型。

```
>>> print([shp.Type for shp in myDoc.Shapes])
[17, 1]
```

通过查询 VBA 帮助可知，17 代表文本框，1 代表自选图形（矩形框）。Shapes 的种类非常多，要使用 Shapes 的不同方法进行创建。文本框的添加方法是 AddTextbox，而矩形框的添加方法是 AddShape。其他常见图形的创建方法及作用见表 6-13。

表 6-13

方法	作用
AddCallout	在绘图画布上添加无框线的标注
AddCanvas	在文档中添加绘图画布
AddChart	将指定类型的图表作为形状插入活动文档中
AddCurve	绘制贝赛尔曲线
AddLabel	在绘图画布上添加一个文本标签
AddLine	在绘图画布上添加一条直线
AddPicture	在绘图画布上添加一幅图片
AddPolyline	在绘图画布上添加一个开放或封闭的多边形
AddShape	向某文档中添加一个自选图形
AddSmartArt	将指定的 SmartArt 图形插入活动文档
AddTextbox	在绘图画布上添加一个文本框
AddTextEffect	在绘图画布上添加一个"艺术字"图形
BuildFreeform	建立任意多边形对象

添加自选图形 AddShape 方法的语法如下。

```
Shapes.AddShape(Type, Left, Top, Width, Height)
```

AddShape 方法的参数说明见表 6-14。

表 6-14

参数	必选/可选	说明
Type	必选	图形类型，设置 MsoAutoShapeType 常量
Left	必选	自选图形左边缘的位置（以磅为单位）
Top	必选	自选图形上边缘的位置（以磅为单位）
Width	必选	自选图形的宽度（以磅为单位）
Height	必选	自选图形的高度（以磅为单位）

在文档中插入一个矩形，通过 VBA 帮助查询 MsoAutoShapeType 枚举值，矩形取值是 1。

```
>>> shp=myDoc.Shapes.AddShape(1, 20, 20, 200, 60)
>>> shp
<win32com.gen_py.Microsoft Word 14.0 Object Library.Shape instance at 0x50993136>
```

创建图形以后，通常是返回 Shape 对象并将其添加到 Shapes 集合。返回 Shape 对象以后，通过 Shape 对象的属性设置图形的格式，常用属性说明见表 6-15。

表 6-15

属性	说明	返回对象	属性	说明	返回
Chart	图表	Chart	Title	标题	返回数值
Fill	填充	FillFormat	Top	上方起点	
Line	线条	LineFormat	Type	类型	

续表

属性	说明	返回对象	属性	说明	返回
PictureFormat	图片	PictureFormat	Width	宽度	返回数值
WrapFormat	文字环绕	WrapFormat	ShapeStyle	样式	
Shadow	阴影	ShadowFormat	Rotation	旋转	
SoftEdge	柔和边缘	SoftEdgeFormat	Height	高度	
TextEffect	文本效果	TextEffectFormat	Left	左边起点	
TextFrame	文字	TextFrame	AutoShapeType	图形类型	
TextFrame2	文字	TextFrame2	BackgroundStyle	背景样式	
ThreeD	三维	ThreeDFormat	Name	名称	

有的属性值可以直接设置，有的属性有返回对象，要通过返回对象的属性进一步设置值。

例如，我们要设置矩形框的文本格式，可以使用 Shape 对象的 TextFrame 属性，它返回的是 TextFrame 对象，TextFrame 对象的 TextRange 属性可以返回一个 Range 对象。Range 对象的格式设置前面已经介绍过，此处不再重复介绍。

```
>>> shp.TextFrame.TextRange.Text='我是矩形框'
>>> shp.Fill.ForeColor.RGB=constants.rgbRed
>>> shp.TextFrame.TextRange.Font.Size=18
>>> shp.TextFrame.TextRange.Font.Name='微软雅黑'
>>> shp.TextFrame.TextRange.Font.Bold=True
>>> shp.TextFrame.TextRange.Font.Color=constants.wdColorWhite
```

运行结果如图 6-17 所示。

Document 的 InlineShapes 属性可以返回一个 InlineShapes 集合，该集合代表指定文档中的所有 InlineShape 对象。InlineShape 对象包括图片、OLE 对象和 ActiveX 控件，主要就是图片和插入生成的 Excel 图表。

读取文档的全部 InlineShape 对象。

```
>>> myDoc.InlineShapes.Count
1
```

设置 InlineShape 对象的属性。

```
>>> myDoc.InlineShapes(1).Height=300
>>> myDoc.InlineShapes(1).Width=300
>>> myDoc.InlineShapes(1).Range.ParagraphFormat.Alignment=1
```

运行结果如图 6-18 所示。

图 6-17

图 6-18

通过 InlineShapes 的方法可以创建各种嵌入式图形，常用方法及其作用见表 6-16。

6.1 用 win32com 库操作 Word 文档

表 6-16

方法	作用
AddChart	将指定类型的图表作为内嵌形状插入活动文档中
AddHorizontalLine	向当前文档添加一条基于图像文件的横线
AddHorizontalLineStandard	向当前文档添加一条横线
AddOLEObject	创建一个 OLE 对象，例如 Excel 表格
AddPictureBullet	添加一个基于图像文件的图片项目符号
New	插入一个空白的 Word 图片对象
AddOLEControl	创建一个 ActiveX 控件（以前称为 OLE 控件）
AddPicture	在文档中添加一幅图片
AddSmartArt	将 SmartArt 图形作为内嵌形状插入活动文档中

AddPicture 方法的语法如下。

```
InlineShapes.AddPicture(FileName, LinkToFile, SaveWithDocument, Range)
```

AddPicture 方法的参数说明见表 6-17。

表 6-17

参数	必选/可选	说明
FileName	必选	图片的路径和文件名
LinkToFile	可选	是否将图片链接到创建它的文件
SaveWithDocument	可选	是否将链接的图片与文档一起保存
Range	可选	将图片置于文本中的位置

Shapes 也有 AddPicture 方法，其语法如下。

```
Shapes.AddPicture(FileName, LinkToFile, SaveWithDocument, Left, Top, Width, Height)
```

要注意的是，插入嵌入式图片需要提供 Range 对象，而插入浮动式图片需要指定上下宽高。
下面在文档页眉插入一个嵌入式图片，然后将其转换为浮动式图片。

```
>>> RangeC=myDoc.Sections(1).Headers(constants.wdHeaderFooterPrimary).Range
>>> RangeC.Collapse(constants.wdCollapseEnd)
>>> pic=myDoc.InlineShapes.AddPicture(r'H:\示例\第6章\pic.png',Range=RangeC)
>>> pic.Width,pic.Height=100,40
>>> shp=pic.ConvertToShape()
>>> shp.Left,shp.Top=-30,-30
```

运行结果如图 6-19 所示。

图 6-19

除了图片，我们经常向 Word 文档插入图表，插入以后还是得到 Shape 对象，再使用 Shape 对象的 Chart

属性，它将返回 Chart 对象。使用 Chart 对象的 ChartWizard 方法可以修改图表的属性，该方法的语法如下。

```
ChartWizard(Source,Gallery,Format,PlotBy,CategoryLabels,SeriesLabels,HasLegend,Title,CategoryTitle,ValueTitle,ExtraTitle)
```

ChartWizard 方法的参数说明见表 6-18。

表 6-18

参数	说明
Source	包含新图表的源数据的范围
Gallery	图表类型
Format	内置自动套用格式的选项编号
PlotBy	指定每个系列的数据是按行绘制还是按列绘制
CategoryLabels	指定源范围中包含类别标签的行数或列数
SeriesLabels	指定源范围中包含系列标签的行数或列数
HasLegend	指定是否包含图例
Title	指定标题文本
CategoryTitle	分类轴标题文本
ValueTitle	数值轴标题文本
ExtraTitle	三维图表的系列轴标题或二维图表的第二个数值轴标题

下面，我们通过代码向文档中增加一个折线图。

```
>>> myDoc.Sections(2).Range.Paragraphs(3).Range.InsertParagraphBefore()
>>> RangeC=myDoc.Sections(2).Range.Paragraphs(3).Range
>>> cht=myDoc.InlineShapes.AddChart(Range=RangeC).Chart
>>> wb=cht.ChartData.Workbook
>>> ws=wb.Worksheets(1)
>>> wb.Application.Visible=False
>>> ws.Range('A1:C6').Value=(('年度','存款(亿元)','贷款(亿元)'),('2015年', 68, 36),
...('2016年', 78, 46),('2017年', 88, 56),('2018年', 98, 68),('2019年', 118, 89))
>>> cht.ChartWizard(Source='=Sheet1!$A$1:$C$6',Title='', CategoryTitle='',ValueTitle='')
>>> cht.HasTitle=True
>>> cht.ChartTitle.Text='××银行经营情况图示'
>>> cht.ChartTitle.Format.TextFrame2.TextRange.Font.Size=12
>>> cht.ChartType=constants.xlLine
>>> cht.HasDataTable=False
>>> cht.Axes(constants.xlValue).AxisTitle.Text='单位:亿元'
>>> cht.Axes(constants.xlValue).AxisTitle.Format.TextFrame2.TextRange.Font.Size=10
>>> cht.Axes(constants.xlValue).TickLabels.Font.Size=10
>>> cht.Axes(constants.xlCategory).TickLabels.Font.Size=10
>>> cht.Legend.Position=constants.xlLegendPositionRight
>>> cht.Legend.Format.TextFrame2.TextRange.Font.Bold=True
>>> wb.Close()
>>> myDoc.Sections(2).Range.Paragraphs(3).CharacterUnitFirstLineIndent=0
>>> myDoc.Sections(2).Range.Paragraphs(3).FirstLineIndent=0
```

运行结果如图 6-20 所示。

5. 查找与替换

在 Word 对象模型中有一个 Find 对象，Find 对象的属性和方法对应于"查找和替换"对话框中的选项，如图 6-21 所示。

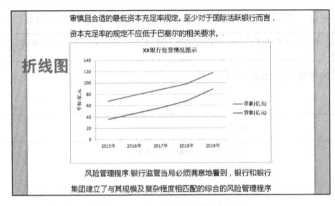

图 6-20

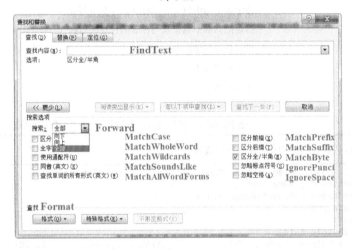

图 6-21

Find 对象主要的方法是 Execute，其语法如下。

```
Find.Execute(FindText, MatchCase, MatchWholeWord, MatchWildcards, MatchSoundsLike, MatchAllWordForms,
Forward, Wrap, Format, ReplaceWith, Replace, MatchKashida, MatchDiacritics, MatchAlefHamza, MatchControl,
MatchPrefix, MatchSuffix, MatchPhrase, IgnoreSpace, IgnorePunct)
```

其主要参数说明见表 6-19。

表 6-19

参数	必选/可选	说明	取值
FindText	可选	要搜索的文本	文本、符号
MatchCase	可选	区分大小写	True/False
MatchWholeWord	可选	全字匹配	True/False
MatchWildcards	可选	使用通配符	True/False
MatchSoundsLike	可选	同音	True/False
MatchAllWordForms	可选	查找单词的所有形式	True/False

续表

参数	必选/可选	说明	取值
Forward	可选	向下（向文档尾部）搜索	True/False
Wrap	可选	搜索并到达文档末尾后的操作	WdFindWrap
Format	可选	查找操作定位于格式或带格式的文本	True/False
ReplaceWith	可选	替换文字	文本、符号
Replace	可选	指定执行替换的个数	-
MatchPrefix	可选	区分前缀	True/False
MatchSuffix	可选	区分后缀	True/False
MatchPhrase	可选	忽略单词之间的所有空格和控制字符	True/False
IgnoreSpace	可选	忽略空格	True/False
IgnorePunct	可选	忽略标点符号	True/False

FindText 表示要搜索的文本。可用空字符串""表示仅搜索格式，也可通过指定相应的字符代码搜索特殊字符。例如，^p 对应段落标记，^t 对应制表符。

Wrap 取值可以是 WdFindWrap 常量之一，其取值见表 6-20。

表 6-20

名称	值	说明
wdFindAsk	2	搜索完所选内容或范围后，询问是否搜索文档的其余部分
wdFindContinue	1	到达搜索范围的开始或结尾时，继续执行查找操作
wdFindStop	0	到达搜索范围的开始或结尾时，停止执行查找操作

Replace 取值可以是 WdReplace 常量之一，其取值见表 6-21。

表 6-21

名称	值	说明
wdReplaceAll	2	替换所有匹配项
wdReplaceNone	0	不替换任何匹配项
wdReplaceOne	1	替换遇到的第一个匹配项

例如我们要将某个文档中的"银行"替换为"金融"，只需要下列语句即可实现。

```
>>> FindA=myDoc.Content.Find
>>> FindA.ClearFormatting()
>>> FindA.Text='银行'
>>> FindA.Replacement.ClearFormatting
>>> FindA.Replacement.Text='金融'
>>> FindA.Execute(Replace=constants.wdReplaceAll, Forward=True, Wrap=1)
```

又如要将"银行"设置为粗体、红色，需要将 Format 参数设置为 True，表示格式替换。

```
>>> FindA=myDoc.Content.Find
>>> FindA.ClearFormatting()
>>> FindA.Replacement.ClearFormatting
>>> FindA.Replacement.Font.Bold=True
>>> FindA.Replacement.Font.Color=constants.wdColorRed
>>> FindA.Execute(FindText='银行',ReplaceWith='', Format=True, Replace=2)
```

前面查找和替换的都是文档正文，有时候我们还需要替换页眉页脚、批注、文本框里面的文字。下面我们将文档里的"巴塞尔"全部替换为"***"，如图6-22所示。

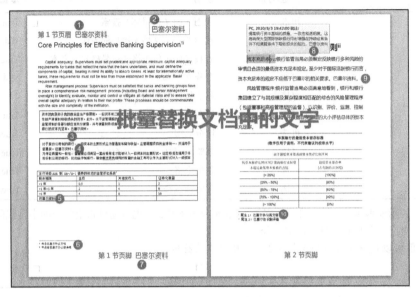

图 6-22

核心代码如下。

```
for myStoryRange in myDoc.StoryRanges:
    FindA=myStoryRange.Find
    FindA.ClearFormatting()
    FindA.Replacement.ClearFormatting
    FindA.Replacement.Font.Bold=True
    FindA.Replacement.Font.Color=constants.wdColorRed
    FindA.Execute(FindText='巴塞尔',ReplaceWith='***', Format=True, Replace=2)
for oShape in myDoc.Shapes:
    FindA=oShape.TextFrame.TextRange.Find
    FindA.ClearFormatting()
    FindA.Replacement.ClearFormatting
    FindA.Replacement.Font.Bold=True
    FindA.Replacement.Font.Color=constants.wdColorRed
    FindA.Execute(FindText='巴塞尔',ReplaceWith='***', Format=True, Replace=2)
for oShape in myDoc.Sections(1).Headers(1).Shapes:
    FindA=oShape.TextFrame.TextRange.Find
    FindA.ClearFormatting()
    FindA.Replacement.ClearFormatting
    FindA.Replacement.Font.Bold=True
    FindA.Replacement.Font.Color=constants.wdColorRed
    FindA.Execute(FindText='巴塞尔',ReplaceWith='***', Format=True, Replace=2)
```

运行结果如图6-23所示。

如果MatchWildcards参数为True，则表示使用通配符，可以实现一些特殊单词或者区域的查找。通配符的基本用法和正则表达式比较相似，例如可以使用[0-9]表示数字，[a-z]表示小写字母。

下面我们将文档中的数字单位"万元"替换为"亿元"，如图6-24所示。

图 6-23   图 6-24

核心代码如下。

```
from win32com.client import constants,DispatchEx
wordApp=DispatchEx('Word.Application')
myDoc=wordApp.Documents.Add(r'H:\示例\第6章\万元到亿元\万元到亿元.doc')
FindA=myDoc.Content.Find
FindA.ClearFormatting
FindA.MatchByte=False
FindA.Forward=True
FindA.Wrap=constants.wdFindStop
FindA.Text='([0-9, .]{3,})万元'
FindA.MatchWildcards=True
listA=[]
listB=[]
while True:
    FindA.Execute()
    if FindA.Found==True :
        strA=FindA.Parent.Text
        listA.append(strA)
        x=strA.replace('万元','')
        x=round(float(x)/10000,2)
        listB.append(str(x)+'亿元')
    else:
        break
FindB=myDoc.Content.Find
n=len(listA)
for i in range(n):
    FindB.Text=listA[i]
    FindB.Replacement.Text=listB[i]
    print(listA[i],listB[i])
    FindB.Execute(Replace=2)
myDoc.SaveAs(r'H:\示例\第6章\万元到亿元\万元到亿元_结果.docx')
myDoc.Close()
wordApp.Quit()
```

上面的代码中,设置 FindA.MatchWildcards = True,表示要查找的文本包含通配符。通过一个无限循环,将"万元"全部找出来,然后转换为"亿元"(注意此处并不是简单的替换单位),分别存入数组。第二步进行多次替换,运行结果如图 6-25 所示。

案例:长文档自动处理

有时候,我们需要手动设置长文档的标题级别,工作量比较大。本案例文档内容如图 6-26 所示,我们需要将"第×首"统统设置为一级标题,下面用查找与替换功能批量完成。

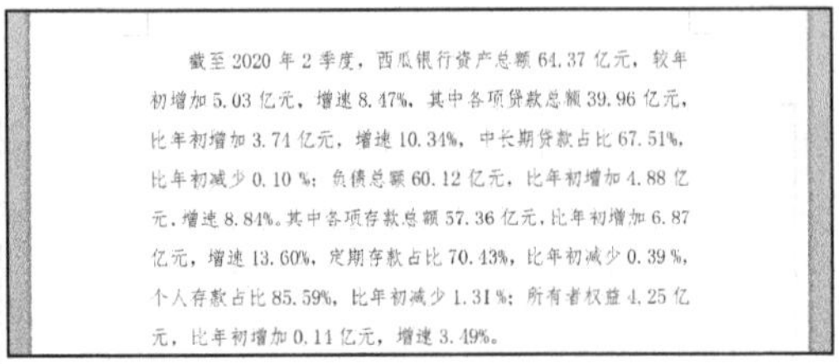

图 6-25

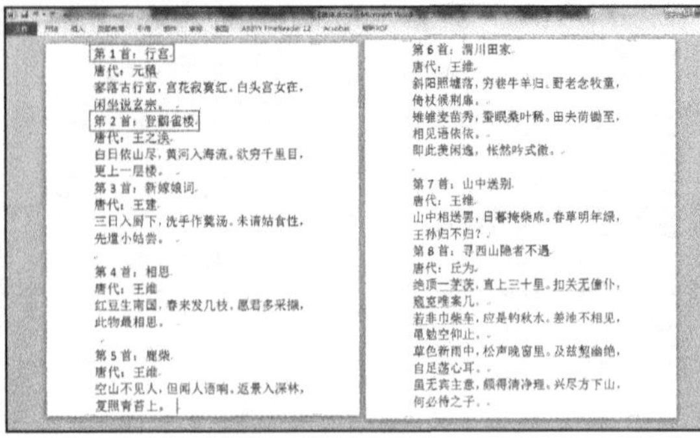

图 6-26

完整代码如下。

```
from win32com.client import constants,DispatchEx
wordApp=DispatchEx('Word.Application')
myDoc=wordApp.Documents.Open(r'H:\示例\第6章\8首诗\8首诗.docx')
FindA=myDoc.Content.Find
FindA.ClearFormatting
FindA.MatchByte=False
FindA.Forward=True
FindA.Wrap=constants.wdFindStop
FindA.Text='第[0-9]{1,3}首*^13'
FindA.MatchWildcards=True
FindA.Replacement.ClearFormatting
FindA.Replacement.Style=myDoc.Styles('标题 1')
FindA.Replacement.ParagraphFormat.Alignment=1
FindA.Execute(ReplaceWith='', Format=True, Replace=2)
myDoc.SaveAs(r'H:\示例\第6章\8首诗\8首诗2.docx',16)
myDoc.Close()
wordApp.Quit()
```

运行效果如图 6-27 所示。

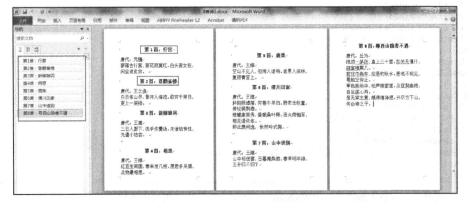

图 6-27

有时候我们需要将一个 Word 文档拆分为多个。例如，图 6-26 所示的文档中有 8 首古诗，我们希望将每一首古诗单独保存为一个文件。

我们肉眼看到该文档各部分划分的规律就是"第×首"，从"第 1 首"到"第 2 首"之间的部分单独存放为一个文件，从"第 2 首"到"第 3 首"之间的部分单独存放为一个文件，以此类推。

首先，我们还是用替换功能在每首诗前面增加一个分页符。

```
from win32com.client import constants,DispatchEx
wordApp=DispatchEx('Word.Application')
myDoc=wordApp.Documents.Open(r'H:\示例\第6章\8首诗\8首诗.docx')
FindA=myDoc.Content.Find
FindA.ClearFormatting
FindA.MatchByte=False
FindA.Forward=True
FindA.Wrap=constants.wdFindStop
FindA.Text='第[0-9]{1,3}首*^13'
FindA.MatchWildcards=True
FindA.Execute(ReplaceWith='^m^&', Replace=2)
myDoc.SaveAs(r'H:\示例\第6章\8首诗\8首诗_分页符.docx',16)
myDoc.Close()
wordApp.Quit()
```

运行效果如图 6-28 所示。

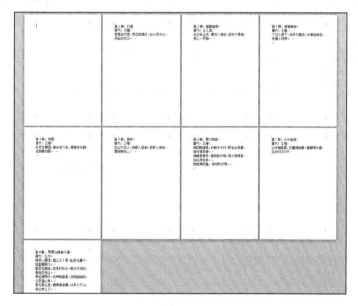

图 6-28

下面通过分页符定位，将分页符之间的内容复制，粘贴到每一个新建的 Word 文档中。

```
from win32com.client import constants,DispatchEx
wordApp=DispatchEx('Word.Application')
myDoc=wordApp.Documents.Open(r'H:\示例\第6章\8首诗\8首诗_分页符.docx')
docCnt=myDoc.Content
FindA=docCnt.Find
FindA.ClearFormatting
FindA.MatchWildcards=False
FindA.Text='^m'
i,j=0,0
while True:
    FindA.Execute()
    if FindA.Found==True :
        if i>0:
            doc_new=wordApp.Documents.Add()
```

```
                s=docCnt.Start
                docRange=myDoc.Range(j, s)
                docRange.Copy()
                doc_new.Content.Paste()
                j=s + 1
                print(str(i))
                doc_new.SaveAs(r'H:\\示例\\第6章\\8首诗\\1\\'+str(i)+'.docx',16)
                doc_new.Close()
            i=i + 1
        else:
            break
doc_new=wordApp.Documents.Add()
s=myDoc.Content.End
docRange=myDoc.Range(j, s)
docRange.Copy()
doc_new.Content.Paste()
doc_new.SaveAs(r'H:\\示例\\第6章\\8首诗\\1\\'+str(i)+'.docx',16)
doc_new.Close()
myDoc.Close()
wordApp.Quit()
```

由于每一个"第×首"前面都插入了分页符,所以第一个文件前面会有一个分页符。我们可以自动打开文件,定位到第一行,删除分页符。

```
>>> myDoc=wordApp.Documents.Open(r'H:\示例\第6章\8首诗\1\1.docx')
>>> selection=wordApp.Selection
>>> selection.HomeKey(Unit=constants.wdStory)
>>> selection.EndKey(Unit=constants.wdLine, Extend=constants.wdExtend)
>>> selection.Delete()
>>> myDoc.Save()
>>> myDoc.Close()
```

最后得到的拆分后文件如图6-29所示。

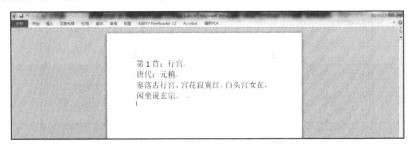

图6-29

有的时候,Word文档的文件名和内容关联度比较弱。特别是通过网络批量下载的文件,文件名是一串数字或者字母,通过文件名难以识别内容,这对于我们管理文件非常不方便。我们希望将Word文档的第一行文字作为文件名。

下面通过代码批量更名。

```
import os
from win32com.client import constants,DispatchEx
wordApp=DispatchEx('Word.Application')
path='H:\\示例\\第6章\\8首诗\\1\\'
files=os.listdir(path)
print(files)
for file in files:
    myDoc=wordApp.Documents.Open(path+file)
    selection=wordApp.Selection
```

```
    selection.HomeKey(Unit=constants.wdStory)
    selection.EndKey(Unit=constants.wdLine, Extend=constants.wdExtend)
    txt=selection.Text
    myDoc.Close()
    new_name=path+txt.strip()+'.docx'
    os.rename(path+file, new_name)
wordApp.Quit()
```

运行效果如图 6-30 所示。

实际工作中，我们可以将上面每一步的代码组合起来。也就是说，通过肉眼能看到的文档规律，以及相应的手动操作步骤，都可以通过代码来完成。一旦每一步都能够用代码来实现，那么将代码组合起来，对文档更复杂的操作也可以自动完成。用程序处理少量文件并不节省时间，但是对于成千上万的文件，批量处理的效率就会体现出来。

案例：自动生成公文格式

下面我们根据图 6-31 所示 TXT 文档里的内容，自动创建一份公文格式的报告。公文通常对页面大小、字体字号有特殊的要求，对于有规律的长文档，通过格式替换，能够迅速修改其文档格式。

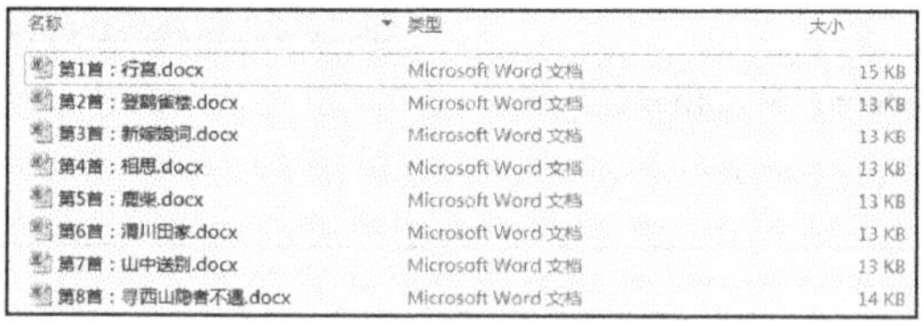

名称	类型	大小
第1首：行宫.docx	Microsoft Word 文档	15 KB
第2首：登鹳雀楼.docx	Microsoft Word 文档	13 KB
第3首：新嫁娘词.docx	Microsoft Word 文档	13 KB
第4首：相思.docx	Microsoft Word 文档	13 KB
第5首：鹿柴.docx	Microsoft Word 文档	13 KB
第6首：渭川田家.docx	Microsoft Word 文档	13 KB
第7首：山中送别.docx	Microsoft Word 文档	13 KB
第8首：寻西山隐者不遇.docx	Microsoft Word 文档	14 KB

图 6-30

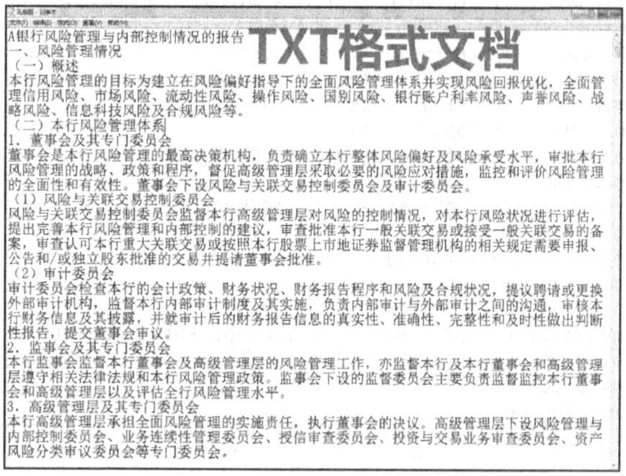

A银行风险管理与内部控制情况的报告
一、风险管理情况
（一）概述
本行风险管理的目标为建立在风险偏好指导下的全面风险管理体系并实现风险回报优化，全面管理信用风险、市场风险、流动性风险、操作风险、国别风险、银行账户利率风险、声誉风险、战略风险、信息科技风险及合规风险等。
（二）本行风险管理体系
1．董事会及其专门委员会
董事会是本行风险管理的最高决策机构，负责确立本行整体风险偏好及风险承受水平，审批本行风险管理的战略、政策和程序，督促高级管理层采取必要的风险应对措施，监控和评价风险管理的全面性和有效性。董事会下设风险与关联交易控制委员会及审计委员会。
（1）风险与关联交易控制委员会
风险与关联交易控制委员会监督本行高级管理层对风险的控制情况，对本行风险状况进行评估，提出完善本行风险管理和内部控制的建议，审查批准本行一般关联交易或接受一般关联交易的备案，审查认可本行重大关联交易或按照本行股票上市地证券监督管理机构的相关规定需要申报、公告和/或独立股东批准的交易并提请董事会批准。
（2）审计委员会
审计委员会检查本行的会计政策、财务状况、财务报告程序和风险及合规状况，提议聘请或更换外部审计机构，监督本行内部审计制度及其实施，负责内部审计与外部审计之间的沟通，审核本行财务信息及其披露，并就审计后的财务报告信息的真实性、准确性、完整性和及时性做出判断性报告，提交董事会审议。
2．监事会及其专门委员会
本行监事会监督本行董事会及高级管理层的风险管理工作，亦监督本行及本行董事会和高级管理层遵守相关法律法规和本行风险管理政策。监事会下设的监督委员会主要负责监督监控本行董事会和高级管理层以及评估全行风险管理水平。
3．高级管理层及其专门委员会
本行高级管理层承担全面风险管理的实施责任，执行董事会的决议。高级管理层下设风险管理与内部控制委员会、业务连续性管理委员会、授信审查委员会、投资与交易业务审查委员会、资产风险分类审议委员会等专门委员会。

图 6-31

下面是完整代码。

```
from win32com.client import constants,DispatchEx
wordApp=DispatchEx('Word.Application')
wordApp.Visible=1
wordApp.DisplayAlerts=0
with open(r'H:\示例\第 6 章\公文格式自动设置.txt') as f:
    text=f.read()
myDoc=wordApp.Documents.Add()
myDoc.Range(0,0).InsertBefore(text)
CentimetersToPoints=28.35
myDoc.PageSetup.PageWidth=CentimetersToPoints * 21
myDoc.PageSetup.PageHeight=CentimetersToPoints * 29.7
myDoc.PageSetup.TopMargin=CentimetersToPoints * 3.7
myDoc.PageSetup.BottomMargin=CentimetersToPoints * 3.5
myDoc.PageSetup.LeftMargin=CentimetersToPoints * 2.8
myDoc.PageSetup.RightMargin=CentimetersToPoints * 2.6
myDoc.PageSetup.LinesPage=22
myDoc.Content.Font.NameFarEast='仿宋_GB2312'
myDoc.Content.Font.Size=15.75
Start=myDoc.Paragraphs(2).Range.Start
End=myDoc.Paragraphs(myDoc.Paragraphs.Count).Range.End
myRange=myDoc.Range(Start,End)
```

```
myRange.ParagraphFormat.CharacterUnitFirstLineIndent=2
myDoc.Paragraphs(1).Range.Font.NameFarEast='方正小标宋简体'
myDoc.Paragraphs(1).Range.Font.Size=21
myDoc.Paragraphs(1).Range.Font.Bold=True
myDoc.Paragraphs(1).Range.ParagraphFormat.Alignment=1
FindA=myDoc.Content.Find
FindA.ClearFormatting
FindA.MatchWildcards=True
FindA.Replacement.ClearFormatting
FindA.Replacement.Font.NameFarEast='黑体'
FindA.Replacement.Font.Bold=True
FindText='[一二三四五六七八九十]@、*^13'
FindA.Execute(FindText,ReplaceWith='',Format=True,Replace=2)
FindA.Replacement.Font.NameFarEast='楷体_GB2312'
FindA.Replacement.Font.Bold=True
FindText='([一二三四五六七八九十]@)*^13'
FindA.Execute(FindText,ReplaceWith='',Format=True,Replace=2)
FindA.Replacement.Font.NameFarEast='仿宋_GB2312'
FindA.Replacement.Font.Bold=True
FindA.Execute(FindText='[0-9]@、*^13',ReplaceWith='',Format=True,Replace=2)
FindA.Execute(FindText='([0-9]@)*^13',ReplaceWith='',Format=True,Replace=2)
FindText='[一二三四五六七八九十]@是'
FindA.Execute(FindText,ReplaceWith='',Format=True,Replace=2)
myDoc.Sections(1).Footers(1).PageNumbers.Add(PageNumberAlignment=4)
myDoc.Sections(1).Footers(1).Range.Select()
pageNum=wordApp.Selection
pageNum.MoveLeft(constants.wdCharacter,2)
pageNum.TypeText('-')
pageNum.MoveRight(constants.wdCharacter,1)
pageNum.TypeText('-')
pageNum.WholeStory()
pageNum.Font.Name='宋体'
pageNum.Font.Size=14
myDoc.Sections(1).Headers(1).Range.ParagraphFormat.Borders(-3).LineStyle=0
myDoc.SaveAs(r'H:\示例\第6章\公文格式自动设置_结果.docx')
myDoc.Close()
wordApp.Quit()
```

运行结果如图 6-32 所示。

图 6-32

6.2 Word 文档的底层结构

Word 文档通常是用 Word 软件制作的,二者一个是文件格式,一个是文字处理软件。我们操作 Word 文档不一定非要用 Word 软件,还可以用 WPS 等软件。了解了 Word 文档的底层结构,我们还可以不用软件而用 Python 自动化操作文件。

和 Excel 文档类似,我们日常用到的 Word 文档包括.doc 和.docx 两类。

6.2.1 .doc 格式文档

1. 文件分析

打开 Word 软件,新建 Word 文档,输入"Hello,World!",分别另存为"HelloWorld.doc"和"HelloWorld.docx"。我们用 OffVis 软件打开"HelloWorld.doc"文件,可以看到图 6-33 所示的信息。

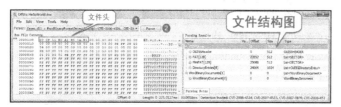

图 6-33

进一步查看右侧的文件结构图,如图 6-34 所示。

复合文件头(OLESSHeader)位于文件的开头,大小固定为 512 字节,包含开始读复合文件时需要的所有数据。OLESSRHeader 之后是 FAT、MiniFAT、DirectoryEntries 等。DirectoryEntries 就是文件的目录,包含 Data、WordDocument、SummaryInformation、DocumentSummaryInformation 等流(Stream)。

从左边对应的二进制字符串里面,我们可以找到文本"Hello,World!"所在的位置,如图 6-35 所示。

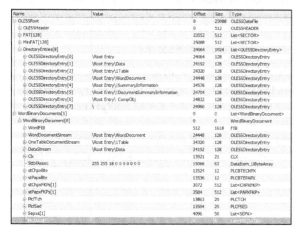

图 6-34

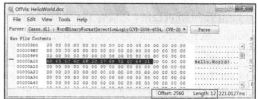

图 6-35

我们看到"Hello,World!"位于文件头偏离(Offset)2560 位置,长度为 12,我们可以用二进制方式读取文件内容。

```
>>> with open(r'H:\示例\第6章\格式研究\HelloWorld.doc','rb') as f:
...     txt=f.read()
...
>>> txt[2560:2560+12]
b'Hello,World!'
```

2. 从.doc 文档中提取文本

和.xls 文档不同,目前还没有直接解析.doc 文档的第三方库,部分可用的第三方库包括 Compoundfiles、Olefile、Oletools。

Microsoft 公司官方提供了从二进制 Word 文档中提取文本内容的步骤,下面使用 Compoundfiles 库实现提取过程。

(1)将.doc 文档读入数据流。

```
>>> import compoundfiles
>>> file=r'H:\示例\第6章\格式研究\HelloWorld.doc'
>>> reader=compoundfiles.CompoundFileReader(file)
>>> reader
<compoundfiles.reader.CompoundFileReader object at 0x000000000289B400>
```

我们看到,变量 reader 就是 CompoundFileReader 类的一个实例化对象,用 dir 函数查看对象的属性和方法,主要包括:close、open、root。

使用 root 属性。

```
>>> reader.root
['<CompoundFileEntity name='Data'>',
 '<CompoundFileEntity name='1Table'>',
 '<CompoundFileEntity name='\x01CompObj'>',
 '<CompoundFileEntity name='WordDocument'>',
 '<CompoundFileEntity name='\x05SummaryInformation'>',
 '<CompoundFileEntity name='\x05DocumentSummaryInformation'>']
>>> type(reader.root)
<class 'compoundfiles.entities.CompoundFileEntity'>
```

我们可以使用 CompoundFileReader 对象的 open(filename_or_entity)方法,继续打开各种 entity,它返回 CompoundFileStream 对象。

```
>>> reader.open('WordDocument')
<compoundfiles.streams.CompoundFileNormalStream object at 0x0000000002CD32E8>
```

(2)在 Word 文件流(WordDocument)的偏移 0 处读取文件信息块(FIB)。

(3)在 FIB 内,找到 FibRgFcLcb97 结构。此结构从 FIB 的第 154 个字节开始,由一系列 4 字节字段组成。

(4)在第 268 个字节处读取 FibRgFcLcb97.fcClx 字段,在第 272 个字节处读取 FibRgFcLcb97.lcbClx 字段。这些字段指定 Clx 的偏移位置和大小。

由于 FibRgFcLcb97 之前有 154 字节,268+154=422,且 fcClx 结构的单位是 4 字节,因此按小端(Little-Endian)从右到左排列,即从 422 字节处从右往左读,得到 418~422 字节才是存放 fcClx 的位置。同样地,lcbClx 应该位于整个 Word 文件流的 422~426 字节处。

```
>>> wordDocument=reader.open('WordDocument').read()
>>> from struct import unpack
>>> fcClx=unpack('L', wordDocument[418:422])[0]
>>> lcbClx=unpack('L', wordDocument[422:426])[0]
>>> fcClx,lcbClx
(5217, 21)
```

(5)在 FibRgFcLcb97.fcClx 字段指定的偏移处开始,从表格流中读取 Clx 结构。

```
>>> table=reader.open('1Table').read()
>>> clx=table[fcClx:fcClx+lcbClx]
```

（6）在 Clx 结构内找到 Pcdt，其后紧跟可变长度的 Prc 结构的.RgPrc 数组。对于数组中的每个成员读取.clxt 属性，该属性是 Prc 结构的 0 字节。

　　a. 如果.clxt=0x02，表明已找到 Pcdt。

```
>>> clx[0]
2
```

　　b. 如果.clxt=0x01，读取后面两个字节作为有符号整数，然后跳过该数量的字节来到数组的下一成员。

（7）在 Pcdt 结构内找到 PlcPcd 结构，该结构从 Pcdt 的第 5 个字节开始。

```
>>> lcb=unpack('l', clx[1:5])[0]
>>> PlcPcd=clx[5:5+lcb]
```

（8）加载 PlcPcd.aPcd 数组和 PlcPcd.aCp 数组。这些数组的成员通过索引值彼此对应。

```
>>> num_Pcd=int((lcb-4)/12)
>>> num_Pcd
1
```

（9）对于 PlcPcd.aPcd 中的每个 Pcd 结构进行如下操作。

　　a. 在当前 Pcd 结构的第 46 位处读取 Pcd.Fc.fCompressed 字段的值。如果为 0，则 Pcd 结构指代一个 16 位的 Unicode 字符。如果为 1，则指代一个 8 位的 ANSI 字符。

```
>>> aPcd=PlcPcd[8:16]
>>> FcCompressed=unpack('L', aPcd[2:6])[0]
>>> fCompressed=(FcCompressed & 0x40000000)==0x40000000
>>> if fCompressed==True:
...     encode='Windows-1252'
...else:
...     encode='UTF-16'
```

　　b. 读取 Pcd.Fc 的值（当前 Pcd 的第 2～第 5 个字节）以及相应的 CP 值。

- 如果是 Unicode 字符，则位于当前 CP 值所指定的字符位置处的文本的起始偏移量等于在 Word 文件流中的 Pcd.Fc 值，且每个字符占两个字节。
- 如果是 ANSI 字符，则位于当前 CP 值所指定的字符位置处的文本开始于 Pcd.Fc 值的一半的偏移量处，且每个字符占一个字节。

```
>>> fc=FcCompressed & 0x3FFFFFFF
>>> size=unpack('l', PlcPcd[4:8])[0]-unpack('l', PlcPcd[0:4])[0]
>>> if fCompressed==True:
...     size=size
...     fc=int(fc/2)
... else:
...     size=size*2
...     fc=fc
```

在以上任意一种情况下，当前 CP 值指定的字符数都等于数组中下一个 CP 的值减去当前 CP 的值。

```
>>> wordDocument[fc:fc+size].decode(encode)
'Hello,World!\r'
```

文字位于 WordDocument 流，而文字的位置信息位于表格流。因此我们要先找到位置信息，然后再去提取文字。在本例中，只有一组位置信息 aPcd、aCp，提取文本相对比较简单。如果有多组位置信息，则需要通过循环语句读取全部数组，再分别提取文本内容。本例直接用的 1Table，有的文档位置信息位于 0Table，需要通过 FIB 中的比特信息识别。

6.2.2 .docx 格式文档

1. 文件分析

下面我们将“HelloWorld.docx”文件的扩展名.docx 改为.zip，解压“HelloWorld.zip”文件后可以看到图 6-36 所示的信息。

.docx 文档主要包含_rels、customXml、docProps、word 目录，其中 docProps 目录存储的是.docx 文档属性，例如创建时间、最后修改时间等。word 目录存储了.docx 文档的主要内容，打开这个文件夹可以看到图 6-37 所示的信息。

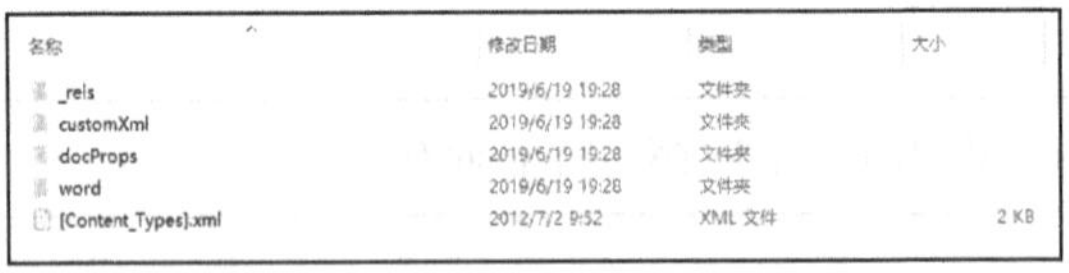

图 6-36

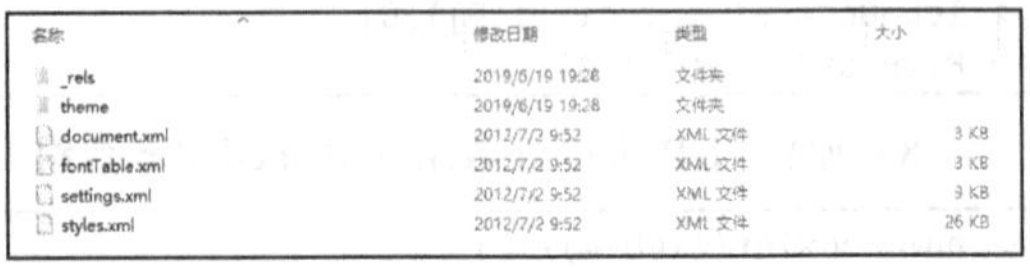

图 6-37

其中，“document.xml”文件记录 Word 文档的正文内容。用浏览器打开该文件,如图 6-38 所示。我们看到.xml 文档在存储文字时是以嵌套结构存储的，只要递归处理这些标签，即可得到需要的文本内容。<w:p>和</w:p>标签之间存储的是段落，段落中嵌套了<w:t></w:t>标签，这之间会存储文字。

向“HelloWorld.docx”文件中插入图片，并增加批注内容“Python 与 Word 操作”、页眉内容“Python 基础知识”，如图 6-39 所示。

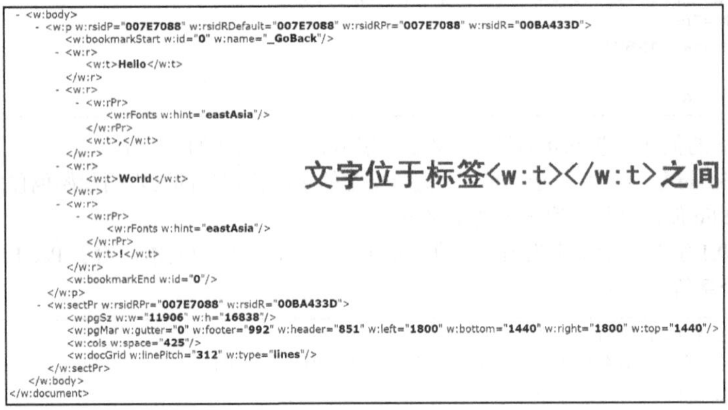

```
- <w:body>
  - <w:p w:rsidP="007E7088" w:rsidRDefault="007E7088" w:rsidRPr="007E7088" w:rsidR="00BA433D">
      <w:bookmarkStart w:id="0" w:name="_GoBack"/>
    - <w:r>
        <w:t>Hello</w:t>
      </w:r>
    - <w:r>
      - <w:rPr>
          <w:rFonts w:hint="eastAsia"/>
        </w:rPr>
        <w:t>,</w:t>
      </w:r>
    - <w:r>
        <w:t>World</w:t>
      </w:r>
    - <w:r>
      - <w:rPr>
          <w:rFonts w:hint="eastAsia"/>
        </w:rPr>
        <w:t>!</w:t>
      </w:r>
      <w:bookmarkEnd w:id="0"/>
    </w:p>
  - <w:sectPr w:rsidRPr="007E7088" w:rsidR="00BA433D">
      <w:pgSz w:w="11906" w:h="16838"/>
      <w:pgMar w:gutter="0" w:footer="992" w:header="851" w:left="1800" w:bottom="1440" w:right="1800" w:top="1440"/>
      <w:cols w:space="425"/>
      <w:docGrid w:linePitch="312" w:type="lines"/>
    </w:sectPr>
  </w:body>
</w:document>
```


图 6-38

文件修改后，再次更名解压，可以看到 word 目录中增加了一些内容，如图 6-40 所示。“footer1.xml”文件记录了页脚信息，“header1.xml”文件记录了页眉信息，“comments.xml”文件记录了批注信息，“footnotes.xml”文件记录了脚注信息，“endnotes.xml”文件记录了尾注信息，“media”文件夹保存了刚刚插入的图片。

用文本编辑器 Notepad++打开“comments.xml”文件，如图 6-41 所示。可以看到<w:comment>和</w:comment>标签之间的内容正是添加的批注。

我们用 Notepad++修改“comments.xml”文件，将文本依次更改为“Word 与 Python 操作”并保存。将整个解压后的文件重新压缩为“HelloWorld.zip”，再将扩展名更改为.docx。再次用 Word 打开该文件，就会看到批注已经更新为“Word 与 Python 操作”，如图 6-42 所示。

图 6-39   图 6-40

我们可以进一步探索，不断更改 Word 文档的内容和格式，观察解压后的.xml 文档中的哪些节点发生了变化；进而通过修改.xml 文档，重新压缩生成.docx 文档，来实现对 Word 文档的编辑更改。

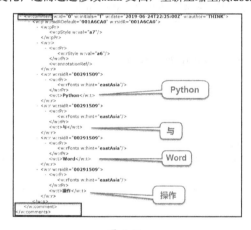

图 6-41

图 6-42

2．.docx 文档解析方法

（1）提取图片

.docx 文档是.zip 压缩包，可以通过解压缩来获取其中的图片和信息。

```
>>> import os,shutil,zipfile
>>> docxFile=r'H:\示例\第 6 章\提取图片.docx'
```

将.docx 文档复制一份的同时做了更名（pictures_temp.zip）。

```
>>> shutil.copyfile(docxFile,'H:\示例\第 6 章\pictures_temp.zip')
>>> f=zipfile.ZipFile('H:\示例\第 6 章\pictures_temp.zip', 'r')
>>> tmp_path=r'H:\示例\第 6 章\pictures_temp'
>>> out_path=r'H:\示例\第 6 章\提取图片'
```

解压文件，保存到临时文件夹。

```
>>> for file in f.namelist():
...     f.extract(file, tmp_path)
>>> f.close()
```

6.2　Word 文档的底层结构　199

将临时文件夹中的图片文件复制到目标文件夹。

```
>>> shutil.copytree(tmp_path+'\word\media',out_path)
```

删除临时文件和文件夹。

```
>>> os.remove('H:\示例\第6章\pictures_temp.zip')
>>> shutil.rmtree(tmp_path)
```

（2）提取文字

.docx 文档本质上是.xml 文档，可以用第 4 章介绍的网页解析方法处理。例如可以用正则表达式提取.xml 文档中的文字内容，也可以用处理.xml 文档的标准库或者第三方库 BeautifulSoup、lxml 来操作。

先使用正则表达式提取文本内容。

```
import zipfile
filename=r'H:\示例\第6章\Zen_of_Python.docx'
myDoc=zipfile.ZipFile(filename)
xml=myDoc.read('word/document.xml').decode('utf-8')
import re
text=re.sub('<(.|\n)*?>','', xml)
```

使用 Python 标准库中的 xml.etree.ElementTree 解析.xml 文档并提取文本内容，代码如下。

```
import zipfile
filename=r'H:\示例\第6章\Zen_of_Python.docx'
myDoc=zipfile.ZipFile(filename)
WORD_NAMESPACE='{http://schemas.openxmlformats.org/wordprocessingml/2006/main}'
P=WORD_NAMESPACE + 'p'
T=WORD_NAMESPACE + 't'
xml=myDoc.read('word/document.xml')
from xml.etree.ElementTree import XML
tree=XML(xml)
text=''
for p in tree.getiterator(P):
    txt=[node.text for node in p.getiterator(T) if node.text]
    if txt:text +=''.join(txt)
```

使用第三方库 lxml 解析.xml 文档并提取文本内容，代码如下。

```
import zipfile
filename=r'H:\示例\第6章\Zen_of_Python.docx'
myDoc=zipfile.ZipFile(filename)
xml=myDoc.read('word/document.xml')
from lxml import etree
xml_tree=etree.fromstring(xml)
word_schema='http://schemas.openxmlformats.org/wordprocessingml/2006/main'
text=''
for node in xml_tree.iter(tag=etree.Element):
    if node.tag=='{%s}%s' % (word_schema,'t'):
        text +=''.join(node.text)
```

使用第三方库 BeautifulSoup 解析.xml 文档并提取文本内容，代码如下。

```
from zipfile import ZipFile
filename=r'H:\示例\第6章\Zen_of_Python.docx'
myDoc=zipfile.ZipFile(filename)
xml=myDoc.read('word/document.xml').decode('utf-8')
from bs4 import BeautifulSoup
docSoup=BeautifulSoup(xml)
txts=docSoup.findAll('w:t')
text=''
for t in txts:
    text +=''.join(t.text)
```

上面的这些方法都比较"底层"，也比较烦琐。在实际工作中，我们不用"重复造轮子"来操作.docx 文档，可以用现成的第三方库 python-docx，该库基于 lxml 库做了封装，使用起来更为方便。

6.3 用 python-docx 库操作 Word 文档

python-docx 是一个用于创建和修改 .docx 文档的 Python 库,可以在没有安装 Office 软件的环境下对 Word 文档进行自动化操作。python-docx 库包含段落、标题、表格、图片、分页符、样式等几乎所有的 Word 软件常用的功能。

python-docx 库的安装相对简单,在控制台运行 pip install python-docx 命令即可安装。值得注意的是,python-docx 依赖 lxml 包,因此使用 pip 方法会先安装 lxml 包。

通常来说,python-docx 包是安装在 C:\ProgramData\Anaconda3\Lib\site-packages 路径下面,如图 6-43 所示。我们可以在包里查看源文件,找到类的定义,以及方法、属性的语法和参数。

python-docx 库的主页提供了详细的使用指南,创建文件有现成的代码,不到 30 行代码就可以生成一个图文并茂的文件,实际工作中我们可以直接使用。下面在创建文件的同时,对 python-docx 库里的各种类及其方法、属性进行一些探索,以加深对 Python 语言的理解。对于这类个人开发的库,其功能不一定完备,有些代码还有待优化。作为 Python 学习者,一定要查看源代码,弄清楚代码的逻辑。

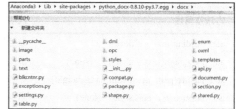

图 6-43

在 python-docx 库中,Word 文件结构和对应的对象大体上分为两层:Document 对象,表示整个文档;Document 包含的各种内容对象,例如 Paragraph(段落)、InlineShape(图片)、Table(表)、Sections(节)等对象,以及样式对象 Styles。当然还可以继续细分,如 Paragraph 里面还有 runs(相同格式字符串),Table 里面有 rows(行)、columns(列)、单元格,单元格里面又可以插入段落、图片、表格等。

6.3.1 Document 对象

1. 创建文档

docx 包下面的 api.py 里面有个函数 Document(docx=None),它可以返回一个 Document 对象。参数 docx 表示将要打开的 .docx 文档,如果没有提供文件参数,那么它会打开 docx 包安装目录的子目录 templates 下面的 default.docx。

打开文件的过程是很复杂的,我们可以视 Document 函数为一个封装良好的"黑箱",直接调用。由于 docx 包里面的 __init__.py 中已经导入了该函数。

```
>>> from docx.api import Document
```

所以,我们使用下面的语句从 docx 包导入它。

```
>>> from docx import Document
```

导入以后,就可以直接使用 Document 函数,我们不提供参数,直接根据默认模板建立空白文档。

```
>>> myDocx=Document()
>>> myDocx
<docx.document.Document object at 0x0000000006660750>
>>> type(myDocx)
<class 'docx.document.Document'>
```

我们看到变量 myDocx 就是 Document 类的一个实例化对象,用 dir 函数查看对象的属性和方法,如图 6-44 所示。

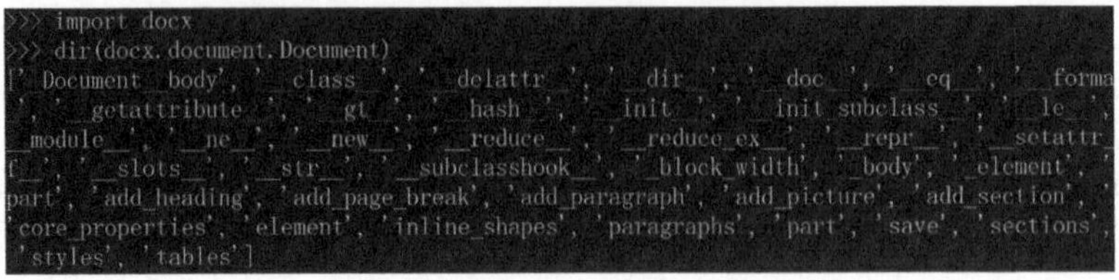

图 6-44

Document 对象的主要方法和属性说明见表 6-22。

表 6-22

方法或属性	说明	返回对象
add_heading(text = u'',level = 1)	添加标题	docx.text.paragraph.Paragraph
add_paragraph(text = u'',style = None)	添加段落	docx.text.paragraph.Paragraph
add_picture(path_or_stream,width,height)	添加图片	docx.shape.InlineShape
add_table(rows，cols,style = None)	添加表格	docx.table.Table
add_page_break()	添加分页	docx.text.paragraph.Paragraph
add_section(start_type = 2)	添加分节	docx.section.Sections
save(path_or_stream)	保存文件	-
sections	全部分节	docx.section.Sections
paragraphs	全部段落	list(Paragraph 列表)
tables	全部表格	list(Table 列表)
inline_shapes	内嵌形状	docx.shape.InlineShapes
styles	文档样式	docx.styles.styles.Styles
part	文档组件	docx.parts.document.DocumentPart
core_properties	文档属性	docx.opc.coreprops.CoreProperties
settings	文档设置	docx.settings.Settings

2. 添加内容

下面我们使用这些方法添加各种内容。

```
>>> myDocx.add_heading(text=u'这是文档的标题',level=1)
>>> myDocx.add_paragraph(text=u'这是文档的段落',style=None)
>>> myDocx.add_table(3,5,style=None)
>>> myDocx.add_picture('H:\示例\第 6 章\picture.png')
>>> myDocx.add_page_break()
>>> myDocx.add_section(start_type=2)
>>> myDocx.save('H:\示例\第 6 章\myDoc_0.docx')
```

level 是标题级别（0～9），默认值是 1。添加标题和添加段落本质上是一样的，添加标题就是添加特殊样式的段落，指定不同的 level 值代表了不同的样式。添加段落和表格时，都可以设置 style 参数。

默认情况下，添加的图片以原始大小显示。我们也可以指定图片的宽度和高度，或者仅指定一项（为了保持长宽比例，python-docx 会自动计算另一项）。python-docx 库尚不支持图表功能，一般是使用 matplotlib 绘图，将图表导出为图片，然后用 add_picture 方法添加图片。

分页符（Page Break）和分节符（Section）不同。分页符顾名思义就是新起一页，例如一段文字写完了，这一页还有很多空白，想新起一页写下一段，这时候就可以用到分页符。分节符主要用于设置格式。通常，一个 word 文档有统一的页面排版格式，如页面的方向、页边距、页眉和页脚、页面边框、分栏等。但是，有时候文档篇幅较长，需要用分节符将文章分为格式不同的各个章节。分节符有很多类型：连续（CONTINUOUS）、下一栏（NEW_COLUMN）、下一页（NEW_PAGE）、偶数页（EVEN_PAGE）、奇数页（ODD_PAGE）。

使用 save 方法既可以保存文件又可以另存文件。要注意的是，另存的时候要新起文件名，因为 python-docx 会覆盖同名文件而不会提醒。

上面的例子都是使用的默认设置。我们还可以查询参数的取值范围，通过代入不同的参数，查看生成文档的效果，进而直观地认识各个参数的含义。例如，我们根据标题的 9 个级别，插入 9 个标题。

```
>>> myDocx=Document()
>>> for i in range(10):
...     myDocx.add_heading('标题级别 level'+str(i), level=i)
>>> myDocx.save('H:\示例\第6章\myDoc_add_heading.docx')
```

打开生成的 Word 文档，内容如图 6-45 所示。

3. 文档属性

我们用 Document 函数打开刚刚新建的文件。

```
>>> myDocx=Document('H:\示例\第6章\myDoc_0.docx')
```

访问第一段的文字。

```
>>> myDocx.paragraphs[0].text
'这是文档的标题'
```

图 6-45

由此可见，标题本身就是段落。
访问段落第一个 Run 的文字。

```
>>> myDocx.paragraphs[0].runs[0].text
'这是文档的标题'
```

tables 表示文档内的表格集合，嵌套在表格单元格中的表格不会出现。设置表格中第一个单元格的文字。

```
>>> myDocx.tables[0].cell(0,0).text='表格单元格'
```

读取刚刚插入图片的宽度，要注意 docx 里定义的单位，inches(1)= 914400。

```
>>> myDocx.inline_shapes[0].width
4064000
>>> myDocx.inline_shapes[0].width.inches
4.44
```

读取文档的属性之一——创作者。

```
>>> myDocx.core_properties.author
'python-docx'
```

读取文档的设置之一——该对象对应的 lxml 元素。

```
>>> myDocx.element
<CT_Document '<w:document>' at 0x2ecee58>
```

读取文档的设置之一——奇数页和偶数页的页眉页脚是否不同。

```
>>> myDocx.settings.odd_and_even_pages_header_footer
False
```

访问属性方法时，可以进一步探索文档，例如访问 core_properties 属性。

```
>>> myDocx.core_properties
<docx.opc.coreprops.CoreProperties object at 0x0000000006641518>
```

我们看到，返回的是一个 docx.opc.coreprops.CoreProperties 对象，用 dir 函数查看对象的属性和方法，主要包括：author、category、comments、content_status、created、identifier、keywords、language、last_modified_by、last_printed、modified、revision、subject、title、version。

可以使用 core_properties 的 comments 属性。

```
>>> myDocx.core_properties.comments
'generated by python-docx'
```

Document 函数创建的文档是以安装目录（Lib\site-packages\docx\templates）下的"default.docx"文件为模板，如图 6-46 所示，所以它们的文档属性是一样的。

图 6-46

6.3.2 Styles 对象

所谓样式，就是一组格式规范，可以一次性应用于文档元素。样式是 Word 文档的精髓，可以批量设置、批量修改样式，让 Word 文档"活"起来，从而极大地提升工作效率。

普通人在编辑 Word 文档时，总是先输入数据，然后修改格式。资深用户则是先规划样式，然后输入数据的同时就设置了样式。这样在要修改格式的时候，也只需要修改样式，而不用逐段、逐句地修改。

在 docx 库里，Word 文档有段落样式、字符样式、表格样式和编号 4 种样式。它们分别应用于段落、字符串、表格和列表。

1. 默认样式

参数 style 如何设置呢？按照库文档的说明，应该使用"style name"作为参数。我们查询一下默认模板自带了哪些样式，然后将其中的段落样式代入方法。

我们访问 Document 类的 styles 属性。

```
>>> myDocx=Document()
>>> myStyles=myDocx.styles
>>> myStyles
<docx.styles.styles.Styles object at 0x000000000288F048>
```

可以看到返回的是一个 Styles 对象，用 dir 函数查看对象的属性和方法，主要包括：add_style、default、element、get_by_id、get_style_id、latent_styles、part。

结尾带 s 的对象通常有成员对象，我们遍历 myStyles 对象。

```
>>> for s in myStyles:
...     print(type(s))
```

输出 164 个成员，去重后可分为 4 类，分别如下。

```
<class 'docx.styles.style._ParagraphStyle'>
<class 'docx.styles.style._CharacterStyle'>
<class 'docx.styles.style._TableStyle'>
<class 'docx.styles.style._NumberingStyle'>
```

使用 dir 函数查看任意成员对象 s，得到其属性和方法。

```
>>> s
_TableStyle('Colorful Grid Accent 6') id: 49227592
>>> dir(s)
['__class__','__delattr__','__dir__','__doc__','__eq__','__format__','__ge__','__getattribute__','__gt__','__hash__','__init__','__init_subclass__','__le__','__lt__','__module__','__ne__','__new__','__reduce__','__reduce_ex__','__repr__','__setattr__','__sizeof__','__slots__','__str__','__subclasshook__','_element','_parent','base_style','builtin','delete','element','font','hidden','locked','name','next_paragraph_style','paragraph_format','part','priority','quick_style','style_id','type','unhide_when_used']
```

样式具有 3 个标识属性，即 name、style_id 和 type。再次遍历 myStyles 对象，获得相关信息。

```
>>> for s in myStyles:
...     print(s.name,'|',s.style_id,'|',s.type)
```

运行结果如下。

```
Normal       | Normal      | PARAGRAPH (1)
Emphasis     | Emphasis    | CHARACTER (2)
Normal Table | TableNormal | TABLE (3)
No List      | NoList      | LIST (4)
...
```

段落样式有 36 个，字符样式有 27 个，表格样式有 100 个，编号样式有 1 个。

为了能更清晰地查看段落样式，我们为每类段落样式添加一段文字。

```
>>> for s in myStyles:
...     if s.type==1:
...         myDocx.add_paragraph(s.name,s.name)
>>> myDocx.save('H:\示例\第6章\myDoc_add_paragraph_styles.docx')
```

打开生成的 Word 文档，内容如图 6-47 所示。

这里用到的 Normal 常量是在 docx\enum\style.py 模块内定义的，一共定义了 132 种样式，对应 Word 内置样式（WdBuiltinStyle）中的 132 种样式，例如，EnumMember('NORMAL', -1, 'Normal.')对应的是

wdStyleNormal-1 正文。docx 库中的样式名称和 word 软件内置的样式名称不同，但是数值是一样的。

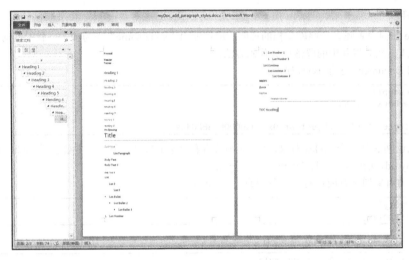

图 6-47

2. 添加样式

除了默认的样式，我们还可以使用 add_style 方法添加样式。

```
add_style(name, style_type, builtin=False)
```

参数 name 表示新建样式的名称；style_type 表示样式的类型，段落样式取值为 1，字符样式取值为 2，表格样式取值为 3，编号样式取值为 4；builtin 表示是否设置为内置样式，默认值 False 表示设置为自定义（用户定义）样式。

添加一个段落样式。

```
>>> s_Para=myStyles.add_style('s_Para', 1)
>>> s_Para
_ParagraphStyle('s_Para') id: 49259296
```

它会返回一个段落样式对象（_ParagraphStyle）。前面我们查看了表格样式的属性和方法，段落样式的属性和方法与之一样，主要包括：base_style、builtin、delete、element、font、hidden、locked、name、next_paragraph_style、paragraph_format、part、priority、quick_style、style_id、type、unhide_when_used。

delete 方法表示从文档中删除样式的定义，删除了样式的内容将使用默认样式呈现。

paragraph_format 代表段落样式，font 代表字体样式。它们分别返回 ParagraphFormat、Font 对象。

```
>>> s_Para.paragraph_format
<docx.text.parfmt.ParagraphFormat object at 0x0000000002877DC8>
```

用 dir 函数查看 ParagraphFormat 对象的属性和方法，主要包括：alignment、element、first_line_indent、keep_together、keep_with_next、left_indent、line_spacing、line_spacing_rule、page_break_before、part、right_indent、space_after、space_before、tab_stops、widow_control。

```
>>> s_Para.font
<docx.text.font.Font object at 0x0000000002EA4DD8>
```

用 dir 函数查看 Font 对象的属性和方法，主要包括：all_caps、bold、color、complex_script、cs_bold、cs_italic、double_strike、element、emboss、hidden、highlight_color、imprint、italic、math、name、no_proof、outline、part、 rtl、shadow、size、small_caps、snap_to_grid、spec_vanish、strike、subscript、superscript、underline、web_hidden。

根据查询结果，可以整理出段落样式属性说明，见表6-23。

表6-23

段落样式属性	说明	段落样式属性	说明
alignment	对齐方式	page_break_before	段前插入分页符
first_line_indent	首行缩进	tab_stops	制表位
left_indent	左缩进	widow_control	孤行控制
right_indent	右缩进	keep_together	段中不分页
space_after	段后间距	keep_with_next	与下段同页
space_before	段前间距	-	-
line_spacing_rule	行距模式	line_spacing	行距

常见的段落对齐方式包括左对齐（LEFT）、右对齐（RIGHT）、居中对齐（CENTER）、两端对齐（JUSTIFY）、分散对齐（DISTRIBUTE）。

```
>>> from docx.enum.text import WD_ALIGN_PARAGRAPH
>>> s_Para.paragraph_format.alignment=WD_ALIGN_PARAGRAPH.LEFT
```

LEFT 常量是在 docx\enum\text.py 模块内定义的，其中一共定义了 9 种样式，对应 Word 内置样式（WdParagraphAlignment）中的9种样式，例如，('LEFT', 0, 'left', 'Left-aligned')对应的是 wdAlignParagraphLeft 0 左对齐。

常见的段落缩进属性包括：左缩进（left_indent）、右缩进（right_indent）、首行缩进（first_line_indent），首行缩进值为负数时表示悬挂缩进。

在python-docx中，常用长度单位包括：英寸（Inches）、厘米（Cm）、磅（Pt）。1 Inches = 2.54Cm = 72Pt。

```
>>> from docx.shared import Inches,Pt ,Cm
>>> s_Para.paragraph_format.left_indent=Inches(0)
>>> s_Para.paragraph_format.right_indent=Inches(0)
>>> s_Para.paragraph_format.first_line_indent=Inches(0.5)
```

段间距指的是两个段落之间的距离，可以通过设置 space_before 和 space_after 属性值来控制，段间距通常用磅来表示。

```
>>> s_Para.paragraph_format.space_before=Pt(18)
>>> s_Para.paragraph_format.space_after=Pt(12)
```

行距指的是段落内部两行之间的距离。行距是由line_spacing_rule和line_spacing属性的相互作用来控制。

常见的行距模式（line_spacing_rule）包括单倍行距（SINGLE）、1.5倍行距（ONE_POINT_FIVE）、两倍行距（DOUBLE）、多倍行距（MULTIPLE）、最小值（AT_LEAST）、固定值（EXACTLY）。单倍行距将行距设置为该行最大字体的高度加上一小段额外间距；1.5倍行距为单倍行距的1.5倍；两倍行距为单倍行距的两倍。

当模式为 AT_LEAST、EXACTLY 时，必须指定行距值（line_spacing），否则就会变成多倍行距模式。line_spacing 如果设置为数值，则表示以行高的倍数应用间距；如果设置为磅数，则表示间距的高度是固定的。

设置行距为固定值28磅。

```
>>> from docx.enum.text import WD_LINE_SPACING
>>> s_Para.paragraph_format.line_spacing_rule=WD_LINE_SPACING.EXACTLY
>>> s_Para.paragraph_format.line_spacing=Pt(28)
```

在段前插入分页符，是为了让段落另起一页。

```
>>> s_Para.paragraph_format.page_break_before=False
```

孤行控制是防止在 Word 文档中出现孤行（例如某段落的最后一行单独输出在一页顶部，或者某段落的第一行单独输出在一页的底部）。

```
>>> s_Para.paragraph_format.widow_control=True
```

段中不分页，表示文档重新分页时，段落中的所有行都位于同一页。

```
>>> s_Para.paragraph_format.keep_together=True
```

与下段同页，表示文档重新分页时，段落与它的下一段位于同一页。

```
>>> s_Para.paragraph_format.keep_with_next=True
```

下面按照新段落样式添加两个段落。

```
>>> p1='''古之学者必有师。师者，所以传道受业解惑也。人非生而知之者，孰能无惑？惑而不从师，其为惑也，终不解矣。'''
>>> p2='''圣人无常师。孔子师郯子、苌弘、师襄、老聃。郯子之徒，其贤不及孔子。孔子曰：三人行，则必有我师。'''
>>> myDocx.add_paragraph(p1, s_Para)
>>> myDocx.add_paragraph(p2, s_Para)
>>> myDocx.save('H:\示例\第6章\myDoc_add_paragraph_styles1.docx')
```

打开生成的 Word 文档，内容如图 6-48 所示。

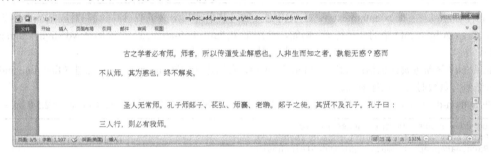

图 6-48

我们根据前面 docx.text.font.Font 对象的查询结果，整理出了字体的属性说明，见表 6-24。

表 6-24

属性	说明	属性	说明	属性	说明
name	字体	rtl	从右到左	no_proof	忽略拼写
size	字号	underline	下划线	all_caps	全部字母用大写
bold	加粗	math	公式格式	small_caps	小号的大写字母
italic	倾斜	strike	带有删除线	snap_to_grid	字符网格对齐
shadow	阴影	superscript	上标	spec_vanish	隐藏段落标记
outline	镂空	subscript	下标	web_hidden	网络视图中隐藏
emboss	阳文	imprint	印刷效果	double_strike	双删除线
color	颜色	hidden	隐藏	highlight_color	突出显示颜色

通过这些属性设置字体样式。

```
>>> s_Para.font.name='微软雅黑'
>>> s_Para.font.size=Pt(28)
>>> s_Para.font.bold=True
>>> s_Para.font.italic=True
```

要注意，这里设置的字体属性只对西文字体有效，对中文字体无效。设置中文字体之前要先设置font.name，方法如下。

```
>>> from docx.oxml.ns import qn
>>> s_Para._element.rPr.rFonts.set(qn('w:eastAsia'),'微软雅黑')
```

我们看一下字体颜色属性。

```
>>> s_Para.font.color
<docx.dml.color.ColorFormat object at 0x0000000004B9E550>
```

返回 ColorFormat 对象，说明要设置字体颜色还需要进一步访问 ColorFormat 对象的属性。用 dir 函数查看对象的属性和方法，主要包括：element、part、rgb、theme_color、type。其中最常用的就是 rgb 属性。

RGB 是光的三原色，即红（Red）、绿（Green）、蓝（Blue），它们的最大值都是 255，相当于 100%。只要调整相关数字，便可以得到深浅不一的各种颜色。例如，白色（255,255,255）、黑色（0,0,0）、红色（255,0,0）、绿色（0,255,0）、蓝色（0,0,255）、青色（0,255,255）、紫色（255,0,255）。

```
>>> from docx.shared import RGBColor,Pt
>>> s_Para.font.color.rgb=RGBColor(255,0,0)
```

下面按照新段落样式（设置字体样式后）添加一个段落。

```
>>> p1='''李氏子蟠，年十七，好古文，六艺经传皆通习之，不拘于时，学于余。余嘉其能行古道，作《师说》以贻之。'''
>>> myDocx.add_paragraph(p1, s_Para)
<docx.text.paragraph.Paragraph object at 0x0000000004B9EFD0>
>>> myDocx.save('H:\示例\第6章\myDoc_add_paragraph_styles2.docx')
```

打开生成的 Word 文档，内容如图 6-49 所示。

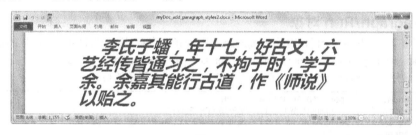

图 6-49

除了添加段落样式，我们还可以通过设置样式类型来添加字符样式。字符样式对象（_CharacterStyle）没有 next_paragraph_style、paragraph_format 这两个段落相关的属性，它主要用于设置 Run 对象的格式。

下面打开文档，设置字符样式。

```
>>> myDocx=Document('H:\示例\第6章\myDoc_add_paragraph_styles2.docx')
>>> myStyles=myDocx.styles
>>> s_Char=myStyles.add_style('s_Char', 2)
>>> from docx.shared import RGBColor,Pt
>>> s_Char.font.color.rgb=RGBColor(0,0,0)
>>> s_Char.font.name='微软雅黑'
>>> s_Char.font.size=Pt(30)
```

设置中文字体样式。

```
>>> from docx.oxml.ns import qn
>>> s_Char._element.rPr.rFonts.set(qn('w:eastAsia'),'楷体')
```

在最后一段添加一个 Run 对象，其样式为预定值。

```
>>> run1='古代求学的人一定有老师。'
>>> myDocx.paragraphs[len(myDocx.paragraphs)-1].add_run(run1,s_Char)
>>> myDocx.save('H:\示例\第6章\myDoc_add_run_styles.docx')
```

3. 修改样式

我们再次打开文档，查看样式列表。

```
>>> myDocx=Document('H:\示例\第6章\myDoc_add_run_styles.docx')
>>> myStyles=myDocx.styles
>>> for s in myStyles:
...     print(s.name,'|',s.style_id,'|',s.type)
...
s_Para | s_Para | PARAGRAPH (1)
s_Char | s_Char | CHARACTER (2)
```

修改两个样式。

```
>>> s_Para=myStyles['s_Para']
>>> s_Para.font.color.rgb=RGBColor(0,0,0)
>>> s_Char=myStyles['s_Char']
>>> s_Char.font.color.rgb=RGBColor(255,0,0)
```

另存文件。

```
>>> myDocx.save('H:\示例\第6章\myDoc_change_styles.docx')
```

如果修改了样式，则使用该样式的段落、字符串的格式就会发生变化，这样就可以实现批量调整文档格式。

6.3.3 Paragraph/Run 对象

添加段落以后，会返回一个段落对象 Paragraph，用 dir 函数查看对象的属性和方法，主要包括：add_run、alignment、clear、insert_paragraph_before、paragraph_format、part、runs、style、text。

我们可以使用 alignment、paragraph_format、style 访问或设置段落的格式。

```
>>> from docx.enum.text import WD_ALIGN_PARAGRAPH
>>> myDocx.paragraphs[0].alignment=WD_ALIGN_PARAGRAPH.RIGHT
>>> myDocx.paragraphs[0].paragraph_format.alignment=WD_ALIGN_PARAGRAPH.CENTER
>>> myDocx.paragraphs[0].style
_ParagraphStyle('Normal') id: 49185792
>>> myDocx.paragraphs[0].style=s_Para
```

可以使用 text 属性访问或设置段落的文本内容。要注意的是，设置了 text 属性会清除所有原有的文本。

```
>>> myDocx.paragraphs[0].text
'Normal'
```

如果一个段落有多个 Run 对象，设置 text 属性将清除 Run 对象的格式，保留段落格式。

```
>>> myDocx.paragraphs[len(myDocx.paragraphs)-1].text='替换文字，保留段落格式'
```

我们可以使用 clear 方法清除段落中的文字。

```
>>> len(myDocx.paragraphs)
40
>>> myDocx.paragraphs[len(myDocx.paragraphs)-1].clear()
<docx.text.paragraph.Paragraph object at 0x0000000002ED05C0>
```

```
>>> len(myDocx.paragraphs)
40
```

使用 clear 方法不会删除段落标记，段落的数量不变。段落的所有格式特征都保留在段末的段落标记中，如果删除了一个段落的段落标记，也就删除了它保存的所有段落格式化信息，而采用原下一段落的格式作为该段落格式。

使用 runs 访问段落的全部 Run 对象。

```
>>> myDocx.paragraphs[len(myDocx.paragraphs)-1].runs
[<docx.text.run.Run object at 0x0000000002EEAD30>]
>>> len(myDocx.paragraphs[len(myDocx.paragraphs)-1].runs)
1
```

通过索引，访问每一个 Run 对象。

```
>>> myDocx.paragraphs[len(myDocx.paragraphs)-1].runs[1]
<docx.text.run.Run at 0xaec4f28>
```

什么是 Run 对象？段落由一个个 Run 对象构成，例如下面这个段落。

这是一个***漆黑的***风雨***交加的***夜晚。

这个段落由 5 个 Run 对象组成，分别是"这是一个""***漆黑的***""风雨""***交加的***""夜晚。"。Run 对象是具有相同格式的最小字符串，虽然"***漆黑的***"和"***交加的***"格式一样，但是他们不相邻，所以不是一个 Run 对象。

使用 add_run 方法可以给段落增加 Run 对象。下面将内容添加到段落，这个段落有 5 个 Run 对象，因此需要写入 5 次。但是它共用到两种样式，所以我们先设置两种字符类样式，这样就不需要每次添加 Run 对象时都单独设置格式了。

```
>>> myDocx=Document()
>>> myStyles=myDocx.styles
>>> myStyles=myDocx.styles
>>> s_1=myStyles.add_style('s_Run_1', 2)
>>> s_2=myStyles.add_style('s_Run_2', 2)
>>> p=myDocx.add_paragraph()
>>> s_1.font.bold,s_1.font.size=False,Pt(20)
>>> s_2.font.bold,s_2.font.size=True,Pt(20)
>>> s_2.font.italic,s_2.font.underline=True, True
>>> p.add_run('这是一个', s_1)
>>> p.add_run('漆黑的', s_2)
>>> p.add_run('风雨', s_1)
>>> p.add_run('交加的', s_2)
>>> p.add_run('夜晚。', s_1)
<docx.text.run.Run object at 0x0000000004B9E9E8>
```

默认段落添加在文档末尾，使用 insert_paragraph_before 方法可以在某个段落之前添加段落。

```
>>> p.insert_paragraph_before('段落之前的段落')
>>> myDocx.save('H:\示例\第6章\myDoc_add_paragraph_styles3.docx')
```

打开生成的 Word 文档，内容如图 6-50 所示。

图 6-50

使用前面的 add_run 方法，返回的是 Run 对象。用 dir 函数查看对象的属性和方法，主要包括：add_break、 add_picture、add_tab、add_text、bold、clear、font、italic、part、style、text、underline。

打开刚刚保存的文档。

```
>>> myDocx=Document('H:\示例\第6章\myDoc_add_paragraph_styles3.docx')
```

通过索引号读取最后一段的第1、2、3个Run对象。

```
>>> run0=myDocx.paragraphs[len(myDocx.paragraphs)-1].runs[0]
>>> run1=myDocx.paragraphs[len(myDocx.paragraphs)-1].runs[1]
>>> run2=myDocx.paragraphs[len(myDocx.paragraphs)-1].runs[2]
```

读取各个Run对象的文本内容。

```
>>> run0.text,run1.text,run2.text
('这是一个', '漆黑的', '风雨')
```

读取各个Run对象的style名称。

```
>>> run0.style.name,run1.style.name,run2.style.name
('s_Run_1', 's_Run_2', 's_Run_1')
```

修改run0的style属性。

```
>>> run0.style=run1.style
>>> run0.style.name,run1.style.name,run2.style.name
('s_Run_2', 's_Run_2', 's_Run_1')
```

修改以后,尽管run0和run1的样式一样,但是它们还是属于不同的Run对象。

通过属性font、bold、italic、underline设置Run对象的格式。

```
>>> run1.font.color.rgb=RGBColor(255,0,0)
>>> run1.bold=False
>>> run1.italic=False
>>> run1.underline=True
```

通过属性text设置Run对象的文本,实际上就是替换掉原文本。

```
>>> run1.text='骏黑的'
```

通过add_text方法增加Run对象的文本。

```
>>> run2.add_text('雷电')
>>> run2.text
'风雨雷电'
```

下面向Run对象结尾处插入分隔符号,默认是一行(WD_BREAK.LINE)。

```
>>> run0.add_break()
```

插入以后,run1跳到第二行。在run1后面插入图片。

```
>>> run1.add_picture('H:\示例\第6章\picture.png')
```

插入图片以后,得到一个docx.shape.InlineShape对象,可以通过它的属性和方法进一步设置图片的格式。
在run2后面插入制表符。

```
>>> run2.add_tab()
```

虽然插入了这些元素,但是run0、run1、run2还是保持了段落结构。

```
>>> run0.text,run1.text,run2.text
('这是一个\n', '骏黑的', '风雨雷电\t')
>>> myDocx.paragraphs[len(myDocx.paragraphs)-1].text
'这是一个\n骏黑的风雨雷电\t交加的夜晚。'
```

在 python-docx 包里面，没有直接的查找和替换方法，因此只能通过遍历的方式进行查找。下面的代码用于判断段落是否包含特定的内容"师者"，并以此来定位段落序号。

```
>>> myDocx=Document('H:\示例\第6章\myDoc_add_run_styles.docx')
>>> [i for i,e in enumerate(myDocx.paragraphs) if '师者' in e.text]
[36]
```

要注意，在 python-docx 包中，Run 对象是我们能够操作的最小单位。一个词可能具有不同的格式，从而分别属于不同的 Run 对象。

"银行监管"是 Word 文档中的一个词，如图 6-51 所示，我们看一下在 python-docx 中如何描述它。

查看底层 xml 文档，看到"有效银行监管核心原则"被分为 3 个部分，"银行"和"监管"分属于两个 Run 对象，如图 6-52 所示。

图 6-51

图 6-52

6.3.4 Table 对象

在前面的章节中我们添加了表格，下面我们使用表格。

```
>>> myDocx=Document('H:\示例\第6章\myDoc_0.docx')
```

访问文档中的第 1 个表格。

```
>>> tb=myDocx.tables[0]
>>> tb
<docx.table.Table object at 0x0000000004BB1828>
```

返回一个表格对象 Table，用 dir 函数查看对象的属性和方法，主要包括：add_column、add_row、alignment、autofit、cell、column_cells、columns、part、row_cells、rows、style、table、table_direction。

通过属性 style 设置表格的样式，取值要使用表格样式（_TableStyle）的 name 标识。

```
>>> tb.style='Table Grid'
```

通过属性 alignment 设置表格的对齐方式，取值要使用 WD_TABLE_ALIGNMENT 枚举值 LEFT、CENTER、RIGHT。

```
>>> from docx.enum.table import WD_TABLE_ALIGNMENT
>>> tb.alignment=WD_TABLE_ALIGNMENT.CENTER
```

通过属性 direction 设置表格的方向，取值要使用 WD_TABLE_DIRECTION 枚举值。LTR 表示表格或行的第一列位于最左侧，RTL 表示表格或行的第一列位于最右侧。

```
>>> from docx.enum.table import WD_TABLE_DIRECTION
>>> tb.direction=WD_TABLE_DIRECTION.LTR
```

通过属性 autofit 设置表格的样式，值为 True 表示自动调整列宽。

```
>>> tb.autofit=True
```

使用 add_column(width)、add_row 方法也可以向表格增加列和行,分别返回行、列对象。

```
>>> from docx.shared import Inches
>>> tb.add_column(Inches(1))
<docx.table._Column object at 0x0000000007AB6B38>
>>> tb.add_row()
<docx.table._Row object at 0x0000000002EDAD30>
```

新添加的行位于表格的最底部,新添加的列位于表格的最右侧。

通过属性 rows、columns 获取表格的列(_Columns)、行(__Rows)集合。

```
>>> tb.columns
<docx.table._Columns object at 0x0000000007AB6A58>
>>> tb.rows
<docx.table._Rows object at 0x0000000002EDAD30>
```

通过列、行集合对象的索引获取表格的每一列(_Column)、每一行(__Row)。

```
>>> tb.rows[0]
<docx.table._Row object at 0x0000000007AB6D68>
>>> tb.columns[0]
<docx.table._Column object at 0x0000000007AB6278>
```

通过行的属性,进一步设置表格行高。

```
>>> tb.rows[0].height=Inches(1)
```

设置行高时,取值要使用 WD_ROW_HEIGHT_RULE 枚举值,包括 AUTO、AT_LEAST、EXACTLY,下面设置行高根据内容自动调整。

```
>>> from docx.enum.table import WD_ROW_HEIGHT_RULE
>>> tb.rows[0].height_rule=WD_ROW_HEIGHT_RULE.AUTO
```

通过列、行的 cells 属性,获取特定列、行的单元格(_Cell)的集合(元组),然后通过序列获取单个单元格。

```
>>> cel=tb.rows[0].cells[0]
>>> cel
<docx.table._Cell object at 0x0000000007A8D390>
```

使用 Table 的 column_cells、row_cells 方法,获取特定列、行的单元格的集合(列表)。

```
>>> tb.column_cells(0)[0]
<docx.table._Cell object at 0x0000000007AB6DA0>
>>> tb.row_cells(0)[0]
<docx.table._Cell object at 0x0000000007AACF60>
```

使用 Table 的 cell 方法也可以获取单元格对象。

```
>>> tb.cell(0,0)
<docx.table._Cell object at 0x0000000007AB6FD0>
```

单元格的方法和属性包括:add_paragraph、add_table、merge、paragraphs、part、tables、text、vertical_alignment、width。

单元格不能单独调整高度,但是可以通过 width 属性设置单元格的宽度。

```
>>> cel.width=Inches(1)
```

如果要调整一列的宽度,则需要遍历该列的每一个单元格并设置其宽度;如果单元格定义了不同的宽度,则将以最大值为该列的列宽。

下面的方法可以设置表格第 1 列的列宽。

```
>>> for cell in tb.columns[0].cells:
```

```
...        cell.width=Inches(0.2)
```

使用 vertical_alignment 属性可以指定表格单元格中文本的垂直对齐方式，取值要使用 WD_ALIGN_VERTICAL 枚举值，包括 TOP、CENTER、BOTTOM、BOTH（未使用）。

```
>>> from docx.enum.table import WD_ALIGN_VERTICAL
>>> cel.vertical_alignment=WD_ALIGN_VERTICAL.BOTTOM
```

使用 text 属性可以设置单元格文本。

```
>>> cel.text='单元格'
```

单元格文本的字体、字号、颜色的设置和 Run 对象类似。此外，也可以对整个表格进行设置。

```
>>> tb.style.font.name='宋体'
>>> tb.style.font.size=Pt(18)
>>> tb.style.font.color.rgb=RGBColor(255,0,0)
```

merge 方法用于合并单元格，下列代码将左上角的 4 个单元格合并。

```
>>> cell_a=tb.cell(0, 0)
>>> cell_b=tb.cell(1, 1)
>>> cell_a.merge(cell_b)
```

合并后，合并前区域内的每个单元格坐标都可以用来定位合并后的单元格。

add_paragraph 方法可以用于在单元格中插入段落，其用法和 Document.add_ paragraph 方法一样，参数 style 的取值要使用段落样式对象_ParagraphStyle 的 name 标识。

```
>>> cel.add_paragraph(text=u'单元格',style='Normal')
<docx.text.paragraph.Paragraph object at 0x0000000007AACF60>
```

返回的是 Paragraph 对象，可以使用 6.3.3 小节介绍的属性和方法继续操作。

add_table 方法用于在单元格中插入表格。

```
>>> cel.add_table(2,2)
<docx.table.Table object at 0x0000000007AACEF0>
```

返回的是 Table 对象，可以使用 Table 的属性和方法继续操作。

在 Word 文档里面，我们可以通过表格来控制版面元素，然后制作成模板，以后使用时只需向表格里面填充元素。表格里面还可以嵌套表格。

```
>>> cel.tables[0].cell(1,1).text='表格中的表格'
```

6.3.5 Section 对象

在前面的章节中我们添加了分节符，下面使用分节。

```
>>> myDocx=Document('H:\示例\第6章\myDoc_0.docx')
```

获取文档的分节数量。

```
>>> myDocx.sections
<docx.section.Sections object at 0x0000000004AE3710>
>>> len(myDocx.sections)
2
```

获取文档的第二个分节。

```
>>> sct=myDocx.sections[1]
>>> sct
<docx.section.Section object at 0x0000000007ABC0B8>
```

返回一个 Section 对象，用 dir 函数查看对象的属性和方法，主要包括：bottom_margin、different_first_page_header_footer、even_page_footer、even_page_header、first_page_footer、first_page_header、footer、footer_distance、gutter、header、header_distance、left_margin、orientation、page_height、page_width、right_margin、start_type、top_margin。

Section 对象主要的方法和属性说明见表 6-25。

表 6-25

属性或方法	说明	属性或方法	说明
page_width	页面宽度	orientation	页面方向
page_height	页面高度	footer	页脚
left_margin	左页边距	header	页眉
right_margin	右页边距	different_first_page_header_footer	首页不同
top_margin	上页边距	even_page_footer	偶数页脚
bottom_margin	下页边距	even_page_header	偶数页眉
gutter	装订线	first_page_footer	首页页脚
header_distance	页眉边距	first_page_header	首页页眉
footer_distance	页脚边距	start_type	分节类型

下面设置页面大小。

```
>>> sct.page_width=Inches(10.0)
>>> sct.page_height=Inches(10.0)
>>> sct.left_margin=Inches(1.0)
>>> sct.right_margin=Inches(1.0)
>>> sct.top_margin=Inches(1.0)
>>> sct.bottom_margin=Inches(1.0)
>>> sct.gutter=0
>>> sct.header_distance=Inches(1.0)
>>> sct.footer_distance=Inches(1.0)
```

分节类型表示新节从哪里开始，start_type 的取值包括：CONTINUOUS、NEW_COLUMN、NEW_PAGE、EVEN_PAGE、ODD_PAGE。下面设置分节类型为从下一页开始新节。

```
>>> from docx.enum.section import WD_SECTION
>>> sct.start_type=WD_SECTION.NEW_PAGE
```

NEW_COLUMN 表示下一栏。下面的代码可以实现分栏效果。

```
from docx.oxml import OxmlElement
from docx.oxml.ns import qn
from docx.enum.section import WD_SECTION
myDocx=Document()
sectPr=myDocx.sections[0]._sectPr
cols=sectPr.xpath('./w:cols')[0]
cols.set(qn('w:num'),'2')
myDocx.add_paragraph ('第1栏第1段')
myDocx.add_paragraph ('第1栏第2段')
sct1=myDocx.add_section(WD_SECTION.NEW_COLUMN)
myDocx.add_paragraph ('第2栏第1段')
myDocx.add_paragraph ('第2栏第2段')
myDocx.save('H:\示例\第6章\myDoc_COLUMN.docx')
```

页面方向（orientation）虽然可以设置，但是设置了也不起作用，需要通过更改页面的宽度和高度来实现同样的效果。

每个章节都有页眉（header）属性和页脚（footer）属性，可以用它们返回页眉、页脚对象，进而设置页眉和页脚。

```
>>> sct.header
<docx.section._Header object at 0x0000000009A7C4E0>
>>> sct.footer
<docx.section._Footer object at 0x0000000007AB6550>
```

默认情况下，一个文档使用一套页眉页脚。但是有的文档需要设置首页的页眉页脚与其他页不同。

```
>>> sct.different_first_page_header_footer=True
```

设置了首页不同以后，就可以通过 first_page_header、first_page_footer 属性，进一步设置首页的页眉和页脚。

```
>>> sct.first_page_footer
<docx.section._Footer object at 0x0000000009A7CCF8>
>>> sct.first_page_header
<docx.section._Header object at 0x0000000009A7CE10>
```

通过设置文档的属性，可以让奇数页和偶数页的页眉和页脚不同。

```
>>> myDocx.settings.odd_and_even_pages_header_footer=True
```

设置文档属性以后，就可以通过 even_page_header、even_page_footer 属性，进一步设置偶数页的页眉页脚。

```
>>> sct.even_page_footer
<docx.section._Footer object at 0x0000000009A7CD68>
>>> sct.even_page_header
<docx.section._Header object at 0x0000000009A7CCF8>
```

以上所有的方法，都返回页眉（_Header）、页脚（_Footer）对象。用 dir 函数查询它们的属性和方法是一样的，主要包括：add_paragraph、add_table、is_linked_to_previous、paragraphs、part、tables。

默认情况下，就算设置了不同的页眉页脚，第 2 节的页眉页脚也是和第 1 节一样的。如果要使第 2 节的页眉页脚和第 1 节不同，就要把"与以前相同"（is_linked_to_previous）设置为 False，这样才可以显示不同的内容。

```
>>> sct.header.is_linked_to_previous=False
>>> sct.footer.is_linked_to_previous=False
```

add_paragraph 方法可以用于在页眉或页脚插入段落，其用法和 Document.add_paragraph 方法一样，参数 style 的取值要使用段落样式对象_ParagraphStyle 的 name 标识。

```
>>> sct.header.add_paragraph(text=u'页眉',style='Normal')
<docx.text.paragraph.Paragraph object at 0x0000000009A7CE10>
>>> sct.footer.add_paragraph(text=u'页脚',style='Normal')
<docx.text.paragraph.Paragraph object at 0x0000000009A7CE80>
```

返回的是 Paragraph 对象，可以使用 6.3.3 小节介绍的属性和方法继续操作。

add_table 方法用于在页眉或页脚插入表格，使用时需要指定行列数和列宽。

```
>>> sct.footer.add_table(2,2,width=Inches(1.0))
<docx.table.Table object at 0x0000000009A7CCC0>
>>> sct.header.add_table(2,2,width=Inches(1.0))
<docx.table.Table object at 0x0000000009A7CE80>
```

返回的是 Table 对象，可以使用 Table 的属性和方法继续操作。

也可以使用 paragraphs、tables 属性，访问页眉和页脚内容。

```
>>> sct.footer.paragraphs[0].text='页脚'
>>> sct.footer.tables[0].cell(0,0).text='页脚'
```

在 Word 软件中通常可以在页脚中插入页码，由于用 python-docx 库操作 Word 文档时设置页码比较复杂，因此建议在模板中手动插入页码页脚，然后根据模板新建文档。因为用 python-docx 库操作 Word 文档的实质就是从一个空白的 Word 文档开始生成，所以可以在生成之前先在空的 Word 文档中设置好页码或其他所需的样式，这样就能生成满足需求的 Word 文档。

还有一个解决方案，即直接操作底层的.xml 文档来添加页码。

```python
from docx import Document
from docx.oxml import OxmlElement
from docx.oxml import ns
def create_element(name):
    return OxmlElement(name)
def create_attribute(element, name, value):
    element.set(ns.qn(name), value)
def add_page_number(run):
    fldChar1=create_element('w:fldChar')
    create_attribute(fldChar1, 'w:fldCharType', 'begin')
    instrText=create_element('w:instrText')
    create_attribute(instrText, 'xml:space', 'preserve')
    instrText.text='PAGE'
    fldChar2=create_element('w:fldChar')
    create_attribute(fldChar2, 'w:fldCharType', 'end')
    run._r.append(fldChar1)
    run._r.append(instrText)
    run._r.append(fldChar2)
myDocx=Document()
add_page_number(myDocx.sections[0].footer.paragraphs[0].add_run())
for i in range(10):
    myDocx.add_page_break()
myDocx.save('H:\示例\第6章\myDoc_add_page_number.docx')
```

案例：自动生成报告

Excel 和 Word（包括后面的 PPT、PDF 等）文档都是数据的外在表现形式。我们通过程序控制数据在不同的文件格式之间自由"流动"，应该尽量避免在文件格式上面浪费时间，而要把时间用来对数据内容进行深度分析。

下面我们根据 Excel 表格中的数据，批量生成 Word 格式的报告。

自动生成报告，是信息技术在办公领域的重要应用之一。事实上，绝大多数自动生成的报告都是基于模板填充数据来实现的，只有极少数应用了人工智能、知识图谱等技术。

用 Word 软件制作模板。在 Word 软件里码字容易，但是难以控制各个板块的位置。这时候，可以使用表格将文档版面划分为不同的区域。下面是我们制作的 Word 文档，如图 6-53 所示。

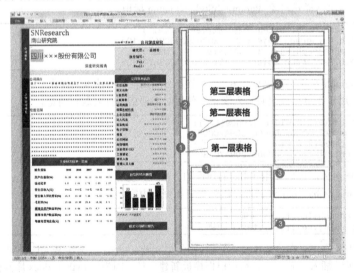

图 6-53

这个 Word 文档是由 3 层表格嵌套构成。第一层表格是一个 1 行 2 列的表，行高 29.7cm，宽 21.09cm，和页面大小一样。它只有两个单元格，左边单元格插入一个 2 行 1 列的表，右边单元格插入一个 6 行 2 列的表，即第二层表格。表里继续插入第三层表格。最后，我们向单元格输入文字、数字和图片，设置底纹，清除边框，使其外观看起来就是图 6-53 所示的效果。

制作的 Word 文档可以作为一个报告的模板，下面我们使用该模板生成其他公司的报告。

```
name="重庆公司"
from docx import Document
myDocx=Document(r'H:\示例\第6章\研究报告\模板.docx')
tb=myDocx.tables[0].cell(0,1).tables[0]
xlFile=r'H:\\示例\\第6章\\研究报告\\'+name+'数据库.xls'
import pandas as pd
df=pd.read_excel(xlFile,['基本资料','财务指标'],header=None)
sheet0=df['基本资料']
sheet1=df['财务指标']
tb.cell(1,0).paragraphs[0].text=''
run=tb.cell(1,0).paragraphs[0].add_run(sheet0.iat[0,1])
run.font.name=u'微软雅黑'
from docx.oxml.ns import qn
run._element.rPr.rFonts.set(qn('w:eastAsia'),u'微软雅黑')
from docx.shared import Pt
run.font.size=Pt(25)
tb.cell(4,0).paragraphs[1].text=sheet0.iat[17,1]
tb.cell(4,0).paragraphs[3].text=sheet0.iat[18,1]
myDocx.styles['Normal'].font.name=u'宋体'
myDocx.styles['Normal']._element.rPr.rFonts.set(qn('w:eastAsia'), u'宋体')
myDocx.styles['Normal'].font.size=Pt(11)
from docx.enum.text import WD_ALIGN_PARAGRAPH
for i in range(0,17):
    tb.cell(4,1).tables[0].cell(i+1,1).text=sheet0.iat[i,1]
    prg=tb.cell(4,1).tables[0].cell(i+1,1).paragraphs[0]
    prg.paragraph_format.alignment=WD_ALIGN_PARAGRAPH.RIGHT
myDocx.styles['Normal'].font.size=Pt(9)
for r in range(2,10):
    for c in range(1,6):
        tb.cell(4,0).tables[0].cell(r,c).text=sheet1.iat[r-1,c]
import numpy as np
data=sheet1.loc[7][1:6].astype(np.float)
import matplotlib.pyplot as plt
plt.figure(figsize=(7, 4))
title=sheet1.iloc[0].tolist()
title.pop(0)
fig=plt.bar([1,2,3,4,5],data,tick_label=title,color='black')
plt.tick_params(labelsize=20)
def add_datalabels(bars):
    for bar in bars:
        height=bar.get_height()
        x=bar.get_x() + bar.get_width()/2
        y=height+0.01*height
        plt.text(x,y,'%.0f'%height,ha='center',va='bottom',fontsize=30)
        bar.set_edgecolor('white')
add_datalabels(fig)
filePic=r'H:\示例\第6章\研究报告\pic_2.png'
plt.savefig(filePic)
paragraph=tb.cell(5,1).tables[0].cell(1,0).paragraphs[0]
paragraph.text=''
from docx.shared import Inches
paragraph.add_run().add_picture(filePic,width=Inches(2.8))
myDocx.save(r'H:\\示例\\第6章\\研究报告\\'+name+'分析报告.docx')
```

自动生成的文档效果如图 6-54 所示。

案例：从简历中提取数据

下面我们要从 Word 格式的简历中提取应聘人员的基本信息（包括照片），放入 Excel 文档，如图 6-55 和图 6-56 所示。

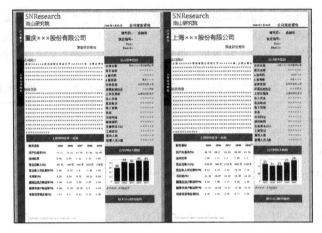

图 6-54

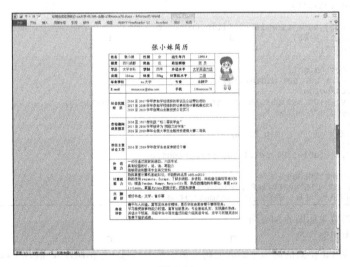

图 6-55

图 6-56

220　第 6 章　Python 与 Word 自动操作

该 Word 文档的基本框架是表格,我们第一步要遍历表格的单元格,以获取需要提取信息的行列对应关系。

```
from docx import Document
file=r'H:\示例\第 6 章\应聘投资经理岗位-xx 大学-张小妹-金融学-138xxxxxx78.docx'
doc=Document(file)
tbl=doc.tables[0]
rows,columns=len(tbl.rows),len(tbl.columns)
for r in range(rows):
    for c in range(columns):
        txt=tbl.cell(r,c).text
        print(r,c,'|',txt.replace('\n','').replace(' ',''))
```

整理以后的效果见表 6-26。

表 6-26

数据	行号	列号	对应的栏目
张小妹	0	1	姓名
女	0	4	性别
1998.4	0	6	出生年月
图片	0	7	图片
四川成都	1	1	籍贯
汉	1	4	民族
团员	1	6	政治面貌
大学本科	2	1	学历
四年	2	4	学制
大学英语六级	2	6	外语水平
164cm	3	1	身高
50kg	3	4	体重
二级	3	6	计算机水平
xx 大学	4	2	毕业学校
金融学	4	6	专业
xxxxxxxx@sina.com	5	2	E-mail
138xxxxxx78	5	6	手机
2016 至 2017 学年参加学校组织的军……	6	2	社会实践经历
2016 至 2017 学年获 "校二等奖学金……	7	2	在校期间获奖情况
2016 至 2019 学年在学生会宣传部……	8	2	担任主要社会工作
一次性通过全国英语四、六级考试具……	9	2	外语能力
熟练掌握计算机基础知识,并能熟练……	10	2	计算机能力
爱好书法、文学、音乐等	11	2	兴趣爱好
善于与人沟通,富有团体合作精神……	12	2	自我评价

有了行列对应关系,下面直接访问相应的单元格,提取其中的数据和图片。

```
from docx import Document
import pandas as pd
import glob
```

```python
files=glob.glob(r'H:\示例\第6章\提取简历\简历包\docx\*.docx')
folder_pic=r'H:\示例\第6章\提取简历\照片集合'
data=[]
for file in files:
    doc=Document(file)
    table=doc.tables[0]
    value=[table.cell(0,1).text,table.cell(0,4).text,
        table.cell(0,6).text,table.cell(1,1).text,table.cell(1,4).text,
        table.cell(1,6).text,table.cell(2,1).text,table.cell(2,4).text,
        table.cell(2,6).text,table.cell(3,1).text,table.cell(3,4).text,
        table.cell(3,6).text,table.cell(4,2).text,table.cell(4,6).text,
        table.cell(5,2).text,table.cell(5,6).text,table.cell(6,2).text,
        table.cell(7,2).text,table.cell(8,2).text,table.cell(9,2).text,
        table.cell(10,2).text,table.cell(11,2).text,table.cell(12,2).text]
    data.append(value)
    for rel in doc.part._rels:
        rel=doc.part._rels[rel]
        if 'image' not in rel.target_ref:
            continue
        with open(folder_pic+'\\' +table.cell(0,1).text+'.png','wb') as f:
            f.write(rel.target_part.blob)
name=['姓名', '性别', '出生年月', '籍贯', '民族', '政治面貌', '学历',
    '学制', '外语水平', '身高', '体重', '计算机水平', '毕业学校', '专业',
    'E-mail', '手机', '社会实践经历', '在校期间获奖情况', '担任主要社会工作',
    '外语能力', '计算机能力', '兴趣爱好', '自我评价']
df=pd.DataFrame(data, columns=name)
df.to_excel(r'H:\示例\第6章\提取简历\提取简历结果.xlsx', index=False)
```

提取结果如图 6-57 和图 6-58 所示。

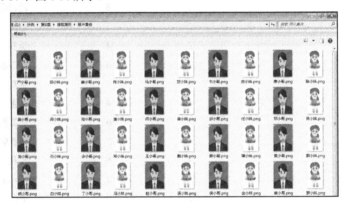

图 6-57

图 6-58

第 7 章
Python 与 PowerPoint 自动操作

在商务办公领域，演示文稿（PowerPoint，PPT）已被广泛使用，工作汇报、培训、产品介绍都要用到它。PPT 甚至有些"泛滥成灾"，从效率工具变成了工作拖累。如何才能轻松驾驭海量的 PPT 文档呢？本章不会介绍 PowerPoint 软件的功能，而是介绍如何使用 Python 自动化操作 PPT 文档。

7.1 用 win32com 库操作 PPT 文档

使用 win32com 库可以像 PowerPoint 软件一样全方位操作 PPT 文档。

7.1.1 PowerPoint 的对象

和 Excel、Word 软件一样，PowerPoint 软件的组织形式也是完全对象化的，各种应用程序、演示文稿、幻灯片、图形、音视频和动画等均有对应的对象。我们可以在任意一个 PPT 文档中按 Alt+F11 快捷键，打开 VBE 窗口，按 F2 键进入对象浏览器，或者进入 PowerPoint 帮助，查看对象模型参考，找到全部对象。

PowerPoint 常用的对象如图 7-1 所示。

Application 对象代表整个 Microsoft PowerPoint 应用程序，Presentation、Presentations 对象代表 PPT 文档，Slide、Slides、SlideRange 对象代表幻灯片，Shape、Shapes、ShapeRange 对象是幻灯片中的各种素材元素，AnimationSettings 对象代表指定元素的动画的特殊效果，TimeLine 对象用来管理一张幻灯片中的各种动画效果。

1. Application 对象

Application 代表整个 PowerPoint 应用程序，是 PowerPoint 应用程序顶层对象，通过它可以访问 PowerPoint 对象模型中的所有对象。

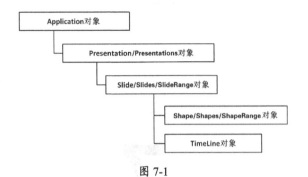

图 7-1

编程任务通常从调用 PowerPoint 进程开始。

```
>>> from win32com.client import Dispatch
>>> pptApp=Dispatch('PowerPoint.Application')
```

pptApp 是 Application 对象,它有很多属性,例如,我们可以查看 PowerPoint 应用程序的安装路径和版本号。

```
>>> pptApp.Path
'C:\\Program Files (x86)\\Microsoft Office\\Office14'
>>> pptApp.Version
'14.0'
```

使用完毕后,要记得退出进程。

```
>>> pptApp.Quit()
```

2. Presentation/Presentations 对象

Presentation 对象表示 PowerPoint 中的一个 PPT 文档,一个 PowerPoint 进程打开的多个 PPT 文档组成 Presentations 集合对象。

创建一个 PPT 文档需要使用 Presentations 中的 Add 方法,其功能是创建一个新的 PPT 文档。

```
>>> prt=pptApp.Presentations.Add(WithWindow=True)
```

WithWindow 是可选参数,默认值为 True,表示在可视窗口中创建 PPT 文档;设置为 False 时,则不显示新 PPT 文档。

如果要编辑一个现存的 PPT 文档,先要打开它。使用 Presentations 对象的 Open 方法,可以打开一个指定的 PPT 文档。

```
Presentations.Open(FileName, ReadOnly, Untitled, WithWindow)
```

其中,FileName 是要打开的文件的名称。其余参数可选,取值为 True 或 False。ReadOnly 指定以可读写或只读状态打开 PPT 文档,Untitled 指定文件是否有标题,WithWindow 指定文件是否可见。

无论是新建还是打开 PPT 文档,返回的都是 Presentation 对象。

```
>>> prt=pptApp.Presentations.Open(r'H:\示例\第7章\Hello1.pptx',WithWindow=0)
>>> prt
<win32com.gen_py.None.Presentation>
```

然后我们可以使用 Presentation 对象的各种方法进一步操作。

Save 方法用于保存一个 PPT 文档,其语法如下。

```
Presentation.Save()
```

当使用 Save 方法时,PowerPoint 将保存打开的 PPT 文档,如果磁盘上已经存在与指定 PPT 文档同名的文件，则该文件将被覆盖，并且不会显示警告消息。

SaveAs 方法用于另存一个 PPT 文档，其语法如下。

```
Presentation.SaveAs (FileName, FileFormat, EmbedFonts)
```

FileName 参数指定保存的文件的名称，如果不包括完整路径，则 PowerPoint 会将文件保存在当前工作目录中；FileFormat 参数指定保存的文件的格式，如果省略此参数，则文件以默认的文件格式保存（与原文件相同的格式）；EmbedFonts 参数指定 PowerPoint 是否在已保存的 PPT 文档中嵌入 TrueType 字体。

下面将打开的 PPT 文档另存为其他格式。

```
>>> prt.SaveAs(r'H:\示例\第 7 章\Hello1_11',11)
>>> prt.SaveAs(r'H:\示例\第 7 章\Hello1_17',17)
>>> prt.SaveAs(r'H:\示例\第 7 章\Hello1_32',32)
>>> prt.SaveAs(r'H:\示例\第 7 章\Hello1_1',1)
```

保存后的文件如图 7-2 所示。

图 7-2

由此可见，参数 FileFormat 的设置值中，1 代表文件格式为 Microsoft PowerPoint 97-2003 演示文稿（.ppt），17 代表文件格式为 JPG，32 代表文件格式为 PDF，11 代表默认文件格式（与原文件相同的格式）。通过 SaveAs 方法，可以将 PPT 文档转换为 PDF 文档或者图片，可以实现 .pptx 与 .ppt 格式文档互转。

Close 方法用于关闭一个 PPT 文档，其语法如下。

```
Presentation.Close()
```

使用 Close 方法时，PowerPoint 将关闭打开的 PPT 文档，但不会提示用户保存其工作。因此为避免工作丢失，在使用 Close 方法之前，要使用 Save 方法或 SaveAs 方法保存文件。

Presentation 对象的 PageSetup 属性可以返回一个 PageSetup 对象，该对象的属性控制指定 PPT 文档的幻灯片的页面设置。PageSetup 对象的属性说明见表 7-1。

表 7-1

属性	说明
FirstSlideNumber	返回或设置 PPT 文档中第 1 张幻灯片的编号，可读写
SlideHeight	返回或设置幻灯片高度（以磅为单位），可读写
SlideWidth	返回或设置幻灯片宽度（以磅为单位），可读写
SlideSize	返回或设置指定 PPT 文档的幻灯片大小，可读写
SlideOrientation	返回或设置指定 PPT 文档中幻灯片的屏幕显示和输出方向，可读写
NotesOrientation	返回或设置注释页、讲义和大纲的屏幕显示和输出方向，可读写

例如，我们要获取 PPT 文档的高度和宽度，首先要使用 Presentation 对象的 PageSetup 属性，返回 PageSetup 对象。

```
>>> prt.PageSetup
>>> type(prt.PageSetup)
<class 'win32com.gen_py.91493440-5A91-11CF-8700-00AA0060263Bx0x2x10.PageSetup'>
```

进一步使用 PageSetup 对象的属性获取 PPT 文档的高度和宽度。

```
>>> prt.PageSetup.SlideHeight,prt.PageSetup.SlideWidth
(540.0, 720.0)
```

Presentation 对象的 SlideMaster 属性可以返回一个 Master 对象，该对象代表幻灯片母版。利用 Master 对象的属性可以调整幻灯片模板背景色、背景样式、高度和宽度等，其具体属性说明见表 7-2。

表 7-2

属性	说明
Background	返回一个表示幻灯片背景的 ShapeRange 对象
BackgroundStyle	设置或返回指定对象的背景样式，可读写
ColorScheme	返回或设置 ColorScheme 对象，表示幻灯片的颜色方案，可读写
CustomerData	返回一个 CustomerData 对象，只读
CustomLayouts	返回一个 CustomLayouts 对象，表示自定义布局，只读
Design	返回表示设计的 Design 对象
HeadersFooters	表示幻灯片页眉、页脚、日期和时间，以及幻灯片编号，只读
Height	返回或设置指定对象的高度（以磅为单位），只读
Hyperlinks	返回一个 Hyperlinks 集合，表示指定幻灯片上的所有超链接，只读
Name	返回或设置指定对象的名称，可读写
Shapes	返回一个 Shapes 集合，表示幻灯片内的所有元素，只读
SlideShowTransition	返回一个 SlideShowTransition 对象，表示幻灯片过渡效果，只读
TextStyles	返回一个 TextStyles 集合，表示幻灯片母版的 3 种文本样式，只读
Theme	返回一个 Theme 对象，该对象代表幻灯片所使用的主题，只读
TimeLine	返回一个 TimeLine 对象，表示幻灯片的动画时间轴，只读
Width	返回指定对象的宽度（以磅为单位），只读

上表中个别属性可以直接设置，例如 BackgroundStyle，但大部分需要通过该属性返回对象的属性和方法再进行进一步设置。

下面用实例看一下 Master 对象的属性的用法。

```
>>> prt.PageSetup.SlideWidth=1920
>>> prt.PageSetup.SlideHeight=1080
>>> box=prt.SlideMaster.Shapes.AddShape(1, 1620, 0,300,100)
>>> box.TextFrame2.TextRange.Text='内部资料'
>>> box.TextFrame2.TextRange.Font.Bold=True
>>> box.TextFrame2.TextRange.Font.Size=50
>>> box.TextFrame2.TextRange.Font.NameFarEast='黑体'
>>> box.Fill.ForeColor.RGB=255
>>> prt.SaveAs(r'H:\示例\第 7 章\Hello1_PageSetup.ppt')
```

打开 Hello1_PageSetup.ppt，效果如图 7-3 所示。

Presentation 对象的 SlideShowSettings 属性返回一个 SlideShowSettings 对象，该对象指定 PPT 文档的幻灯片放映设置。SlideShowSettings 对象的属性包括放映的类型、放映的范围、是否持续循环放映、是否显示动画、是否有旁白，通过设置属性值，可以控制幻灯片的播放效果。

下面的示例设置了 PPT 文档的播放模式，即第 2、3、4 页循环播放。

```
>>> from win32com.client import constants
>>> prt.SlideShowSettings.RangeType=constants.ppShowSlideRange
>>> prt.SlideShowSettings.StartingSlide=2
```

```
>>> prt.SlideShowSettings.EndingSlide=4
>>> prt.SlideShowSettings.LoopUntilStopped=True
>>> prt.SaveAs(r'H:\示例\第7章\Hello1_SlideShowSettings.ppt')
```

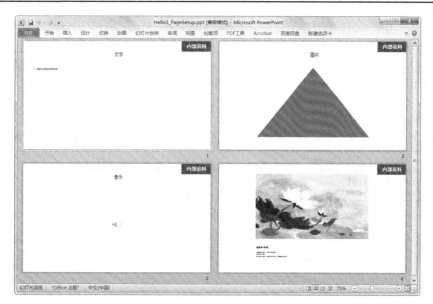

图 7-3

3. Slide/Slides/SlideRange 对象

Slide 对象代表一张幻灯片，Slides 对象则代表一个 PPT 文档中的全部幻灯片，SlideRange 对象代表 PPT 文档中某些幻灯片。

Slides 对象的 Count 属性表示一个 PPT 文档中的幻灯片总数。

```
>>> prt.Slides.Count
4
```

集合对象索引 Slides(i) 返回 Slide 对象，表示第 i 张幻灯片。

```
>>> prt.Slides(4)
<win32com.gen_py.None.Slide>
>>> type(prt.Slides(4))
<class 'win32com.gen_py.91493440-5A91-11CF-8700-00AA0060263Bx0x2x10.Slide'>
```

通过 Slides 对象的 Range 方法可以获得 SlideRange 对象（第 1 张和第 3 张幻灯片）。

```
>>> prt.Slides.Range([1,3])
<win32com.gen_py.Microsoft PowerPoint 14.0 Object Library.SlideRange instance at 0x58320488>
```

通过 Slides/Slide/SlideRange 对象的属性和方法，用户可以轻松地操作幻灯片。

使用 Slides 对象的 AddSlide 方法，可以在 PPT 文档里添加新的幻灯片，其格式如下。

```
Slides.AddSlide(Index, pCustomLayout)
```

其中，Index 参数是新幻灯片在 Slides 集合中的索引号，也就是插入幻灯片的位置。pCustomLayout 参数是要创建的幻灯片的类型，它必须是 CustomLayout 对象。

例如，在 PPT 文档里增加一张幻灯片，其类型和第 1 张幻灯片一样。

```
>>> pptLayout=prt.Slides(1).CustomLayout
>>> prt.Slides.AddSlide(5,pptLayout)
```

在 PPT 文档里新增幻灯片时，更常用的是 Add 方法。

```
>>> prt.Slides.Add(6,constants.ppLayoutTitle)
>>> prt.Slides.Add(7,12)
```

Add 方法的第 2 个参数也是幻灯片的类型，它可以取 PpSlideLayout 枚举值，既可以写常量名称，也可以写编号。例如，ppLayoutTitle 表示标题型，编号 12 代表空白样式 ppLayoutBlank。

使用 Cut、Copy、Delete、Paste 方法可以对个别或者一组幻灯片进行剪切、复制、删除、粘贴操作，从而轻松实现多个演示文稿的合并。

下面的代码是将 PPT 文档中的第 1 和第 4 张幻灯片，粘贴到另一个 PPT 文档中第 3 张的位置。

```
>>> prt.Slides.Range([1,4]).Copy()
>>> prt_out=pptApp.Presentations.Open(r'H:\示例\第 7 章\Hello1_PageSetup.ppt')
>>> prt_out.Slides.Paste(3)
>>> prt_out.SaveAs(r'H:\示例\第 7 章\Hello1_Copy_Paste.pptx')
```

打开 "Hello1_Copy_Paste.pptx" 文件，效果如图 7-4 所示。

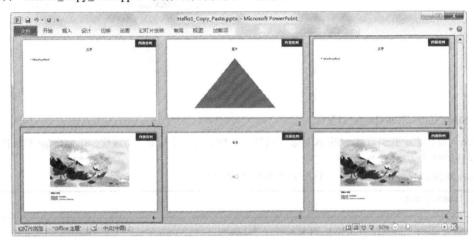

图 7-4

Slide 对象的属性有很多，例如，Background 属性主要设置幻灯片的背景，HeadersFooters 属性设置幻灯片的页眉、页脚信息，Comments 属性设置幻灯片的批注。这些属性往往会返回对象，并通过返回对象的方法和属性来设置最终效果。

给幻灯片添加批注。

```
>>> prt.Slides(1).Comments.Add(0,0,'HHP','HE','批注')
```

Slide 对象的 SlideShowTransition 属性返回一个 SlideShowTransition 对象，该对象指定幻灯片切换的效果。下面为 PPT 文档的第 2 和第 4 张幻灯片添加切换效果。

```
>>> tran=prt.Slides.Range([2,4]).SlideShowTransition
>>> tran.EntryEffect=constants.ppEffectCoverLeftDown
>>> tran.AdvanceOnTime=True
>>> tran.AdvanceTime=5
>>> tran.SoundEffect.ImportFromFile(r'H:\示例\第 7 章\music.wav')
>>> prt.SaveAs(r'H:\示例\第 7 章\Hello1_EntryEffect.pptx')
```

4. Shape/Shapes/ShapeRange 对象

添加了幻灯片以后，就需要进入每一页幻灯片设置各种图形元素，这就涉及 Shape 对象。广义来讲，幻灯片上的任何元素都是 Shape 对象（图形），一张幻灯片上的全部 Shape 对象就是 Shapes 集合对象。

（1）图形类型

下面新建一个 PPT 文档，添加一张幻灯片，样式为"图表和文字"。

```
>>> prt=pptApp.Presentations.Add()
>>> sld=prt.Slides.Add(1,constants.ppLayoutChartAndText)
```

查看幻灯片上的图形的数量。

```
>>> sld.Shapes.Count
3
```

使用 Shapes 集合对象索引，获取每一个图形，得到 Shape 对象。

```
>>> sld.Shapes(2)
<win32com.gen_py.Microsoft PowerPoint 14.0 Object Library.Shape instance at 0x50484672>
```

使用 Shapes 对象的 Range 方法获取一组图形，得到 ShapeRange 对象。

```
>>> sld.Shapes.Range([1,3])
<win32com.gen_py.Microsoft PowerPoint 14.0 Object Library.ShapeRange instance at 0x58499024>
```

遍历幻灯片上的每个图形，查看其类型。

```
>>> [shp.Type for shp in sld.Shapes]
[14, 14, 14]
```

我们通过 VBA 帮助，查看 Shape 类型的全部取值（MsoShapeType 枚举），见表 7-3。14 代表占位符（msoPlaceholder）。这里的图形是广义的，音频、视频等媒体也是图形。

表 7-3

名称	值	说明	名称	值	说明
msoShapeTypeMixed	-2	混合图形类型	msoPicture	13	图片
msoAutoShape	1	自选图形	msoPlaceholder	14	占位符
msoCallout	2	标注	msoTextEffect	15	艺术字
msoChart	3	图	msoMedia	16	媒体
msoComment	4	批注	msoTextBox	17	文本框
msoFreeform	5	任意多边形	msoScriptAnchor	18	脚本定位标记
msoGroup	6	组合	msoTable	19	表
msoEmbeddedOLEObject	7	嵌入的 OLE 对象	msoCanvas	20	画布
msoFormControl	8	窗体控件	msoDiagram	21	图表
msoLine	9	线条	msoInk	22	墨迹
msoLinkedOLEObject	10	链接 OLE 对象	msoInkComment	23	墨迹批注
msoLinkedPicture	11	链接图片	msoIgxGraphic	24	SmartArt 图形
msoOLEControlObject	12	OLE 控件对象	-	-	-

（2）创建图形

图形的种类非常多，要使用 Shapes 对象的不同方法创建。常见图形的创建方法见表 7-4。

表 7-4

方法	作用	方法	作用
AddCallout	插图编号	AddShape	自选图形
AddComment	批注	AddTextbox	文本框
AddConnector	连接符	AddTextEffect	艺术字
AddLabel	标签	AddTitle	标题占位符恢复
AddLine	线条	AddSmartArt	流程图
AddMediaObject	多媒体	AddMediaObject2	新多媒体
AddOLEObject	OLE 对象	AddCurve	贝塞尔曲线
AddPicture	图片	AddPlaceholder	恢复占位符
AddTable	表格	AddPolyline	多边形
AddChart	图表	BuildFreeform	任意多边形对象

上表中的方法，其语法和参数都不相同，详细信息需要进一步查询 VBA 帮助。下面对常用方法做简要介绍。
添加自选图形的语法如下。

```
Shapes.AddShape(Type, Left, Top, Width, Height)
```

添加文本框的语法如下。

```
AddTextbox(Orientation, Left, Top, Width, Height)
```

Orientation 参数表示文本的显示方式，查询 MsoTextOrientation 枚举表可知，水平取值为 1、向上取值为 1、向下取值为 3、垂直取值为 5 等。
添加艺术字的语法如下。

```
AddTextEffect(PresetTextEffect, Text, FontName, FontSize, FontBold, FontItalic, Left, Top)
```

PresetTextEffect 参数表示文字效果，其取值可查看 MsoPresetTextEffect 枚举表。
添加图片的语法如下。

```
AddPicture(FileName, LinkToFile, SaveWithDocument, Left, Top, Width, Height)
```

FileName 参数表示是图片文件名，LinkToFile 参数表示是否将图片链接到文件。SaveWithDocument 参数表示是否将已链接的图片与其插入的文档一起保存，如果 LinkToFile 为 False，则此参数必须为 True。
插入音频和视频的语法如下。

```
AddMediaObject2(FileName,LinkToFile,SaveWithDocument,Left,Top,Width,Height)
```

插入表格的语法如下。

```
AddTable(NumRows, NumColumns, Left, Top, Width, Height)
```

NumberRows 参数表示表格中的行数，NumColumns 参数表示表格中的列数。
插入图表的语法如下。

```
AddChart(Type, Left, Top, Width, Height)
```

PowerPoint 中创建图形的语法和 Word 中的语法非常相似，但是要注意两个 Shape 对象的方法和属性还是略有区别，不能直接混用。

（3）图形格式
在所有创建图形的方法里，除了 BuildFreeform 返回一个 FreeformBuilder 对象，其余都返回 Shape 对象。

设置图形格式主要通过 Shape 对象的属性进行。Shape 对象的属性说明见表 7-5。

表 7-5

属性	说明	返回对象	属性	说明	返回对象
ActionSettings	动作	ActionSettings	Shadow	阴影	ShadowFormat
AnimationSettings	动画	AnimationSettings	Fill	填充	FillFormat
ThreeD	三维	ThreeDFormat	Line	线条	LineFormat
MediaFormat	媒体	MediaFormat	SmartArt	流程图	SmartArt
PictureFormat	图片	PictureFormat	Chart	图表	Chart
PlaceholderFormat	占位符	PlaceholderFormat	Table	表格	Table
TextEffect	文本效果	TextEffectFormat	Left	左边距	
TextFrame	文本	TextFrame	Top	上边距	
TextFrame2	文本	TextFrame2	Width	宽度	
BackgroundStyle	背景		Height	高度	

下面介绍几种常见图形类型的格式设置方法。

我们在幻灯片中插入一个矩形，通过查询 MsoAutoShapeType 枚举表可知，矩形的 Type 是 1。

```
>>> shp_Shape=sld.Shapes.AddShape(1, 20, 20, 200, 60)
```

得到的 shp_Shape 是 Shape 对象，我们要设置其填充效果，可以使用 Shape 对象的 Fill 属性，它返回的是 FillFormat 对象。FillFormat 对象的 ForeColor 属性可以返回一个 ColorFormat 对象，通过该对象的 RGB 属性可以设置颜色值。

```
>>> shp_Shape.Fill.ForeColor.RGB=255
```

我们要设置矩形的线条效果，可以使用 Shape 对象的 Line 属性，它返回的是 LineFormat 对象。通过 LineFormat 对象的 DashStyle 属性可以设置指定线条的虚线线型（查询 VBA 帮助中 MsoLineDashStyle 枚举表，数值 5 表示点划线）。

```
>>> shp_Shape.Line.DashStyle=5
```

我们要设置矩形框中的文本，可以使用 Shape 对象的 TextFrame 属性，它返回的是 TextFrame 对象。TextFrame 对象的 TextRange 属性可以返回一个 TextRange 对象（Word 中此处返回的是 Range 对象），通过该对象可以指定文本框架中的文本。

```
>>> shp_Shape.TextFrame
<win32com.gen_py.Microsoft PowerPoint 14.0 Object Library.TextFrame instance at 0x58530224>
>>> shp_Shape.TextFrame.TextRange
<win32com.gen_py.Microsoft PowerPoint 14.0 Object Library.TextRange instance at 0x58528712>
```

通过 TextRange 对象的 Text 属性可以设置文本内容。

```
>>> shp_Shape.TextFrame.TextRange.Text='矩形框'
>>> shp_Shape.TextFrame.TextRange.ParagraphFormat.Alignment=2
>>> shp_Shape.TextFrame.TextRange.Words(2).Font.Bold=True
```

使用 TextRange 对象的 Paragraphs、Sentences、Words、Characters、Lines、Runs 方法可以精确定位文本。例如，Paragraphs(2,2)表示从第 2 段起选取两段，Paragraphs(2)表示从第 2 段起选取一段，它们返回的依然是 TextRange 对象。Run 对象比较特殊，它是代表具有相同格式的最小字符串。TextRange 对象的 ParagraphFormat 属性，返回 ParagraphFormat 对象，通过其属性可以设置文本段落格式。TextRange 对象的 Font 属性返回 Font

对象，通过其属性可以设置文本字体格式。ParagraphFormat 和 Font 对象，在第 6 章已经介绍了，PowerPoint 中的这两个对象与之类似，不再重复介绍。

图片类图形，可以使用 Shape 对象的 PictureFormat 属性，它将返回 PictureFormat 对象。使用 PictureFormat 对象的属性可以设置图片格式，如 Brightness（亮度）、Contrast（对比度）等。

```
>>> FileName=r'H:\示例\第7章\pic.png'
>>> shp_Picture=sld.Shapes.AddPicture(FileName,True,False,10,10,60,40)
>>> shp_Picture.PictureFormat.Brightness=0.3
```

媒体类图形，可以使用 Shape 对象的 MediaFormat 属性，它将返回 MediaFormat 对象。使用 MediaFormat 对象的属性可以设置媒体格式，如 Muted（是否静音）、Volume（音量）等。

```
>>> FileName=r'H:\示例\第7章\music.mp3'
>>> shp_Media=sld.Shapes.AddMediaObject2(FileName, True, True, 10,10,100,100)
>>> shp_Media.MediaFormat.Volume=0.5
```

表格类图形，可以使用 Shape 对象的 Table 属性，它将返回 Table 对象。使用 Table 对象的 ApplyStyle 方法可以设置表格样式。使用 Table 对象的 Cell 方法，得到单元格 Cell 对象，Cell 对象的 Shape 属性又可以返回 Shape 对象，代表表格单元格中的形状，在其中设置文本和前面在矩形框中设置文本一样。

```
>>> shp_Table=sld.Shapes.AddTable(2,5,20, 20, 200, 60)
>>> shp_Table.Table.Cell(1, 1).Shape.TextFrame.TextRange.Text=1000
>>> shp_Table.Table.Style.Id
'{5C22544A-7EE6-4342-B048-85BDC9FD1C3A}'
>>> shp_Table.Table.ApplyStyle('{5940675A-B579-460E-94D1-54222C63F5DA}')
```

图表类图形，可以使用 Shape 对象的 Chart 属性，它将返回 Chart 对象。使用 Chart 对象的 ChartWizard 方法可以修改图表的属性，其用法在第 6 章已经介绍了，PowerPoint 中的此方法用法与之类似，不再重复叙述。

（4）占位符

我们制作 PPT 文档时，可以在幻灯片中添加各种图形，但是更多的时候会借助占位符。我们向 PPT 文档中添加幻灯片时，指定了幻灯片的类型（PpSlideLayout），各种类型都有不同的占位符。我们可以向占位符中插入标题、正文、图表、图片、多媒体等内容。

查看前面 3 个占位符的类型。

```
>>> [plh.PlaceholderFormat.Type for plh in sld.Shapes.Placeholders]
[1, 8, 2]
```

占位符有很多种类型，我们可以通过 VBA 帮助查看占位符类型的全部取值（PpPlaceholderType 枚举），见表 7-6。

表 7-6

名称	值	说明	名称	值	说明
ppPlaceholderMixed	−2	混合	ppPlaceholderMediaClip	10	媒体剪辑
ppPlaceholderTitle	1	标题	ppPlaceholderOrgChart	11	组织结构图
ppPlaceholderBody	2	正文	ppPlaceholderTable	12	表格
ppPlaceholderCenterTitle	3	居中标题	ppPlaceholderSlideNumber	13	幻灯片编号
ppPlaceholderSubtitle	4	副标题	ppPlaceholderHeader	14	页眉
ppPlaceholderVerticalTitle	5	垂直标题	ppPlaceholderFooter	15	页脚
ppPlaceholderVerticalBody	6	垂直正文	ppPlaceholderDate	16	日期

续表

名称	值	说明	名称	值	说明
ppPlaceholderObject	7	对象	ppPlaceholderVerticalObject	17	垂直对象
ppPlaceholderChart	8	图表	ppPlaceholderPicture	18	图片
ppPlaceholderBitmap	9	位图	-	-	-

我们可以通过 Placeholders 集合对象索引获取每一个占位符。

```
>>> sld.Shapes.Placeholders(1)
<win32com.gen_py.Microsoft PowerPoint 14.0 Object Library.Shape instance at 0x51024728>
```

要注意的是，如果没有 Placeholder 对象，那么我们看到的占位符还是 Shape 对象，所以向占位符中写入文字和向矩形框中写入文字的语法是一样的。

```
>>> sld.Shapes.Placeholders(1).TextFrame.TextRange.Text='XX 银行经营情况'
>>> sld.Shapes.Placeholders(1).TextFrame.TextRange.Font.Name='微软雅黑'
>>> trg=sld.Shapes.Placeholders(3).TextFrame.TextRange
>>> trg.Text='1、存款情况' + '\r\n' + '(1)...' + '\r\n' + '(2)...' + '\r\n' + '2、贷款情况' + '\r\n' + '(1)...' + '\r\n' + '(2)...'
>>> trg.Paragraphs(1).IndentLevel=1
>>> trg.Paragraphs(2).IndentLevel=2
>>> trg.Paragraphs(3).IndentLevel=2
>>> trg.Paragraphs(4).IndentLevel=1
>>> trg.Paragraphs(5).IndentLevel=2
>>> trg.Paragraphs(6).IndentLevel=2
```

第二个占位符是图表类型，不能写入文字。在幻灯片中有空的图表占位符时插入图表，图表将自动放入占位符中。

```
>>> shp_Chart=sld.Shapes.AddChart()
>>> cht=shp_Chart.Chart
>>> cht.ChartData.Workbook.Application.Visible=False
>>> cht.ChartData.Workbook.Worksheets(1).Range('A1:C6').Value=(('年度', '存款(亿元)', '贷款(亿元)'),('2015年', 68, 36),('2016年', 78, 46),('2017年', 88, 56),('2018年', 98, 68),('2019年', 118, 89))
>>> cht.ChartWizard(Source="=Sheet1!$A$1:$C$6",Gallery=constants.xlBarClustered,HasLegend=False, \
Title='XX 银行存贷款情况图示',CategoryTitle='年度',ValueTitle='单位：亿元')
>>> cht.ChartData.Workbook.Close()
```

插入的图表将自动缩放，并放入占位符。可以通过 Shape 对象的 Left、Top、Width、Height 属性调整图表的位置和大小。

```
>>> shp_Chart.Left,shp_Chart.Top,shp_Chart.Width,shp_Chart.Height=(10.0, 126.0, 350, 300)
```

生成的幻灯片如图 7-5 所示。

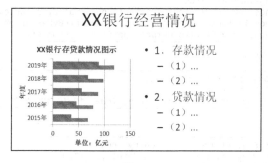

图 7-5

7.1.2 动画设计

动画效果是幻灯片设计的"灵魂",使用动画效果可以使幻灯片上的文字、图片和其他内容动起来,从而引导观众的注意力、强调要点。通过幻灯片之间的过渡和在幻灯片中上下移动内容,可以最大化利用幻灯片空间。

广义的动画包括整个演示文稿的播放效果(SlideShowSettings 对象)、幻灯片之间的切换(SlideShowTransition 对象)、元素的动作(ActionSettings 对象)等,狭义的动画是指添加到文本或对象中的特殊视觉或声音效果。

早期的 PowerPoint 版本使用了 AnimationSettings 对象来设置元素的动画,后来逐渐开始使用 TimeLine 对象来管理每一张幻灯片的动画。

1. AnimationSettings 对象

使用 Shape 对象的 AnimationSettings 属性可以设置元素的动画。AnimationSettings 对象代表幻灯片放映时应用于指定图形的动画的特殊效果。AnimationSettings 对象的属性说明见表 7-7。

表 7-7

属性	说明
Animate	打开动画(True)或关闭动画(False)
AdvanceMode	动画是仅在单击时前进,还是在指定的时间后自动前进
AdvanceTime	指定的时间后自动启动动画
TextLevelEffect	文本按什么段落级别(一级、二级、三级等)设置动画
TextUnitEffect	文本是逐段、逐字还是逐个字母进行动画处理
EntryEffect	进入动画的特殊效果
AfterEffect	图形在生成之后是变暗、隐藏,还是保持不变
DimColor	变暗对象时使用的颜色
AnimateTextInReverse	是否以相反顺序构建指定的形状
SoundEffect	声音效果
PlaySettings	指定媒体剪辑的播放方式

这些属性的取值可以进一步参考 VBA 帮助文档。要注意的是,各个属性之间是有联系的,例如,TextUnitEffect 属性设置生效的前提是 Animate 的属性值必须设为 True,同时 TextLevelEffect 的属性值不得为 ppAnimateLevelNone 或 ppAnimateByAllLevels 对应的值。

下面在上一小节 PPT 文档的基础上,给占位符中正文部分的文字添加动画效果。

```
>>> shp_txt=sld.Shapes.Placeholders.Item(3)
>>> shp_txt.AnimationSettings.Animate=True
>>> shp_txt.AnimationSettings.TextLevelEffect=constants.ppAnimateBySecondLevel
>>> shp_txt.AnimationSettings.TextUnitEffect=constants.ppAnimateByParagraph
>>> shp_txt.AnimationSettings.EntryEffect=constants.ppEffectFlyFromLeft
```

添加一张幻灯片,插入视频。

```
>>> sld=prt.Slides.Add(2,constants.ppLayoutBlank)
>>> videoFile=r'H:\示例\第 7 章\vedio.wmv'
>>> video=sld.Shapes.AddMediaObject2(videoFile, True, True, 10,10,400,300)
```

添加播放控制效果。

```
>>> video.AnimationSettings.PlaySettings.PlayOnEntry=True
>>> video.AnimationSettings.PlaySettings.HideWhileNotPlaying=True
>>> prt.SaveAs(r'H:\示例\第 7 章\Hello1_Animation.pptx')
```

如果在播放时不用动画,则可以在设置 PPT 文档放映方式时选择"播放时不带动画"。如果要清除某个元素动画,则可以采取如下方式。

```
Shape.AnimationSettings.Animate=False
```

2. TimeLine 对象

Timeline 的意思是时间轴,一张幻灯片上有多个元素,每个元素可能都有不同的动画,这些动画在播放时有先后或者交叉。动画的播放方式,实际上是由 TimeLine 对象来控制的,它把各种动画效果(Effect)组织成序列(Sequence)。

序列包括两种,一种是自动按顺序播放的序列(MainSequence),另一种是用户触发的序列(InteractiveSequences)。MainSequence 是集合对象,代表一张幻灯片上在主动画序列中的所有动画效果的集合。可以通过 MainSequence(Index)来获取具体的一个动画效果(Index 为动画效果编号),也可以通过此对象集合向主动画序列中添加动画效果。

TimeLine 对象关系如图 7-6 所示。

(1) 添加一个动画效果

添加动画效果的方法如下。

```
Sequence.AddEffect(Shape, effectId, Level, trigger, Index)
```

AddEffect 方法的参数说明见表 7-8。

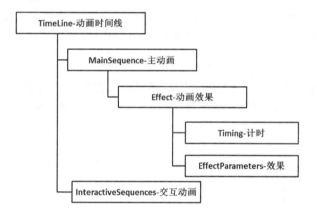

图 7-6

表 7-8

参数	必选/可选	说明
Shape	必选	向其添加动画效果的形状
effectId	必选	要应用的动画效果,取值可查询 MsoAnimEffect 枚举表
Level	可选	图表、图示或文本中的动画效果级别,取值可查询 MsoAnimateByLevel 枚举表
trigger	可选	触发动画效果的动作,取值可查询 MsoAnimTriggerType 枚举表
Index	可选	效果在动画效果集合中的位置,默认值为-1(添加到末尾)

以下代码将新建 PPT 文档,添加空白幻灯片,添加圆形并添加一个动画效果(擦除效果,查询 MsoAnimEffect 枚举表,可知常量为 msoAnimEffectWipe,对应值为 22)。

```
>>> prt=pptApp.Presentations.Add(False)
>>> sld=prt.Slides.Add(1,12)
>>> box=prt.Slides(1).Shapes.AddShape(9, 0, 0,100,100)
>>> box.TextFrame.TextRange.Text='圆'
>>> box.TextFrame.TextRange.Font.Bold=True
>>> box.TextFrame.TextRange.Font.Size=50
>>> effect=sld.TimeLine.MainSequence.AddEffect(Shape=box,effectId=22)
>>> prt.SaveAs(r'H:\示例\第7章\Hello1_AddEffect.pptx')
```

(2)动画的进一步设置

我们新建一张幻灯片,添加两个圆球,右边的圆球(box0)先飞入(查询 MsoAnimEffect 枚举表,对应的值为 2),单击右边的圆球,左边的圆球(box1)开始旋转,并且来回弹跳。

```
>>> prt=pptApp.Presentations.Add(False)
>>> sld=prt.Slides.Add(1,12)
>>> box0=sld.Shapes.AddShape(9, 600, 0,100,100)
>>> box0.TextFrame.TextRange.Text='开始'
>>> box0.TextFrame.TextRange.Font.Bold=True
>>> box0.TextFrame.TextRange.Font.Size=30
>>> effect0=sld.TimeLine.MainSequence.AddEffect(box0,2)
>>> box1=sld.Shapes.AddShape(9, 0, 0,100,100)
>>> box1.TextFrame.TextRange.Text='运动'
>>> box1.TextFrame.TextRange.Font.Bold=True
>>> box1.TextFrame.TextRange.Font.Size=30
>>> sqs=sld.TimeLine.InteractiveSequences.Add()
>>> effect1=sqs.AddEffect(box1,22,trigger=4)
>>> effect1.Timing.TriggerShape=box0
```

Trigger 是触发动画效果的动作,默认值为"单击页面"。我们设置 box1 动画的触发动作是单击 box0,查询 MsoAnimTriggerType 枚举表后,可知常量为 msoAnimTriggerOnShapeClick,值为 4。

给 box1 添加动画以后,返回的是 Effect 对象。

```
>>> effect1
<win32com.gen_py.Microsoft PowerPoint 14.0 Object Library.Effect instance at 0x58582016>
```

我们可以通过 Effect 对象的属性对动画进行一些设置,以达到个性化的效果。动画 Effect 对象的属性说明见表 7-9。

表 7-9

属性	说明	返回对象
Behaviors	动画行为	AnimationBehaviors
EffectInformation	动画效果的信息	EffectInformation
EffectParameters	动画效果属性	EffectParameters
Shape	具有动画效果的图形	Shape
Timing	动画序列的计时属性	Timing
DisplayName	返回动画效果的名称,只读	-
EffectType	取值为 MsoAnimEffect 常量,代表动画效果类型,可读写	-
Exit	决定动画效果是否为退出效果,可读写	-
Index	动画效果或设计的索引号,只读	-
Paragraph	文本范围中要应用动画效果的段落,可读写	-
TextRangeLength	文本区域的长度,只读	-
TextRangeStart	文本区域的起始位置,只读	-

Effect 对象的 Behaviors 属性返回 AnimationBehaviors 对象。

```
>>> effect1.Behaviors
<win32com.gen_py.Microsoft PowerPoint 14.0 Object Library.AnimationBehaviors instance at 0x58581568>
```

使用 AnimationBehaviors 对象的 Add 方法可以增加动画动作。其语法如下。

```
AnimationBehaviors.Add(Type, Index)
```

Type 是动画动作的类型参数，取值为 MsoAnimType 的枚举值，见表 7-10。

表 7-10

名称	值	说明	名称	值	说明
msoAnimTypeColor	2	颜色	msoAnimTypeNone	0	无
msoAnimTypeCommand	6	命令	msoAnimTypeProperty	5	属性
msoAnimTypeFilter	7	滤镜	msoAnimTypeRotation	4	旋转
msoAnimTypeMixed	−2	混合	msoAnimTypeScale	3	缩放
msoAnimTypeMotion	1	动作	msoAnimTypeSet	8	设置

下面为 box1 的动画效果增加动作。

```
>>> aniMotion=effect1.Behaviors.Add(constants.msoAnimTypeMotion)
>>> aniMotion
<win32com.gen_py.Microsoft PowerPoint 14.0 Object Library.AnimationBehavior instance at 0x58581680>
```

增加动作后返回 AnimationBehavior 对象，它的 MotionEffect 属性返回一个代表移动动画的属性的 MotionEffect 对象。MotionEffect 对象的属性说明见表 7-11。

表 7-11

属性	说明
ByX	表示将对象水平移动列屏幕宽度的指定百分比
ByY	表示将对象按比例垂直移动列屏幕高度的指定百分比
FromX	表示 MotionEffect 对象的起始水平位置，为屏幕宽度的百分比
FromY	表示 MotionEffect 对象的起始垂直位置，为屏幕高度的百分比
Path	表示 MotionEffect 对象遵循的路径
ToX	表示 MotionEffect 对象的终点水平位置，指定为屏幕宽度的百分比
ToY	表示 MotionEffect 对象的终点垂直位置，指定为屏幕高度的百分比

下面为 box1 设置运动路径。

```
>>> aniMotion.MotionEffect.Path='M 0 0 L 0.5 0.5 L 0.9 0 L 0.5 0.5 L 0.9 0.9 L 0.5 0.5 L 0 0.9'
```

MotionEffect.Path 指定了运动轨迹，M 表示运动的起点，"0 0"表示图形自身的位置，"L"表示沿着直线运动，"0.5 0.5"表示屏幕中心位置，"0.5"表示屏幕 50%的位置，"0.9 0"表示位于宽 90%、高 0%的位置（即屏幕右上角）。

前面增加的是来回往复运动，下面增加旋转运动。

```
>>> aniRotation=effect1.Behaviors.Add(constants.msoAnimTypeRotation)
```

增加动作后还是返回 AnimationBehavior 对象，它的 RotationEffect 属性返回一个代表移动动画的属性的

RotationEffect 对象。RotationEffect 对象的属性包括以下 3 个：By，代表对象旋转的指定度数；From，代表初始角度（以度为单位）；To，代表对象旋转结束角度。

```
>>> aniRotation.RotationEffect.From=0
>>> aniRotation.RotationEffect.From=360
```

最终的动画效果就是圆球一边在屏幕的 4 个角来回弹，一边旋转。

动画总是和时间紧密联系，时间决定了动画效果显示的快慢、重复次数、持续时间、加速或减速等。AnimationBehavior 对象的 Timing 属性返回 Timing 对象，该对象代表动画序列的计时属性。

```
>>> aniMotion.Timing
<win32com.gen_py.Microsoft PowerPoint 14.0 Object Library.Timing instance at 0x58581568>
```

Timing 对象的属性说明见表 7-12。

表 7-12

属性	说明	属性	说明
Accelerate	动画加速过程的时间占比	RewindAtEnd	对象返回初始位置
AutoReverse	动画结束后反向运行一次	SmoothStart	动画平缓启动
Decelerate	动画减速过程的时间占比	SmoothEnd	动画平缓结束
Duration	动画长度（以秒为单位）	TriggerDelayTime	启用动画触发后的延迟以秒为单位
RepeatCount	重复动画的次数	TriggerShape	单击什么形状触发动画
RepeatDuration	重复动画应持续多少秒	TriggerType	动画触发类型（如单击）
Restart	动画效果启动后重新启动	-	-

例如，Accelerate 取值 0.7，表示动画将在前 70%的时间内逐渐加速到默认速度，并在最后 30% 的时间内保持默认速度。

通过设置 Timing 对象的属性，实现对动画效果（运动）的控制。

```
>>> aniMotion.Timing.AutoReverse=True
>>> aniMotion.Timing.Duration=5
>>> aniMotion.Timing.RepeatCount=3
>>> prt.SaveAs(r'H:\示例\第7章\Hello1_AddEffect.pptx')
```

案例：批量设置文本格式

运用 Python 来操控 PPT 文档的意义在于可以快速批量设置，例如快速统一 PPT 文档的格式。

图 7-7 所示幻灯片的文本的字体、字号、颜色不一致，如果手动调整将非常麻烦，因此我们考虑用程序自动修改格式。

代码如下。

```
from win32com.client import Dispatch
pptApp=Dispatch('PowerPoint.Application')
prt=pptApp.Presentations.Open(r'H:\示例\第7章\hello1_txt.pptx')
for sld in prt.Slides:
    for shp in sld.Shapes:
        if shp.HasTextFrame:
            font=shp.TextFrame.TextRange.Font
            font.NameAscii='微软雅黑'
            font.NameFarEast='微软雅黑'
            font.Name='微软雅黑'
            font.Size=20
            font.Color.RGB=0
            font.Subscript=0
```

```
            font.Superscript=0
            font.Underline=0
            font.Bold=0
            font.Italic=0
            font.Underline=0
prt.SaveAs(r'H:\示例\第7章\hello1_txt1.pptx')
prt.Close()
pptApp.Quit()
```

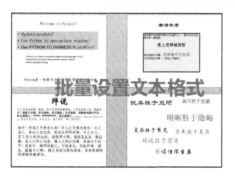

图 7-7

修改后的效果如图 7-8 所示。

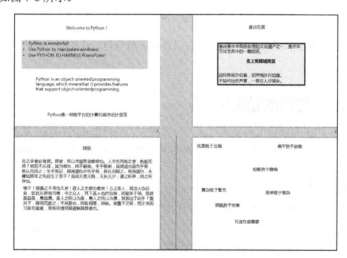

图 7-8

案例：批量设置动画

除了统一设置格式，还可以运用 Python 为所有幻灯片添加统一的动画效果。下面批量为幻灯片的标题内容添加"从左侧飞入"的进入动画效果，并设置在每张幻灯片切换后立即播放动画而无须单击触发。

```
from win32com.client import Dispatch, constants
pptApp=Dispatch('PowerPoint.Application')
prt=pptApp.Presentations.Open(r'H:\示例\第7章\Hello1.pptx',False,False,False)
for slide in prt.Slides:
    settings=slide.Shapes(1).AnimationSettings
    settings.AdvanceMode=constants.ppAdvanceOnTime
    settings.AdvanceTime=0
```

```
settings.EntryEffect=constants.ppEffectFlyFromLeft
prt.SaveAs(r'H:\示例\第7章\Hello1_settings.pptx')
prt.Close()
pptApp.Quit()
```

运行以后，4张幻灯片的标题都增加了"从左侧飞入"的进入动画效果，如图7-9所示。

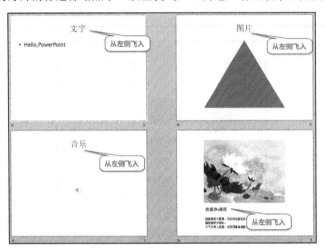

图 7-9

虽然上面的例子只修改了少量幻灯片，但是通过循环遍历就可以一次性修改成百上千个PPT文档中的所有幻灯片。

7.2 PowerPoint 文档的底层结构

和 Word 文档一样，PPT 文档的文件格式也大致分为两类。PowerPoint97-2003 版本创建的 PPT 文档均是复合二进制格式（.ppt），PowerPoint2007 及以后的版本采用的是 OOXML 格式（.pptx）。

7.2.1 .ppt 格式文档

例如，我们有一个文件"Hello.ppt"，其中只有一张幻灯片，如图7-10所示。

图 7-10

用 OffVis 软件打开文件，选择 PowerPoint，单击"Parser"按钮，左边窗口中是文件的二进制内容，右边窗口中是文件的内部结构，如图 7-11 所示。

图 7-11

通过文件头 D0 CF 11 E0 A1 BA 1A E1，我们判断该文件确实是复合二进制格式文件，如图 7-12 所示。在左边窗口右下方，我们找到了标题文本"Hello,PowerPoint"，如图 7-13 所示。

图 7-12

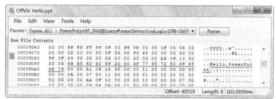
图 7-13

可以看到文本开始位置是 9D92，结束位置是 9DA1，都是十六进制数。我们可以直接以二进制方式读取文本。

```
>>> with open(r'H:\示例\第7章\Hello.ppt','rb') as f:
...     start=int('9D92',16)
...     end=int('9DA1',16)
...     len=end-start+1
...     f.seek(start)
...     str=f.read(len)
...     print(str)
b'Hello,PowerPoint'
```

.ppt 文档是复合文件，里面所有的元素（文字、图片、音频视频）都以二进制的形式存放。如果要提取元素，我们就需要知道元素的存储位置、起始位置（相对文件头的偏离 Offset）和字节长度（Size）。在不使用 OffVis 软件的情况下，要想知道标题存放的位置，就需要深入研究.ppt 文档的内部结构。详细的信息要查询 Microsoft 公司公布的文档，如图 7-14 所示。

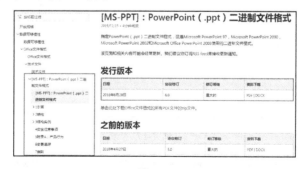

图 7-14

7.2 PowerPoint 文档的底层结构 241

目前尚没有现成的第三方 Python 库来解析.ppt 文档，因此只能通过 win32com 库来操作。

7.2.2 .pptx 格式文档

例如，我们有一个文件"Hello.pptx"，其中有 3 张幻灯片，如图 7-15 所示。

图 7-15

和.xlsx、.docx 文档一样，.pptx 文档本质上是一个压缩文件。将"Hello.pptx"文件的扩展名修改为.zip，解压缩后，查看文件夹中的内容，如图 7-16 所示。

图 7-16

也可以用压缩软件直接打开该文件进行查看，如图 7-17 所示。

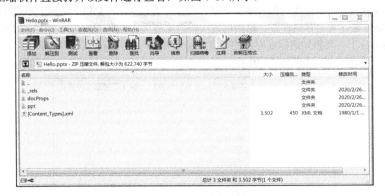

图 7-17

.pptx 文档由 4 部分组成，其中包括_rels、docProps、ppt 3 个文件夹，以及一个.xml 文档[Content_Types].xml。除了 ppt 文件夹，其他文件和文件夹在.docx 文档解压后也可以看到。

[Content_Types].xml 定义了 PPT 文档里用到的各种内容类型。

_rels 文件夹中有.rels 文件，它定义文档各组成部分之间的关联关系（relationships），各部分正是通过关联关系组合在一起，从而构成整个演示文稿。

图 7-18 所示的是 docProps 文件夹中包含的 3 个文件："app.xml"文件描述 PowerPoint 软件的版本、文档页数、字符总数等；"core.xml"文件描述作者、文档创建时间、最后修改时间等；"thumbnail.jpeg"文件是演示文稿第一页的缩略图。

文件的主要内容都在 ppt 文件夹中，如图 7-19 所示。

图 7-18　　　　　　　　　　　　　　　　　图 7-19

上图中，presentation.xml 文件负责将整个文件夹中的内容串联在一起，形成一个完整的文档；_rels 文件夹描述文档各部分如何组合为一个文档；media 文件夹保存文档中嵌入的图片、音频、视频等多媒体文件；theme 文件夹描述文档使用的主题风格；slideMasters 文件夹包含母版幻灯片的文本、格式信息；slideLayouts 文件夹包含幻灯片模板的默认格式；slides 是最重要的文件夹，它包含每张幻灯片的具体内容。

用 PowerPoint 软件打开一个.pptx 文档时，presentation.xml 是被读取的第一个部件，通过根目录下_res 文件夹内关系部件 presentation.xml.rels 中的定义，读取 presProps.xml、tableStyles.xml 和 viewProps.xml，以及 theme/theme1.xml、slide-Maters/sildeMater1.xml 和 slides/slide1.xml。

用 PowerPoint 软件编辑一个.pptx 文档时，编辑界面中输入的数据都存储在 slide.xml 部件中，slide.xml 部件引用 slideLayout.xml 部件，slideLayout.xml 部件又引用 slideMaster.xml 部件。这样，我们在幻灯片（slide）中输入的数据就可以通过幻灯片设计（slideLayout）和幻灯片模板（slideMaster）中预先保存的格式设置属性进行格式设置。

打开 media 文件夹，可以看到图片和音频文件，如图 7-20 所示。

查看 slides 子文件夹的内容，如图 7-21 所示。

图 7-20　　　　　　　　　　　　　　　　　图 7-21

我们看到 slides 文件夹里面有 3 张幻灯片的.xml 文档以及关系文件。每一张幻灯片都以一个独立的.xml 文档格式存储，这些.xml 文档的命名规律为"slide+幻灯片序号.xml"；与之对应的，slides_rels 文件夹中存放着各张幻灯片的关系文件，这些关系文件的命名规律为"slide+幻灯片序号.xml.rels"。

打开"slide1.xml"文件，可以看到第一张幻灯片中的文字信息，如图 7-22 所示。

我们给第 1 张幻灯片中的文本"Hello,PowerPoint"增加"擦除"（WipeUp）动画效果，再次查看 slide1.xml，发现增加了部分内容，如图 7-23 所示。

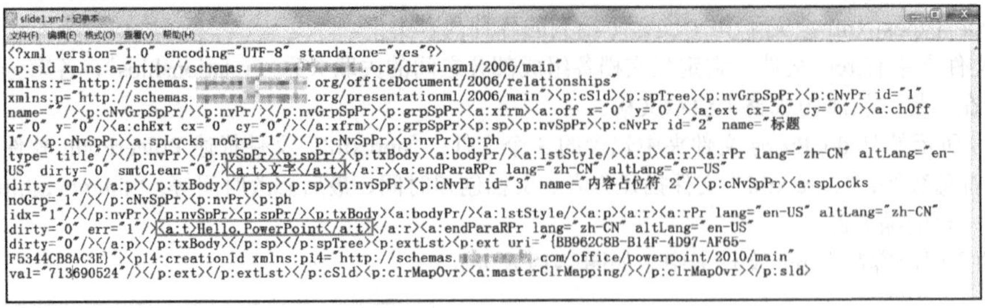

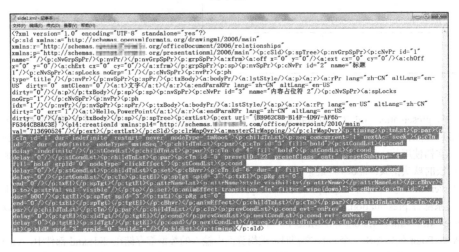

图 7-22

图 7-23

这部分内容正是用来控制幻灯片的动画效果的。将 wipe(down)修改为 wedge，用 WinRAR 打开原 Hello.pptx 文件，进入 slides 文件夹，将修改后的"slide1.xml"文件拖进去替换原"slide1.xml"文件，保存 Hello.pptx 文件，如图 7-24 所示。

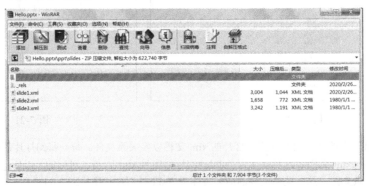

图 7-24

用 PowerPoint 打开"Hello.pptx"文件，可以见到文字动画效果变为"扇形展开"。

再来看一个例子，图 7-25 所示的演示文稿中的第 3 张幻灯片中有一个表格，我们希望修改该表格的样式。

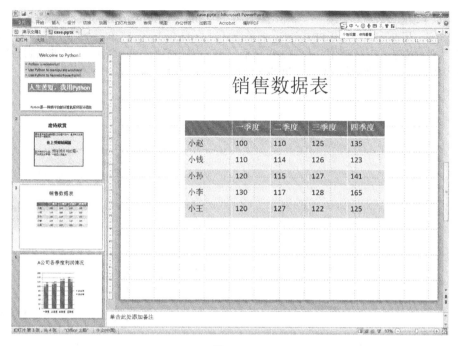

图 7-25

解压缩该文件,表格样式存放在"tableStyles.xml"和"slide3.xml"文件里面,如图 7-26 所示。

用 Notepad++打开"tableStyles.xml"和"slide3.xml"文件,可以看到表格样式编号,如图 7-27 所示。

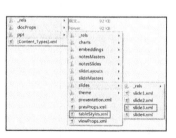

图 7-26

图 7-27

由于.xml 文档经过了压缩处理,因此阅读起来很困难。我们可以通过 BeautifulSoup4 库来解析,它可以将一个复杂的.xml 文档转换成树形结构的代码。

```
>>> from bs4 import BeautifulSoup
>>> file=r'H:\示例\第 7 章\Hello\case\ppt\slides\slide3.xml'
>>> soup=BeautifulSoup(open(file,encoding='utf-8'),'xml')
>>> f=open(r'H:\示例\第 7 章\Hello\test.txt','w')
>>> print(soup.prettify(),file=f)
>>> f.close()
```

用记事本打开"test.txt"文件,可以看到红色区域(graphicFrame)描述了表格信息,tableStyleId 表示表格样式,它位于 graphic.graphicData.tbl 下面,如图 7-28 所示。

我们可以手动修改表格样式编号，如将之替换为"{5940675A-B579-460E-94D1- 54222C63F5DA}"，分别保存两个文件。用 WinRAR 打开 PPT 文档，将修改后的"tableStyles.xml"和"slide3.xml"文件分别拖放到压缩包内原文件的位置，替换原文件。如图 7-29 所示，我们把修改后的"slide3.xml"文件拖放到压缩包内原文件 slide3.xml 所在位置，替换掉原文件，"tableStyles.xml"的替换操作与此类似，不再演示。

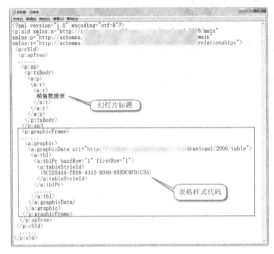

图 7-28

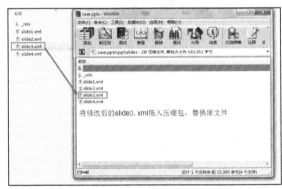

图 7-29

关闭 WinRAR，双击打开 PPT 文档，我们可以看到表格的样式发生了变化，如图 7-30 所示。

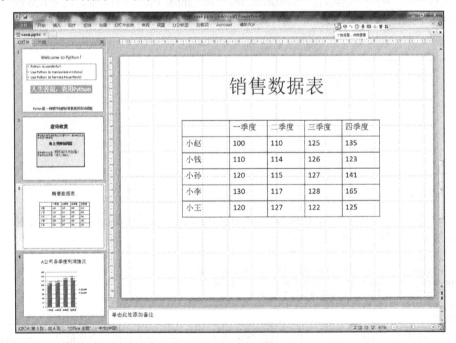

图 7-30

通过对 PPT 文档文件结构的分析，我们有了自动化操作思路。对于.pptx 文档，只需要解压文件，然后再解析.xml 文档即可。当然，我们不需要"从零开始造轮子"，可以使用现成的 python-pptx 库。但 python-pptx 库不能直接操作.ppt 文档。对于.ppt 文档，只能使用 win32com 库实现自动化操作。我们还可以通过 win32com 库将.ppt 文档转换为.pptx 文档。

7.3 用 python-pptx 库操作 PowerPoint 文档

python-pptx 是一个用于创建和修改.pptx 文档的 Python 库，可以在没有安装 Office 的环境中对 PPT 文档进行自动化操作。python-pptx 和 python-docx 这两个库的安装和使用方法非常类似。

7.3.1 创建演示文稿

在 pptx 包中，PPT 文档的文件结构和对应的对象层级大体上遵循演示文稿（Presentation）→幻灯片（Slides）→图形（SlideShapes）的顺序。

1. 简单示例

pptx 包下面的 api.py 里面有个 Presentation(pptx=None)函数，它可以返回一个 Presentation 对象。参数 pptx 表示将要打开的．pptx 文档，如果没有提供文件参数，那么它会打开 pptx 包安装目录的子目录 templates 下面的"default.pptx"文件。

打开文件的过程是很复杂的，我们可以视其为一个封装良好的"黑箱"，直接调用。由于 pptx 包里面的 __init__.py 中已经导入了该函数。

```
>>> from pptx.api import Presentation
```

所以，我们使用下面的语句从 pptx 包导入它。

```
>>> from pptx import Presentation
```

导入以后，就可以直接使用。

```
>>> myPrs=Presentation()
>>> myPrs
<pptx.presentation.Presentation object at 0x00000000042618B8>
>>> type(myPrs)
<class 'pptx.presentation.Presentation'>
```

函数返回的是 Presentation 对象，用 dir 函数查看对象的属性和方法，主要包括：core_properties、element、notes_master、part、save、slide_height、slide_layouts、slide_master、slide_masters、slide_width、slides。

使用 element 属性可以看出 python-pptx 库中对象和.xml 文档的对应关系。

```
>>> myPrs.element
<Element {http://schemas.          .org/presentationml/2006/main}presentation at 0x378d048>
```

使用 slides 属性可以获取演示文稿内的幻灯片集合。

```
>>> myPrs.slides
<pptx.slide.Slides object at 0x00000000042B3D38>
```

返回的是一个 Slides 对象，用 dir 函数查看对象的属性和方法，主要包括：add_slide、element、get、index、parent、part。

结尾带 s 的对象通常有成员对象。对于这类集合对象，我们可以通过[顺序号]索引到成员对象，进而获取每个成员对象的类型、属性和方法等信息。一个稳妥的办法是先查看对象有没有 __getitem__ 方法，以及该方法是如何定义索引参数的。

我们先使用__len__方法查看成员的个数，也可以使用 len(myPrs.slides)函数。

```
>>> myPrs.slides.__len__()
0
```

访问第一个成员的语法是 myPrs.slides[0]，由于 myPrs.slides 里面成员个数为 0，访问就会报错"slide index out of range"。因此我们需要给 PPT 文档添加幻灯片，可以使用 add_slide 方法。

使用 add_slide(slide_layout)添加幻灯片时，需要提供参数 slide_layout，它表示幻灯片的样式。那么应如何构造 slide_layout 对象作为参数呢？

前面我们看到 Presentation 对象有 slide_layouts 属性。

```
>>> myPrs.slide_layouts
<pptx.slide.SlideLayouts object at 0x000000000428BB88>
```

属性返回的是一个 SlideLayouts 对象，用 dir 函数查看对象的属性和方法，主要包括：element、get_by_name、index、parent、part、remove。

查看它的成员个数。

```
>>> len(myPrs.slide_layouts)
11
```

通过索引（从 0 到 10，正整数）可以得到 SlideLayout 对象。

```
>>> myPrs.slide_layouts[0]
<pptx.slide.SlideLayout object at 0x00000000042BEA48>
```

有了参数后，我们就可以给 PPT 文档添加一张幻灯片。

```
>>> sld=myPrs.slides.add_slide(myPrs.slide_layouts[0])
>>> sld
<pptx.slide.Slide object at 0x00000000042BEB38>
```

方法返回的是 Slide 对象，用 dir 函数查看对象的属性和方法，主要包括：background、element、follow_master_background、has_notes_slide、name、notes_slide、part、placeholders、shapes、slide_id、slide_layout。

看一下 Slide 对象的说明文档。

```
>>> sld.__doc__
'Slide object. Provides access to shapes and slide-level properties.'
```

该文档表明 Slide 对象可以访问 shapes，实际上就是使用上面的 shapes 属性。

```
>>> sld.shapes
<pptx.shapes.shapetree.SlideShapes object at 0x00000000042B3EA0>
```

返回的是 SlideShapes 集合对象，用 dir 函数查看对象的属性和方法，主要包括：add_chart、add_connector、add_group_shape、add_movie、add_picture、add_shape、add_table、add_textbox、build_freeform、clone_layout_placeholders、clone_placeholder、element、index、parent、part、ph_basename、placeholders、title、turbo_add_enabled。

使用 SlideShapes 对象的 placeholders 属性，它返回占位符集合对象。

```
>>> sld.shapes.placeholders
<pptx.shapes.shapetree.SlidePlaceholders object at 0x0000000003790940>
>>> len(sld.shapes.placeholders)
2
```

使用 dir 函数查看占位符对象的方法包括__getitem__，所以可以使用索引获取其成员。使用 help 函数查看__getitem__方法的用法。

```
>>> help(pptx.shapes.shapetree.SlidePlaceholders.__getitem__)
```

```
Help on function __getitem__ in module pptx.shapes.shapetree:
__getitem__(self, idx)
Access placeholder shape having *idx*. Note that while this looks
like list access, idx is actually a dictionary key and will raise
|KeyError| if no placeholder with that idx value is in the
collection.
```

这里的参数 idx 类似于字典的 key，而不像列表的顺序号。本例中，idx 刚好是 0 和 1，和顺序号一样。但是从后面的例子中可以看到，idx 和顺序号不一样。

```
>>> sld.shapes.placeholders[0]
<pptx.shapes.placeholder.SlidePlaceholder object at 0x000000000427BE10>
```

使用 dir 函数查看占位符对象 SlidePlaceholder 的属性和方法，主要包括：adjustments、auto_shape_type、click_action、element、fill、get_or_add_ln、has_chart、has_table、has_text_frame、height、is_placeholder、left、line、ln、name、part、placeholder_format、rotation、shadow、shape_id、shape_type、text、text_frame、top、width。

分别设置两个 SlidePlaceholder 对象的 text 属性。

```
>>> sld.shapes.placeholders[0].text='Hello,PowerPoint!'
>>> sld.shapes.placeholders[1].text='This is python-pptx!'
```

最后，使用 Presentation 对象的 save 方法保存 PPT 文档。

```
>>> myPrs.save(r'H:\示例\第7章\Hello0_0.pptx')
```

打开 Hello0_0.pptx 文件，如图 7-31 所示。

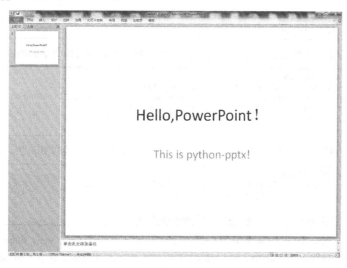

图 7-31

2. 添加图形

在前面的例子中，我们直接通过标题占位符写入了文本，但如果要在非占位符位置添加内容，就要使用 SlideShapes 对象。

SlideShapes 对象是幻灯片里所有图形元素的总和，前面我们用到的占位符仅仅是它的一类元素，它还包括文本框、图片、表格、图表、多媒体文件等元素。

添加不同类型的元素，要用到 SlideShapes 对象的不同方法，见表 7-13。

表 7-13

方法	作用
add_textbox(left, top, width, height)	文本框
add_picture(image_file, left, top, width=None, height=None)	图片
add_table(rows, cols, left, top, width, height)	表格
add_chart(chart_type, x, y, cx, cy, chart_data)	图表
add_shape(autoshape_type_id, left, top, width, height)	形状
add_connector(connector_type, begin_x, begin_y, end_x, end_y)	连接线
add_group_shape(shapes=[])	图形组
add_movie(movie_file, left, top, width, height, poster_frame_image=None, mime_type='video/unknown')	多媒体

这些方法大都需要提供图形在幻灯片上的插入位置或者起始位置，但是它们返回的对象却不完全相同。例如，add_textbox 方法返回的是 Shape 对象，而 add_table 方法返回是绘图区对象 GraphicFrame。返回对象的属性又会涉及更多的对象，因此都需要耐心地进行设置，下面以插入文本框为例做介绍。

可以在现有的 PPT 文档中继续添加幻灯片。

```
>>> sld=myPrs.slides.add_slide(myPrs.slide_layouts[5])
```

该版式只有一个标题占位符，除了使用占位符访问它，也可以通过 SlideShapes 对象的 title 属性设置它的文本。

```
>>> sld.shapes.title.text='唐诗赏析'
```

我们通过 SlideShapes 对象的 add_textbox 方法添加文本框，下面查看该方法的用法。

```
>>> help(sld.shapes.add_textbox)
Help on method add_textbox in module pptx.shapes.shapetree:
add_textbox(left, top, width, height) method of pptx.shapes.shapetree.SlideShapes instance
    Return newly added text box shape appended to this shape tree.
    The text box is of the specified size, located at the specified
    position on the slide.
```

添加文本框时需要提供文本框左边和上方的起点位置，以及文本框的宽度和高度。

```
>>> from pptx.util import Inches,Pt,Cm
>>> left, top, width, height=Inches(2), Inches(2), Inches(6), Inches(4)
>>> tbx=sld.shapes.add_textbox(left,top,width,height)
>>> tbx
<pptx.shapes.autoshape.Shape object at 0x0000000004298EF0>
```

返回的是 Shape 对象，使用 dir 函数查看对象的属性和方法，主要包括：auto_shape_type、click_action、element、fill、get_or_add_ln、has_chart、has_table、has_text_frame、height、is_placeholder、left、line、ln、name、part、placeholder_format、rotation、shadow、shape_id、shape_type、text、text_frame、top、width。

使用 Shape 对象的 line（线条）属性，返回 LineFormat 对象。

```
>>> tbx.line
<pptx.dml.line.LineFormat object at 0x0000000004298978>
```

用 dir 函数查看对象的属性和方法，主要包括：color、dash_style、fill、width。

使用 Shape 对象的 fill（填充）属性，返回 FillFormat 对象。

```
>>> tbx.fill
<pptx.dml.fill.FillFormat object at 0x0000000004298FD0>
```

用 dir 函数查看对象的属性和方法，主要包括：back_color、background、fore_color、from_fill_parent、gradient、gradient_angle、gradient_stops、pattern、patterned、solid、type。

LineFormat 对象、FillFormat 对象都有属性，它们返回的都是 ColorFormat 对象。

```
>>> tbx.line.color
<pptx.dml.color.ColorFormat object at 0x0000000004298C88>
>>> tbx.fill.solid()
>>> tbx.fill.fore_color
<pptx.dml.color.ColorFormat object at 0x0000000004298D68>
```

用 dir 函数查看对象的属性和方法，主要包括：brightness、from_colorchoice_parent、rgb、theme_color、type。

下面设置文本框的边框线条和填充格式。

```
>>> from pptx.dml.color import RGBColor
>>> line=tbx.line
>>> line.color.rgb=RGBColor(0,0,0)
>>> line.width=Cm(0.2)
>>> fill=tbx.fill
>>> fill.solid()
>>> fill.fore_color.rgb=RGBColor(235,231,238)
```

下面设置文本框内的文字，可以用 Shape 对象的 text 属性。设置复杂的段落文字要用 text_frame 属性，它返回 TextFrame 对象。

```
>>> tf=tbx.text_frame
>>> tf
<pptx.text.text.TextFrame object at 0x0000000004298A90>
```

用 dir 函数查看对象的属性和方法，主要包括：add_paragraph、auto_size、clear、fit_text、margin_bottom、margin_left、margin_right、margin_top、paragraphs、part、text、vertical_anchor、word_wrap。

下面使用这些属性设置文本框格式。

```
>>> from pptx.enum.text import MSO_UNDERLINE,MSO_ANCHOR,PP_ALIGN,MSO_UNDERLINE
>>> from pptx.util import Inches,Pt,Cm
>>> from pptx.dml.color import RGBColor
>>> tf.margin_bottom=0
>>> tf.margin_left=Cm(0.2)
>>> tf.vertical_anchor=MSO_ANCHOR.TOP
>>> tf.word_wrap=True
```

使用 TextFrame 对象的 text 属性可以添加文本，采用的是默认的格式。

```
>>> tf.text='唐诗是中华民族文化宝库中的一颗明珠。'
```

使用 TextFrame 对象的 add_paragraph 方法添加段落，该方法返回 Paragraph 对象，可以更好地设置文本格式。

```
>>> p=tf.add_paragraph()
>>> p
<pptx.text.text._Paragraph object at 0x00000000038747F0>
```

用 dir 函数查看对象的属性和方法，主要包括：add_line_break、add_run、alignment、clear、font、level、line_spacing、part、runs、space_after、space_before、text。

下面使用这些属性设置段落格式。

```
>>> p.alignment=PP_ALIGN.CENTER
>>> p.line_spacing=Inches(0.5)
>>> p.space_before=Inches(0.3)
>>> p.space_after=Inches(0.5)
>>> p.text='夜上受降城闻笛'
```

使用段落对象的 font 属性，它返回 Font 对象。可以通过 Font 对象的属性设置字体格式等。

```
>>> p.font
<pptx.text.text.Font object at 0x0000000004130B70>
>>> dir(pptx.text.text.Font)
```

用 dir 函数查看对象的属性和方法，主要包括：bold、color、fill、italic、language_id、name、size、underline。Font 对象的 fill 属性返回 FillFormat 对象。

```
>>> p.font.fill
<pptx.dml.fill.FillFormat object at 0x000000000423CA90>
```

Font 对象的 color 属性返回 ColorFormat 对象。

```
>>> p.font.color
<pptx.dml.color.ColorFormat object at 0x000000000423CE80>
```

下面使用这些属性设置段落的字体格式。

```
>>> p.font.size=Pt(30)
>>> p.font.rgb=RGBColor(255, 255, 255)
```

使用 TextFrame 对象的 add_paragraph 方法添加段落，而在段落内部继续添加内容要使用 Paragraph 对象的 add_run 方法。

```
>>> p=tf.add_paragraph()
>>> p.alignment=PP_ALIGN.LEFT
>>> p.line_spacing=Inches(0.5)
>>> p.text='回乐烽前沙似雪，'
>>> r=p.add_run()
>>> r
<pptx.text.text._Run object at 0x00000000038747F0>
```

add_run 方法返回的是 Run 对象，它是具有相同格式的一段字符串。用 dir 函数查看对象的属性和方法，主要包括：font、hyperlink、part、text。

```
>>> r.font
<pptx.text.text.Font object at 0x000000000423CB70>
```

可以看到，r.font 返回的是 Font 对象，和 p.font 返回的一样。同样地，可以使用 Font 对象的属性和方法设置格式。

```
>>> r.font.name='黑体'
>>> r.font.size=Pt(20)
>>> r.font.bold=True
>>> r.font.italic=True
>>> r.font.underline=True
>>> r.font.underline=MSO_UNDERLINE.DASH_LONG_HEAVY_LINE
>>> r.font.color.rgb=RGBColor(244,132,34)
>>> r.text='受降城外月如霜。'
```

使用 TextFrame 对象的 add_paragraph 方法新添加一段文本。

```
>>> p=tf.add_paragraph()
>>> p.text='不知何处吹芦管，一夜征人尽望乡。'
```

最后，我们在幻灯片左上角添加一个文本框，并为其设置效果，即用鼠标单击以后，返回首页。

```
>>> left,top,width,height=Inches(0.1),Inches(0.1),Inches(1),Inches(1)
>>> tbx=sld.shapes.add_textbox(left,top,width,height)
>>> tbx
<pptx.shapes.autoshape.Shape object at 0x0000000003EC95F8>
```

tbx 是 Shape 类的实例化对象，我们要用到该对象的 text 属性。

```
>>> tbx.text='返回'
```

使用 Shape 对象的 click_action 属性。

```
>>> tbx.click_action
<pptx.action.ActionSetting object at 0x0000000003EC9400>
```

它返回的是 ActionSetting 类的实例化对象，用 dir 函数查看对象的属性和方法，主要包括：action、hyperlink、part、target_slide。

其中，target_slide 属性用于指定执行鼠标单击操作后返回到的目标幻灯片。

```
>>> tbx.click_action.target_slide=myPrs.slides[0]
```

使用 Presentation 对象的 save 方法另存 PPT 文档。

```
>>> myPrs.save(r'H:\示例\第 7 章\Hello0_1.pptx')
```

使用 save 方法既可以保存文件，也可以另存文件。如果不提供新文件名作为参数，它将会覆盖原文件，并且不会提醒；如果设置了新的文件名，则可以实现另存操作。

打开"Hello0_1.pptx"文件，如图 7-32 所示。

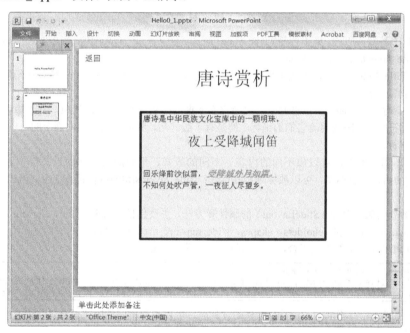

图 7-32

7.3.2 幻灯片版式

在空白区域插入图形是制作 PPT 文档时常用的方式，但是要提前测算好图形的大小，并提供精确的坐标，才能保证图形对齐，过程比较烦琐。当然我们更多地是先设计好幻灯片版式，然后在固定的占位符中插入内容，这样可以通过调用版式来统一幻灯片的版式，便于批量制作，也便于对齐。

1. 默认版式

使用 add_slide 方法可以添加幻灯片，其参数是幻灯片版式对象。什么是版式？有哪些版式？我们在任意一张幻灯片上单击鼠标右键，在弹出的快捷菜单中执行"版式"命令，就会弹出默认的版式列表。我们单击"视图"→"幻灯片母版"按钮，进入以后也会看到左侧有默认的 11 种版式，如图 7-33 所示。

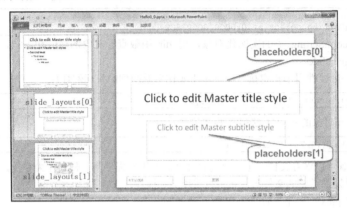

图 7-33

左侧列出 11 种默认版式，第 1 种是"Title Slide"版式，对应 slide_layouts[0]，第 2 种是"Title and Content"版式，对应 slide_layouts[1]，以此类推。

右侧是"Title Slide"版式，虚线矩形框表示的就是占位符（placeholders）。占位符在幻灯片中占据固定的位置，用来放置内容。

前面我们在幻灯片中插入文本框时，需要指定文本框的位置（坐标），同样地，插入矩形框、图片、表格、图表等占位符时，也需要明确它们的坐标。但是有了版式后，我们就只需要向固定的占位符中插入内容，而不需要考虑坐标。

占位符有不同的类型，可以放不同的内容。不同的版式，里面的占位符的设置是不一样的。例如，slide_layouts[0]的占位符有两个，可以放标题和副标题；slide_layouts[8]的占位符有 3 个，可以放标题、文字、图片等。

用 dir 函数查看版式对象（SlideLayout）的属性和方法，主要包括：background、element、iter_cloneable_placeholders、name、part、placeholders、shapes、slide_master、used_by_slides。

我们遍历 PPT 文档里的版式集合，并输出版式的名称（name）。

```
>>> [s.name for s in myPrs.slide_layouts]
['Title Slide', 'Title and Content', 'Section Header', 'Two Content', 'Comparison', 'Title Only', 'Blank',
'Content with Caption', 'Picture with Caption', 'Title and Vertical Text', 'Vertical Title and Text']
```

不同类型的版式中有不同的占位符。制作幻灯片时，可以选择不同的版式，然后在相应的占位符中插入各种各样的内容。

2. 添加版式

系统只默认了 11 种版式，要新增其他版式需要手动操作。首先新建一个 PPT 文档，单击"视图"→"幻灯片母版"按钮。在左下方空白处，单击鼠标右键在弹出的快捷菜单中执行"版式"命令，就会新增一个自定义版式，在该版式的页面上可以添加各种类型的占位符，修改占位符的大小、位置等。我们在该版式上依次添加了图片、表格、图表占位符，如图 7-34 所示，将视图切换为"普通视图"，将文档另存为"Hello0_模板.pptx"。

打开模板文件，我们发现幻灯片版式变为 12 种。

```
>>> myPrs=Presentation('H:\示例\第7章\Hello0_模板.pptx')
>>> len(myPrs.slide_layouts)
12
```

添加一张幻灯片，设置其版式为自定义版式。

```
>>> sld=myPrs.slides.add_slide(myPrs.slide_layouts[11])
```

这张幻灯片有 4 个占位符，但是其编号并不是 0、1、2、3。

占位符 SlidePlaceholder 的属性 placeholder_format 返回 PlaceholderFormat 对象。

```
>>> sld.shapes.placeholders[0].placeholder_format
<pptx.shapes.base._PlaceholderFormat object at 0x0000000003783608>
```

用 dir 函数查看对象的属性和方法，主要包括：element、idx、type。idx 属性返回的才是占位符的编号。

下面遍历 Hello0_模板.pptx 文件的版式，在每类版式中插入一张幻灯片，并获取每类幻灯片的占位符类型、编号、名称等。

```
>>> for s in myPrs.slide_layouts:
...     sld=myPrs.slides.add_slide(s)
...     for ph in sld.placeholders:
...         ph_fmt=ph.placeholder_format
...         print(s.name,type(ph),ph_fmt.idx, ph.name,ph_fmt.type)
```

运行结果如图 7-35 所示。

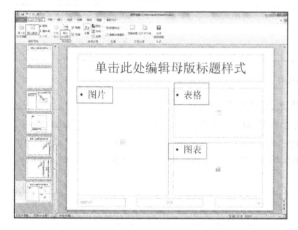

图 7-34

图 7-35

我们看到自定义版式中的占位符编号分别是 0、13、14、15。访问图片占位符应写成 sld.placeholders[13]、访问表格占位符应写成 sld.placeholders[15]、访问图表占位符应写成 sld.placeholders[15]。

12 种版式的对象不仅有 SlidePlaceholder，还有 PicturePlaceholder、TablePlaceholder、ChartPlaceholder。

用 dir 函数查看 PicturePlaceholder 对象的属性和方法，主要包括：adjustments、auto_shape_type、click_action、element、fill、get_or_add_ln、has_chart、has_table、has_text_frame、height、insert_picture、is_placeholder、left、line、ln、name、part、placeholder_format、rotation、shadow、shape_id、shape_type、text、text_frame、top、width。

对比前面查看过的普通占位符对象，PicturePlaceholder 对象增加了 insert_picture 方法。同样地，我们可以看到 TablePlaceholder 对象增加了 insert_table 方法，ChartPlaceholder 对象增加了 insert_chart 方法。

我们可以进一步查询 insert_chart 方法的参数和用法。

```
>>> help(sld.placeholders[15].insert_chart)
```

运行结果如图 7-36 所示。

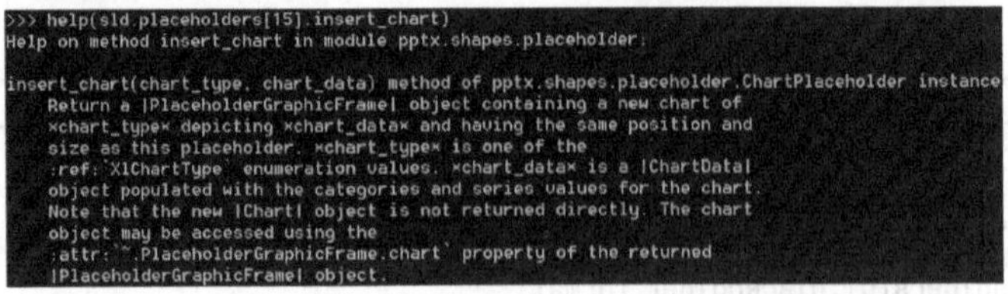

```
>>> help(sld.placeholders[15].insert_chart)
Help on method insert_chart in module pptx.shapes.placeholder:

insert_chart(chart_type, chart_data) method of pptx.shapes.placeholder.ChartPlaceholder instance
    Return a |PlaceholderGraphicFrame| object containing a new chart of
    *chart_type* depicting *chart_data* and having the same position and
    size as this placeholder. *chart_type* is one of the
    :ref:`XlChartType` enumeration values. *chart_data* is a |ChartData|
    object populated with the categories and series values for the chart.
    Note that the new |Chart| object is not returned directly. The chart
    object may be accessed using the
    :attr:`~.PlaceholderGraphicFrame.chart` property of the returned
    |PlaceholderGraphicFrame| object.
```

图 7-36

以上 3 种方法的用法见表 7-14。

表 7-14

语法	返回对象
PicturePlaceholder.insert_picture(image_file)	PlaceholderPicture
TablePlaceholder.insert_table(rows, cols)	PlaceholderGraphicFrame
ChartPlaceholder.insert_chart(chart_type,chart_data)	PlaceholderGraphicFrame

3. 添加图片

下面在占位符中插入图片。

```
>>> file_pic=r'H:\示例\第 7 章\pic0.png'
>>> pic=sld.placeholders[13].insert_picture(file_pic)
>>> pic
<pptx.shapes.placeholder.PlaceholderPicture object at 0x00000000040E17F0>
```

返回的是 PlaceholderPicture 对象，用 dir 函数查看对象的属性和方法，主要包括：auto_shape_type、click_action、crop_bottom、crop_left、crop_right、crop_top、element、get_or_add_ln、has_chart、has_table、has_text_frame、height、image、is_placeholder、left、line、ln、name、part、placeholder_format、rotation、shadow、shape_id、shape_type、top、width。

可以使用它的属性和方法进一步设置图片格式。

下面在非占位符位置插入图片。

```
>>> file_pic=r'H:\示例\第 7 章\pic.png'
>>> left,top,width,height=Inches(0.1),Inches(0.1),Inches(2),Inches(1)
>>> pic=sld.shapes.add_picture(file_pic, left, top, width, height)
>>> pic
<pptx.shapes.picture.Picture object at 0x00000000052F4AC8>
```

返回的是 Picture 对象，用 dir 函数查看对象的属性和方法，主要包括：auto_shape_type、click_action、crop_bottom,_left、crop_right、crop_top、element、get_or_add_ln、has_chart、has_table、has_teame、height、image、is_placeholder、left、line、ln、name、part、placeholder_f、rotation、shadow、shape_id、shape_type、top、width。

可以使用它的属性和方法进一步设置图片格式。

4. 添加表格

下面在占位符中插入表格。

```
>>> rows,cols=6,5
>>> pgf=sld.placeholders[14].insert_table(rows,cols)
>>> pgf
<pptx.shapes.placeholder.PlaceholderGraphicFrame object at 0x00000000037968D0>
```

返回的是 PlaceholderGraphicFrame 对象，可以通过它的 table 属性返回 Table 对象。

```
>>> tb=pgf.table
>>> tb
<pptx.table.Table object at 0x0000000003796BE0>
```

用 dir 函数查看对象的属性和方法,主要包括:cell、columns、first_col、first_row、horz_banding、iter_cells、last_col、last_row、notify_height_changed、notify_width_changed、part、rows、vert_banding。

使用 Table 对象的 cell(row_idx, col_idx)方法可以获取 Cell 对象。用 dir 函数查看对象的方法和属性,主要包括:fill、is_merge_origin、is_spanned、margin_bottom、margin_left、margin_right、margin_top、merge、part、span_height、span_width、split、text、text_frame、vertical_anchor。

其中,merge 方法用于合并单元格,split 方法用于拆分单元格,text 属性用于设置文本,fill 属性用于设置填充格式,is_spanned 属性用于判断单元格是否被其他单元格合并过,is_merge_origin 属性用于判断单元格是否合并过其他单元格。

下面我们给表格写入文本。

```
>>> data=[['姓名','一季度','二季度','三季度','四季度'],
...['小赵',100,110,125,135], ['小钱',110,114,126,123],
...['小孙',120,115,127,141], ['小李',130,117,128,165],
...['小王',120,127,122,125]]
>>> for row in range(rows):
...     for col in range(cols):
...         tb.cell(row,col).text=str(data[row][col])
```

5. 添加图表

下面在占位符中添加图表,先构建参数。

```
>>> from pptx.chart.data import ChartData
>>> from pptx.util import Pt
>>> from pptx.enum.chart import XL_LABEL_POSITION
>>> from pptx.dml.color import RGBColor
>>> chart_data=ChartData()
>>> chart_data.categories=['一季度','二季度','三季度','四季度']
>>> chart_data.add_series('2019年', (580, 583, 628, 689))
```

使用 insert_chart 方法插入簇状柱形图。

```
>>> from pptx.enum.chart import XL_CHART_TYPE
>>> pgf=sld.placeholders[15].insert_chart(XL_CHART_TYPE.COLUMN_CLUSTERED, chart_data)
```

其中,参数 XL_CHART_TYPE.COLUMN_CLUSTERED 表示图表的类型。库的源代码文件 pptx/enum/chart.py 中有下面的代码行。

```
EnumMember('COLUMN_CLUSTERED', 51, 'Clustered Column.')
```

它的数值是 51,和 Office 中图表类型 XlChartType 常量中 xlColumnClustered 的数值一样,因此图表类型参数也可以直接写成数值 51。

```
>>> pgf
<pptx.shapes.placeholder.PlaceholderGraphicFrame object at 0x000000000427BE48>
```

得到图表区 PlaceholderGraphicFrame 对象,用 dir 函数查看对象的属性和方法,主要包括:chart、chart_part、click_action、element、has_chart、has_table、has_text_frame、height、is_placeholder、left、name、part、placeholder_format、rotation、shadow、shape_id、shape_type、table、top、width。

PlaceholderGraphicFrame 对象的 chart 属性返回图表 Chart 对象。

```
>>> pgf.chart
<pptx.chart.chart.Chart object at 0x00000000042A3750>
```

用 dir 函数查看对象的属性和方法,主要包括:category_axis、chart_style、chart_title、chart_type、element、 font、has_legend、has_title、legend、part、plots、replace_data、series、value_axis。

Chart 对象的 plots 属性返回图表 Plots 集合对象。

```
>>> pgf.chart.plots
<pptx.chart.chart._Plots object at 0x00000000042CCC88>
```

可以进一步索引其成员对象。

```
>>> pgf.chart.plots[0]
<pptx.chart.plot.BarPlot object at 0x00000000042ADDD8>
```

使用 dir 函数查看 BarPlot 对象的属性和方法，主要包括：categories、chart、data_labels、gap_width、has_data_labels、overlap、series、vary_by_categories。

首先要将 has_data_labels 设置为 True，然后才能访问 data_labels 属性。

```
>>> pgf.chart.plots[0].has_data_labels=True
>>> dtlbs=pgf.chart.plots[0].data_labels
>>> dtlbs
<pptx.chart.datalabel.DataLabels object at 0x00000000042D0828>
```

使用 dir 函数查看 DataLabels 对象的属性和方法，主要包括：font、number_format、number_format_is_linked、position、show_category_name、show_legend_key、show_percentage、show_series_name、show_value。

```
>>> dtlbs.font.size=Pt(15)
>>> dtlbs.font.bold=True
>>> dtlbs.font.color.rgb=RGBColor(0,0,0)
>>> dtlbs.position=XL_LABEL_POSITION.OUTSIDE_END
```

最后另存文件。

```
>>> myPrs.save(r'H:\示例\第 7 章\Hello0_2.pptx')
```

打开 Hello0_2.pptx 文件，效果如图 7-37 所示。

7.3.3 读取与编辑

1. 读取 PPT 文档

我们可以向 Presentation 方法提供参数，打开一个已有的 PPT 文档。

```
>>> myPrs=Presentation(r'H:\示例\第 7 章\Hello0_2.pptx')
```

打开 PPT 文档后，通常要了解幻灯片的张数。

```
>>> len(myPrs.slides)
2
```

图 7-37

通过循环语句，查看每张幻灯片上面的图形。

```
>>> for i in range(len(myPrs.slides)):
...     print('幻灯片%d 图形：%d' % (i+1,len(myPrs.slides[i].shapes)))
...     for shape in myPrs.slides[i].shapes:
...         print(type(shape))
...
幻灯片 1 图形：2
<class 'pptx.shapes.placeholder.SlidePlaceholder'>
<class 'pptx.shapes.placeholder.SlidePlaceholder'>
幻灯片 2 图形：4
<class 'pptx.shapes.placeholder.SlidePlaceholder'>
<class 'pptx.shapes.placeholder.PlaceholderPicture'>
<class 'pptx.shapes.placeholder.PlaceholderGraphicFrame'>
<class 'pptx.shapes.placeholder.PlaceholderGraphicFrame'>
```

根据不同的图形类型，按照不同的对象路径访问图形中的内容。

有的内容可以用多种方式访问。

```
>>> myPrs.slides[1].shapes[0].text_frame.paragraphs[0].runs[0].text
'图片、表格和图表'
>>> myPrs.slides[1].shapes[0].text_frame.paragraphs[0].text
'图片、表格和图表'
>>> myPrs.slides[1].shapes[0].text_frame.text
'图片、表格和图表'
>>> myPrs.slides[1].shapes[0].text
'图片、表格和图表'
>>> myPrs.slides[1].shapes.title.text
'图片、表格和图表'
>>> myPrs.slides[1].shapes.placeholders[0].text_frame.paragraphs[0].runs[0].text
'图片、表格和图表'
>>> myPrs.slides[1].shapes.placeholders[0].text
'图片、表格和图表'
>>> myPrs.slides[1].placeholders[0].text_frame.paragraphs[0].runs[0].text
'图片、表格和图表'
>>> myPrs.slides[1].placeholders[0].text
'图片、表格和图表'
```

2. 文本框操作

在 pptx 包中，占位符、文本框、各种图形里的文字一般遵循图形（shapes）→ 文本框（text_frame）→ 段落（paragraphs）→ 词句（runs）的顺序结构。

通过下面的代码获取 Hello0_1.pptx 文件全部幻灯片中的文字内容。

```
>>> myPrs=Presentation(r'H:\示例\第7章\Hello0_1.pptx')
>>> for slide in myPrs.slides:
...     for shape in slide.shapes:
...         if not shape.has_text_frame:
...             continue
...         for paragraph in shape.text_frame.paragraphs:
...             for run in paragraph.runs:
...                 print(run.text)
Hello,PowerPoint!
This is python-pptx!
唐诗赏析
唐诗是中华民族文化宝库中的一颗明珠。
夜上受降城闻笛
回乐烽前沙似雪，
受降城外月如霜。
不知何处吹芦管，一夜征人尽望乡。
首页
```

虽然"回乐烽前沙似雪，"和"受降城外月如霜。"属于同一段落，但是它们的字体格式不同，因此属于不同的 Run 对象。

我们可以用逐级访问的方式，修改各个文本框中各个 Run 对象的文字格式。

```
>>> myPrs=Presentation(r'H:\示例\第7章\Hello0_1.pptx')
```

用多种方式修改第 1 张幻灯片文本的标题。

```
>>> myPrs.slides[0].shapes[0].text='语言文学'
>>> myPrs.slides[0].shapes[1].text_frame.text='唐诗宋词入门'
```

修改第 2 张幻灯片标题"唐诗赏析"的字体格式。

```
>>> p=myPrs.slides[1].shapes[0].text_frame.paragraphs[0]
>>> p.font.name='黑体'
>>> p.font.size=Pt(70)
>>> p.font.bold=True
```

为第 2 张幻灯片标题增加文字内容"（一）"。

```
>>> r=p.add_run()
>>> r.font.name='微软雅黑'
>>> r.font.size=Pt(32)
>>> r.text='（一）'
```

修改第 2 张幻灯片中"受降城外月如霜。"的字体格式。

```
>>> r=myPrs.slides[1].shapes[1].text_frame.paragraphs[2].runs[1]
>>> r.font.name='微软雅黑'
>>> r.font.size=Pt(32)
>>> r.font.bold=False
>>> r.font.italic=False
>>> r.font.underline=False
>>> r.font.color.rgb=RGBColor(0,0,0)
```

修改第 2 张幻灯片中"首页"的字体格式。

```
>>> p=myPrs.slides[1].shapes[2].text_frame.paragraphs[0]
>>> p.font.name='黑体'
>>> p.font.size=Pt(20)
>>> p.font.bold=True
>>> myPrs.save('H:\示例\第7章\HelloO_1 _edit.pptx')
```

打开"HelloO_1 _edit.pptx"文件，修改后的幻灯片效果如图 7-38 所示。

3. 图片操作

我们也可以访问现有的 PPT 文档中的图片，并对其进行设置。

```
>>> myPrs=Presentation(r'H:\示例\第7章\HelloO_2.pptx')
```

访问插入 PPT 文档中的 logo 图片。

```
>>> pic=myPrs.slides[1].shapes[4]
>>> pic
<pptx.shapes.picture.Picture object at 0x000000000428AF98>
```

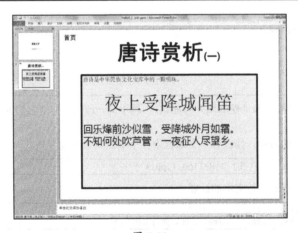

图 7-38

插入的 logo 图片是一个 Picture 对象，用 dir 函数查看对象的属性和方法，主要包括：auto_shape_type、click_action、crop_bottom、crop_left、crop_right、crop_top、element、get_or_add_ln、has_chart、has_table、has_text_frame、height、image、is_placeholder、left、line、ln、name、part、placeholder_format、rotation、shadow、 shape_id、shape_type、top、width。

重新设置图片左边起点坐标,将 logo 图片移到幻灯片右侧。

```
>>> pic.left=int((myPrs.slide_width - pic.width))
```

访问插入 PPT 文档占位符中的荷花图片。

```
>>> pic=myPrs.slides[1].shapes[1]
>>> pic
<pptx.shapes.placeholder.PlaceholderPicture object at 0x000000000428AEF0>
```

占位符中的图片是一个 PlaceholderPicture 对象,在 7.3.2 节中已经查看过它的属性和方法,此处不再赘述。

使用 PlaceholderPicture 对象的 click_action 属性,设置动作效果。

```
>>> pic.click_action.target_slide=myPrs.slides[0]
```

另存文件。

```
>>> myPrs.save('H:\示例\第 7 章\Hello0_2_edit.pptx')
```

打开"Hello0_2_edit.pptx"文件,效果如图 7-39 所示。

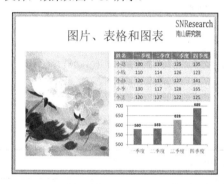

图 7-39

4. 表格操作

下面我们读取"Hello0_2.pptx"文件中的表格。幻灯片中有多个图形,程序如何判断哪个图形中有表格呢?方法如下。

```
>>> myPrs=Presentation(r'H:\示例\第 7 章\Hello0_2.pptx')
>>> for i in range(len(myPrs.slides)):
...     for j in range(len(myPrs.slides[i].shapes)):
...         if myPrs.slides[i].shapes[j].has_table:
...             print(str(i),str(j))
1 2
>>> tb=myPrs.slides[1].shapes[2].table
```

获取表格中单元格的行、列数。

```
>>> len(tb.rows), len(tb.columns)
(6, 5)
```

有了行、列数,我们就可以遍历单元格,获取全部信息。

```
>>> rs,cs=len(tb.rows), len(tb.columns)
>>> for r in range(rs):
...     for c in range(cs):
...         cell=tb.cell(r, c)
```

```
...        print(cell.text)
姓名
...
```

下面介绍合并和拆分单元格的方法。

合并单元格，需要指定左上角和右下角的单元格。例如，我们从单元格（1,1）合并到单元格（2,2）。

```
>>> tb=myPrs.slides[1].shapes[2].table
>>> cell_a=tb.cell(1, 1)
>>> cell_b=tb.cell(2, 2)
>>> cell_a.merge(cell_b)
>>> myPrs.save(r'H:\示例\第 7 章\HelloO_2_cell_span.pptx')
```

假如我们要操作一个 PPT 文档，我们不可能打开看有没有单元格合并，只能通过代码查看哪些单元格被合并了。执行完合并单元格操作的表格中有 3 类单元格：主动合并单元格（merge-origin cell）、被合并单元格（spanned cell）、未参与合并单元格。

```
>>> myPrs=Presentation(r'H:\示例\第 7 章\HelloO_2_cell_span.pptx')
>>> tb=myPrs.slides[1].shapes[2].table
>>> rs,cs=len(tb.rows),len(tb.columns)
>>> for r in range(rs):
...     for c in range(cs):
...         cell=tb.cell(r, c)
...         if cell.is_merge_origin:
...             print('cell(%d, %d)是一个合并单元格！'% (r, c))
...         if cell.is_spanned:
...             print('cell(%d, %d)是一个被合并单元格！'% (r, c))
...
cell(1, 1)是一个合并单元格！
cell(1, 2)是一个被合并单元格！
cell(2, 1)是一个被合并单元格！
cell(2, 2)是一个被合并单元格！
```

只有主动合并单元格才能执行拆分操作。

```
>>> myPrs=Presentation(r'H:\示例\第 7 章\HelloO_2_cell_span.pptx')
>>> tb=myPrs.slides[1].shapes[2].table
>>> tb.cell(1, 1).split()
>>> myPrs.save(r'H:\示例\第 7 章\HelloO_2_cell_splited.pptx')
```

运行结果如图 7-40 所示。

前面插入的都是默认样式的表格，那么如何修改表格的样式呢？表格对象没有对应的方法。我们在前面的.xml 文档中分析了，表格样式编号位于 graphic.graphicData.tbl 中，因此我们只需修改其节点的文本，即可修改表格样式。例如，之前我们手动修改.xml 文档，如图 7-41 所示。

图 7-40   图 7-41

对象的底层指向的就是.xml 文档的标签位置，所以通过操作对象也可以修改.xml 文档。

```
>>> myPrs=Presentation(r'H:\示例\第7章\HelloO_2.pptx')
>>> pgf=myPrs.slides[1].shapes[2]
>>> pgf
<pptx.shapes.placeholder.PlaceholderGraphicFrame object at 0x0000000006387A58>
```

查看表格所在图形框架的 element 属性。

```
>>> pgf.element
<Element
{http://schemas.          .org/presentationml/2006/main}graphicFrame at 0x5312638>
>>> pgf.element.graphic.graphicData.tbl.tblPr[0]
<Element {http://schemas.          .org/drawingml/2006/main}tableStyleId at 0x6321308>
```

访问该节点的文本。

```
>>> pgf.element.graphic.graphicData.tbl.tblPr[0].text
'{5C22544A-7EE6-4342-B048-85BDC9FD1C3A}'
```

通过修改该节点的文本，就可以设置表格样式。

```
>>> pgf.element.graphic.graphicData.tbl.tblPr[0].text=\
'{5940675A-B579-460E-94D1-54222C63F5DA}'
>>> myPrs.save(r'H:\示例\第7章\HelloO_2_cell_style.pptx')
```

运行结果如图 7-42 所示。

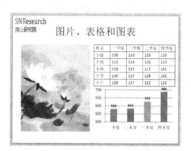

图 7-42

常用表格样式见表 7-15。

表 7-15

样式名称	样式编码
NoStyleNoGrid	{2D5ABB26-0587-4C30-8999-92F81FD0307C}
ThemedStyle1Accent1	{3C2FFA5D-87B4-456A-9821-1D50468CF0F}
NoStyleTableGrid	{5940675A-B579-460E-94D1-54222C63F5DA}
ThemedStyle2Accent1	{D113A9D2-9D6B-4929-AA2D-F23B5EE8CBE7}
LightStyle1	{9D7B26C5-4107-4FEC-AEDC-1716B250A1EF}
LightStyle2	{7E9639D4-E3E2-4D34-9284-5A2195B3D0D7}
LightStyle3	{616DA210-FB5B-4158-B5E0-FEB733F419BA}
LightStyle1Accent4	{D27102A9-8310-4765-A935-A1911B00CA55}
MediumStyle1	{793D81CF-94F2-401A-BA57-92F5A7B2D0C5}
MediumStyle4	{D7AC3CCA-C797-4891-BE02-D94E43425B78}
DarkStyle1	{E8034E78-7F5D-4C2E-B375-FC64B27BC917}
DarkStyle2	{5202B0CA-FC54-4496-8BCA-5EF66A818D29}

表中各样式的相应外观如图 7-43 所示。

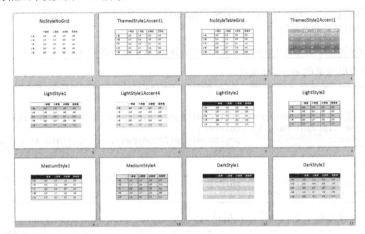

图 7-43

5. 图表操作

下面我们读取"Hello0_2.pptx"文件中的图表。幻灯片中有多个图形，程序如何判断哪个图形中有图表呢？方法如下。

```
>>> myPrs=Presentation(r'H:\示例\第7章\Hello0_2.pptx')
>>> for i in range(len(myPrs.slides)):
...     for j in range(len(myPrs.slides[i].shapes)):
...         if myPrs.slides[i].shapes[j].has_chart:
...             print(str(i),str(j))
1 3
```

有了编号，我们就可以访问图表。

```
>>> cht=myPrs.slides[1].shapes[3].chart
```

获取图表类型。

```
>>> cht.chart_type
51
```

获取图表数据信息。

```
>>> cht.plots[0].categories[0].label
'一季度'
>>> cht.plots[0].series[0].values
(580.0, 583.0, 628.0, 689.0)
```

下面我们重新构造图表的数据。

```
>>> chart_data=ChartData()
>>> plot=cht.plots[0]
>>> category_labels=[c.label for c in plot.categories]
>>> chart_data.categories=category_labels
>>> series=[91,95,98,101]
>>> chart_data.add_series('2019', series)
```

使用 Chart 对象的 replace_data 方法替换图表中的数据。

```
>>> cht.replace_data(chart_data)
```

使用 Chart 对象的 chart_style 属性修改图表样式。

```
>>> cht.chart_style=4
>>> myPrs.save(r'H:\示例\第 7 章\HelloO_2_chart.pptx')
```

运行效果如图 7-44 所示。

案例：自动生成 PPT 版研究报告

下面我们根据 Excel 表格中的数据，批量生成 PPT 文档。图 7-45 所示的表中有 5 个企业的各种基本信息，我们需要根据这些数据生成 PPT 文档分析报告。

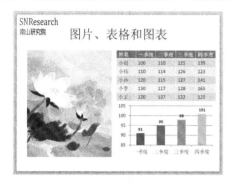

图 7-44　　　　　　　　　　　　　　　图 7-45

首先，我们手动制作样式模板。打开 PowerPoint，新建一个 PPT 文档，单击"视图"→"幻灯片母版"按钮。然后根据报告的格式要求，设计幻灯片上面的各种文本框、表格、图表、页码、logo 插图等。设计完成后，切换到"普通视图"，保存为"报告模板.pptx"文件，如图 7-46 所示。

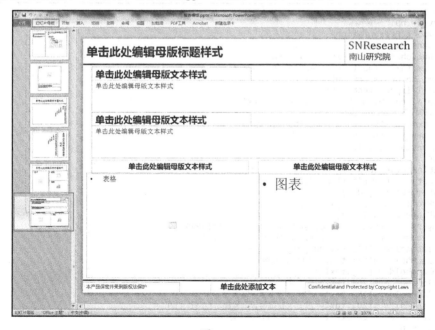

图 7-46

7.3　用 python-pptx 库操作 PowerPoint 文档　265

下面我们根据该样式生成幻灯片，主要是通过占位符来操作。那么，我们需要查看每个占位符的编号。例如，幻灯片标题的编号是 0，名称是 Title 1，属性是 TITLE (1)。通过 placeholders[0] 就可以找到标题，并在标题处插入文字。如何获取不同位置的占位符的编号呢？我们通过在各个占位符中插入不同的数据，保存文件。然后遍历输出幻灯片中所有占位符的信息（编号和数据），就可以识别出不同占位符的编号，如图 7-47 所示。

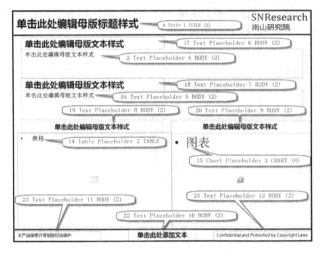

图 7-47

下面我们用 Python 来操作，代码如下。

```
import pandas as pd
import numpy as np
from pptx import Presentation
from pptx.chart.data import ChartData
from pptx.enum.chart import XL_CHART_TYPE
from pptx.enum.text import PP_PARAGRAPH_ALIGNMENT
from pptx.dml.color import RGBColor
from pptx.util import Inches,Pt
myPrs=Presentation('H:\示例\第7章\报告模板.pptx')
xlfile='H:\示例\第7章\公司数据.xlsx'
df0=pd.read_excel(xlfile,sheet_name=None,header=None)
companys=["上海公司","四川公司","重庆公司","深圳公司"]
for i, e in enumerate(companys):
    df=df0[e]
    data_table=np.array(df.iloc[:9,:]).tolist()
    data_chart=np.array(df.iloc[[0,9],1:]).tolist()
    companyName=df.iat[10,1]
    companyProfile=df.iat[11,1]
    companyHonor=df.iat[12,1]
    slide=myPrs.slides.add_slide(myPrs.slide_layouts[12])
    slide.placeholders[0].text=companyName+'财务分析报告'
    slide.placeholders[2].text=companyProfile
    slide.placeholders[16].text=companyHonor
    slide.placeholders[17].text='公司简介'
    slide.placeholders[18].text='经营范围'
    slide.placeholders[19].text='主要财务指标一览表'
    slide.placeholders[20].text='近五年存货周转天数图示(单位：天)'
    slide.placeholders[22].text='第'+str(i+1)+'页'
    rows,cols=9,6
    pgf=slide.placeholders[14].insert_table(rows,cols)
    tb=pgf.table
```

```
tbl=pgf.element.graphic.graphicData.tbl
tbl.tblPr[0].text='{5940675A-B579-460E-94D1-54222C63F5DA}'
tb.columns[0].width=Inches(1.7)
for c in range(1,6):
    tb.columns[c].width=Inches(0.7)
for r in range(0,9):
    tb.rows[r].height=Inches(0.32)
for row in range(rows):
    for col in range(cols):
        tb.cell(row, col).text_frame.clear()
        new=tb.cell(row, col).text_frame.paragraphs[0]
        new.alignment=PP_PARAGRAPH_ALIGNMENT.CENTER
        new.text=str(data_table[row][col])
        new.font.size=Pt(10)
        new.font.name='微软雅黑'
        new.font.color.rgb=RGBColor(0, 0, 0)
        new.font.bold=True
chart_data=ChartData()
chart_data.categories=data_chart[0]
chart_data.add_series('Series 1', data_chart[1])
pgf=slide.placeholders[15].insert_chart(51, chart_data)
chart=pgf.chart
chart.chart_style=1
category_axis=chart.category_axis
category_axis.has_major_gridlines=False
category_axis.tick_labels.font.italic=True
category_axis.tick_labels.font.size=Pt(15)
category_axis.tick_labels.font.color.rgb=RGBColor(0, 0, 0)
value_axis=chart.value_axis
value_axis.maximum_scale=100.0
value_axis.minimum_scale=0.0
value_axis.has_major_gridlines=False
value_axis.tick_labels.font.size=Pt(10)
value_axis.tick_labels.font.color.rgb=RGBColor(0, 0, 0)
plot=chart.plots[0]
plot.has_data_labels=True
data_labels=plot.data_labels
data_labels.font.size=Pt(15)
data_labels.font.bold=True
data_labels.font.color.rgb=RGBColor(0, 0, 0)
myPrs.save('H:\示例\第7章\分析报告.pptx')
```

运行结果如图7-48和图7-49所示。

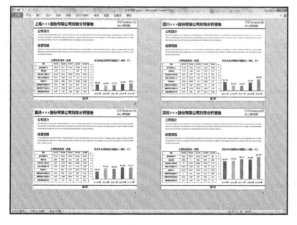

图7-48　　　　　　　　　　　图7-49

案例：信息的自动化提取

下面我们将图 7-48 所示的 5 张幻灯片中的企业基本信息提取出来，放入 Excel 文档。

首先，我们查看每张幻灯片中有哪些占位符。

```
>>> from pptx import Presentation
>>> ppt=Presentation(r'H:\示例\第7章\分析报告.pptx')
>>> for slide in ppt.slides:
...     for ph in slide.placeholders:
...         ph_fmt=ph.placeholder_format
...         print(ph_fmt.idx, ph.name,ph_fmt.type)
0 Title 1 TITLE (1)
2 Text Placeholder 4 BODY (2)
14 Table Placeholder 2 TABLE (12)
15 Chart Placeholder 3 CHART (8)
...
22 Text Placeholder 10 BODY (2)
23 Text Placeholder 11 BODY (2)
24 Text Placeholder 12 BODY (2)
```

由于这些幻灯片都是批量生成的，所以每张幻灯片中的占位符是一样的。公司名称信息在 placeholders[0] 中、公司简介信息在 placeholders[2] 中、企业荣誉信息在 placeholders[16] 中、财务信息在 placeholders[14] 中。

下面用 Python 来操作，代码如下。

```
import xlsxwriter
from pptx import Presentation
myPrs=Presentation(r'H:\示例\第7章\分析报告.pptx')
wb=xlsxwriter.Workbook(r'H:\示例\第7章\报告提取.xlsx')
for i, e in enumerate(myPrs.slides):
    title=e.placeholders[0].text
    profile=e.placeholders[2].text
    honor=e.placeholders[16].text
    ws=wb.add_worksheet(title.replace('财务分析报告',''))
    table=e.placeholders[14].table
    rs,cs=len(table.rows),len(table.columns)
    for r in range(rs):
        for c in range(cs):
            txt=table.cell(r, c).text_frame.paragraphs[0].text
            ws.write(r, c, txt)
    ws.write(r+1, 0, title)
    ws.write(r+2, 0, profile)
    ws.write(r+3, 0, honor)
wb.close()
```

运行结果如图 7-50 所示。

我们工作中遇到的绝大多数 PPT 文档都是手动制作的，这也意味着幻灯片之间没有规律可循。以图 7-51 所示的演示文稿为例，文件中的幻灯片各不相同，我们需要提取其中的文字和数据。

使用下面的代码可以提取文件中的信息。

```
from pptx import Presentation
ppt=Presentation(r'H:\示例\第7章\提取案例.pptx')
for slide in ppt.slides:
    for shape in slide.shapes:
        if hasattr(shape, 'text'):
            print(shape.text)
        if shape.has_table:
            table=shape.table
            rs,cs=len(table.rows), len(table.columns)
            for r in range(rs):
                data=[table.cell(r, c).text for c in range(cs)]
                print(data)
        if shape.has_chart:
            chart=shape.chart
```

```
for plot in chart.plots:
    category_labels=[c.label for c in plot.categories]
    print(category_labels)
    for serie in plot.series:
        print(serie.values)
```

图 7-50

图 7-51

运行效果如图 7-52 所示。

```
Welcome to Python!
Python is wonderful!
Use Python to manipulate windows!
Use Python to harness PowerPoint!

人生苦短，我用Python
Python是一种跨平台的计算机程序设计语言
唐诗是中华民族珍贵的文化遗产之一，是中华文化宝库中的一颗明珠。
夜上受降城闻笛
回乐烽前沙似雪，受降城外月如霜。
不知何处吹芦管，一夜征人尽望乡。
唐诗欣赏
销售数据表
['', '一季度', '二季度', '三季度', '四季度']
['小赵', '100', '110', '125', '135']
['小钱', '110', '114', '126', '123']
['小孙', '120', '115', '127', '141']
['小李', '130', '117', '128', '165']
['小王', '120', '127', '122', '125']
A公司各季度利润情况
['一季度', '二季度', '三季度', '四季度']
(100.0, 110.0, 125.0, 135.0)
(110.0, 114.0, 126.0, 123.0)
```

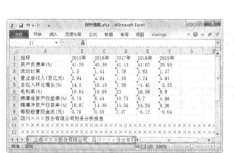

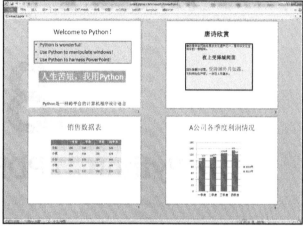

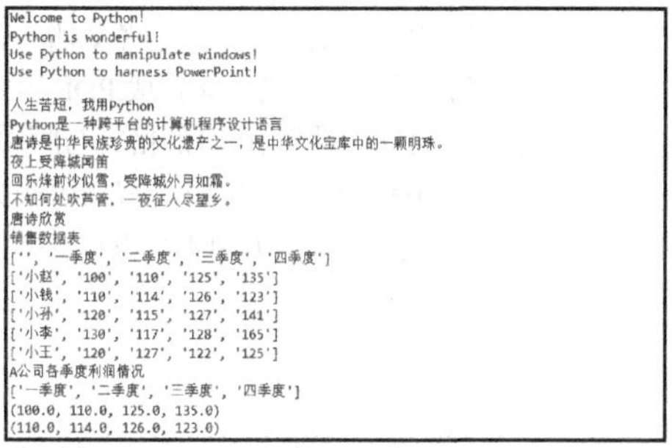

图 7-52

第8章

Python 与 PDF 文档操作

PDF(Portable Document Format)，又称为便携式文档，它在无纸化办公的时代得到了广泛应用。PDF 文档最大的特点是通用性，即"跨文字、跨语言、跨平台、跨媒体、跨软件"。它能够确保文字、图像文档不受计算机软件环境的限制。不管在哪一台计算机上制作的文档，只要能转成 PDF 格式，拿到另一台计算机上就能毫无困难地打开阅读，而且能保持制作时的格式与版面，看起来跟原来的格式一模一样。

由于 PDF 文档应用广泛，我们日常办公也会用到越来越多的 PDF 文档，因此本章介绍如何用 Python 自动化操作 PDF 文档。

8.1 PDF 文档简介

为了进一步理解 PDF 文档，本节将简要介绍其结构和规范。这部分内容比较枯燥，但理解它对于阅读源代码有帮助，当然不理解也不影响使用各种 PDF 解析包。感兴趣的读者还可以进一步学习 Adobe PDF 文档格式开发参考（PDF Reference）。

8.1.1 用记事本打开 PDF 文档

我们先看一个简单的 PDF 文档"hello.pdf"，其中有一行文本"Hello,World!"（这个文件实际上是由 8.2 节中将要介绍的 Reportlab 库自动创建的）。

用 PDF 阅读器打开该文件的效果如图 8-1 所示。

为了进一步了解 PDF 文件的结构，我们用记事本打开该 PDF 文档，操作方式是在文档上单击鼠标右键，打开方式选择记事本。打开结果如图 8-2 所示。

将图 8-2 所示的这些内容另存为一个新的 PDF 文档，用 PDF 阅读器打开，依然可以看到"Hello,World!"。这就说明，PDF 文档的底层就是图 8-2 所示的内容，要自动化操作 PDF 文档，就需要生成或者解析图 8-2 中的这些代码。

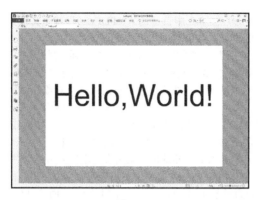

图 8-1

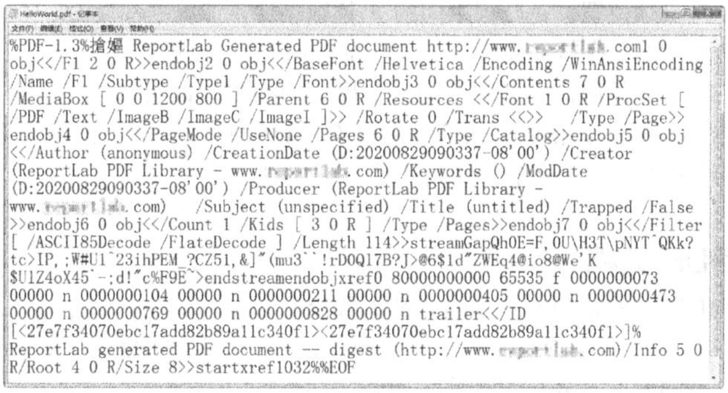

```
%PDF-1.3%搶嬺 ReportLab Generated PDF document http://www.[illegible].com1 0
obj<</F1 2 0 R>>endobj2 0 obj<</BaseFont /Helvetica /Encoding /WinAnsiEncoding
/Name /F1 /Subtype /Type1 /Type /Font>>endobj3 0 obj<</Contents 7 0 R
/MediaBox [ 0 0 1200 800 ] /Parent 6 0 R /Resources <</Font 1 0 R /ProcSet [
/PDF /Text /ImageB /ImageC /ImageI ]>> /Rotate 0 /Trans <<>>    /Type /Page>>
endobj4 0 obj<</PageMode /UseNone /Pages 6 0 R /Type /Catalog>>endobj5 0 obj
<</Author (anonymous) /CreationDate (D:20200829090337-08'00') /Creator
(ReportLab PDF Library - www.[illegible].com) /Keywords () /ModDate
(D:20200829090337-08'00') /Producer (ReportLab PDF Library -
www.[illegible].com)    /Subject (unspecified) /Title (untitled) /Trapped /False
>>endobj6 0 obj<</Count 1 /Kids [ 3 0 R ] /Type /Pages>>endobj7 0 obj<</Filter
[ /ASCII85Decode /FlateDecode ] /Length 114>>streamGapQh0E=F,0U\H3T\pNYT^QKk?
tc>IP,;W#U1^23ihPEM_?CZ51,&]"(mu3``!rD0Q17B?J>@6$1d"ZWEq4@io8@We'K
$UlZ4oX45`-;d!"c%F9E~>endstreamendobjxref0 80000000000 65535 f 0000000073
00000 n 0000000104 00000 n 0000000211 00000 n 0000000405 00000 n 0000000473
00000 n 0000000769 00000 n 0000000828 00000 n trailer<</ID
[<27e7f34070ebc17add82b89a11c340f1><27e7f34070ebc17add82b89a11c340f1>]%
ReportLab generated PDF document -- digest (http://www.[illegible].com)/Info 5 0
R/Root 4 0 R/Size 8>>startxref1032%%EOF
```

图 8-2

8.1.2 PDF 文档的结构

为了演示方便，将图 8-2 中的内容复制到 Word 文档中，稍加整理，并分为 3 栏展示，如图 8-3 所示。PDF 文档主要由 4 部分组成：文件头（Header）、文件体（Body）、交叉引用表（Cross-reference table）和文件尾（Trailer）。

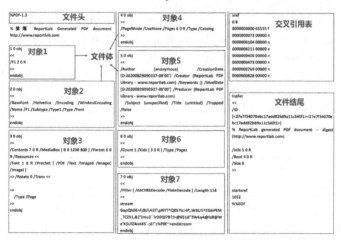

图 8-3

文件头位于 PDF 文档的首行，图 8-3 中首行的 "%PDF-1.3" 就是文件头。它标识文件类型和文件的版本，"%PDF-" 后跟的 "1.N" 版本号，其中 N 是 0 到 7 之间的数字。

文件头之后就是文件体，它由表示文件内容（文本/图象/音乐/视频/字体等）的一系列对象（obj）组成。每一个对象由对象标识符和对象内容组成。在图 8-3 中，文件体包含了 7 个对象。我们看对象 1，最开始的 "1 0" 就是对象标识符。数字 1 表示对象的序号，即它是文件体的第一个对象，而后面的数字 0 表示生成号。生成号为 0 说明文件未曾被更改过，如果一个 PDF 文档被修改，那这个数字是累加的。obj 和 endobj 之间就是对象的内容，对象 1 的内容是 "/F1 2 0 R"，F1 表示字体信息，R 表示该对象引用了其他对象，"2 0" 是对象 2 的标识符，也就是对象 1 引用的是对象 2，字体信息存放在对象 2 里。

对象后面就是交叉引用表，它是对象存储地址的索引表，用来索引每个对象在 PDF 文档中的起止位置。我们看图 8-3 中交叉引用表包含的内容："xref" 是交叉引用表起始标志，"0" 和 "8" 分别代表存放的对象起始位置和对象的个数（将文件头视为对象 0，图 8-3 中共 8 个对象）。后面的每行标记了每个对象在文件中的起始位置，每一行的前 10 个数字表示该对象相对 PDF 文件头的偏移地址。这样在解析 PDF 文档时就可以根据交叉引用表快速定位每个对象的具体位置。每一行中间的 5 位数字通常情况下都是 0，在该对象被删除时代表该对象被删除后又被重新生成后的对象序号。最后一个字母为 f 时代表已被删除或没有，而为 n 时代表使用。

交叉引用表后面是 PDF 文件尾，它是整个交叉引用表的摘要，说明里面有多少个对象（/Size 8），读的时候从哪个对象开始（/Root 4 0 R），存放文档信息的对象（/Info 5 0 R）、交叉引用表的位置（startxref 1032）。

"%%EOF" 是文件结束符，说明整个文件到此结束。

8.1.3　如何解析 PDF 文档

下面进一步解释 PDF 阅读器是如何工作的，其大致流程如图 8-4 所示。

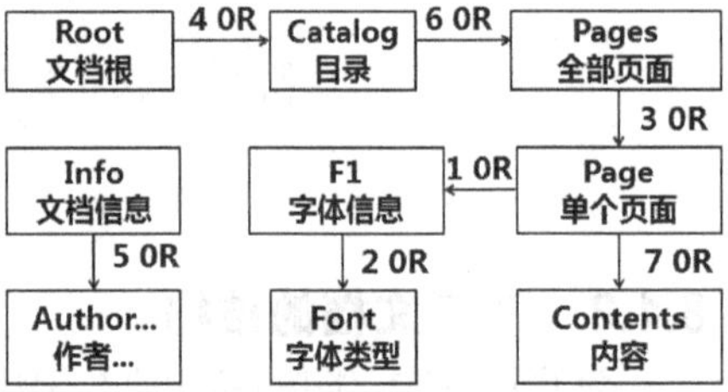

首先它读取文件头，找到 "%PDF-1.3"，这表明该文件是一个 PDF 文档，版本号是 1.3。接着查找文件尾的 "trailer" 中的 "/Root"，这是整个文档树形结构的根。PDF 文档中的所有内容都是从这个节点开始的。

例子中的 "/Root 4 0 R" 表示根节点的引用位置是 "4 0 obj"。跳到位置 "4 0 obj"，发现其类型是 "/Catalog"，即文档的目录，也就是整个文档内容的开始；此外，还有 "/Pages 6 0 R"，表示页面在 "6 0 obj"。跳转到 "6 0 obj"，"/Count 1" 表示文档总共一页，"/Kids [3 0 R]" 表示子页面在 "3 0 obj"。跳转到 "3 0 obj"，"/MediaBox [0 0 1200 800]" 表示页面大小是 1200 宽×800 高，"/Contents 7 0 R" 表示页面内容在 "7 0 obj"，"/Font 1 0 R" 表示字体资源在 "1 0 obj"，"/Rotate 0" 表示页面旋转角度为 0。跳转到 "1 0 obj"，"/F1 2 0 R" 表示字体信息在 "2 0 obj"。跳转到 "2 0 obj"，"/BaseFont /Helvetica" 表示字体为 Helvetica。

跳转到 "7 0 obj"，看到 stream 和 endstream 之间夹杂了一串乱码字符，这就是页面内容的核心信息，"/Filter [/ASCII85Decode /FlateDecode]" 表示其解码的方法。

将 "stream" 和 "endstream" 中间的这段字符串，依次通过 ASCII85Decode、FlateDecode 解码后，得到下面的字符串。

图 8-4

```
1 0 0 1 0 0 cm BT /F1 12 Tf 14.4 TL ET
BT /F1 200 Tf 240 TL ET
BT 1 0 0 1 50 400 Tm (Hello,World!) Tj T* ET
```

其中包含许多关键内容，"F1 200" 表示字号为 200，"50 400" 表示文字起始位置是页面的（50,400）处，文本内容是 "Hello,World!"。到此，我们知道了在页面的（50,400）处以 Helvetica 字体，字号 200，显示 "Hello,World!"。

此外，在"trailer"中的"Info 5 0 R"，表示文件信息的存放位置是"5 0 obj"，查看可以发现作者（Author）、创建日期（CreationDate）、关键词（Keywords）等文件信息。

在实际工作中，我们没必要从零开始解析PDF文档，在Python中，已经有很多成熟的库可以完成这些底层工作。例如，PDFMiner就可以解析、分析PDF文档。

下一节介绍在PDF文档自动化操作中常见的库。

8.2 Python自动创建PDF文档

我们经常将DOC/DOCX、PPT文档另存或者转换为PDF文档。但是这个转换过程不可控，结果不一定能够达到我们的版式需求，因此本节介绍如何使用库从零开始制作PDF文档。

8.2.1 用ReportLab库创建PDF文档

ReportLab是一个用于创建PDF文档的Python库，其功能非常强大，安装方法也非常简单，直接用pip命令安装即可。

1. 创建简单的PDF文档

下面我们看一下8.1节示例中的PDF文档是如何自动创建的。

首先从reportlab包的pdfgen目录下导入canvas模块。

```
>>> from reportlab.pdfgen import canvas
```

canvas是画布的意思，制作PDF文档好比在空白的画布上作画。

canvas模块有个Canvas类，是创建PDF文档的入口。通过help函数可以查询它的用法。

```
>>> help(canvas.Canvas)
...
def __init__(self,filename,pagesize=None,bottomup=1,pageCompression=None,invariant=None,verbosity=0, \
|encrypt=None,cropMarks=None,pdfVersion=None,enforceColorSpace=None,initialFontName=None, \
initialFontSize=None,initialLeading=None,cropBox=None,artBox=None,trimBox=None,bleedBox=None,lang=None,):
...
```

初始化方法可以传入的值很多，必须传入的是待创建的PDF文档的文件名（filename）。

```
>>> c=canvas.Canvas('H:\示例\第8章\HelloWorld.pdf')
>>> c
<reportlab.pdfgen.canvas.Canvas object at 0x00000000025674E0>
```

方法返回的是reportlab.pdfgen.canvas.Canvas类的一个实例对象，赋值给变量c，后面用c指代该实例对象。

用dir函数查看对象的属性和方法，主要包括：absolutePosition、acroForm、addLiteral、addOutlineEntry、addPageLabel、addPostScriptCommand、arc、beginForm、beginPath、beginText、bezier、bookmarkHorizontal、bookmarkHorizontalAbsolute、bookmarkPage、bottomup、circle、clipPath、cross、delCatalogEntry、delViewerPreference、doForm、drawAlignedString、drawBoundary、drawCentredString、drawImage、drawInlineImage、drawPath、drawRightString、drawString、drawText、ellipse、endForm、freeTextAnnotation、getAvailableFonts、getCatalogEntry、getCurrentPageContent、getPageNumber、getViewerPreference、getpdfdata、grid、hasForm、highlightAnnotation、imageCaching、init_graphics_state、inkAnnotation、inkAnnotation0、line、linearGradient、lines、linkAbsolute、linkRect、linkURL、listLoadedFonts0、pageHasData、pop_state_stack、push_state_stack、radialGradient、rect、resetTransforms、restoreState、rotate、roundRect、save、saveState、scale、setArtBox、setAuthor、setBleedBox、setCatalogEntry、setCreator、setCropBox、setDash、setDateFormatter、setEncrypt、setFillAlpha、setFillColor、 setFillColorCMYK、setFillColorRGB、setFillGray、setFillOverprint、setFont、setFontSize、setKeywords、setLineCap、setLineJoin、setLineWidth、setMiterLimit、setOutlineNames0、setOverprintMask、setPageCallBack、setPageCompression、setPageDuration、setPageRotation、setPageSize、setPageTransition、setProducer、setStrokeAlpha、setStrokeColor、setStrokeColorCMYK、setStrokeColorRGB、setStrokeGray、setStrokeOverprint、setSubject、setTitle、setTrimBox、setViewerPreference、shade、showFullScreen0、showOutline、showPage、skew、state_stack、stringWidth、textAnnotation、textAnnotation0、transform、translate、wedge。

通过这些方法，我们可以在画布上绘制复杂的 PDF 文档。

使用 setPageSize 方法设置页面大小。

```
>>> c.setPageSize((1200,800))
```

页面大小也可以在初始化 Canvas 对象的时候，通过代入.pagesize 进行设置。

使用 setFont 方法设置字体。

```
>>> c.setFont('Helvetica',200)
```

设置后，我们可以看到属性值发生了变化。

```
>>> c._pagesize, c._fontname,c._fontsize
((1200, 800), 'Helvetica', 200)
```

使用 drawString 方法在画布上书写，参数包括起点坐标和文本内容。PDF 文档中的每个元素都和位置相关，所以绘制元素时必须指定坐标。画布上的每个点都可以用坐标（x,y）表示，原点（0,0）在左下角，向右移动增加 x 值，向上移动增加 y 值。

```
>>> c.drawString(50, 400, 'Hello,World!')
```

画布画完后，使用 showPage 方法关闭当前页并翻页，继续绘制下一页。

```
>>> c.showPage()
```

本例只有一页，直接保存文件，结束任务。

```
>>> c.save()
```

用 PDF 阅读器或者文本编辑器打开 PDF 文档，可以看到和 8.1.1 节的 PDF 文档是一样的。

我们可以解析 PDF 文档。

```
>>> import re
>>> from reportlab.lib.utils import import_zlib as z_pdf
>>> from reportlab.lib.rl_accel import asciiBase85Decode as abd_pdf
>>> pdf=open('H:\示例\第8章\HelloWorld.pdf', 'rb').read()
>>> stream=re.compile(b'.*?FlateDecode.*?stream(.*?)endstream', re.S)
>>> [z_pdf().decompress(abd_pdf(s.strip(b'\r\n'))) for s in re.findall(stream,pdf)]
 [b'1 0 0 1 0 0 cm  BT /F1 12 Tf 14.4 TL ET\nBT /F1 200 Tf 240 TL ET\nBT 1 0 0 1 50 400 Tm (Hello,World!) Tj T* ET\n \n']
```

作画之前还可以设置画笔的状态，例如颜色、线条的宽度（_lineWidth）、写字用的字体（__fontname、_fontsize）等。前面我们设置了英文字体，由于 reportlab 包不带中文字体，需要通过官方渠道下载字体文件（下面用到微软雅黑 msyh.ttf），放到 reportlab 安装包下面的 font 文件夹中，如图 8-5 所示。

要注意的是，字体使用之前还需要注册。

```
>>> from reportlab.pdfbase.ttfonts import TTFont
>>> from reportlab.pdfbase import pdfmetrics
>>> pdfmetrics.registerFont(TTFont('微软雅黑', 'msyh.ttf'))
```

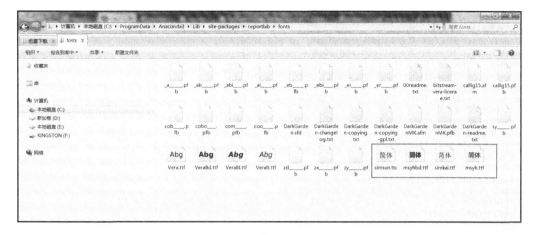

图 8-5

对页面大小的修改在翻页以后仍然有效,但是字体的设置只在本页有效。

```
>>> c.setPageSize((1200,800))
>>> c.setFont('Helvetica',200)
>>> c.showPage()
>>> c._pagesize, c._fontname,c._fontsize
((1200, 800), 'Helvetica', 12)
```

也就是说,每次翻页,字体都恢复到最初状态。最初的字体状态是由类实例化时传入的数值控制的。

```
>>> c._initialFontName,c._initialFontSize
('Helvetica', 12)
```

类实例化时调用了 init_graphics_state 方法,初始化了画笔状态,包括字体、颜色、字符间距、线条宽度等。showPage 方法调用了 _startPage 方法,后者又调用了 init_graphics_state 方法,最终将字体恢复到最初状态(_initialFontName、_initialFontSize)。

如果我们需要在同一页面多次设置画笔状态,可以使用 saveState 和 restoreState 方法保存和还原画笔状态。下面以字体设置为例。

```
>>> c.setFont('Courier',100)
>>> c.saveState()
>>> c._pagesize, c._fontname,c._fontsize
((1200, 800), 'Courier', 100)
>>> c.setFont('Helvetica',300)
```

使用 restoreState 方法可以将画笔恢复到上次使用 saveState 方法保存的状态。

```
>>> c.restoreState()
>>> c._pagesize, c._fontname,c._fontsize
((1200, 800), 'Courier', 100)
```

案例:制作精美的封面

下面我们多次设置画笔状态,书写汉字,并绘制线条和图形。

```
from reportlab.pdfgen import canvas
from reportlab.lib.pagesizes import landscape, letter
from reportlab.pdfbase.ttfonts import TTFont
from reportlab.pdfbase import pdfmetrics
from reportlab.lib.colors import pink, black, red, blue, green
❶ pdfmetrics.registerFont(TTFont('微软雅黑', 'msyh.ttf'))
```

```
c=canvas.Canvas(r'H:\示例\第8章\report.pdf')
❶ c.setPageSize((1200,800))
c.drawImage(r'H:\示例\第8章\background.png',0,500,1200,300)
c.drawImage(r'H:\示例\第8章\logo.png',0,800-72,190,72)
❷ c.setFont('微软雅黑',50)
c.drawCentredString(600, 400,'2020年汽车金融专题研究报告')
c.setFont('微软雅黑',30)
c.drawCentredString(600, 300, '南山研究院 分析师 金融哥')
c.setFont('微软雅黑',20)
c.drawString(50, 120, '因 / 为 / 专 / 注 / 所 / 以 / 专 / 业')
c.setFont('微软雅黑',30)
c.drawRightString(1150, 120, '2020年3月')
❸ c.setLineWidth(10)
c.line(0, 100,1200 ,100 )
c.setFont('微软雅黑',15)
c.drawString(50, 80, '本产品保密并受到版权法保护')
c.drawRightString(1150, 80, 'Confidential and Protected by Copyright Laws')
❹ c.setFillColor(red)
c.rect(800, 500, 1200, 20, stroke=0, fill=1)
❺ c.setFillGray(0.75)
c.setFillAlpha(0.3)
c.rect(0, 500, 800, 20, stroke=0, fill=1)
c.showPage()
c.save()
```

语句❶注册中文字体微软雅黑；语句❶设置画布大小；语句❷设置书写要用到的字体；语句❸设置画笔线条宽度；语句❹设置图形填充色；语句❺设置矩形的灰度。还用了 drawImage 方法添加图片，用 rect 方法绘制矩形，图片和矩形的参数均要指定起始坐标、宽度和高度，另外图片还要指定文件路径。打开生成的 PDF 文档，效果如图 8-6 所示。

图 8-6

如果一个 PDF 文档有多页，每页都有固定的元素，每页都重复绘制的话，代码量就比较大，因此可以将固定部分的制作代码放入循环。

使用 Canvas 类的 doForm、beginForm、endForm 方法也可以达到同样的效果。

```
from reportlab.pdfgen import canvas
from reportlab.pdfbase.ttfonts import TTFont
from reportlab.pdfbase import pdfmetrics
```

```
pdfmetrics.registerFont(TTFont('微软雅黑', 'msyh.ttf'))
c=canvas.Canvas(r'H:\示例\第 8 章\mydoc_form.pdf')
c.setPageSize((1200,800))
❶ c.beginForm('LOGO')
  c.drawImage(r'H:\示例\第 8 章\logo.png',0,800-72,190,72)
❶ c.endForm()
list=['2020 年汽车金融专题研究报告','2020 年消费金融专题研究报告',
'2020 年融资租赁专题研究报告','2020 年汽车销售专题研究报告']
for item in list:
❷     c.doForm('LOGO')
    c.setFont('微软雅黑',80)
    c.drawCentredString(600, 400,item)
    c.showPage()
c.save()
```

语句❶创建 form,并将其命名为 LOGO;语句❶结束并保持 form;语句❶和❶之间的代码绘制封面的固定内容,通过循环和语句❷,完成文字的书写。打开生成的 PDF 文档,效果如图 8-7 所示。

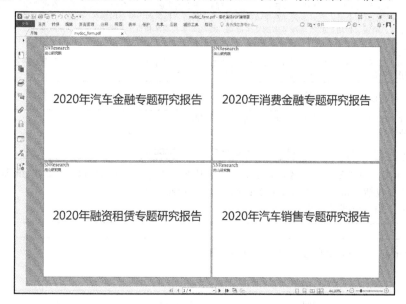

图 8-7

在以上例子中,我们用 drawString、line、rect 方法可以书写不同类型的内容。但是这种"画图"的方式非常低端,始终离不开坐标,如果我们要写入一大段文字,则需要计算每一行能放多少字,并不断调整坐标。由于所有的文字都是图画点,也就没有"自动换行"的功能。

pdfgen 目录里面的模块还有很多,都只能进行比较底层的操作。如果要制作更复杂的内容,就要用到页面布局(platypus)。

2. 添加段落、表格与图表

要想提升效率,就要减少重复劳动,多用模板和样式。在 reportlab 包中,platypus 目录里的模块就是用来实现各种样式、版式的。platypus 是 "Page Layout and Typography Using Scripts" 的缩写,它致力于把文档的样式和内容分开,段落、表格都直接套用相应的格式,页面也可以套用页面模版。

platypus 包括几个层面:文档模板(DocTemplate)、页面模板(PageTemplate)、页面框架(Frame)、页面元素(flowables)。一个文档可以有多个页面模板,一个页面可以有多个框架,一个框架里可以放很多元素。

flowables，即可流动的元素，这是一个形象的比喻。最常见的页面元素就是段落，同样一段文字，随着框架大小的变化，可以被拆分来适应框架，每行字符不固定，其占据的行数也会发生变化。此外，表格、空白（Spacer）、分页符（PageBreak）、图片（Image）都是 flowables。图片无法拆分，当框架太小时，它将移动到下一个框架，所以这些元素和坐标系就没有了联系，我们排版布局时，就不用考虑元素的坐标。只需要选择合适的文档和页面模板，设计不同的框架容器，然后依次放入页面元素，即可生成一个 PDF 文档。

（1）段落

制作段落需要用 platypus 子目录中 paragraph 模块的 Paragraph 类，其语法如下。

```
Paragraph(text, style, bulletText=None, caseSensitive=1)
```

它可以将文字和样式生成 PDF 文档中的段落。

参数 text 表示各个段落的文本内容。

```
>>> txt_0='什么是汽车金融？'
>>> txt_1='''汽车金融是汽车全产业链覆盖的资本流动。狭义的汽车金融隶属于消费金融,广义的汽车金融贯穿全产业链。汽车金融的概念最早源于美国，狭义的汽车金融，更多地关注汽车销售环节，为下游客户提供融资性金融服务，隶属于消费金融。广义的汽车金融，是贯穿汽车的生产、流通、销售、使用、回收等环节中的资金流动，提高资本利用率和资金周转率。'''
>>> txt_2='''我国汽车消费金融业萌芽于商业银行贷款，后经政策放宽，形成汽车金融公司、汽车融资租赁公司、互联网汽车金融公司等多元主体并存的局面。'''
>>> txt_3='''中国汽车消费金融渗透率与海外成熟市场差距很大。汽车金融的渗透率，指通过贷款、融资等金融方式购买的车辆数量与汽车销量之比。中国汽车消费金融渗透率一直处于较低水平。'''
```

参数 style 表示段落样式。调用 lib 子目录中 styles 模块的 getSampleStyleSheet 函数。

```
>>> from reportlab.lib.styles import getSampleStyleSheet
>>> s=getSampleStyleSheet()
>>> s
<reportlab.lib.styles.StyleSheet1 object at 0x0000000002BBDDD8>
```

返回的是样式表 StyleSheet1 对象，它里面有一些基本的样式可供我们直接使用。用 dir 函数查看对象的属性和方法，主要包括：add、byAlias、byName、get、has_key、list。

使用 list 方法输出全部样式的样式设置。

```
>>> s.list()
```

其中，Normal、Title 样式的主要默认属性说明见表 8-1。

表 8-1

属性	说明	Normal	Title
name	样式名称	Normal	Title
parent	父对象	None	<'Normal'>
alignment	文字对齐	0	1
allowOrphans	页底段落最小行数	0	0
allowWidows	页顶段落最小行数	1	1
backColor	背景颜色	None	None
borderColor	边框颜色	None	None
borderPadding	内容与边距的距离	0	0
borderRadius	圆角的边框	None	None
borderWidth	边框宽度	0	0
firstLineIndent	首行缩进	0	0

续表

属性	说明	Normal	Title
fontName	字体名称	Helvetica	Helvetica-Bold
fontSize	字体大小	10	18
leading	行距	12	22
leftIndent	左缩进	0	0
rightIndent	右缩进	0	0
spaceAfter	段后间隔	0	6
spaceBefore	段前间隔	0	0
textColor	文字颜色	Color(0,0,0,1)	Color(0,0,0,1)
wordWrap	单词中换行	None	None

可以修改样式的默认属性值。

```
>>> from reportlab.pdfbase.ttfonts import TTFont
>>> from reportlab.pdfbase import pdfmetrics
>>> pdfmetrics.registerFont(TTFont('微软雅黑', 'msyh.ttf'))
>>> s['Title'].fontName,s['Title'].fontSize='微软雅黑',30
>>> s['Title'].spaceAfter,s['Normal'].spaceBefore=30,10
>>> s['Normal'].fontName,s['Normal'].fontSize='微软雅黑',20
>>> s['Normal'].leading=30
>>> s['Normal'].firstLineIndent=40
```

下面生成段落。

由于 platypus 子目录中的 __init__.py 中有语句"from .paragraph import *",所以可以直接调用 Paragraph 类。

```
>>> from reportlab.platypus import Paragraph
```

代入文本和样式参数,生成第 1 个段落对象。

```
>>> p_0=Paragraph(txt_0,s['Title'])
>>> type(p_0)
<class 'reportlab.platypus.paragraph.Paragraph'>
>>> p_1=Paragraph(txt_1,s['Normal'])
>>> p_2=Paragraph(txt_2,s['Normal'])
>>> p_3=Paragraph(txt_3,s['Normal'])
```

使用 platypus 目录中 doctemplate 模块的 SimpleDocTemplate 类。

```
>>> from reportlab.platypus import SimpleDocTemplate
>>> doc=SimpleDocTemplate(r'H:\示例\第8章\mydoc.pdf',pagesize=(1200,800))
>>> doc
<reportlab.platypus.doctemplate.SimpleDocTemplate object at 0x0000000004A6DDD8>
```

使用 SimpleDocTemplate 对象的 build 方法,它可以将页面元素放入文档,生成最终的 PDF 文档。

```
build(self,flowables,onFirstPage=_doNothing, onLaterPages=_doNothing, canvasmaker=canvas.Canvas)
```

build 方法必要的参数是页面元素,段落就是一种页面元素,但是要将其转为列表,才能作为 build 方法的参数。

```
>>> story_text=[p_0,p_1,p_2,p_3]
>>> type(story_text)
<class 'list'>
```

代入参数,生成文件。

```
>>> doc.build(story_text)
```

打开生成的 PDF 文档，效果如图 8-8 所示。

除了修改样式，我们还可以使用 add(style, alias=None)方法添加样式。

```
>>> from reportlab.lib.styles import ParagraphStyle
>>> s_par=ParagraphStyle(name='A1',fontName='微软雅黑',fontSize=40,firstLineIndent=0)
>>> s_par
<ParagraphStyle 'A1'>
>>> s.add(s_par)
>>> p=Paragraph('微软雅黑 40 号字体',s['A1'])
```

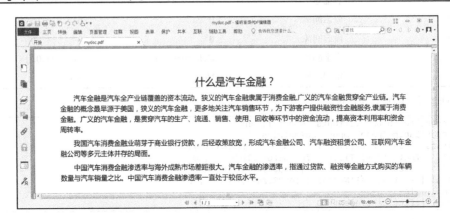

图 8-8

（2）表格

一般来说，PDF 文档中的表格和图表都是通过 Excel 表格生成，再以图片的形式插入 PDF 文档中，但是这种图像在放大以后就会变得很模糊，下面尝试直接在 PDF 文档中绘制表格和图表。

和段落一样，表格也是一种页面元素。

下面需要用 platypus 子目录中 tables 模块的 Table 类制作表格，其语法如下。

Table(data,colWidths=None,rowHeights=None,style=None,repeatRows=0,repeatCols=0,splitByRow=1,emptyTableAction=None,ident=None,hAlign=None,vAlign=None,normalizedData=0,cellStyles=None,rowSplitRange=None,spaceBefore=None,spaceAfter=None,longTableOptimize=None,minRowHeights=None)

数据源 data 是必须指定的，它是一个二维数组，和要显示的表的每一行、每一列对应。其余的都是可选参数，常用的包括前 3 个。参数 colWidths 是一个列表，表示各列的宽度，例如 col_widths=[100,50, 50]表示第 1 列宽 100，第 2、3 列宽 50；参数 rowHeights 表示行高，其设置方法与列宽类似，如果不设置这两个参数，列宽和行高就会变成自适应；参数 style 表示表格的样式，具体使用 TableStyle 对象来逐个项目逐个单元格地设置。

首先，构造表格数据参数。

```
>>> data=[['姓名','一季度','二季度','三季度','四季度'],
...['小赵',100,110,125,135], ['小钱',110,114,126,123],
...['小孙',120,115,127,141],['小李',130,117,128,165],
...['小王',120,127,122,125]]
```

其次，构造表格列宽、行高参数。

```
>>> col_widths, row_heights=[80,100,100,100,100],[60,50,50,50,50,50]
```

然后，构造表格样式参数。调用 platypus 子目录中 Table 模块的 TableStyle 类。

```
>>> from reportlab.platypus import TableStyle
>>> from reportlab.lib import colors
>>> from reportlab.pdfbase.ttfonts import TTFont
>>> from reportlab.pdfbase import pdfmetrics
>>> pdfmetrics.registerFont(TTFont('微软雅黑', 'msyh.ttf'))
>>> table_style=TableStyle([
...         ('FONT', (0, 0), (0, -1), '微软雅黑', 30),
...         ('FONT', (0, 0), (-1, 0), '微软雅黑', 30),
...         ('FONT', (1, 1), (-1, -1), '微软雅黑', 15),
...         ('ALIGN', (0, 0), (-1, -1), 'CENTER'),
...         ('VALIGN', (0, 0), (-1, -1), 'MIDDLE'),
...         ('GRID', (0,0), (-1,-1), 0.5, colors.black),
...         ('INNERGRID', (0,0), (-1,-1), 0.25, colors.black),
...         ('BOX', (0,0), (-1,-1), 0.25, colors.black),
...         ('BACKGROUND',(0,0),(-1,-1),colors.white)])
```

设置表格样式的语法比较特殊，它使用"属性，左上角，右下角，属性值"，表示对某个单元格区域设置属性。0 表示第一行或者第一列，-1 表示最后一行或最后一列。例如(0, 0)表示左上角单元格，(-1, -1)表示右下角单元格，围起来的区域就是整个表格。

有了全部参数，下面使用 Table 类实例化一个表格。

```
>>> from reportlab.platypus import Table
>>> table=Table(data,colWidths=col_widths,rowHeights=row_heights,style=table_style)
>>> type(table)
<class 'reportlab.platypus.tables.Table'>
```

给表格增加一个标题。

```
>>> tabletitle='''<para alignment=center fontName='微软雅黑' fontSize=20 spaceAfter=30>表1：销售情况表</para>'''
>>> from reportlab.lib.styles import getSampleStyleSheet
>>> styles=getSampleStyleSheet()
>>> from reportlab.platypus import Paragraph
```

一起放入列表。

```
>>> story_table=[Paragraph(tabletitle,styles['Normal']),table]
```

调用 SimpleDocTemplate 类的 build 方法，生成 PDF 文档。

```
>>> from reportlab.platypus import SimpleDocTemplate
>>> doc=SimpleDocTemplate(r'H:\示例\第8章\mydoc_table.pdf',pagesize=(1200,800))
>>> doc.build(story_table)
```

打开生成的 PDF 文档，效果如图 8-9 所示。

（3）图表

在 PDF 文档中添加各种图形，需要用到 graphics 子目录中的各个模块。下面尝试直接在 PDF 文档中绘制图表。

调用 shapes 模块的 Drawing 类。

```
>>> from reportlab.graphics.shapes import Drawing
```

实例化 Drawing 类，指定绘图区的宽、高。

```
>>> d=Drawing(100, 100)
>>> d
<reportlab.graphics.shapes.Drawing object at 0x00000000051A2518>
```

获得一个绘图区 Drawing 对象，用 dir 函数查看对象的属性和方法，主要包括：add、asDrawing、asGroup、asString、background、contents、copy、draw、drawOn、dumpProperties、expandUserNodes、getBounds、getContents、 getKeepWithNext、getProperties、getSpaceAfter、getSpaceBefore、hAlign、height、identity、insert、isIndexing、minWidth、renderScale、resized、rotate、save、scale、setProperties、shift、'skew'、split、splitOn、transform、translate、vAlign、verify、width、wrap、wrapOn。

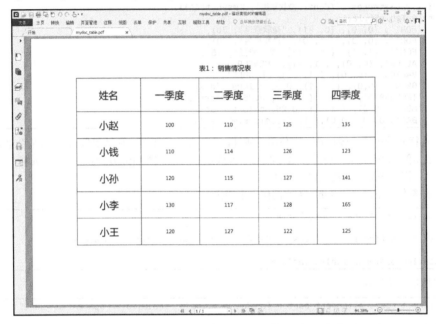

图 8-9

有了绘图区，下一步就是绘制条形图。

绘制条形图需要使用 barcharts 模块中的 VerticalBarChart 类。

```
>>> from reportlab.graphics.charts.barcharts import VerticalBarChart
>>> bar=VerticalBarChart()
>>> bar
<reportlab.graphics.charts.barcharts.VerticalBarChart object at 0x00000000051A23C8>
```

获得一个垂直条形图 VerticalBarChart 对象，用 dir 函数查看对象的属性和方法，主要包括：background、barLabelArray、barLabelFormat、barLabels、barSpacing、barWidth、bars、calcBarPositions、categoryAxis、categoryNALabel、data、debug、demo、draw、dumpProperties、fillColor、getBounds、getProperties、getSeriesName、getSeriesOrder、groupSpacing、height、makeBackground、makeBars、makeSwatchSample、naLabel、provideNode、reversePlotOrder、setProperties、strokeColor、strokeWidth、useAbsolute、valueAxis、verify、width、x、y、zIndexOverrides。

下面设置对象的各种属性。

```
>>> bar.x,bar.y,bar.height,bar.width,bar.valueAxis.valueMin=50,-150,280,500,0
>>> bar.categoryAxis.categoryNames=['2012','2013','2014','2015','2016']
>>> bar.data=[[16, 17, 18, 24, 25]]
>>> bar.bars[0].fillColor,bar.barLabels.nudge=colors.black,18
>>> bar.barLabelFormat,bar.valueAxis.labels.fontSize='%0.0f',20
>>> bar.categoryAxis.labels.fontSize,bar.barLabels.fontSize=20,30
```

通过 Drawing 对象的 add 方法将条形图放入绘图区。

```
>>> d.add(bar)
```

下面在绘图区中添加一个标题。

```
>>> from reportlab.graphics.charts.textlabels import Label
>>> title=Label()
>>> title.setText('图1: 汽车金融公司数量')
>>> title.fontSize,title.fontName,title.dx,title.dy=20,'微软雅黑',260,160
>>> d.add(title)
```

将绘图区放入列表，为了防止太靠近顶端，在绘图区上方添加空格。

```
>>> from reportlab.platypus import Spacer
>>> story_chart=[Spacer(1,75),d]
```

调用 SimpleDocTemplate 类的 build 方法，生成 PDF 文档。

```
>>> from reportlab.platypus import SimpleDocTemplate
>>> doc=SimpleDocTemplate(r'H:\示例\第8章\mydoc_chart.pdf',pagesize=(1200,800))
>>> doc.build(story_chart)
```

打开生成的 PDF 文档，效果如图 8-10 所示。

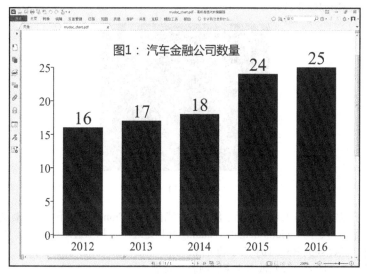

图 8-10

本例中的图表是矢量化的图表，即使放大也不会变模糊。

绘图区的保存方式有多种。

```
>>> from reportlab.pdfgen import canvas
>>> my_canvas=canvas.Canvas(r'H:\示例\第8章\mydoc_chart.pdf', pagesize=(1200,800))
>>> d.drawOn(my_canvas, 100, 100)
>>> my_canvas.save()
```

或者以下方式。

```
>>> d.save(formats=['pdf'],fnRoot=r'H:\示例\第8章\mydoc_chart')
```

或者以下方式。

```
>>> from reportlab.graphics import renderPDF
>>> renderPDF.drawToFile(d,r'H:\示例\第8章\mydoc_chart.pdf',autoSize=0)
```

3. 页面布局设计

单个的段落、表格、图表都容易实现，但有时候我们需要将其混排在一起。前面提到的段落、表格、图表都属于 Flowable 对象，其位置和坐标没关系，是可以变化的，那么如何才能准确地排版呢？那就需要把它们放置在固定的区域内。使用框架可以将复杂的 PDF 页面分为不同的区域，用来放置文字、表格、图表等内容。

导入框架类 Frame。

```
>>> from reportlab.platypus import Frame
```

查看 Frame 类的帮助信息。

```
>>> help(Frame)
```

在帮助文档中可以查到 Frame 类的实例化参数。

```
class Frame(builtins.object)
Frame(x1, y1, width,height, leftPadding=6, bottomPadding=6, rightPadding=6, topPadding=6, id=None, showBoundary=0)
```

Frame 的外观示意图如图 8-11 所示。

图 8-11

Frame 主要用于界定了画布上可以放元素的区域。我们看到 Frame 的左下角的坐标为（x1，y1），该坐标相对于使用时的画布；尺寸为 width×height；Padding 是指定边距，扣除边距剩下的就是可供绘图的空间；参数 id 表示识别符；参数 showBoundary 表示边界线。

下面将页面分为 3 个区域，分别放入文字、图表、表格。

```
>>> f1=Frame(0, 0, 600, 400, showBoundary=1, id='f1')
>>> f2=Frame(600, 0, 600, 400, showBoundary=1, id='f2')
>>> f3=Frame(0, 400, 1200, 400, showBoundary=1, id='f3')
>>> f3
<reportlab.platypus.frames.Frame object at 0x0000000004F86208>
```

用 dir 函数查看 Frame 对象的方法和属性，主要包括：add、addFromList、add_generated_content、drawBoundary、id、showBoundary、split。

可以通过设置 showBoundary=0 不显示框架的线条，这样既可以对齐内容，又不会显得页面太乱，即使是复杂的版式也显得井井有条。

有了框架，我们就再也不用担心画布上的元素无法对齐了。下面创建一个画布。

```
>>> from reportlab.pdfgen.canvas import Canvas
>>> c=Canvas(r'H:\示例\第 8 章\mydoc_Frame.pdf')
>>> c.setPageSize((1200,800))
```

使用 Frame 对象的 addFromList(drawlist, canv)方法，可以将元素列表（包含 flowables 的 list）按照框架

规定的位置放到画布上面。story_chart、story_table、story_text 的制作过程前面已经介绍过，此处不再赘述。

```
>>> f1.addFromList(story_chart,c)
>>> f2.addFromList(story_table,c)
>>> f3.addFromList(story_text,c)
>>> c.save()
```

打开生成的 PDF 文档，效果如图 8-12 所示。

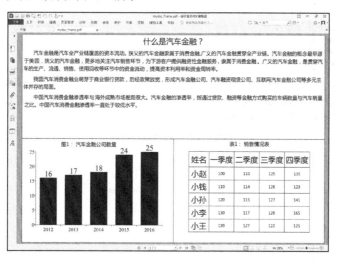

图 8-12

有时候我们需要在每一页都添加固定的内容，如公司 Logo、页码等信息，这时就要用到页眉和页脚。页眉和页脚应当是自动化生成的，在前面调用 doForm 方法的案例中，我们插入的 logo 不是页眉，因为下一页的 logo 还要手动插入，而无法自动生成。

前面我们用到的 build 方法，还有两个参数 onFirstPage 和 onLaterPages，用于指定在首页的操作和在后面所有页的操作。

我们看一个例子。

```
from reportlab.platypus import SimpleDocTemplate, Paragraph,PageBreak, Spacer
from reportlab.lib.styles import getSampleStyleSheet
from reportlab.pdfbase.ttfonts import TTFont
from reportlab.pdfbase import pdfmetrics
pdfmetrics.registerFont(TTFont('微软雅黑', 'msyh.ttf'))
def header_footer(c, doc):
    c.drawImage(r'H:\示例\第8章\logo.png',1200-190,800-72,190,72)
    c.setFont('微软雅黑',20)
    c.drawString(50, 60, '因 / 为 / 专 / 注 / 所 / 以 / 专 / 业')
    c.setLineWidth(3)
    c.line(0, 50,1200 ,50 )
    c.line(0, 800-75,1200 ,800-75 )
    c.setFont('微软雅黑',20)
    c.drawString(50, 30, '本产品保密并受到版权法保护')
    c.drawRightString(1150, 30, 'Confidential and Protected by Copyright Laws')
    page_num=c.getPageNumber()
    c.setFont('微软雅黑',30)
    text='第 %s 页' % page_num
    c.drawRightString(580,20, text)
    c.setFont('微软雅黑',50)
    c.rotate(30)
    c.setFillAlpha(0.2)
```

```
        c.drawString(600, 0, '版权所有 南山金融研究')
        c.rotate(-30)
myPDF=SimpleDocTemplate(r'H:\示例\第 8 章\mydoc.pdf',pagesize=(1200,800))
story=[]
list=['2020 年汽车金融专题研究报告','2020 年消费金融专题研究报告',
      '2020 年融资租赁专题研究报告','2020 年汽车销售专题研究报告']
styles=getSampleStyleSheet()
styles['Normal'].fontName='微软雅黑'
styles['Normal'].fontSize=40
for item in list:
    story.append(Spacer(1,200))
    story.append(Paragraph(item, styles['Normal']))
    story.append(PageBreak())
myPDF.build(story, onFirstPage=header_footer, onLaterPages=header_footer)
```

函数 header_footer 定义了制作页眉和页脚的操作，build 方法的参数传入了函数名 header_footer，即 onFirstPage=header_footer、onLaterPages=header_footer，表示每一页都会自动完成添加页眉和页脚的操作。

打开生成的 PDF 文档，效果如图 8-13 所示。

图 8-13

本例还实现了在新建文件中添加水印的效果，给已有的文件添加水印，将用其他库来实现。当然，这种水印也很容易去除。还可以将 PDF 文档的页面转换成图片，然后在图片上加水印，最后将加完水印的图片组合生成 PDF 文档，这样的水印就难以去除了。

案例：制作带目录的 PDF 格式报告

前面的 PDF 文档，要么是封面，要么是正文，它们都只有一种页面样式，都是直接使用 SimpleDocTemplate 类完成的。在实际工作中，更多的 PDF 文档有多种页面样式，例如，常见的分析报告就有封面、目录、正文等页面样式。

我们创建了自定义文档模板类（MyDocTemplate），它是 BaseDocTemplate 类的子类。我们使用 PageTemplate 类创建了 3 种页面样式，即封面（tpl_covers）、目录（tpl_catalog）、正文（tpl_body），每一个页面又有不同的框架，其中封面和正文页面的大小都是（1200,800），目录页的大小是（800,1000）。封面和正文页面都设置了固定的页眉 header_covers、header_body，它们在创建时自动生成。

PageTemplate 类的语法如下。

```
>>> from reportlab.platypus import BaseDocTemplate,PageTemplate,NextPageTemplate
>>> help(PageTemplate)
class PageTemplate(builtins.object)
```

```
PageTemplate(id=None, frames=[], onPage=<function _doNothing at 0x0000000003567840>,
onPageEnd=<function _doNothing at 0x0000000003567840>, pagesize=None, autoNextPageTemplate=None,
cropBox=None,artBox=None, trimBox=None, bleedBox=None)
```

下面使用 addPageTemplates 方法添加页面样式到 MyDocTemplate 类。

为自定义类添加 afterFlowable 方法是为了制作目录。

有了样式，然后就需设置内容。正文部分用到了 Excel 表格里保存的企业数据，企业名称、简介、荣誉、财务数据等，我们创建了两个函数，分别代表作表和作图，添加了 6 种段落格式。由于页面元素包括目录，所以要使用 multiBuild 方法。

完整代码如下。

```python
import numpy as np
import pandas as pd
from reportlab.platypus import BaseDocTemplate,PageTemplate,NextPageTemplate,Paragraph
from reportlab.platypus import Frame, Table, TableStyle,Spacer,PageBreak,FrameBreak
from reportlab.platypus.tableofcontents import TableOfContents
from reportlab.graphics.shapes import Drawing
from reportlab.graphics.charts.barcharts import VerticalBarChart
from reportlab.lib import colors
from reportlab.lib.styles import getSampleStyleSheet,ParagraphStyle
from reportlab.pdfbase.ttfonts import TTFont
from reportlab.pdfbase import pdfmetrics
pdfmetrics.registerFont(TTFont('微软雅黑', 'msyh.ttf'))
class MyDocTemplate(BaseDocTemplate):
    def __init__(self,filename):
        super().__init__(filename)
        f0=Frame(0, 400, 1200, 50,id='f0',showBoundary=0)
        f1=Frame(900, 120, 250, 30,id='f1',showBoundary=0)
        tpl_covers=PageTemplate('tpl_covers',[f0,f1],header_covers,pagesize=(1200,800))
        f2=Frame(50, 50, 700, 900,id='f2',showBoundary=0)
        tpl_catalog=PageTemplate('tpl_catalog',[f2],pagesize=(800,1000))
        f3=Frame(0, 750, 1000, 50,id='f3',showBoundary=0)
        f4=Frame(0, 400, 1200, 300,id='f4',showBoundary=0)
        f5=Frame(0, 50, 600, 350,id='f5',showBoundary=0)
        f6=Frame(600, 50, 600, 350,id='f6',showBoundary=0)
        tpl_body=PageTemplate('tpl_body',[f3,f4,f5,f6],header_body,pagesize=(1200,800))
        self.addPageTemplates([tpl_covers,tpl_catalog,tpl_body])
    def afterFlowable(self, flowable):
        if flowable.__class__.__name__=='Paragraph':
            text=flowable.getPlainText()
            style=flowable.style.name
            if style=='A1':
                self.notify('TOCEntry', (0, text, self.page))
            if style=='A2':
                self.notify('TOCEntry', (1, text, self.page))
def header_covers(c, doc):
    c.saveState()
    c.drawImage(r'H:\示例\第8章\background.png',0,500,1200,300)
    c.drawImage(r'H:\示例\第8章\logo.png',0,800-72,190,72)
    c.setFont('微软雅黑',30)
    c.drawCentredString(600, 300, '南山研究院 分析师 金融哥')
    c.setFont('微软雅黑',20)
    c.drawString(50, 120, '因 / 为 / 专 / 注 / 所 / 以 / 专 / 业')
    c.setLineWidth(10)
    c.line(0, 100,1200 ,100 )
    c.setFont('微软雅黑',15)
    c.drawString(50, 80, '本产品保密并受到版权法保护')
    c.drawRightString(1150, 80, 'Confidential and Protected by Copyright Laws')
    c.setFillColor(colors.red)
    c.rect(800, 500, 1200, 20, stroke=0, fill=1)
    c.setFillGray(0.75)
    c.rect(0, 500, 800, 20, stroke=0, fill=1)
    c.restoreState()
def header_body(c, doc):
    c.saveState()
    pdfmetrics.registerFont(TTFont('微软雅黑', 'msyh.ttf'))
```

```
            c.drawImage(r'H:\示例\第8章\logo.png',1200-190,800-72,190,72)
            c.setLineWidth(3)
            c.line(0, 50,1200 ,50 )
            c.line(0, 800-75,1200 ,800-75 )
            c.setFont('微软雅黑',20)
            c.drawString(50, 30, '本产品保密并受到版权法保护')
            c.drawRightString(1150, 30, 'Confidential and Protected by Copyright Laws')
            page_num=c.getPageNumber()
            c.setFont('微软雅黑',30)
            text='第 %s 页' % page_num
            c.drawRightString(580,20, text)
            c.restoreState()
def table(data):
        table=Table(data)
        table.setStyle(TableStyle([
                ('INNERGRID',(0,0),(-1,-1),0.25,colors.black),
                ('BOX',(0,0),(-1,-1),0.25,colors.black),
                ('FONT',(0,0),(-1,-1),'微软雅黑',20),]))
        return table
def bar(data):
        drawing=Drawing(500,250)
        bar=VerticalBarChart()
        bar.x,bar.y,bar.height,bar.width=20,-20,270,560
        bar.data,bar.strokeColor=[data[1]],colors.black
        bar.valueAxis.valueMin,bar.barLabels.nudge=0,18
        bar.barLabelFormat,bar.valueAxis.valueMax='%0.1f',100
        bar.valueAxis.labels.fontSize=20
        bar.categoryAxis.labels.fontName='微软雅黑'
        bar.categoryAxis.labels.fontSize,bar.barLabels.fontSize=20,30
        bar.categoryAxis.labels.dx,bar.categoryAxis.labels.dy=0,0
        bar.categoryAxis.categoryNames=data[0]
        bar.bars[0].fillColor=colors.black
        drawing.add(bar)
        return drawing
styles=getSampleStyleSheet()
Para_S=ParagraphStyle
styles.add(Para_S(name='A1',fontName='微软雅黑',fontSize=40))
styles.add(Para_S(name='A2',fontName='微软雅黑',fontSize=25,leading=25))
styles.add(Para_S(name='A3',fontName='微软雅黑',fontSize=20,leading=30,spaceBefore=10))
styles.add(Para_S(name='A4',fontName='微软雅黑',fontSize=25,alignment=1,spaceAfter=30))
styles.add(Para_S(name='A5',fontName='微软雅黑',fontSize=50,alignment=1,spaceAfter=30))
styles.add(Para_S(name='A6',fontName='微软雅黑',fontSize=30,alignment=1,spaceAfter=30))
styles['A3'].firstLineIndent=40
story=[]
story.append(Paragraph('汽车金融概念股分析报告',styles['A5']))
story.append(Paragraph('2020年4月',styles['A6']))
story.append(NextPageTemplate('tpl_catalog'))
story.append(PageBreak())
story.append(Paragraph('目     录',styles['A6']))
story.append(Spacer(1, 20))
toc=TableOfContents()
toc.levelStyles=[styles['A2'], styles['A3']]
story.append(toc)
story.append(NextPageTemplate('tpl_body'))
story.append(PageBreak())
list=['上海公司','四川公司','重庆公司','深圳公司']
for i in list:
        df=pd.read_excel(r'H:\示例\第8章\公司数据.xlsx', sheet_name=i,header=None)
        df1=df.iloc[:9,:]
        dataA_0=np.array(df1).tolist()
        df2=df.iloc[[0,9],1:]
        dataB_0=np.array(df2).tolist()
        name=df.iloc[10,1]
        textA_0,textB_0=df.iloc[11,1],df.iloc[12,1]
        title0=name+'财务分析报告'
        story.append(Paragraph(title0,styles['A1']))
        story.append(FrameBreak())
        story.append(Paragraph('公司简介',styles['A2']))
```

```
story.append(Paragraph(textA_0,styles['A3']))
story.append(Spacer(1, 12))
story.append(Paragraph('经营范围',styles['A2']))
story.append(Paragraph(textB_0,styles['A3']))
story.append(FrameBreak())
story.append(Paragraph('主要财务比率一览表',styles['A4']))
story.append(table(dataA_0))
story.append(FrameBreak())
story.append(Paragraph('近五年存货周转天数图示(单位:天)',styles['A4']))
story.append(bar(dataB_0))
story.append(FrameBreak())
doc=MyDocTemplate(r'H:\示例\第8章\MyDocTemplate.pdf')
doc.multiBuild(story)
```

打开生成的 PDF 文档，效果如图 8-14 和图 8-15 所示。

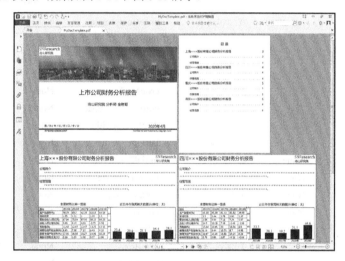

图 8-14

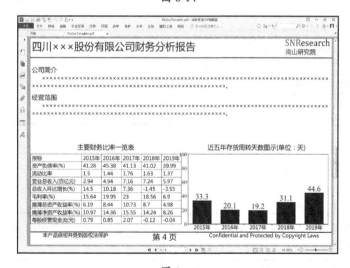

图 8-15

本例中，我们将数据从 Excel 表格中自动读取出来，批量生产 PDF 格式的分析报告。同时，将版式与内容分离、格式与数据分离，这样便于后期调整格式和添加内容。例如需要调整图表颜色，或者文字的字体，只需要修改格式代码，就可以批量完成整个文档的更新。又如需要增加公司的数量，只需要添加 list 列表，增加数据，而不需要修改其他的代码。

4. 文档属性设置

前面在使用模板 SimpleDocTemplate 方法创建文档时，我们只提供了文件名、页眉、页面大小等参数，实际上还可以提供更多参数，以对文档的属性做进一步设置。常用的文档属性说明见表 8-2。

表 8-2

属性	默认值	说明	属性	默认值	说明
pagesize	default	宽度和高度	pageCompression	None	压缩页面
pageTemplates	[]	页面版式	rotation	0	旋转
showBoundary	0	显示边框			
leftMargin	72	左外边距	encrypt	None	是否加密
rightMargin	72	右外边距	cropMarks	None	裁剪标记
topMargin	72	页上空白	enforceColorSpace	None	颜色设置
bottomMargin	72	页下空白	displayDocTitle	None	显示标题
allowSplitting	1	分割元素	lang	None	元素语言
title	None	标题	initialFontName	None	字体
author	None	作者	initialFontSize	None	字号
subject	None	主题	initialLeading	None	间距
creator	None	创建工具	cropBox	None	修剪边框
producer	None	生成器	artBox	None	特殊用途区域
keywords	[]	关键字	trimBox	None	印刷成品尺寸
			bleedBox	None	成品的出血框

先创建文件对象。

```
>>> from reportlab.pdfbase.ttfonts import TTFont
>>> from reportlab.pdfbase import pdfmetrics
>>> pdfmetrics.registerFont(TTFont('微软雅黑', 'msyh.ttf'))
>>> from reportlab.lib.styles import ParagraphStyle
>>> s_par=ParagraphStyle(name='A1',fontName='微软雅黑',fontSize=30,firstLineIndent=0)
>>> story=[ Paragraph('四川上市公司财务分析报告',s['A1'])]
>>> from reportlab.platypus import SimpleDocTemplate,Paragraph
>>> doc=SimpleDocTemplate(r'H:\示例\第 8 章\MyDoc_encryption.pdf')
```

设置文档的属性。

```
>>> doc.pagesize=(1200,800)
>>> doc.title='四川上市公司财务分析报告'
>>> doc.author='金融哥'
>>> doc.subject='金融'
>>> doc.keywords=['公司','金融']
```

有的属性的取值是对象，例如 encrypt 属性，我们需要借助 reportlab 包中的 pdfencrypt 模块，生成 StandardEncryption 对象。

```
>>> from reportlab.lib import pdfencrypt
>>> ec=pdfencrypt.StandardEncryption(userPassword='a',ownerPassword='b',canPrint=0,
... canModify=0, canCopy=0, canAnnotate=0, strength=40)
>>> ec
```

```
<reportlab.lib.pdfencrypt.StandardEncryption object at 0x000000000359F080>
>>> doc.encrypt=ec
>>> doc.build(story)
```

用 PDF 编辑器打开生成的 PDF 文档,单击"文件"→"文档属性"→"说明"按钮,可以看到,作者信息已经添加,如图 8-16 所示。

图 8-16

对 PDF 文档进行权限控制有两层含义,一种是是否允许查看文档内容,另一种是是否允许打印、复制、粘贴或修改文档。PDF 安全处理程序允许为文档指定两个不同的密码:一种是"所有者"密码(ownerPassword,又称"安全密码"或"主密码"),另一种是"用户"密码(userPassword,又称"打开密码")。当用户输入所有者密码,则可以完全控制打开文件,可以执行任何操作,包括更改安全设置和密码,或使用新密码重新加密。当用户输入用户密码,如果文件在创建时做了打印等权限限制,则 PDF 文档只能查看,不能进行打印等其他操作。

本例中,我们设置了两个密码,一个是用户密码(userPassword='a'),另一个是所有者密码(ownerPassword='b')。同时,我们设置了不允许打印(canPrint=0)、不允许修改(canModify=0)、不允许复制(canCopy=0)、不允许注释(canAnnotate=0)、加密方式为标准 40 位加密(strength=40)。当我们输入用户密码打开文件,能够查看文件内容,但是无法打印文件,如图 8-17 所示。

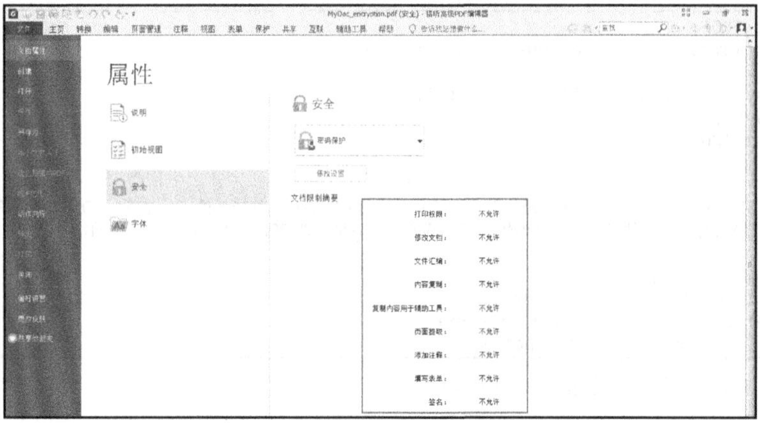

图 8-17

当我们输入所有者密码打开文件，单击"文件"→"文档属性"→"安全"按钮，可以看到我们拥有包括打印在内的全部操作权限，如图8-18所示。

图 8-18

需要注意的是，这种加密措施的强度还是很弱，保密程度较高的文件建议不要依赖这个方法进行加密。

8.2.2 用 PyFPDF 库创建 PDF 文档

在 Python 的库里，ReportLab 是用于从头生成 PDF 文档的最主要的库，其功能强大，要系统掌握还需要阅读大量的原始资料和源代码。

此外，还有其他的 PDF 文档生成库，例如 PyFPDF，它从 FPDF PHP 库移植，也可用于生成格式不太复杂的 PDF 文档，学习起来也相对简单。安装 PyFPDF 库非常简单，可以像安装本书中的所有其他库一样使用 pip install fpdf 命令。

1. 输入文字

在 fpdf 包里面，页面被分为单元格，单元格就是定位的框架。元素以单元格的位置来定位和对齐，文字也在单元格里面。

下面创建一个 PDF 文档。注意：需要将字体文件 msyh.ttf 放入示例文件夹。此后不再赘述。

```
from fpdf import FPDF
pdf=FPDF(format='letter', orientation='L',unit='cm')
pdf.add_page()
pdf.add_font('msyh','','H:\示例\第8章\msyh.ttf', uni=True)
pdf.set_font('msyh','',50)
pdf.cell(10,2,txt='PDF 文档是什么？')
pdf.ln(3)
text='''
PDF 是由 Adobe 公司开发的，用于与应用程序、操作系统、硬件无关的方式进行文件交换的文件格式。PDF 文档以 PostScript 语言图像模型为基础，无论在哪种打印机上都可保证精确的颜色和准确的打印效果，即 PDF 会忠实地再现原稿的每一个字符、颜色以及图像。
'''
pdf.set_font('msyh','',20)
effective_page_width=pdf.w - 2*pdf.l_margin
pdf.multi_cell(effective_page_width,2,txt=text)
pdf.output(r'H:\示例\第8章\test_text.pdf')
```

打开生成的 PDF 文档，效果如图 8-19 所示。

2. 绘制表格

当显示了单元格的外边框，整齐排列的文字段落就会变成表格。

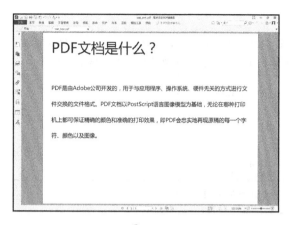

图 8-19

```
from fpdf import FPDF
pdf=FPDF(format='letter', orientation='L',unit='cm')
pdf.add_page()
pdf.add_font('msyh','','H:\示例\第8章\msyh.ttf', uni=True)
pdf.set_font('msyh','',20)
effective_page_width=pdf.w - 2*pdf.l_margin
pdf.cell(effective_page_width,1,txt='产品销售情况表', align='C',border=0)
pdf.ln(1.5)
pdf.cell(10,1,txt='', align='C',border=0)
pdf.cell(2,1,txt='产品', align='C',border=1)
pdf.cell(2,1,txt='销量', align='C',border=1)
pdf.cell(2,1,txt='金额', align='C',border=1)
pdf.ln(1)
pdf.cell(10,1,txt='', align='C',border=0)
pdf.cell(2,1,txt='电脑', align='C',border=1)
pdf.cell(2,1,txt='100', align='C',border=1)
pdf.cell(2,1,txt='500', align='C',border=1)
pdf.ln(1)
pdf.cell(10,1,txt='', align='C',border=0)
pdf.cell(2,1,txt='手机', align='C',border=1)
pdf.cell(2,1,txt='200', align='C',border=1)
pdf.cell(2,1,txt='800', align='C',border=1)
pdf.output(r'H:\示例\第8章\test_table.pdf')
```

这里没有用循环语句，而是通过简单重复从左到右依次插入 3 个单元格。3 个单元格拼接成了表格的一行，然后插入换行符，继续插入单元格，以此类推，最后形成了表格。为了实现居中排列和上下行对齐，在每一行都插入了一个长的无边框单元格。

打开生成的 PDF 文档，效果如图 8-20 所示。

图 8-20

3. 图形图像

和 ReportLab 库很类似,在 PyFPDF 库里面,绘制图形需要指定坐标参数,即宽和高;插入图像需要指定文件路径。和 ReportLab 库不同的是,PyFPDF 库中坐标的原点在左上角。

```
from fpdf import FPDF
pdf=FPDF(format='letter', orientation='L',unit='cm')
pdf.add_page()
pdf.set_line_width(0.1)
pdf.set_fill_color(0, 255, 0)
pdf.line(1, 1, 7, 1)
pdf.rect(2, 2, 3, 3)
pdf.image('H:\示例\第8章\pic.png', x=8, y=2, w=4)
pdf.output(r'H:\示例\第8章\test_shapes.pdf')
```

打开生成的 PDF 文档,效果如图 8-21 所示。

图 8-21

4. 页眉和页脚

下面的代码创建了一个文档模板,可以自动为长文档添加页眉和页脚。

```
from fpdf import FPDF
class Template(FPDF):
    def header(self):
        self.image('H:\示例\第8章\logo.png',x=1, y=0, w=5)
        self.ln(1)
    def footer(self):
        self.set_y(-1)
        page='第 ' +str(self.page_no())+ '页'
        self.cell(pdf.w - 2*pdf.l_margin, 1, page, align='C')
pdf=Template(format='letter',unit='cm')
pdf.add_font('msyh','','H:\示例\第8章\msyh.ttf', uni=True)
pdf.add_page()
with open(r'H:\示例\第8章\case.txt','r') as f:
    text=f.read()
pdf.set_font('msyh','',30)
effective_page_width=pdf.w - 2*pdf.l_margin
pdf.multi_cell(effective_page_width,2,txt=text)
pdf.output(r'H:\示例\第8章\header_footer.pdf')
```

打开生成的 PDF 文档,效果如图 8-22 所示。

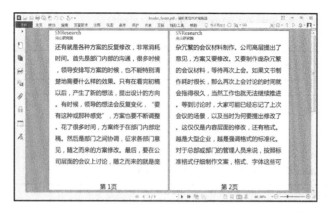

图 8-22

8.3 自动读写 PDF 文档

前面都是从零开始生成 PDF 文档，接下来介绍对已有的 PDF 文档的操作。

8.3.1 用 PyPDF2 库读写 PDF 文档

借助 PyPDF2 库，我们可以拆分、合并、裁剪和旋转 PDF 页面，可以向 PDF 文档添加数据、添加密码，还可以提取文字和数据。简言之，用 PyPDF2 库可以读写已有的 PDF 文档。

PyPDF2 库常用的类有 PdfFileReader、PdfFileWriter、PdfFileMerger、PageObject。

1. PdfFileReader 类

PdfFileReader 是用来读 PDF 文档的类，包含读取 PDF 文档信息的各种方法。

```
>>> from PyPDF2 import PdfFileReader
>>> pdf_rd=PdfFileReader(r'H:\示例\第8章\HelloWorld.pdf')
>>> pdf_rd
<PyPDF2.pdf.PdfFileReader object at 0x0000000002908208>
```

它返回的是 PdfFileReader 类的一个实例化对象。用 dir 函数查看对象的属性和方法，主要包括：cacheGetIndirectObject、cacheIndirectObject、decrypt、documentInfo、flattenedPages、getDestinationPageNumber、getDocumentInfo、getFields、getFormTextFields、getIsEncrypted、getNamedDestinations、getNumPages、getObject、getOutlines、getPage、getPageLayout、getPageMode、getPageNumber、getXmpMetadata、isEncrypted、namedDestinations、numPages、outlines、pageLayout、pageMode、pages、read、readNextEndLine、readObjectHeader、resolvedObjects、stream、strict、trailer、xmpMetadata、xref、xrefIndex、xref_objStm。

使用 getDocumentInfo 方法获取文档的基本信息。

```
>>> pdf_rd.getDocumentInfo()
{'/Author': 'anonymous', '/CreationDate': 'D:20200829090337-08'00'', '/Creator': 'ReportLab PDF Library - www.        .com', '/Keywords': '', '/ModDate': 'D:20200829090337-08'00'', '/Producer': 'ReportLab PDF Library - www.        .com', '/Subject': 'unspecified', '/Title': 'untitled', '/Trapped': '/False'}
```

使用 getNumPages 方法获取文档的页码数量。

```
>>> pdf_rd.getNumPages()
1
```

如果 PDF 文档加了密码，使用上述方法就会报错，我们可以使用 isEncrypted 属性判断文件是否加密。

```
>>> pdf_rd=PdfFileReader(r'H:\示例\第8章\MyDoc_encryption.pdf')
>>> pdf_rd.isEncrypted
True
```

使用 decrypt 方法代入密码。

```
>>> pdf_rd.decrypt('a')
```

运行 decrypt 方法以后，就可以使用其他方法查看文档信息了。

2. PageObject 类

PageObject 类主要用于对单个页面进行操作。

可以使用 PdfFileReader 类的 getPage 方法获取页面对象。

```
>>> page0=pdf_rd.getPage(0)
>>> type(page0)
<class 'PyPDF2.pdf.PageObject'>
```

它返回的是 PageObject 类的一个实例化对象。用 dir 函数查看对象的属性和方法，主要包括：addTransformation、artBox、bleedBox、clear、compressContentStreams、copy、createBlankPage、cropBox、extractText、fromkeys、get、getContents、getObject、getXmpMetadata、indirectRef、items、keys、mediaBox、mergePage、mergeRotatedPage、mergeRotatedScaledPage、mergeRotatedScaledTranslatedPage、mergeRotatedTranslatedPage、mergeScaledPage、mergeScaledTranslatedPage、mergeTransformedPage、mergeTranslatedPage、pdf、pop、popitem、raw_get、readFromStream、rotateClockwise、rotateCounterClockwise、scale、scaleBy、scaleTo、setdefault、trimBox、update、values、writeToStream、xmpMetadata。

使用 PageObject 类的 createBlankPage(pdf=None,width=None,height=None)方法也可以获取空白页面对象。例如，基于 myPdf 最后一页的宽度和高度创建一个空白页。

```
>>> page_new=page0.createBlankPage(pdf_rd)
>>> type(page_new)
<class 'PyPDF2.pdf.PageObject'>
```

使用 extractText 方法提取页面的文本。

```
>>> PdfFileReader(r'H:\示例\第8章\HelloWorld.pdf').getPage(0).extractText()
'Hello,World!\n'
```

使用 mergePage 方法可以叠加页面。例如，page_A.mergePage(page_B)可以将水印模板页面 page_B 叠加到目标页面 page_A 上，实现给目标页面添加水印的效果。

rotateClockwise(angle) 方法用于将页面顺时针旋转指定角度（必须是 90 的整数倍）；rotateCounterClockwise(angle)方法用于将页面逆时针旋转指定角度（必须是 90 的整数倍）；scale(sx,sy)方法用于缩放页面。

3. PDFFileWriter 类

PDFFileWriter 是用来写 PDF 文档的类，包含向 PDF 文档写入信息的各种方法。

```
>>> from PyPDF2 import PdfFileWriter
>>> pdf_wt=PdfFileWriter()
>>> pdf_wt
<PyPDF2.pdf.PdfFileWriter object at 0x0000000002D33C88>
```

它返回的是 PdfFileWriter 类的一个实例化对象。用 dir 函数查看对象的属性和方法，主要包括：addAttachment、addBlankPage、addBookmark、addBookmarkDestination、addBookmarkDict、addJS、addLink、addMetadata、addNamedDestination、addNamedDestinationObject、addPage、appendPagesFromReader、cloneDocumentFromReader、cloneReaderDocumentRoot、encrypt、getNamedDestRoot、getNumPages、getObject、getOutlineRoot、getPage、 getPageLayout、getPageMode、getReference、insertBlankPage、insertPage、pageLayout、pageMode、removeImages、removeLinks、removeText、setPageLayout、setPageMode、updatePageFormFieldValues、write。

使用 addPage(page)方法可以添加页面到 PDFFileWriter 对象。

下面将两个 PDF 文档的首页添加到一起，组成一个新的 PDF 文档。

```
>>> Page_0=PdfFileReader(r'H:\示例\第8章\test_text.pdf').getPage(0)
>>> Page_1=PdfFileReader(r'H:\示例\第8章\test_table.pdf').getPage(0)
>>> pdf_wt.addPage(Page_0),pdf_wt.addPage(Page_1)
```

PDFFileWriter 对象包含 PDF 文档的内容，使用它的 write 方法将内容写入硬盘，形成真正的 PDF 文档。write 方法的参数是被写入的目标文件对象。

```
>>> f=open(r'H:\示例\第8章\myPdf_PdfFileWriter.pdf','wb')
>>> f
<_io.BufferedWriter name='H:\\示例\\第8章\\myPdf_PdfFileWriter.pdf'>
>>> pdf_wt.write(f)
>>> f.close()
```

也可以直接简化如下。

```
>>> with open(r'H:\示例\第8章\myPdf_PdfFileWriter.pdf','wb') as f:
...     pdf_wt.write(f)
```

打开生成的 PDF 文档，效果如图 8-23 所示。

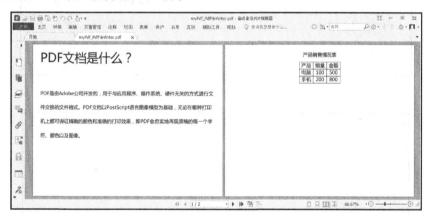

图 8-23

使用 PyPDF2 库可以创建一个新的 PDF 文档，但是不能制作页面元素（如文本、表格、图表等），只能从其他 PDF 文档中复制页面。

4. PdfFileMerger 类

PdfFileMerger 类主要用于合并 PDF 文档。

```
>>> from PyPDF2 import PdfFileMerger
>>> pdf_mg=PdfFileMerger()
>>> pdf_mg
<PyPDF2.merger.PdfFileMerger object at 0x0000000002D58828>
```

它返回的是 PdfFileMerger 类的一个实例化对象。用 dir 函数查看对象的属性和方法，主要包括：addBookmark、addMetadata、addNamedDestination、append、bookmarks、close、findBookmark、id_count、inputs、merge、named_dests、output、pages、setPageLayout、setPageMode、strict、write。

下面使用 append、merge 方法将两个 PDF 文档的指定页合并在一起。

```
append(fileobj, bookmark=None, pages=None, import_bookmarks=True)
merge(position, fileobj, bookmark=None, pages=None, import_bookmarks=True)
```

由于参数 fileobj 是文件对象，因此我们使用内置 open 函数打开待合并文件，文件如图 8-24 和图 8-25 所示。

```
>>> f_0=open(r'H:\示例\第8章\MyDocTemplate.pdf','rb')
>>> f_1=open(r'H:\示例\第8章\扫描版PDF.pdf','rb')
```

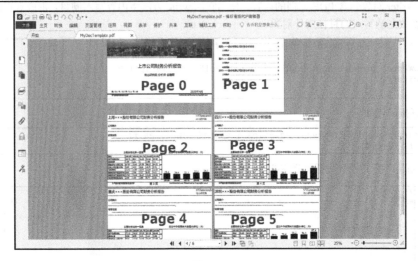

图 8-24

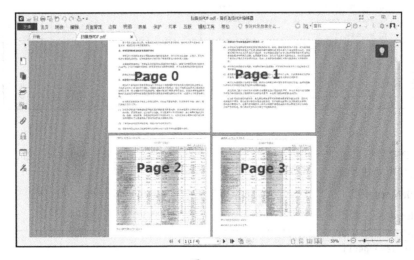

图 8-25

我们需要 f_0 的前两页页（从 0 开始计数，序号 0 代表第 1 页）。

```
>>> pdf_mg.append(fileobj=f_0,pages=(0,2))
```

pages=(0,2)表示，选择页面从序号 0 开始，到 2 结束，不包含 2，也就是选择序号 0、1，代表第 1、2 页。

通过查看对象内的页码总数。

```
>>> pdf_mg.id_count
2
```

我们将 f_1 的第 3 页插入到 pdf_mg 位置 1（第 2 页处）。

```
>>> pdf_mg.merge(position=1,fileobj=f_1,pages=(2,3))
```

我们将 f_1 的第 4 页插入到 pdf_mg 位置 3（第 4 页处）。

```
>>> pdf_mg.merge(position=3,fileobj=f_1,pages=(3,4))
>>> pdf_mg.id_count
4
```

使用 write 方法，将内容写入到硬盘。

```
>>> with open(r'H:\示例\第 8 章\myPdf_PdfFileMerger.pdf','wb') as f:
...     pdf_mg.write(f)
```

之前打开的 PDF 文件，需要关闭。

```
>>> pdf_mg.close();f_0.close();f_1.close()
```

打开生成的 PDF 文件，效果见图 8-26。

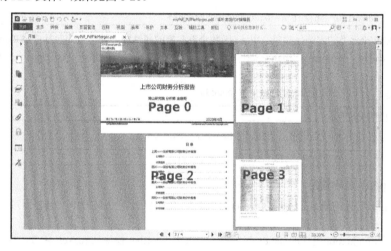

图 8-26

8.3.2 用 pdfrw 库读写 PDF 文档

和 PyPDF2 库非常相似的一个 PDF 文档读写库是 pdfrw 库，其安装方法非常简单，在 Anaconda Prompt 命令窗口中输入 "pip install pdfrw" 即可自动安装。

1. 读写操作

我们也可以用 pdfrw 库来查看 PDF 文档的页码信息。

```
>>> from pdfrw import PdfReader
>>> pdf_rd=PdfReader(r'H:\示例\第 8 章\HelloWorld.pdf')
>>> type(pdf_rd)
<class 'pdfrw.pdfreader.PdfReader'>
```

pdf_rd 是 PdfReader 类的实例化对象，用 dir 函数查看对象的属性和方法，主要包括：badtoken、clear、 copy、crypt_filters、decrypt_all、deferred_objects、empty_obj、findindirect、findstream、findxref、fromkeys、get、getPage、indirect、indirect_objects、inheritable、items、iteritems、iterkeys、itervalues、keys、load_stream_objects、loadindirect、numPages、pages、parse_xref_stream、parse_xref_table、parsexref、pop、popitem、private、read_all、readarray、readdict、readpages、readstream、setdefault、source、special、stream、uncompress、update、values、verbose、version。

使用 numPages 属性获取页码数量。

```
>>> pdf_rd.numPages
1
```

使用 pages 属性索引获取具体页码,下面是第 1 页的信息。

```
>>> page0=pdf_rd.pages[0]
>>> page0
{'/Contents': (7, 0), '/MediaBox': ['0', '0', '1200', '800'], '/Parent': {'/Count': '1', '/Kids': [{...}], '/Type': '/Pages'}, '/Resources': {'/Font': (1, 0), '/ProcSet': ['/PDF', '/Text', '/ImageB', '/ImageC', '/ImageI']}, '/Rotate': '0', '/Trans': {}, '/Type': '/Page'}
```

同样地,我们还可以用 PdfWriter 对象传入页面对象,写入新的 PDF 文档。

```
>>> from pdfrw import PdfWriter
>>> pdf_wt=PdfWriter()
>>> pdf_wt
<pdfrw.pdfwriter.PdfWriter object at 0x000000000384ABA8>
```

pdf_wt 是 PdfWriter 类的实例化对象,用 dir 函数查看对象的属性和方法,主要包括:addPage(或 addpage)、addpages、canonicalize、compress、fname、killobj、make_canonical、pagearray、replaceable、trailer、version、write。

调用 addpage 方法添加之前读到的第 1 页 page0。

```
>>> pdf_wt.addpage(page0)
```

调用 write 方法将内容写入硬盘,生成 PDF 文档。

```
>>> pdf_wt.write(r'H:\示例\第8章\HelloWorld_pdfrw.pdf')
```

2. 结合 ReportLab 库使用

pdfrw 库比较有特色的地方是它可以和 ReportLab 库结合使用,在生成 PDF 文档方面可以弥补 ReportLab 的一些不足。

我们可以使用 buildxobj 模块的 pagexobj 函数,以及 toreportlab 模块的 makerl 函数,将一个 PDF 页面转换为 Form,它包含页面中的全部元素。

```
>>> from pdfrw import PdfReader
>>> pdf_rd=PdfReader(r'H:\示例\第8章\HelloWorld.pdf')
>>> from pdfrw.buildxobj import pagexobj
>>> page0_xobj=pagexobj(page0)
>>> page0_xobj
{'/Filter': ['/ASCII85Decode', '/FlateDecode'], '/Length': '114', '/Resources': {'/Font': {'/F1': {'/BaseFont': '/Helvetica', '/Encoding': '/WinAnsiEncoding', '/Name': '/F1', '/Subtype': '/Type1', '/Type': '/Font'}}, '/ProcSet': ['/PDF', '/Text', '/ImageB', '/ImageC', '/ImageI']}, '/Type': '/XObject', '/Subtype': '/Form', '/FormType': 1, '/BBox': [0.0, 0.0, 1200.0, 800.0]}
```

获取页面宽度和高度。

```
>>> (page0_xobj.BBox[2], page0_xobj.BBox[3])
(1200.0, 800.0)
```

创建一个画布,设置和页面同样的宽度和高度。

```
>>> from reportlab.pdfgen.canvas import Canvas
>>> c=Canvas(r'H:\示例\第8章\HelloWorld_form.pdf')
>>> c.setPageSize((page0_xobj.BBox[2], page0_xobj.BBox[3]))
>>> from pdfrw.toreportlab import makerl
>>> name=makerl(c, page0_xobj)
```

使用 doForm 方法，将 Form 添加到画布。

```
>>> c.doForm(name)
```

继续使用画布，添加元素（制作水印）。

```
>>> from reportlab.pdfbase.ttfonts import TTFont
>>> from reportlab.pdfbase import pdfmetrics
>>> pdfmetrics.registerFont(TTFont('微软雅黑', 'msyh.ttf'))
>>> c.setFont('微软雅黑',50)
>>> c.rotate(30)
>>> c.setFillAlpha(0.2)
>>> c.drawString(400, 0, '版权所有 南山金融研究')
>>> c.rotate(-30)
>>> c.showPage()
>>> c.save()
```

打开生成的 PDF 文档，效果如图 8-27 所示。

注意，本例和页面叠加不同，它是将一整页作为对象放入新建 PDF 文档，并继续在上面绘图。

图 8-27

8.3.3 用 PyMuPDF 库读写 PDF 文档

MuPDF 是一个强大的 PDF 格式分析器，PyMuPDF（以前称为 Python-Fitz）是 MuPDF 的 Python 绑定库，Fitz 是支持 MuPDF 的渲染引擎。使用 PyMuPDF 库可以对现有的 PDF 文档进行读写编辑，该库功能比较全面。

1. 新建/打开 PDF 文档

程序的入口是调用 fitz 模块的 Document 类，我们看一下它的帮助文档。

```
>>> help(fitz.Document)
Help on class Document in module fitz.fitz:
class Document(builtins.object)
 Document(filename=None, stream=None, filetype=None, rect=None, width=0, height=0, fontsize=11)
```

其参数 filename 表示文件名，如果提供了本地已有的 PDF 文件名，则可以打开对应的 PDF 文档，如果为空,则新建 PDF 文档。

```
>>> import fitz
>>> myPDF=fitz.Document (r'H:\示例\第 8 章\MyDocTemplate.pdf')
>>> type(myPDF)
<class'fitz.fitz.Document'>
```

myPDF 是 Document 类的实例化对象,用 dir 函数查看对象的属性和方法,主要包括:authenticate、can_save_incrementally、close、convertToPDF、copyPage、deletePage、deletePageRange、embeddedFileAdd、embeddedFileCount、embeddedFileDel、embeddedFileGet、embeddedFileInfo、embeddedFileNames、embeddedFileUpd、extractFont、extractImage、findBookmark、fullcopyPage、getCharWidths、getPageFontList、getPageImageList、getPagePixmap、getPageText、getPageXObjectList、getSigFlags、getToC、get_pdf_object、initData、insertPDF、insertPage、isClosed、isDirty、isEncrypted、isFormPDF、isPDF、isReflowable、isStream、layout、loadPage、makeBookmark、metadata、metadataXML、movePage、name、needsPass、newPage、outline、pageCount、pages、permissions、reload_page、resolveLink、save、saveIncr、scrub、searchPageFor、select、setMetadata、setToC、stream、this、thisown、updateObject、updateStream、write、xrefLength、xrefObject、xrefStream、xrefStreamRaw。

通过 pageCount 属性获取页码数量。

```
>>> myPDF.pageCount
6
```

通过 metadata 属性查看 PDF 文档的元数据。

```
>>> myPDF.metadata
{'format': 'PDF 1.4', 'title': None, 'author': None, 'subject': None, 'keywords': None, 'creator': None, 'producer': None, 'creationDate': None, 'modDate': None, 'encryption': None}
```

2. 提取页面文字和图片

通过 loadPage 方法进入指定页面。

```
>>> page_0=myPDF.loadPage(0)
```

也可以通过索引号进入指定页面。

```
>>> page_0=myPDF[0]
>>> type(page_0)
<class 'fitz.fitz.Page'>
```

page_0 是 Page 类的实例化对象,用 dir 函数查看对象的属性和方法,主要包括:addCaretAnnot、addCircleAnnot、addFileAnnot、addFreetextAnnot、addHighlightAnnot、addInkAnnot、addLineAnnot、addPolygonAnnot、addPolylineAnnot、addRectAnnot、addRedactAnnot、addSquigglyAnnot、addStampAnnot、addStrikeoutAnnot、addTextAnnot、addUnderlineAnnot、addWidget、annot_names、annots、apply_redactions、bound、cleanContents、deleteAnnot、deleteLink、drawBezier、drawCircle、drawCurve、drawLine、drawOval、drawPolyline、drawQuad、drawRect、drawSector、drawSquiggle、drawZigzag、firstAnnot、firstLink、firstWidget、getContents、getDisplayList、getFontList、getImageBbox、getImageList、getLinks、getPixmap、getSVGimage、getText、getTextBlocks、getTextPage、getTextWords、getTransformation、insertFont、insertImage、insertLink、insertString、insertText、insertTextbox、links、loadLinks、load_annot、newShape、number、parent、rect、refresh、rotation、run、searchFor、setCropBox、setMediaBox、setRotation、showPDFpage、this、thisown、updateLink、widgets、xref。

用 getText 方法提取 PDF 文档里的文字。

```
>>> page_0.getText()
'南 山 研 究 院  分 析 师  金 融 哥\n因  /  为  /  专  /  注  /  所  /  以  /  专  /  业\n本 产 品 保 受 到 版 权 法 保 护
\nConfidential and Protected by Copyright Laws\n汽 车 金 融 概 念 股  分 析 报告\n2020 年 4 月\n'
```

使用 getImageList 方法可以获取图片信息列表。

```
>>> page_0.getImageList()
[(3, 0, 1600, 383, 8, 'DeviceRGB', '', 'FormXob.6767630a1e8e081ded6df12b543565fd', 'ASCII85Decode'),
 (4, 0, 784, 297, 8, 'DeviceRGB', '', 'FormXob.db947efc381d9f9ad922c0037f8cba4d', 'ASCII85Decode')]
```

通过前面对 PDF 文档文件格式的了解，图片、文字等内容分别存储在不同的位置，由交叉引用表标识（xref，为一个正整数），上面的 3、4 就是图片的 xref。

```
>>> list_xref=[x[0] for x in page_0.getImageList()]
>>> list_xref
[3, 4]
```

使用 Document 对象的 extractImage(xref)方法可以根据 xref 获取图片的数据字典，包含二进制图像数据 img['image']和图像格式 img['ext']。

```
>>> for xref in list_xref:
...     imgdict=myPDF.extractImage(xref)
...     ext=imgdict['ext']
...     imgdata=imgdict['image']
...     imgname=r'H:\示例\第 8 章\MyDocTemplate%i.%s' % (xref, ext)
...     with open(imgname, 'wb') as f:
...         f.write(imgdata)
```

运行后，可以提取出来完整的 logo 和背景图片，如图 8-28 所示。

使用 getPixmap 方法可以截图，其语法如下。

```
getPixmap(matrix=None, colorspace=fitz.Colorspace(fitz.CS_RGB) - DeviceRGB, clip=None,
alpha=False,annots=True)
```

参数 matrix 是矩阵，用于对图像进行缩放、旋转、扭曲或镜像操作，参数 colorspace 是颜色配置，参数 alpha 是透明化处理，参数 clip 指定需要截图的区域，默认是整页，参数 annots 指定是否显示页面注释。

截图和提取图片有区别，有些图片是插入 PDF 页面中的背景图片，其上面覆盖了文字，用截图的方式无法得到真实的图片，但是可以将其提取出来。截图可以将 PDF 整页转为图片，也可以截取部分区域并转为图片。

```
>>> pix=myPDF[3].getPixmap(clip=fitz.Rect(598,400,1200, 750))
>>> pix.writePNG(r'H:\示例\第 8 章\MyDocTemplate-0.png')
```

效果如图 8-29 所示。

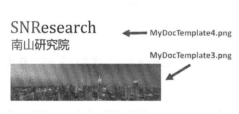

图 8-28

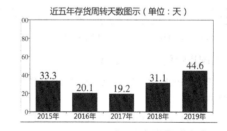

图 8-29

Pixmap 是像素图，放大以后就会变模糊。要想保持清晰，就要获取矢量图，使用 getSVGimage 方法可以获取矢量图。

```
>>> svg=myPDF[3].getSVGimage()
>>> with open(r'H:\示例\第 8 章\MyDocTemplate.svg','w') as f:
...     f.write(svg)
```

用浏览器打开"picture.svg"文件，可以无限放大而不会降低清晰度。

3. 添加页面元素

新建一个 PDF 文档。

```
>>> myPDF=fitz.Document()
```

添加一个页面，设置插入位置、页面宽度和高度。

```
>>> myPDF.newPage(pno=0, width=1200, height=800)
```

在页面上插入文本框。

```
>>> f_msyh=r'H:\示例\第8章\msyh.ttf'
>>> myPDF[0].insertTextbox(rect=fitz.Rect(300,300,900,400),buffer='2020年汽车金融行业分析报告',
... fontname='微软雅黑',fontfile=f_msyh,fontsize=40,align=1)
>>> myPDF[0].insertTextbox(rect=fitz.Rect(300,450,900,550),buffer='南山研究院分析师  Howard',
... fontname='微软雅黑',fontfile=f_msyh,fontsize=30,align=1)
```

在页面上插入文字。

```
>>> myPDF[0].insertText(point=fitz.Point(100,690),text='因/为/专/注/所/以/专/业',
... fontsize=20,fontname='微软雅黑',fontfile=f_msyh)
>>> myPDF[0].insertText(point=fitz.Point(100,720),text='本产品保密并受到版权法保护',
... fontsize=15,fontname='微软雅黑',fontfile=f_msyh)
```

在页面上绘制线条。

```
>>> myPDF[0].drawLine(p1=fitz.Point(0,700),p2=fitz.Point(1200,700),width=20)
```

在页面上插入图片。

```
>>> f_bg=r'H:\示例\第8章\background.png'
>>> myPDF[0].insertImage(rect=fitz.Rect(0,0,1200,250),filename=f_bg,keep_proportion=False)
>>> f_logo=r'H:\示例\第8章\logo.png'
>>> myPDF[0].insertImage(rect=fitz.Rect(0,0,150,50),filename=f_logo,keep_proportion=False)
```

在页面上查找"Howard"，在找到的地方做特殊标记。

```
>>> find=myPDF[0].searchFor('Howard')
>>> for x in find:
...     myPDF[0].drawRect(x,fill=(1,0,0), overlay=False)
```

保存文件。

```
>>> myPDF.save(r'H:\示例\第8章\myPDF_drawLine.pdf')
```

打开生成的 PDF 文档，效果如图 8-30 所示。

4. 将图片转化为 PDF 文档

使用 PyMuPDF 库不仅可以操作 PDF 文档，还可以操作多种格式的文件，或者将非 PDF 格式文档转化为 PDF 格式。

例如，我们用 convertToPDF 方法可以将图片转化为 PDF 文档。

```
>>> doc_png=fitz.Document(r'H:\示例\第8章\png2pdf.png')
>>> pdfbytes=doc_png.convertToPDF()
>>> type(pdfbytes )
<class 'bytes'>
>>> doc_bytes=fitz.Document(stream=pdfbytes,filetype='bytes')
>>> doc_New=fitz.Document()
>>> doc_New.insertPDF(doc_bytes)
>>> doc_New.save(r'H:\示例\第8章\png2pdf.pdf')
>>> doc_New.close()
```

图 8-30

8.3.4 用 PDFMiner 库提取文字

PyMuPDF 库在提取图片方面比较专业，而提取文字的最佳选择是 PDFMiner 库。要注意的是，从版本 20191010 开始，PDFMiner 库仅支持 Python3。

PDF 是基于坐标和内容的文档，它没有句子或段落的概念，不能自适应页面大小。要解析出 PDF 文档中的文字是比较困难的，需要以二进制的形式去读取 PDF 文档然后转换成文字。PDFMiner 库尝试通过猜测 PDF 页面的布局来重建它们的结构，尽量获得文本的确切位置以及其他布局信息（字体等）。

下面的代码用于解析出 PDF 文档中的全部文字。

```
import io
from pdfminer.converter import TextConverter
from pdfminer.pdfinterp import PDFPageInterpreter
from pdfminer.pdfpage import PDFPage
from pdfminer.pdfinterp import PDFResourceManager
file=r'H:\示例\第8章\MyDocTemplate.pdf'
❶ rsrcmgr=PDFResourceManager()
❷ outfp=io.StringIO()
❸ device=TextConverter(rsrcmgr, outfp)
❹ interpreter=PDFPageInterpreter(rsrcmgr, device)
with open(file, 'rb') as fp:
    for page in PDFPage.get_pages(fp):
❺        interpreter.process_page(page)
    text=outfp.getvalue()
❻ print(text)
device.close()
outfp.close()
```

虽然以上代码量不多，但是实现的逻辑比较复杂。首先引用必要的模块；语句❶创建一个资源管理器实例；语句❷通过 Python 的输入输出（io）模块创建一个文件对象；语句❸创建一个转换器；语句❹创建一个 PDF 解释器对象，带有资源管理器和转换器；语句❺解析页面提取文本内容；语句❻在屏幕上输出文本。

解析效果如图 8-31 所示。

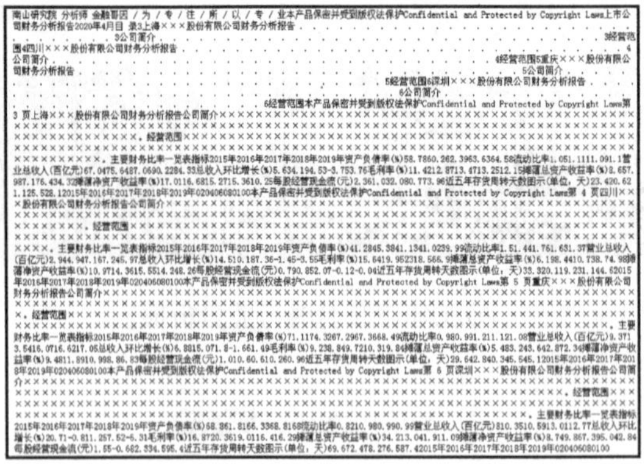

图 8-31

对于文字型的、页码较少的 PDF 文档，我们可以直接在页面上复制提取文字。但是处理大批量的 PDF 文档时，使用程序会比较方便。除了 PDFMiner 库，还有很多处理 PDF 文档的工具，如 slate 等。我们使用工具将 PDF 文档转为 TXT 文档，然后再使用文本处理工具提取我们需要的文字信息。

8.3.5 用 Camelot 和 pdfplumber 库提取表格

使用 PyMuPDF 和 pdfminer 库可以提取表格中的文字，但是会丢失表格形式，因此想把一行行杂乱的数据还原成格式化的表格很不容易。Pdfminer 库实现了对 PDF 底层对象的解析，在其基础上又产生了专注于提取表格数据的库 Camelot 和 pdfplumber。

1. Camelot

Camelot 是一个可以从可编辑的 PDF 文档中提取表格的库。

可输入语句 "pip install camelot-py[all]" 在线安装。

下面用它提取 "MyDocTemplate.pdf" 文件中的表格，该文件表格如图 8-32 所示。

我们需要使用 camelot 包中 io 模块的 read_pdf 函数，其语法如下。

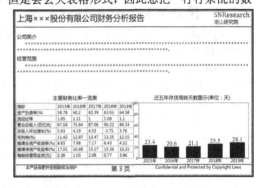

图 8-32

```
read_pdf(filepath, pages='1', password=None, flavor='lattice', suppress_stdout=False, layout_kwargs={}, **kwargs)
```

下面我们使用该函数打开 PDF 文档。

```
>>> import camelot
>>> tables=camelot.read_pdf(r'H:\示例\第 8 章\MyDocTemplate.pdf',pages='3-6')
```

可以查看 tables 对象的属性。

```
>>> type(tables),tables
(<class 'camelot.core.TableList'>, <TableList n=8>)>>>
```

可以看到，tables 对象只有 8 张表（n=8），我们使用索引访问第 1 张表。

```
>>> type(tables[0]),tables[0]
(<class 'camelot.core.Table'>, <Table shape=(9, 6)>)
```

tables[0]是 Table 类的实例化对象，用 dir 函数查看对象的属性和方法，主要包括：accuracy、cells、cols、data、df、flavor、order、page、parsing_report、rows、set_all_edges、set_border、set_edges、set_span、shape、to_csv、to_excel、to_html、to_json、to_sqlite、whitespace。

使用 parsing_report 属性解析报告。

```
>>> tables[0].parsing_report
{'accuracy': 98.41, 'whitespace': 7.41, 'order': 1, 'page': 3}
```

运行结果如图 8-33 所示。

我们看到准确率是 98.41，意味着表格解析基本正确。

也可以使用 df 属性将表格作为 pandas DataFrame 对象访问。

```
>>> type(tables[0].df)
<class 'pandas.core.frame.DataFrame'>
>>> tables[0].df
```

得到 DataFrame 对象以后，就很容易分析处理了。在前面章节提到，DataFrame 对象可以导出为 Excel 表格。

图 8-33

```
>>> tables[0].df.to_excel(r'H:\示例\第 8 章\mydoc_table_1.xlsx')
```

也可以直接使用 Table 类的 to_excel 方法将表格保存到 Excel 表，如图 8-34 所示。

```
>>> tables[0].to_excel(r'H:\示例\第 8 章\mydoc_table_1.xlsx')
```

下面，我们构建循环，提取 PDF 文档中的全部表格，代码如下。

```
import camelot
import pandas as pd
pdfFile=r'H:\示例\第 8 章\MyDocTemplate.pdf'
tables=camelot.read_pdf(pdfFile,pages='all')
writer=pd.ExcelWriter(r'H:\示例\第 8 章\MyDocTemplate.xlsx')
for i,e in enumerate(tables):
    e.df.to_excel(writer,sheet_name=str(i),index=False)
writer.save()
```

将表格保存在一个 Excel 文件的不同工作表。提取效果，如图 8-35 所示。

图 8-34

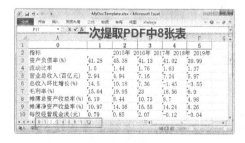

图 8-35

2. pdfplumber 库

使用 pdfplumber 库也可以从 PDF 文档中提取出表格、文本、矩形和线条的信息。安装 pdfplumber 直接使用 pip 命令即可，如果要进行可视化的调试，则还需要安装 ImageMagick。

我们使用 pdfplumber 库的 PDF 类 open 方法打开 PDF 文档。

```
>>> import pdfplumber
>>> pdf=pdfplumber.PDF.open(r'H:\示例\第 8 章\MyDocTemplate.pdf')
```

根据 __init__.py 模块中的定义，可以简写成下面的语句。

```
>>> pdf=pdfplumber.open(r'H:\示例\第 8 章\MyDocTemplate.pdf')
>>> type(pdf),pdf
(<class 'pdfplumber.pdf.PDF'>, <pdfplumber.pdf.PDF object at 0x0000000013FDCE80>)
```

pdf 是 pdfplumber.pdf.PDF 类的实例化对象，用 dir 函数查看对象的属性和方法，主要包括：annos、cached_properties、chars、close、curves、device、doc、edges、figures、flush_cache、horizontal_edges、images、interpreter、laparams、lines、metadata、objects、open、pages、pages_to_parse、precision、process_page、rect_edges、rects、stream、vertical_edges。

使用 pages 属性得到页面列表。

```
>>> type(pdf.pages)
<class 'list'>
```

使用索引访问文件的第 4 页，索引值是 3。

```
>>> page4=pdf.pages[3]
>>> type(page4)
<class 'pdfplumber.page.Page'>
```

page4 是 pdfplumber.page.Page 类的实例化对象，用 dir 函数查看对象的属性和方法，主要包括：annos、bbox、cached_properties、chars、crop、cropbox、curves、debug_tablefinder、decimalize、edges、extract_table、extract_tables、extract_text、extract_words、figures、filter、find_tables、flush_cache、height、horizontal_edges、images、initial_doctop、is_original、layout、lines、mediabox、objects、page_number、page_obj、parse_objects、pdf、rect_edges、rects、rotation、to_image、vertical_edges、width、within_bbox。

使用 extract_text 方法获取页面上的文本。

```
>>> texts=page4.extract_text()
>>> texts
```

运行结果如图 8-36 所示。

使用 extract_table 方法获取页面上的表格。

```
>>> tables=page4.extract_tables()
```

查看表格的数量。

```
>>> len(tables)
1
```

我们查看表格的内容。

```
>>> tables[0]
[[['指标', '2015 年', '2016 年', '2017 年', '2018 年', '1\n2019 年'], ['资产负债率(%)', '41.28', '45.38', '41.13',
'41.02', '39.99'], ['流动比率', '1.5', '1.44', '1.76', '1.63', '1.37'], ['营业总收入(百亿元)', '2.94', '4.94',
'7.16', '7.24', '5.97'], ['总收入环比增长(%)', '14.5', '10.18', '7.36', '-1.45', '-3.55'], ['毛利率(%)',
'15.64', '19.95', '23', '18.56', '6.9'], ['摊薄总资产收益率(%)', '6.19', '8.44', '10.73', '8.7', '4.98'],
['摊薄净资产收益率(%)', '10.97', '14.36', '15.55', '14.24', '8.26'], ['每股经营现金流(元)', '0.79', '0.85',
'2.07', '-0.12', '-0.04']]
```

得到的表格是嵌套 list 类型,将其转换成 DataFrame 对象方便查看和分析。

```
>>> import pandas as pd
>>> df=pd.DataFrame(tables[0][1:], columns=tables[0][0])
>>> df
```

运行结果如图 8-37 所示。

图 8-36　　　　　　　　　　　　　图 8-37

转换为 DataFrame 对象以后,导出为 Excel 表格的方法与前面一样,此处不再赘述。

本章介绍的所有 PDF 文档都是文字型,从制作到解析毫无障碍。但是,在日常工作中,大量 PDF 文档是扫描得到的(如有签字和盖章的审计报告),如图 8-38 所示,用上述方法是无法处理的。

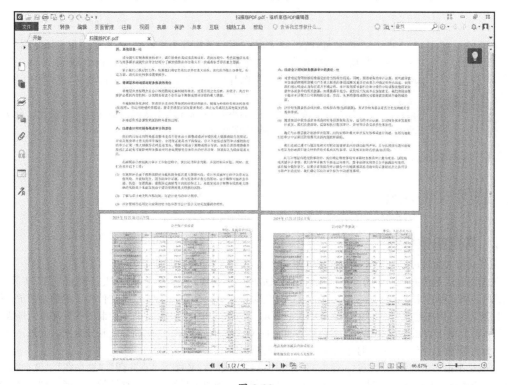

图 8-38

扫描版 PDF 文档里面的主要部件是图片,我们可以通过 PyMuPDF 库提取其中的图片,也可以截取表格图片。问题在于如何从图片中识别文字和表格。关于图片的处理,我们在第 9 章继续介绍。

第9章 Python 与图形图像处理

图片处理在日常的办公及生活中都无比重要，不管是写报告还是制作 PPT、宣传册，都需要合适、清晰的图片。但是处理图片往往比较麻烦，PS、CDR、AI、CAD……这些专业的图片处理软件使用起来难度比较高，新手入门时无法很快掌握。

实际上，有时候一段小小的 Python 代码就能完成图片的批量化、自动化处理，本章介绍如何自动操作图片文件。

9.1 图片文件简介

9.1.1 常用图像格式

图片文件大致上可以分为矢量文件和位图文件。

矢量图是用数学方法描述的一种由几何元素组成的图形图像。例如一个圆，它是由圆点位置、半径长度、线条颜色、填充颜色来定义的，这样的圆符合一定的数学公式。矢量图的特点是文件小、可随意缩放，图像质量不会改变，例如前面介绍的在 XLS/XLSX、DOC/DOCX、PPT、PDF 文档里绘制的各种形状、图表都是矢量图。第 8 章在 PDF 文档中提取的 SVG（Scalable Vector Graphics）格式图片就是矢量图。此外，字体也被创建为矢量图像，这样改变字号不会影响其清晰程度。

位图是由很多个叫作像素点（pixel）的小方块排列组成的，又称为"点阵图""栅格图""像素图"。常见的照片或者软件截图就是位图。将一张照片放大，就能看到边缘呈锯齿状，继续放大就能看到边缘上每个像素点的正方形轮廓。每个正方形都有特定的颜色，将所有正方形拼接起来就是一张图片。

图片的大小可以用像素表示，如 1200×800 表示图片的长为 1200 像素，高为 800 像素，总共有 960000 个像素点。图像分辨率 ppi(pixels per inch)，是指一英寸长度上的像素点数，表示一张图片上像素排列的疏密程度。

图片的颜色模式有 4 种：黑白模式、灰度模式、CMYK 模式、RGB 模式。黑白模式图片的像素点的颜色非黑即白；灰度模式是在纯黑和纯白之间划分了若干个等级，将纯黑和纯白按不同的比例来混合就得到不同的灰度值；CMYK 模式主要用于彩色打印，是通过将青（Cyan）、洋红（Magenta）、黄（Yellow）、黑（Black）这 4 种颜色的颜料混合叠加产生各种色彩，也就是常说的四色印刷。RGB 模式主要用于屏幕显示，是利用红（Red）、绿（Green）、蓝（Blue）3 种基本色，通过加色法混合出各种颜色。

在计算机里，1 位（bit）可以表示两种颜色，一个字节（Byte）有 8 位（bit），可以表示 256 种颜色。对于 RGB 模式，每一个像素都有 R、G、B 3 个分量。如果将每个分量划分为 256 个等级，则需要用一个字节，那么每个像素点需要用 3 个字节，即 24 位（3×8），这种图叫"24 位真彩色图"，每个像素点可以有 256×256×256=16777216 种颜色。在 RGB 模式的基础上，增加透明通道（即 Alpha 通道，描述图片的透明程度），它也用 256 个级别表示，则需要再用 8 位一个字节，包含 Alpha 通道的这种图被称为"32 位真彩色图"。

在实际应用中，没必要为各个颜色通道分 256 个等级，也用不到 1677 万种颜色。图片中每个像素点能容纳的颜色程度，叫作"色位"，是衡量图片细腻程度的一个参数。常用色位有 1 位（单色，黑白图）、2 位（4 色）、4 位（16 色）、8 位（256 色）、16 位（增强色）、24 位或 32 位（真彩色）等。位数越高，占用字节越多，图片信息量就越大。

一张无压缩的 24 位真彩图文件大小＝长（像素）×宽（像素）×3（字节）。32 位真彩色图像文件大小＝长（像素）×宽（像素）×4（字节）。如果将图像原始格式直接存储到文件中将会非常占空间，例如一张 800 像素×800 像素的 24 位图，所占文件大小至少为 800×800×3B=1920000B=1875KB≈1.83MB。

位图会占据大量存储空间，这时就要考虑压缩。压缩图片有很多特别的方法，大致可分为两大类：第一类是无损压缩，其压缩过程是可逆的，从压缩后的图像能够完全恢复出原来的图像，信息没有任何丢失；第二类是有损压缩，其压缩过程不可逆，无法恢复出原图像，信息有一定的丢失。根据压缩的方法，位图又可以分为很多种类型。

例如，我们在画图软件中绘制了图像，另存时就有 4 种常见的格式选项，如果选择"BMP 图片"，还可以选择单色、16 色、256 色、24 位图，如图 9-1 所示。

图 9-1

BMP（Bitmap）格式图像就是没有经过压缩的标准位图，存储图像文件的数据时，按从左到右、从下到上的顺序保存每个像素点的颜色信息。

JPEG 是联合图片专家组（Joint Photographic Expert Group）开发并命名的一种图像格式，简称 JPG。它在保持图像主要特征的同时将视觉不敏感的部分进了有损压缩，所以图像压缩前后肉眼看起来没有太大差别，照片常使用这种格式。JPEG 的压缩率是可以调整的，压缩率越高，品质就越低。

GIF（Graphics Interchange Format）格式是 CompuServe 公司针对网络传输带宽的限制而开发出来的一种图像格式，它的特点是压缩文件极小，主要用于网络传输。如果将许多同样大小的 GIF 图像按一定顺序逐幅显示到屏幕上，就能构成一种简单的动画。但是 GIF 格式只能存储不超过 256 色的图像，色彩效果比较差。

PNG（Portable Network Graphics）是一种新兴的网络图像格式，其压缩算法比较先进。在保留了图像质量的同时，减小了文件大小。

通过解析文件的存储结构，读取每个像素点的颜色信息，就可以对图像进行处理，如放大、缩小、旋转等。BMP 格式图像没有压缩，解析起来相对容易。其他格式的图片均采取了不同的压缩方式和存储结构，解析难度就比较大。

9.1.2 BMP 格式图像的文件结构

BMP 格式图像的文件结构主要由位图文件头（bitmap file header）、位图信息头（bitmap information header）、颜色表（color table）和位图数据（bitmap data）4 部分组成。前两部分相对固定，其中文件头占据 14 字节，位图信息头占据 40 字节，见表 9-1。

表 9-1

结构	包含字段名	起始位置	字节	描述
位图文件头	bfType	0	2	文件类型
	bfSize	2	4	文件大小
	bfReserved1	6	2	保留字
	bfReserved2	8	2	保留字
	bfOffBits	10	4	位图数据的起始位置
位图信息头	biSize	14	4	信息头大小
	biWidth	18	4	图像宽度
	biHeight	22	4	图像高度
	biPlanes	26	2	图像数据平面，必须为 1
	biBitCount	28	2	每像素位数
	biCompression	30	4	压缩类型
	biSizeImage	34	4	压缩图像大小
	biXPelsPerMeter	38	4	水平分辨率
	biYPelsPerMeter	42	4	垂直分辨率
	biClrUsed	46	4	位图实际用到的色彩数
	biClrImportant	50	4	位图中重要的色彩数

颜色表是为了减小图像大小而采取的颜色索引。将需要用到的颜色种类罗列成为一个表格，每个像素只需要表示为其在调色板中的位置即可。颜色表不是必不可少的，1 位、4 位、8 位图像才会使用调色板数据。

最后是位图数据区域，它记录着每个像素点对应的颜色。对于用到调色板的位图，位图数据就是该像素的颜色在调色板中的索引值。对于真彩色图，数据就是实际的 R、G、B 值，3 个字节表示一个像素点。需要注意的是，由于内存分配单位是 32 位的，即 4 字节，而位图中每行像素的数据是连续的，且下一行不能和上一行共用一个分配单元（4 字节），所以每行像素的数据长度必须是 4 字节的倍数，不足 4 字节的会自动补齐。例如，每行有 13 个像素，那么每行数据长度/字节为 13×3 = 39，不是 4 的倍数，需要补一个字节。

我们打开画图软件绘制一张图片，如图 9-2 所示，大小为 80 像素×80 像素，保存为 24 位 BMP 格式。它是 24 位的 BMP 图像，不需要调色板。它每行的颜色数据是 80×3=240 字节，是 4 的整数倍，不需要补齐。所以文件大小为 14+40+80×80×3=19254（字节）。

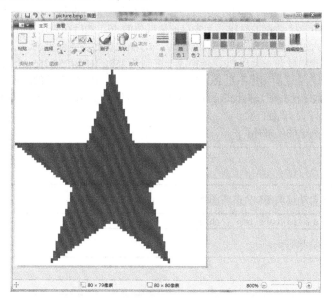

图 9-2

我们查看图片的属性，图片大小的确为 19254 字节，如图 9-3 所示。

用 WinHex 打开文件，看看其内部是什么。我们看到其内部是一个十六进制的数据文件，如图 9-4 所示。

图 9-3

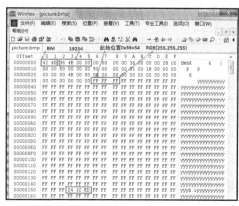

图 9-4

按照前面对 BMP 格式图像文件结构的介绍，前两个字节存放的是文件类型。我们看到第一个数字是 42，它是十六进制整数，占了一个字节，转为 ASCII 编码字符串字符是 B。

```
>>> import binascii
>>> binascii.a2b_hex('42')
b'B'
```

9.1　图片文件简介　313

同样地,4D 转为 ASCII 编码字符串字符是 M。计算机读到文件头的两个字节是 BM,就知道这是一个 BMP 格式的图像文件了。

按照文件结构表,接下来 4 个字节代表文件大小。我们看到的数据是 36 4B 00 00,但是这里是以小端字节序(低位字节在前,高位字节在后)的方式存放的,所以应该从后往前读,实际的数值是 00 00 4B 36。也就是说,存放 00 00 4B 36 这个数据的时候,是先存放最低位的 36,然后存 4B,然后存 00,最后存放最高位的 00。这个数字也是十六进制的,转换成十进制是 19254,就是图像的实际大小。

在整个图片后方,我们看到一大片 FF,转换成十进制是 255,RGB(255,255,255)表示白色。需要注意的是,读到的 BMP 位图颜色分量的顺序不是 R、G、B,而是 B、G、R,即存放的时候先存放的 B 分量,最后存放的 R 分量,所以读取的时候要反向读取。我们看到图中有很多 24 1C ED,也就是 RGB(ED,1C,24),对应十进制 RGB(237, 28, 36),表示暗红色。

查看计算机系统所采取的字节序。

```
>>> import sys
>>> sys.byteorder
'little'
```

下面以二进制方式自动读取 BMP 格式图像。

```
>>> f=open(r'H:\示例\第9章\picture.bmp','rb')
```

读取两个字节,赋给 bfType。

```
>>> bfType=f.read(2)
>>> bfType
b'BM'
```

继续读取 4 个字节,赋给 bfSize_b。

```
>>> bfSize_b=f.read(4)
```

调用 struct 模块的 unpack 函数解析数据。下面参数分别取了 l、h、B,分别代表解析 4 字节、2 字节、1 字节。bfSize_b 读取了 4 字节,参数取 l,表示解析 4 字节。

```
>>> import struct
>>> bfSize=struct.unpack('l',bfSize_b)[0]
>>> bfSize
19254
```

下面跳过两个保留字段,定位到字段 bfOffBits 的起始位置,读取 4 字节,赋给 bfOffBits_b。

```
>>> f.seek(10);bfOffBits_b=f.read(4)
>>> bfOffBits=struct.unpack('l',bfOffBits_b)[0]
```

下面定位到字段 biWidth 的起始位置,读取文件的宽度和高度。

```
>>> f.seek(18);biWidth_b=f.read(4);biHeight_b=f.read(4)
>>> biWidth=struct.unpack('l',biWidth_b)[0]
>>> biHeight=struct.unpack('l',biHeight_b)[0]
```

下面定位到字段 biBitCount 的起始位置,读取数据区起始位置。

```
>>> f.seek(28);biBitCount_b=f.read(2)
>>> biBitCount=struct.unpack('h',biBitCount_b)[0]
```

得到文件类型、大小、宽度和高度、颜色位、数据区起始位置等信息。

```
>>> bfType,bfSize,biWidth,biHeight,biBitCount,bfOffBits
(b'BM', 19254, 80, 80, 24, 54)
```

综上,再次验证了图片格式(bfType)是 BMP,文件大小(bfSize)是 19254 字节,色深(biBitCount)

是 24 位。每行的颜色数据是 80（biWidth）×3=240（字节），是 4 的整数倍，不需要补齐。24 位 BMP 图像不需要调色板，数据区起始位置（bfOffBits）是 54。

接下来可以读取第 1 个像素点的颜色信息。

```
>>> f.seek(bfOffBits)
>>> b=struct.unpack('B',f.read(1))[0]
>>> g=struct.unpack('B',f.read(1))[0]
>>> r=struct.unpack('B',f.read(1))[0]
>>> r,g,b
(255, 255, 255)
```

我们可以读图片文件，也可以写图片文件。

下面我们修改一个 BMP 格式图像，将彩色图片转为灰度图片。在 RGB 模式中，如果 R=G=B 时，即为灰度图片，此时 R、G、B 的值叫灰度值。要对 RGB 图像进行灰度化处理，可以将图像的 R、G、B 3 个分量进行加权平均得到最终的灰度值。由于人眼对绿色的敏感度最高，对蓝色敏感度最低，因此对 R、G、B 3 个分量进行加权平均能得到较合理的灰度图像：Gray= 0.11B+ 0.59G+ 0.3R。

seek 函数要用到表示当前位置的参数 SEEK_CUR，先导入必要的模块。

```
>>> from io import SEEK_CUR
```

使用 shutil 模块的 copy 函数复制一份原图。

```
>>> import shutil
>>> shutil.copy(r'H:\示例\第9章\picture.bmp',r'H:\示例\第9章\picture_gray.bmp')
```

打开图片，将打开模式设为 rb+。

```
>>> f=open(r'H:\示例\第9章\picture_gray.bmp','rb+')
```

跳转至颜色数据区。

```
>>> f.seek(bfOffBits)
```

通过遍历，每读取一个像素点的 RGB 值（占 3 字节），就从当前位置倒退 3 字节，用新的颜色值覆盖原 RGB 值。

```
>>> for row in range(biHeight):
...     for row in range(biWidth):
...         b=struct.unpack('B',f.read(1))[0]
...         g=struct.unpack('B',f.read(1))[0]
...         r=struct.unpack('B',f.read(1))[0]
...         gray=int (r * 0.30 + g * 0.59 + b * 0.11)
...         b=g=r=gray
...         f.seek(-3,SEEK_CUR)
...         f.write(bytes([b,g,r]))
>>> f.close()
```

运行后，可以看到彩色图片已转为灰度图片，如图 9-5 所示。

在实际工作中，我们没必要从零开始解析图片文件。在 Python 中，已经有很多成熟的库可以完成这些底层工作。这些处理工作包括从简单的图像裁剪到复杂的人像识别等一系列内容。下一节介绍在图片文件自动化操作中常见的库。

picture.bmp

picture_gray.bmp

图 9-5

9.2 用 Pillow 库处理图像

用 Python 处理图片已经有很成熟的库可调用，例如 PIL(Python Imaging Library)库。PIL 库包含基本的图像处理功能，支持打开、显示、处理、保存图像，它几乎能够处理所有格式的位图，可以完成对图像的缩放、剪裁、叠加以及向图像中添加线条和文字等操作。PIL 库不支持 Python3，不过我们可以使用 Pillow 库，它是在 PIL 库的基础上创建的，而且可以使用大部分 PIL 库中的方法。

Pillow 库的安装也很简单，只要一行代码 pip install pillow 即可。

9.2.1　图像打开与信息读取

Pillow 库有很多子模块，Image 模块是其中最常用的模块之一，对图像进行基础操作的功能基本都在此模块内。

导入 Image 模块。

```
>>> from PIL import Image
```

使用 Image 模块的 open 函数打开不同格式的图像文件。

```
>>> img=Image.open(r'H:\示例\第9章\pentagram.bmp')
>>> type(img)
<class 'PIL.BmpImagePlugin.BmpImageFile'>
>>> img=Image.open(r'H:\示例\第9章\pentagram.gif')
>>> type(img)
<class 'PIL.GifImagePlugin.GifImageFile'>
>>> img=Image.open(r'H:\示例\第9章\pentagram.jpg')
>>> type(img)
<class 'PIL.JpegImagePlugin.JpegImageFile'>
>>> img=Image.open(r'H:\示例\第9章\pentagram.png')
>>> type(img)
<class 'PIL.PngImagePlugin.PngImageFile'>
```

不同格式图片返回的是不同的图片类的实例对象，其属性和方法基本相同。下面以 PngImageFile 为例介绍其用法。

img 是 PIL.PngImagePlugin.PngImageFile 类的实例化对象，用 dir 函数查看对象的属性和方法，主要包括：alpha_composite、category、close、convert、copy、crop、custom_mimetype、decoderconfig、decodermaxblock、default_image、draft、effect_spread、entropy、filename、filter、format、format_description、fp、frombytes、fromstring、get_format_mimetype、getbands、getbbox、getchannel、getcolors、getdata、getexif、getextrema、getim、getpalette、getpixel、getprojection、height、histogram、im、info、is_animated、load、load_end、load_prepare、load_read、mode、n_frames、offset、palette、paste、png、point、putalpha、putdata、putpalette、putpixel、pyaccess、quantize、readonly、reduce、remap_palette、resize、rotate、save、seek、show、size、split、tell、text、thumbnail、tile、tobitmap、tobytes、toqimage、toqpixmap、tostring、transform、transpose、verify、width。

使用对象的属性，查看图片的格式、颜色模式、尺寸、宽度、高度。

```
>>> img.format,img.mode,img.size,img.width,img.height
('PNG', 'RGB', (1000, 800), 1000, 800)
```

使用图片对象的方法，可以对图像进行一些简单的操作：new 方法，创建一张新图片；close 方法，关闭图像；convert 方法，转换图像的色彩模式；copy 方法，复制图像；paste(im,box)方法，把另外一个图像 im 粘贴到当前这个图像的位置 box 处；crop(box)方法，裁剪图像；getpixel(x,y)方法，返回指定坐标像素的颜色值；offset(xoffset,yoffset)方法，调整图像左上角的位置；resize(size)方法，把图像大小重新设置为 size 大小；rotate(angle)方法，把图像旋转 angle 度；save(file,format)方法，以 format 格式存储图像文件；r,g,b=im.split() 方法，把图像 im 分割成 3 个颜色通道；histogram 方法，返回该图像的直方图；thumbnail(size)方法，制作尺寸为 size 大小的缩略图。

向图像文件添加 logo。

```
>>> img.paste(Image.open(r'H:\示例\第9章\logo.png').resize((250, 100)),(0,0,250,100))
```

将图片另存。

```
>>> img.save(r'H:\示例\第9章\pentagram_logo.png')
```

将图片显示在屏幕上。

```
>>> img.show()
```

效果如图 9-6 所示。

图 9-6

9.2.2 向图像中添加图形和文字

使用 PIL 库的 ImageDraw 模块可以在图像文件中绘制图形,包括直线、圆形以及各种图形等。首先导入 ImageDraw 模块。

```
>>> from PIL import ImageDraw
```

我们使用 ImageDraw 模块中的 Draw 函数,参数为上一小节的图片对象 img。

```
>>> dw=ImageDraw.Draw(img)
>>> dw
<PIL.ImageDraw.ImageDraw object at 0x00000000030E4860>
>>> type(dw)
<class 'PIL.ImageDraw.ImageDraw'>
```

dw 是 PIL.ImageDraw.ImageDraw 类的实例化对象,用 dir 函数查看对象的属性和方法,主要包括:arc、bitmap、chord、draw、ellipse、fill、font、fontmode、getfont、im、ink、line、mode、multiline_text、multiline_textsize、palette、pieslice、point、polygon、rectangle、shape、text、textsize。常用的绘图方法及其作用见表 9-2。

表 9-2

方法	作用	方法	作用
line(xy,fill,width)	绘制直线	point(xy,fill)	绘制点
chord(xy,start,end,fill,outline)	绘制弦	polygon(xy,fill,outline)	绘制多边形
arc(xy, start, end, fill)	绘制半圆弧	rectangle(xy,fill,outline)	绘制矩形
ellipse(xy,fill,outline)	绘制椭圆	text(xy,text,fill,font)	写文字
pieslice(xy,start,end,fill,outline)	绘制扇形	textsize(text,font)	设置字号

上表中的参数 xy 根据图形不同而不同。绘制点只需要一个坐标，而绘制直线要有起始坐标和结束坐标。

下面要在图像上画椭圆形，用白色填充，边缘设置为黑色。

```
>>> dw.ellipse((200,300,800,500),fill=(255,255,255),outline=(0,0,0))
```

为了能在图片上写入汉字，要先添加字体。

```
>>> from PIL import ImageFont
>>> font=ImageFont.truetype('msyh.ttf', 50)
>>> w,h=img.size
```

测算添加文字的位置，添加文字。

```
>>> dw.text((w/2-150,h/2-50),'我是五角星',font=font,fill=(0,0,0))
>>> img.show()
```

效果如图 9-7 所示。

通过综合使用 Image、ImageDraw 以及 ImageText 模块的功能，我们要批量调整图像文件的大小，以及为图像文件加上各种商标、公司 logo 或中文备注，就非常容易了。

图 9-7

9.2.3 图像的增强效果

在处理图像时，经常需要改变图像的亮度（Brightness）、对比度（Contrast）、色彩饱和度（Color）、锐度（Sharpness），这称为图像增强（Image Enhance）。ImageEnhance 模块提供了一些用于图像增强的方法。

亮度是指图片的明暗程度，对比度是指图片明暗的反差程度，饱和度则是图片颜色的饱满程度。前面介绍了，图片上每个像素的颜色都是由 R、G、B 3 种颜色混合而成的，而每种颜色的值的取值范围为 0 到 255，数值越高，表示颜色的亮度越高。调整图片的亮度，实际上就是增加图片上每个像素的每种颜色的数值。对于图片上每个像素的每个颜色值，以 127 为界，小于 127 的数值算暗，大于 127 的算亮。将图片上每个像素的颜色值小于 127 的所有颜色值减小，而将图片上每个像素的颜色值大于 127 的所有颜色值增大，这就是调整对比度，也就是让图片中暗的部分更暗，亮的部分更亮。图片中每个像素的 R、G、B 3 色中总有一个突出的颜色，增大这个突出的颜色值，就是提高图片的饱和度。对亮度、对比度和饱和度的调整，是图片调整中最简单的操作，锐度调整需要对图片进行边界检测。锐化主要是通过在图片边界两侧增加高对比线条"隔离带"，让边缘看起来更加突出、锐利。

下面对原图片进行增强，并显示在屏幕上。

```
❶ from PIL import Image, ImageEnhance
  img=Image.open(r'H:\示例\第9章\finance.jpg')
❷ img_brightened=ImageEnhance.Brightness(img).enhance(1.5)
  img_brightened.show()
❸ img_contrasted=ImageEnhance.Contrast(img).enhance(2)
  img_contrasted.show()
❹ img_colored=ImageEnhance.Color(img).enhance(3)
  img_colored.show()
❺ img_sharped=ImageEnhance.Sharpness(img).enhance(3)
  img_sharped.show()
```

语句❶引入 Image、ImageEnhance 模块；语句❷将图片亮度值增加到 1.5 倍；语句❸将图片对比度值增加到两倍；语句❹将图片色彩值增加到 3 倍；语句❺将图片锐度值增加到 3 倍，如图 9-8 和图 9-9 所示。

图 9-8　　　　　　　　　　　　　图 9-9

9.3　Python 图形绘制

前面章节介绍了用 Python 在 XLS/XLSX、DOC/DOCX、PPT、PDF 文档中绘制图形，其实 Python 本身也有许多专门的图形绘制库。

9.3.1　用 Matplotlib 库绘图

Matplotlib 是一个非常好用的高质量绘图工具库，可以根据输入的数据绘制各种图形，如折线图、柱状图、饼图、散点图等。

1. 绘制折线图

折线图是用直线段将各数据点连接起来而组成的图形，以折线方式显示数据的变化趋势。下面我们绘制一个简单的折线图。

从 Matplotlib 库导入 pyplot 模块，简称 plt。

```
>>> import matplotlib.pyplot as plt
```

准备绘图时要用到的数据，x 和 y 表示与 x 轴和 y 轴对应的数据。

```
>>> x=[0,1,2,3,4,5]
>>> y=[0,1,4,9,16,25]
```

调用模块的 plot 函数绘图。

```
>>> plt.plot(x,y)
```

调用模块的 savefig 函数把图形保存为矢量图。

```
>>> plt.savefig('H:\示例\第 9 章\plt_line.svg')
```

用浏览器打开矢量图，效果如图 9-10 所示。

plot 函数包括许多参数，除了数据之外，常用的参数如下：color 表示折线的颜色，marker 表示折线上数据点处的标记风格，linestyle 表示折线的类型，linewidth 表示线条粗细，markersize 表示数据点标记大小。

```
>>> plt.plot(x,y,color='red', marker='o', linestyle='dashed', linewidth=1, markersize=5)
```

调用模块的 show 函数显示图形到屏幕。

```
>>> plt.show()
```

显示效果如图 9-11 所示。

颜色（color）、标记风格（marker）、线条样式（linestyle）的设置可以进一步简写，可以用每个属性的缩写。例如，"ro:" 表示红色、圆点、虚线。

```
>>> plt.plot(x,y,'ro:', linewidth=1, markersize=5)
```

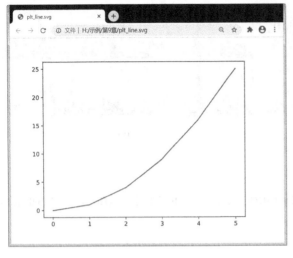
图 9-10

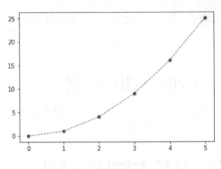
图 9-11

常用的颜色缩写包括：蓝（b）、绿（g）、红（r）、蓝绿（c）、洋红（m）、黄（y）、黑（k）、白（w）。

常用的点型缩写包括：点标记（.）、像素标记（,）、实心圈标记（o）、倒三角标记（v）、上三角标记（^）、左三角标记（<）、右三角标记（>）、下花三角标记（1）、上花三角标记（2）、左花三角标记（3）、右花三角标记（4）、实心方形标记（s）、五边形标记（p）、星标记（*）、竖六边形标记（h）、横六边形标记（H）、加号标记（+）、叉标记（x）、钻石标记（D）、菱形标记（d）、竖线标记（|）、横线标记（_）。

常用的线型缩写包括：实线（-）、破折（--）、点画线（-.）、虚线（:）、无线条（空格）。

在 Matplotlib 中画图，要提供 x 轴所有的数值以及 y 轴所有的数值，而且这两个数值列表的数目要能够逐一配对，也就是一个 x 值要搭配一个 y 值。上例中，实际上就是将（0,0）、（1,1）、（2,4）、（3,9）、（4,16）、（5,25）这 6 个点连接起来。

要注意的是，当只输入一维数据的时候，自动将其当作 y 轴数值处理，x 轴默认生成[0,1,2,…]。

下面我们在图中绘制多条折线图。

```
import matplotlib.pyplot as plt
x=[0,1,2,3]
y0=[4,6,8,10]
y1=[4,9,16,25]
❶ plt.plot(x,y0,'bo--',label='电脑')
plt.plot(x,y1,'rp-',label='手机')
❷ plt.legend(loc='best')
❸ plt.rcParams['font.sans-serif']=['SimHei']
❹ plt.title('2019年各产品销量(单位：万台)', fontsize=20)
index_name=['1季度', '2季度', '3季度', '4季度']
❺ plt.xticks(x, index_name)
plt.show()
```

语句❶绘制两条不同风格的折线；语句❷调用 legend 函数设置图例位置；语句❸调用 rcParams 函数设置中文字体；语句❹调用 title 函数设置图表标题；语句❺调用 xticks 函数设置 x 轴数值，最后调用 show 函数显示图形，效果如图 9-12 所示。

2. 绘制其他类型图形

折线图是基于 plt.plot 函数绘制的。Matplotlib 库还提供了许多不同种类图形的函数。

下面我们将多种类型的图形绘制在一起。

```
import matplotlib.pyplot as plt
plt.rcParams['font.sans-serif']=['SimHei']
x=[0,1,2,3]
label=['东区','西区','北区','南区']
value=[2,4,6,8]
```
❶ `fig=plt.figure()`
❷ `ax_1=fig.add_subplot(2,2,1)`
❸ `ax_1.plot(x,value,'rp-')`
❹ `ax_1.set_xticks([0,1,2,3])`
❺ `ax_1.set_xticklabels(['东区','西区','北区','南区'])`
❻ `ax_2=fig.add_subplot(2,2,2)`
  `ax_2.pie(value,labels=label,autopct='%1.1f%%',startangle=90)`
❼ `ax_3=fig.add_subplot(2,2,3)`
  `ax_3.bar(label,value)`
❽ `ax_4=fig.add_subplot(2,2,4)`
  `ax_4.barh(label,value)`
  `fig.show()`
❾ `fig.savefig('H:\示例\第 9 章\pyplot_4.png', dpi=400)`

语句❶调用 figure 函数新建一个画布，然后在这个画布上添加各种元素；语句❷在 2×2 的绘图区域添加第一个子图；语句❸在子图中绘制折线；语句❹设定 x 轴的标签；语句❺设定 x 轴的标签文字；语句❻绘制饼图；语句❼绘制柱状图；语句❽绘制条形图；语句❾保存图片到本地，效果如图 9-13 所示。

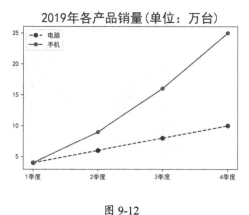

图 9-12

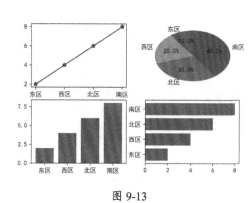

图 9-13

9.3.2 用 pandas 库绘图

Matplotlib 库功能强大，但是相对底层。前面章节介绍过的数据分析库 pandas，它的绘图功能就是基于 Matplotlib 库，这里继续介绍用 Pandas 库绘图的方法。

Series 和 DataFrame 是 Pandas 库中主要的两种数据结构，都内置了 plot 方法，可以绘制图形。

1. Series.plot

Series 是一个一维数据结构，它由 index 和 value 组成，类似于 Excel 表格中的一列数据，由行号和数据组成。根据这样一列数据，我们可以绘制各种图表，如柱状图、条形图、折线图、饼图等。

下面以实例说明。

❶ `import pandas as pd`
  `import matplotlib.pyplot as plt`

```
❶ plt.rcParams['font.sans-serif']=['SimHei']
❷ data=pd.Series([2,4,6,8],index=['1季度','2季度','3季度','4季度'])
❸ fig=data.plot(kind='bar',title='2019年各季度销量(单位:万台)',
        figsize=(20,16),fontsize=30)
❹ fig.axes.title.set_size(40)
  plt.show()
```

语句❶导入 pandas 库,并给它起别名 pd,导入 Matplotlib 库的 pyplot 子模块,并给它起别名 plt;语句❶是设置中文字体;语句❷构造数据;语句❸绘制柱状图并设置标题;语句❹设置标题字号,效果如图 9-14 所示。

plot 函数也有许多参数,例如参数 kind 控制图表类型,将 kind='bar'修改为 kind='pie',图表将变为饼状图,效果如图 9-15 所示。

2. DataFrame.plot

DataFrame 是一个二维结构,除了拥有 index 和 value 之外,还拥有 column。它类似于一张 Excel 表格,由多行、多列构成。DataFrame 由多个 Series 对象组成,无论是行还是列,单独拆分出来都是一个 Series 对象。

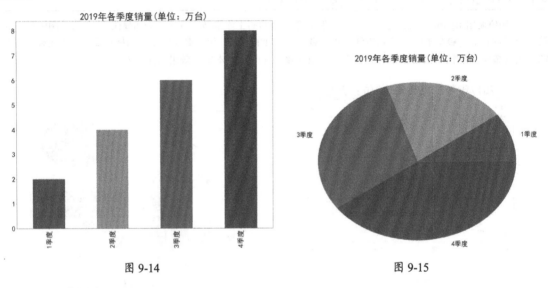

图 9-14   图 9-15

下面以实例说明。

```
  import pandas as pd
  import matplotlib.pyplot as plt
  plt.rcParams['font.sans-serif']=['SimHei']
❶ data=pd.DataFrame([[3,8],[2,6],[6,1],[5,4]],
         index=['1季度','2季度','3季度','4季度'],columns=['手机','电脑'])
❶ fig=data.plot(kind='bar',title='2019年各季度产品销量(单位:万台)',
         figsize=(20,16),fontsize=30)
❷ fig.axes.title.set_size(40)
❸ plt.legend(loc='best',fontsize=30)
  plt.show()
```

语句❶构造了绘图所需数据;语句❶绘制图表,设置标题、图表区大小、字号;语句❷设置标题字号;语句❸设置图例字号,最后显示图表,效果如图 9-16 所示。

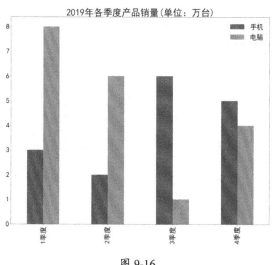

图 9-16

9.3.3 用 Python 绘制词云图

使用 Python 不仅可以绘制统计图表，还可以绘制各种可视化图，例如文本分析常用的词云图。

词云图，也叫"文字云"，是文本中出现频率较高的"关键词"的视觉化展现。频率越高，则字体越大、越突出，也越重要。相对于柱状图、折线图、饼图等用来显示数值数据的图表，词云图可以展示大量文本数据，通过过滤掉大量的低频低质的文本信息，使浏览者只要一眼扫过文本就可领略文本的主旨。

制作词云图要使用的库有：jieba、wordcloud、numpy、PIL、matplotlib。它们的安装方法都非常简单，直接用 pip 命令安装即可。

下面我们通过爬虫抓取电影《我们的未来》豆瓣点评，并制作点评文字的词云图。

```
❶ import numpy as np
  import jieba
  from PIL import Image
  from wordcloud import WordCloud, STOPWORDS
  import matplotlib.pyplot as plt
❷ with open(r'H:\示例\第9章\影评.txt', 'rb') as f:
      text=f.read()
❸ words=jieba.cut(text)
  wordstr=' '.join(words)
❹ wordcloud=WordCloud(font_path='H:\示例\第9章\msyh.ttf',
      mask=np.array(Image.open(r'H:\示例\第9章\background.png')),
      width=600, height=600, max_words=100, max_font_size=80,
      stopwords=set(STOPWORDS),scale=4,background_color='white')
❺ wordcloud.generate(wordstr)
❻ wordcloud.to_file(r'H:\示例\第9章\wordcloud.png')
```

语句❶引入必要的库文件；语句❷打开影评文件，读取文本；语句❸使用 jieba 分词，将文件分割为词语；语句❹设置词云图，如字体、背景（mask）、宽、高、最大字数、最大字号、停用词（排除词列表，即不显示的单词列表，如助词等）、缩放、背景颜色等；语句❺导入词语，生成词云图；语句❻将生成的词云图保存到本地。

打开词云图,效果如图 9-17 所示。

图 9-17

9.4 在 Python 中使用 OpenCV 库

OpenCV 是一款强大的图像处理库,涵盖了很多与计算机视觉领域有关的功能,能对图像进行复杂处理,在图像分割、人脸识别、机器视觉方面有广泛应用。OpenCV 是用 C++写成的,提供了 Python 接口,安装后可以使用。

9.4.1 OpenCV 库的基本操作

1. 读写图像

下面使用 OpenCV 库读取、显示、保存图像。

```
❶ import cv2
❷ img=cv2.imread('wordcloud.png',cv2.IMREAD_GRAYSCALE)
❸ cv2.namedWindow('image', cv2.WINDOW_NORMAL)
❹ cv2.imshow('image',img)
❺ cv2.waitKey(0)
❻ cv2.destroyAllWindows()
❼ cv2.imwrite('wordcloud_1.png',img)
```

语句❶引入 cv2 模块;语句❷读取图像;语句❸创建一个窗口,命名为 image;语句❹在窗口 image 中显示图形;语句❺等待键盘输入,否则图像将一闪而过;语句❻销毁窗口;语句❼将打开的图像写入 picture_1.png,效果如图 9-18 所示,实际上就是将彩色图像另存为灰度模式图像。

imread 函数的第一个参数是文件名,第二个参数是读取方式。cv2.IMREAD_ GRAYSCALE 表示以灰度模式读入图像,默认参数是 cv2.IMREAD_COLOR,即读入彩色图像。

imshow 函数的第一个参数是窗口名字,第二个参数是要显示的图像对象。

imwrite 函数可以保存一个图像。第一个参数是保存的文件名,第二个参数是要保存的图像对象。

cv2 常常无法读取或者写入中文路径和中文文件名,因为 Python3 中用的是 utf-8 编码方式,而 OpenCV 库用的是 gbk 编码方式。替代性的方法是读文件时,用 Numpy 库先读一下文件。

图 9-18

下面读取中文路径图片文件,保存到中文路径,格式为.png。

```
import numpy as np
img_path='H:\示例\第9章\wordcloud.png'
img=cv2.imdecode(np.fromfile(img_path,dtype=np.uint8),-1)
save_path='H:\示例\第9章\wordcloud_2.png'
cv2.imencode('.png', img)[1].tofile(save_path)
```

2. 读取视频

视频的本质还是图像。由于人类眼睛的特殊生理结构,当在单位时间内看到的图像超过一定的数目(16张图片/秒,即16帧/秒)时,人眼就会感觉画面是运动的,此现象称为"视觉暂留"。

每秒显示的图片张数称为"帧率",帧率与画面流畅度成正比,帧率越大,画面越流畅。我们在拍摄视频时常常选择60帧/秒,表示每秒拍摄60张图片。

OpenCV 库提供了捕捉、记录、处理、存储、传送视频等功能。这一系列动作通过 cv2.VideoCapture 类来实现。它的原理基本就是通过获取视频中的一系列帧来实现对于视频的各种操作。

下面打开本地视频文件,提取其中的每一帧图片,另存为图片文件。

```
   import cv2
❶  vc=cv2.VideoCapture('FlatFreehand3D.mp4')
   i=0
❷  if vc.isOpened():
❸      rval,frame=vc.read()
   else:
       rval=False
❹  while rval:
       rval,frame=vc.read()
       if i % 50==0:
❺          cv2.imwrite(str(i)+'.jpg',frame)
       i=i+1
❻      cv2.waitKey(1)
❼  vc.release()
```

语句❶创建一个 VideoCapture 对象,读取一个视频文件名称;语句❷判断是否读取成功,如果读取成功,语句❸获取第一帧;语句❹判断是否成功获取帧,如果成功则继续获取;语句❺每隔50帧将捕获到的图像帧写入图片;语句❻控制视频的播放速度,如果设置得太低,视频就会播放得非常快,如果设置得太高,就会播放得很慢；语句❻停止捕获视频。

VideoCapture 的参数可以是计算机摄像头的索引号，通常是 0，用来捕获摄像头。

3. 绘制图像

视频，其实就是很多张按照顺序从前到后播放的图片。图片，其实就是由一个个像素点组成的，每个点都有一个或多个数值，只有一个值时就是指灰度值；对于彩色图片来说，其实就相当于多个颜色值的叠加。处理图像，实际上是处理一堆数值，所以数学上常用矩阵来表示图像。

NumPy(Numerical Python)是 Python 中的一个线性代数库，用它处理矩阵非常方便，因此在图像处理中经常会用到。绘制一张图片，其实就是创建一个矩阵。

OpenCV 库提供了绘制直线、圆形、矩形以及添加文字等基本绘图功能，语法如下：绘制直线，cv2.line（画布,起点坐标，终点坐标，颜色，宽度）；绘制矩形，cv2.rectangle（画布，起点，终点，颜色，宽度），其中参数宽度如果小于 0，表示画实心矩形；绘制圆形，cv2.circle（画布，圆心坐标，半径，颜色，宽度），其中参数宽度如果小于 0，则表示画实心圆形；添加文字，cv2.putText（画布，文字，位置，字体，大小，颜色，文字粗细），其中字体不支持中文，需要结合 PIL 库使用。

下面使用 OpenCV 库绘制一张图片，添加不同的几何图形并在图片上添加文字。

通过二维 Numpy 数组简单创建一个黑色的正方形图像，颜色值为 0 代表像素点全是黑色的。

```
>>> import numpy as np
>>> img=np.zeros((600,600,3),np.uint8)
```

填充为 255，变更为白色图片。

```
>>> img.fill(255)
```

图片其实就是一个矩阵。

```
>>> type(img)
<class 'numpy.ndarray'>
```

绘制线条，设置颜色为红色（注意 cv2 默认是按 B、G、R 的顺序），线条宽度为 5。

```
>>> cv2.line(img,(0,300),(600,300),(0,0,255),5)
```

绘制矩形，设置左上角坐标为（200,200），右下角坐标为（400,400），颜色为蓝色，线条宽度为 5。

```
>>> cv2.rectangle(img,(200,200),(400,400),(255,0,0),5)
```

绘制圆，设置圆点坐标为（100,500），直径为 100，颜色为黑色，空心，线条宽度为 3。

```
>>> cv2.circle(img,(100,500),100, (0,0,0), 3)
```

绘制实心圆，设置圆点坐标为（500,500），直径为 100，颜色为黑色，实心。

```
>>> cv2.circle(img,(500,500),100, (0,0,0), -1)
```

添加文字，坐标为（150,100），黑色字体。

```
>>> font=cv2.FONT_HERSHEY_SIMPLEX
>>> cv2.putText(img,'Hello World!',(150,100),font,2,(0,0,0),3)
```

显示图片，如图 9-19 所示。

```
>>> cv2.imshow('image',img)
>>> cv2.waitKey(0)
```

4. 旋转图像

在第 8 章，我们只可以将页面旋转 90 度的倍数。但我们借助 OpenCV 库可以实现图片的任意角度旋转。

图 9-19

旋转图片要用到下面的函数。

cv2.warpAffine(src, M, dsize, flags, borderMode, borderValue)

其中，参数 src 表示输入的图像，参数 M 表示变换矩阵，参数 dsize 表示输出图像的大小，参数 flags 表示插值方法，参数 borderMode 表示边界模式，参数 borderValue 表示边界填充颜色，默认是黑色。

旋转是一种变换，或者说是一种运动。学过线性代数的读者知道矩阵就是描述运动的，图片 A 到 B 之间的变换，可以用矩阵来描述。

构造矩阵可以用下面的函数。

cv2.getRotationMatrix2D(center, angle, scale)

其中，参数 center 表示中间点的位置，一般是图片的中心，可以用 img.shape 取得图片的长和宽，并各取一半得到中心坐标；参数 angle 表示旋转的角度，正值表示逆时针旋转，负值表示顺时针旋转；参数 scale 表示缩放因子，大于 1 表示放大，小于 1 表示缩小。

我们将一张图片逆时针旋转 30 度，边界用白色填充。

```
import numpy as np
import cv2
❶ img=cv2.imread('wordcloud.png')
❶ (h,w)=img.shape[:2]
  (x,y)=(w/2,h/2)
❷ M=cv2.getRotationMatrix2D((x,y),30,1)
  cos=np.abs(M[0,0])
  sin=np.abs(M[0,1])
  nW=int((h*sin)+(w*cos))
  nH=int((h*cos)+(w*sin))
  M[0,2]+=(nW/2)-x
  M[1,2]+=(nH/2)-y
❸ img=cv2.warpAffine(img,M,(nW,nH),borderValue=(255,255,255))
  cv2.namedWindow('image',cv2.WINDOW_NORMAL)
  cv2.imshow('image',img)
  cv2.waitKey(0)
```

```
cv2.destroyAllWindows()
❹ cv2.imwrite('wordcloud_2.png',img)
```

语句❶打开待旋转图片；语句❶获取图片的大小长和宽；语句❷构造旋转矩阵，后面计算旋转后新图像的大小；语句❸实施旋转操作；语句❹保存旋转后的图片。旋转后的图片效果如图 9-20 所示。

图 9-20

5. 图像腐蚀与膨胀

OpenCV 库可以对图片进行形态学运算，我们以图像腐蚀与膨胀为例做简要介绍。

图像腐蚀与膨胀往往配对使用，目的是去除杂点。腐蚀操作将会腐蚀图像中的像素，使图片线条变窄，以此来消除小斑点；而膨胀操作将使剩余的像素扩张并重新增长回去，使图片线条变宽，恢复原状。

图片腐蚀函数的语法如下。

```
cv2.erode(img, kernel,iterations)
```

其中，参数 img 指需要腐蚀的图片；参数 kernel 设置形态学处理内核大小，可以为 None；参数 iterations 是腐蚀次数，默认值为 1，iterations 的值越大，腐蚀程度就越高。

图片膨胀函数的语法如下。

```
dilation=cv2.dilate(img, None,iterations )
```

其中，参数 img 指需要膨胀的图；参数 kernel 设置形态学处理内核大小，可以为 None；参数 iterations 是膨胀次数，默认值为 1，iterations 的值越大，膨胀程度就越高。

下面举例说明，图 9-21 所示的图片中有很多白色的斑点，我们希望去除白色斑点，但是又要保留白色文字。

图 9-21

代码如下。

```
import cv2
img=cv2.imread('e.png')
erode=cv2.erode(img,None,iterations=2)
cv2.imshow('erode', erode)
cv2.waitKey(0)
dilate=cv2.dilate(erode,None,iterations=2)
cv2.imshow('dilate', dilate)
cv2.waitKey(0)
cv2.destroyAllWindows()
```

语句❶打开图片，语句❷腐蚀图片，语句❸显示腐蚀结果。效果如图 9-22 所示。
语句❸实施膨胀操作，语句❹显示膨胀后的图片，如图 9-23 所示。

图 9-22 　　　　　　　　　　　　　　　图 9-23

通过腐蚀和膨胀操作，我们清除了图片中的杂点，达到了预期的效果。

9.4.2 OpenCV 库的高级操作

下面介绍一些 OpenCV 库在计算机视觉方面的应用。

1. 模板匹配

工作中，我们经常要在计算机屏幕上单击各种按钮或图标，例如单击图 9-24 中的"百度网盘"图标。如何自动化完成这种操作呢？

图 9-24

首先需要找到目标，这就需要让计算机识别"百度网盘"这个图标，找到它的坐标，然后将鼠标指针移动至该坐标，完成单击操作。其中的核心问题就是如何从给定的图片中找到特征图标。

OpenCV 库中有个模板匹配函数，其语法如下。

```
cv2.matchTemplate(image, templ, method)
```

其中，参数 image 表示待搜索图像；参数 templ 表示模板图像，此函数的功能就是在 image 中找 templ；参数 method 表示匹配方法，既可以代入参数值也可以代入参数数值，method 参数的取值见表 9-3。

表 9-3

匹配方法	参数值	参数数值
平方差匹配法	CV_TM_SQDIFF	0
归一化平方差匹配法	CV_TM_SQDIFF_NORMED	1
相关匹配法	CV_TM_CCORR	2
归一化相关匹配法	CV_TM_CCORR_NORMED	3
相关系数匹配法	CV_TM_CCOEFF	4
归一化相关系数匹配法	CV_TM_CCOEFF_NORMED	5

要注意的是，使用平方差匹配法时，数值越小，匹配得越好；使用相关匹配法、相关系数匹配法时，数值越大，匹配得越好。

下面是具体代码，我们用相关系数匹配法（参数取值为 4）进行匹配。

```
  import cv2
❶ templ=cv2.imread('A.png')
❶ image=cv2.imread('B.png')
❷ result=cv2.matchTemplate(image, templ, 4)
❸ top_left=cv2.minMaxLoc(result)[3]
❹ (h,w)=templ.shape[:2]
❺ center=(top_left[0]+w/2, top_left[1]+h/2)
  print(center)
```

语句❶打开"百度网盘"图标图片；语句❶打开屏幕截图图片；语句❷进行匹配操作；语句❸找到匹配位置左上角的坐标（要注意的是，如果匹配方法是 0 或 1，则 top_left = cv2.minMaxLoc(result)[2]）；语句❹获取"百度网盘"图标大小；语句❺计算得到"百度网盘"在原屏幕图片上的中心点坐标。

下面进一步在原图上绘制矩形框，显示匹配效果。

```
h,w=templ.shape[0],templ.shape[1]
bottom_right=(top_left[0] + w, top_left[1] + h)
cv2.rectangle(image, top_left, bottom_right, (0, 0, 255), 2)
cv2.namedWindow('match', cv2.WINDOW_NORMAL)
cv2.imshow('match', image)
cv2.waitKey(0)
cv2.destroyAllWindows()
```

图片显示效果如图 9-25 所示。

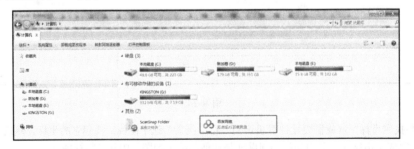

图 9-25

模板匹配研究某图案在另一图像中的位置，进而识别图像，它是图像处理中最基本、最常用的匹配方法。模板匹配具有自身的局限性，它只能进行平行移动，若原图像中的匹配目标发生旋转或大小变化，该方法就会失效。

2. 图片修复

我们在第 8 章中给文件添加了 logo，如图 9-26 所示。那么如何才能去除 logo 呢？

去除 logo 的方法有很多，难点在于如何让背景图片复原。这就涉及图像修复。图像修复就是对图像上信息缺损的区域进行信息填充的过程，其目的就是将有信息缺损的图像复原，并且使得观察者无法察觉到图像曾经缺损或者已经修复。

OpenCV 库提供了图像修补函数 inpaint，其语法如下。

```
cv2.inpaint(src, mask, inpaintRadius, flags)
```

其中，参数 src 表示输入图像，参数 mask 表示修复掩码图像，参数 inpaintRadius 表示每个点的圆形邻域的半径，参数 flags 表示修复采取的算法（包括 INPAINT_NS、INPAINT_TELEA 两种算法）。函数输出与 src 具有相同大小和类型的图像。

这里需要根据原图制作一个修复掩码图像，它表示将要修复的区域。我们用画图软件打开原图，将 logo 区域涂成绿色（考虑到原图没有绿色），如图 9-27 所示。

图 9-26   图 9-27

然后通过调用 OpenCV 库里的 cv2.inRange 函数提取与定位绿色区域，该函数会将除目标颜色区域外的其余颜色区域设为黑色，仅将该颜色区域设为白色，这样就得到了修复掩码图像，如图 9-28 所示。

下面看完整代码。

```
import cv2
import numpy as np
❶ mask=cv2.imread('9-B.png ')
❷ hsv=cv2.cvtColor(mask, cv2.COLOR_BGR2HSV)
  redLower=np.array([35, 43, 46])
  redUpper=np.array([77, 255, 255])
❸ mask=cv2.inRange(hsv, redLower, redUpper)
  mask=cv2.erode(mask,None,iterations=5)
  mask=cv2.dilate(mask,None,iterations=5)
  mask=cv2.resize(mask,None,fx=0.6, fy=0.6, interpolation=cv2.INTER_CUBIC)
❹ img=cv2.imread('9-A.png ')
  res=cv2.resize(img,None,fx=0.6, fy=0.6, interpolation=cv2.INTER_CUBIC)
❺ dst=cv2.inpaint(res, mask, 10, cv2.INPAINT_NS)
❻ cv2.imwrite('9-C.png', dst)
```

语句❶打开手动制作的图片图 9-27；语句❷将其颜色模式转为 HSV 模式；语句❸提取绿色区域，经过腐蚀、膨胀、修改大小等一系列操作，生成修复掩码图像（图 9-28）；语句❹打开原图片（图 9-26），修改图片大小，得到符合条件的图片；语句❹对原图和生成的修复掩码图像调用 cv2.inpaint 方法；语句❺得到修复后的图片，如图 9-29 所示。

图 9-28

图 9-29

3. 实现抠图

我们使用 Photoshop 时最常进行的操作就是抠图，例如将照片中的人物从背景中提取出来，为证件照切换背景颜色等。

下面举例说明，我们有一张图片，需要将其外围的蓝色背景换为白色背景，如图 9-30 所示。

如果直接遍历每一个像素点，判断像素点的颜色，并将蓝色更改为白色，则同时会替换掉蓝色的文字"hello world!"。本例的思路还是用 inRange 函数获取蓝色区域（包含文字），通过腐蚀和膨胀操作消除杂点，然后再进行遍历。

图 9-30

代码如下。

```
import cv2
import numpy as np
❶ img=cv2.imread('9-D.png')
  (h,w)=img.shape[:2]
❷ hsv=cv2.cvtColor(img,cv2.COLOR_BGR2HSV)
  lower_blue=np.array([90,70,70])
  upper_blue=np.array([110,255,255])
❷ mask=cv2.inRange(hsv, lower_blue, upper_blue)
  erode=cv2.erode(mask,None,iterations=1)
  dilate=cv2.dilate(erode,None,iterations=1)
❸ for i in range(h):
      for j in range(w):
          if dilate[i,j]==255:
              img[i,j]=(255,255,255)
❹ cv2.imshow('res',img)
  cv2.waitKey(0)
  cv2.destroyAllWindows()
```

语句❶打开图片，获取图片的大小；语句❶将其颜色模式转为 HSV 模式；语句❷提取蓝色区域，经过腐蚀、膨胀操作，生成纯净的背景区域图像；语句❸遍历背景图片，判断颜色，如果是白色的，则将原始图片同样位置区域设置为白色；语句❹显示图片。

4. 去除水印

图 9-31 所示的图片里面有浅灰色的水印"版权所有 南山金融研究"，下面我们尝试将其去除。

代码如下。

```
import cv2
import numpy as np
from PIL import Image
img_path=r'H:\示例\第9章\9-E.jpg'
img=cv2.imdecode(np.fromfile(img_path,dtype=np.uint8),-1)
gray=cv2.cvtColor(img, cv2.COLOR_BGR2GRAY)
gray=np.where((gray<200),gray,255)
Image.fromarray(cv2.cvtColor(gray, cv2.COLOR_BGR2RGB))
file_path=r'H:\示例\第9章\watermark_removed.png'
cv2.imencode('.png', gray)[1].tofile(file_path)
```

去掉水印后的效果如图 9-32 所示。

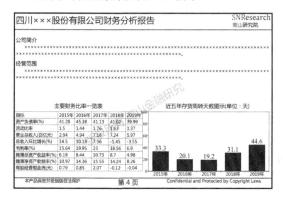

图 9-31

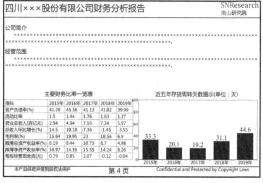

图 9-32

9.5 图片识别

日常工作中，有时我们需要将很多纸质文件转化为电子版。通常的方法是扫描，扫描出来的文件通常是 JPG 或者 PDF 格式，扫描版 PDF 也是图片型的，难点在于如何将图片中的文字或者数字提取出来。将图片转换成文字一般被称为光学文字识别（Optical Character Recognition，OCR），相应的技术就是 OCR 技术。

9.5.1 使用 Tesseract 系统

Tesseract 是目前公认的比较优秀和精确的开源 OCR 系统，pytesseract 是 Tesseract 的 Python 的接口，可以使用 Python 调用 Tesseract。

1. 环境配置

首先下载并安装 Tesseract-OCR，下载之后直接打开，单击"Next"按钮安装即可，如图 9-33 所示。OCR 工具的默认安装路径是 C:\Program Files\Tesseract-OCR，将 tesseract.exe 完整文件路径和文件名 (C:\Program Files\Tesseract-OCR\tesseract.exe) 添加到环境变量 PATH 中。添加方法是：右键单击"我的电脑"，选择属性，找到并打开"高级系统配置"，打开"系统属性"窗口，单击"高级"，找到"环境变量"按钮并单击进入。双击 PATH，将路径加入变量值后面，单击"确定"按钮，如图 9-34 所示。这样就可以直接调用 tesseract.exe，而不会找不到文件。注意：系统环境变对全部用户起作用，而用户环境变量仅仅对当前用户起作用。

此外，要修改 pytesseract.py 文件，在其中指定 tesseract.exe 的安装路径，如图 9-35 所示。

为了识别中文，需要下载简体字识别包 chi_sim.traineddata。下载好后将其放入 Tesseract-OCR\tessdata 文件夹下，如图 9-36 所示。

图 9-33　　　　　　　　　　图 9-34

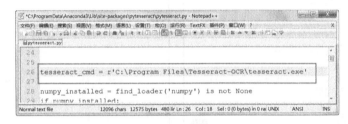

图 9-35

图 9-36

2. 应用实例

下面我们识别扫描版 PDF 导出的图片，如图 9-37 所示。

具体代码如下。

```
❶ import pytesseract as pt
❷ from PIL import Image
❸ img=Image.open('扫描版PDF_文字.jpeg')
❹ text=pt.image_to_string(img,lang='chi_sim')
  print(text)
```

语句❶导入 pytesseract 模块；语句❷导入 PIL 子模块 Image；语句❸打开图片；语句❹识别图片文字信息，设置识别语言为简体中文。

运行结果的截图如图 9-38 所示。

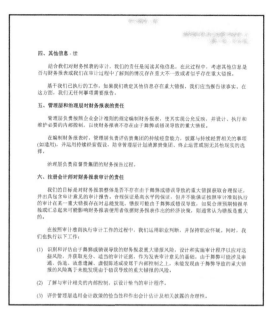

图 9-37   图 9-38

我们看到,个别汉字及序号识别出现误差,如"舞浆""茶一"等。

Tesseract 对图片的要求比较高,要想识别准确率达到 70%以上,图片背景要很干净。此外,还可以通过训练数据提升识别准确率,但工作量比较大。

9.5.2 使用百度 AI 开放平台

除了免费的 Tesseract 工具,还可以使用百度 AI,通过上传图片获取识别结果。

1. 创建应用

要使用百度的各种应用,前提是要登录百度账号,并且通过实名认证。

进入百度 AI 开放平台,单击"开放能力"选项卡,选择"文字识别"选项,这里文字识别的种类和场景很多、很细,如图 9-39 所示。我们常常使用通用文字识别。

图 9-39

9.5 图片识别

单击"通用文字识别"选项以后，进入图 9-40 所示的界面，我们看到通用文字识别每天有一定的免费使用次数。

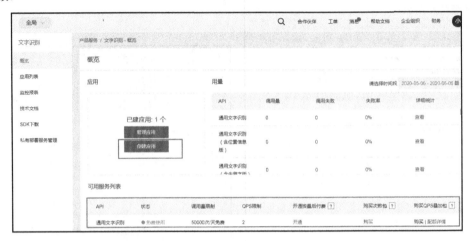

图 9-40

单击"创建应用"按钮（如果之前已经在此处创建过应用，则直接单击"管理应用"按钮），进入图 9-41 所示的界面。

输入应用名称，选择应用类型、接口，简要描述应用，然后单击"立即创建"按钮，进入图 9-42 所示的界面。

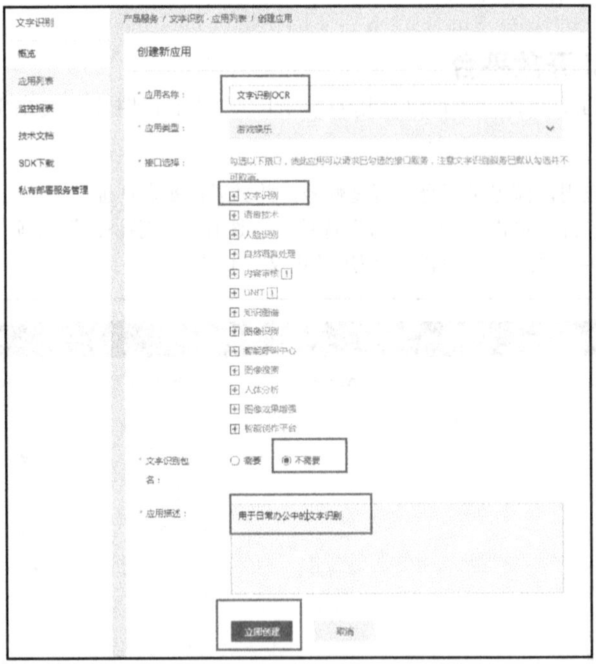

图 9-41

图 9-42

单击"返回应用列表"按钮,进入"应用列表"界面,如图 9-43 所示。这里显示了刚刚创建的应用,其中有用的信息是 API Key 和 Secret Key。

图 9-43

通常,创建应用以后,我们需要查看 API 文档。API 文档详细介绍了各种编程语言的调用方式和示例代码,如图 9-44 和图 9-45 所示。

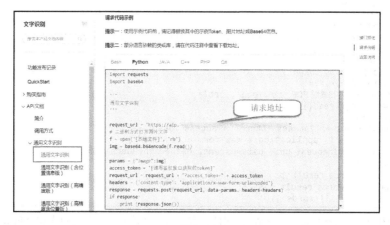

图 9-44

我们看到文字识别的流程是:首先发送 API Key 和 Secret Key 获取 access_token,然后构建网址,最后向构建的网址发送图片数据,服务器返回识别后的文字。

2. 应用实例

下面我们还是以识别"扫描版 PDF_文字.jpeg"文件为例,介绍百度 API 的使用方法。

图 9-45

根据帮助文档，我们需要以 POST 的方式发送请求，其中 url 参数包括 access_token，而 access_token 需要通过 API Key 和 Secret Key 来获取。

下面是完整的代码。

```
❶ import requests,base64
  APIKey='****************'
  SecretKey='****************'
  host='https://**************** &client_id='+APIKey+'&client_secret='+SecretKey
❷ response=requests.get(host)
  dict=response.json()
  access_token=dict['access_token']
  request_url='https://×.×.×.×'
  f=open(r'H:\示例\第9章\扫描版 PDF_文字.jpeg', 'rb')
  img=base64.b64encode(f.read())
  params={'image':img}
  request_url=request_url + '?access_token=' + access_token
  headers={'content-type': 'application/x-www-form-urlencoded'}
❸ response=requests.post(request_url, data=params, headers=headers)
  dict=response.json()
❹ words_result=dict['words_result']
❺ for i in range(dict['words_result_num']):
      print(words_result[i]['words'])
```

语句❶引用模块；语句❷发起第一次请求（网址见官方帮助文档），主要是通过发送 API Key 和 Secret Key 获取 access_token；语句❸再次发起请求（网址见官方帮助文档），上传图片；语句❹取得识别后的文字语句列表；语句❺使用循环语句，遍历列表，显示全部文字。

图片识别效果如图 9-46 所示。

可以看到，使用百度 API 识别的结果准确率要高一些。

案例：识别审计报告中的表格

图 9-47 所示为扫描版 PDF 转换成的图片，里面有一张表格。

四、其他信息-续
结合我们对财务报表的审计，我们的责任是阅读其他信息，在此过程中，考虑其他信息是否与财务报表或我们在审计过程中了解到的情况存在重大不一致或者似乎存在重大错报
基于我们已执行的工作，如果我们确定其他信息存在重大错报，我们应当报告该事实。在这方面，我们无任何事项需要报告。
五、管理层和治理层对财务报表的责任
管理层负责按照企业会计准则的规定编制财务报表，使其实现公允反映，并设计、执行和维护必要的内部控制，以使财务报表不存在由于舞弊或错误导致的重大错报。
在编制财务报表时，管理层负责评估贵集团的持续经营能力，披露与持续经营相关的事项(如适用)，并运用持续经营假设，除非管理层计划清算贵集团、终止运营或别无其他现实的选择
治理层负责监督贵集团的财务报告过程。
六、注册会计师对财务报表审计的责任
我们的目标是对财务报表整体是否不存在由于舞弊或错误导致的重大错报获取合理保证，并出具包含审计意见的审计报告。合理保证是高水平的保证，但并不能保证按照审计准则执行的审计在某一重大错报存在时总能发现。错报可能由于舞弊或错误导致，如果合理预期错报单独或汇总起来可能影响财务报表使用者依据财务报表作出的经济决策，则通常认为错报是重大的。
在按照审计准则执行审计工作的过程中，我们运用职业判断，并保持职业怀疑。同时，我们也执行以下工作：
(1)识别和评估由于舞弊或错误导致的财务报表重大错报风险，设计和实施审计程序以应对这些风险，并获取充分、适当的审计证据，作为发表审计意见的基础。由于舞弊可能涉及串通、伪造、故意遗漏、虚假陈述或凌驾于内部控制之上，未能发现由于舞弊导致的重大错报的风险高于未能发现由于错误导致的重大错报的风险。
(2)了解与审计相关的内部控制，以设计恰当的审计程序
(3)评价管理层选用会计政策的恰当性和作出会计估计及相关披露的合理性。

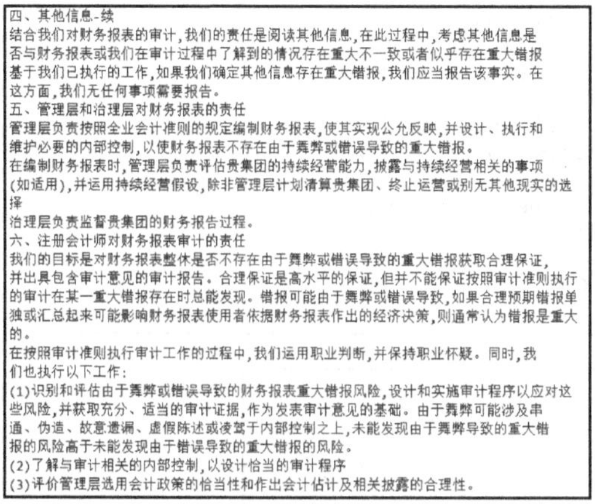

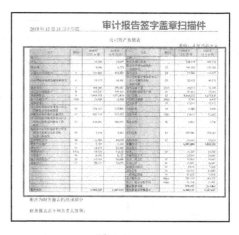

图 9-46

图 9-47

要识别表格，首先要识别单元格，这就涉及线条的检测，可以通过 OpenCV 库的一些高级算法来实现，有兴趣的读者可以深入研究。下面我们使用百度 API 中的表格文字识别服务来对上图进行识别。前面创建了通用场景文字识别应用，其中就包括表格识别，单击“开通”按钮即可使用，如图 9-48 所示。

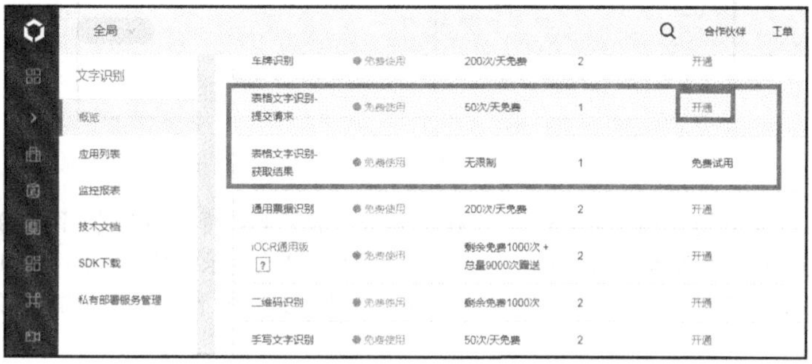

图 9-48

开通以后，我们查看 API 文档，在通用场景文字识别项目下，找到表格文字识别，点开就可以看到 Python 请求语法，包括 URL 地址，参数说明等，如图 9-49 所示。

表格识别的流程和文字是一样的：首先要发送 API Key 和 Secret Key 获得 access_token，然后构建网址，然后向构建的网址发送图片数据。不同的是，服务器不会直接返回识别结果，我们要再次发送请求获取识别结果，如果完成了识别，服务器将返回识别后的 Excel 工作簿下载地址。

下面是完整代码。

```
import requests,base64,time
APIKey='***************'
SecretKey='****************'
host='https://*************** &client_id='+APIKey+'&client_secret='+SecretKey
❶ response0=requests.get(host)
dict=response0.json()
access_token=dict['access_token']
request_url0='https://×.×.×.×'
f=open(r'H:\示例\第9章\扫描版PDF_Page4.png', 'rb')
img=base64.b64encode(f.read())
params={'image':img}
```

```
request_url1=request_url0 + '?access_token=' + access_token
headers={'content-type': 'application/x-www-form-urlencoded'}
❶ response1=requests.post(request_url1, data=params, headers=headers)
request_url2='https://×.×.×.×'
params={'request_id':response1.json()['result'][0]['request_id']}
request_url2=request_url2 + '?access_token=' + access_token
time.sleep(10)
❷ response2=requests.post(request_url2, data=params, headers=headers)
url_excel=response2.json()['result']['result_data']
❸ response3=requests.get(url_excel)
with open(r'H:\示例\第9章\识别结果.xls','wb') as f:
    f.write(response3.content)
```

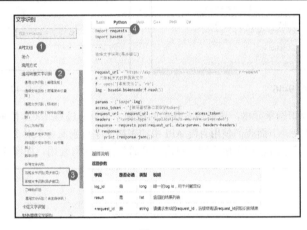

图 9-49

语句⓿发送 get 请求获得 access_token，语句❶发送 post 请求上传待识别图片，语句❷发送 post 请求获得识别结果，识别状态包括：任务未开始、进行中、已完成，所以这次请求需要一定的等待时间（可能会很长）。已完成识别的，返回数据包含了识别后的 Excel 文件的下载地址。有了下载地址，语句❸发送 get 请求，就可以将 Excel 下载下来。

打开 Excel，可以看到识别结果非常精确，如图 9-50 所示。

	A	B	C	D	E	F	G	H
1	项目	附注	2019年12	2018年12	项目	附注	2019年12	2018年12月31日
2	资产				负债			
3	现金		14,356	14997	向中央银行借款		358728	405,314
4	贵金属		4.006	6,573	同业和其他金融机构存放款项	23	541,745	452305
5	存放中央银行款项	5	549969	474,380	拆入资金	24	73880	116,072
6	存放同业和其他金融机构	6	73.472	68,501	以公允价值计量且其变动计入当期	25	32922	40,175
7	拆出资金	7	304396	299981	衍生金融负债	57	22911	35795
8	买入返售金融资产	8	103740	199,555	卖出回购金融资产款	26	55455	77.064
9	贷款和垫款	9	3968513	3,471,874	客户存款	27	4660232	4237430
10	衍生金融资产	57(	23769	33,582	应付职工薪酬	28(a)	9.581	6697
11	金融投资:				应交税费	29	17.655	19.512
12	以公允价值计量且其变动	10	378242	315000	合同负债	30	6.488	5,607
13	以摊余成本计量的金融投	1	920575	915410	租赁负债	17(b)	13632	不适用
14	以公允价值计量且其变动	12	416,181	380,971	预计负债	31	6.061	5.638
15	指定为以公允价值计量且	13	5.430	3,465	应付债券	32	527.986	375.625
16	长期股权投资	14	55.586	48.698	其他负债	33	54.604	55918
17	投资性房地产	15	1.203	1262	负债合计		6381,880	5833,152
18	固定资产	16	24.479	22468	股东权益			
19	使用权资产	17(e)	14.136	不适用	股本	34	25220	25,220
20	无形资产	18	8.694	8157	其他权益工具		34.065	34.065
21	递延所得税资产	20	63.663	56,866	其中,优先股	35	34.065	34.065
22	其他资产	21	29.822	25,875	资本公积	36	76.681	76.68
23					其他综合收益	37	8.856	5668
24					盈余公积	38	62,291	53682
25					一般风险准备	39	85.820	75,818
26					未分配利润	40(c)	285.419	243329
27					其中:建议分配利润	40(b)	30.264	23,707
28					股东权益合计		578,352	514,463
29	资产合计		6960,232	6,347615	股东权益及负债总计		6960,232	6,347615
30								

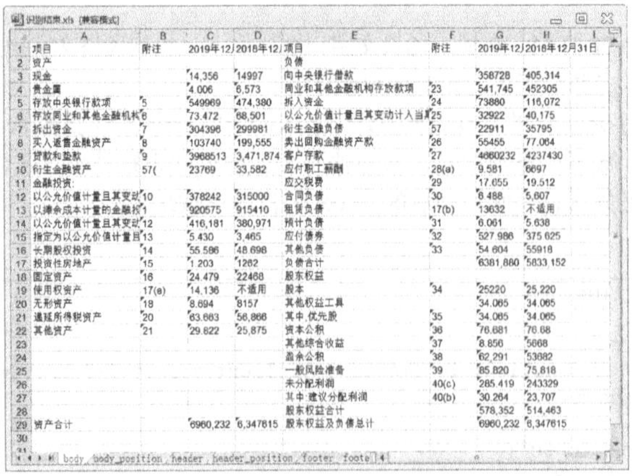

图 9-50

第10章
鼠标、键盘控制与程序自动化

前面介绍了文本、Office、PDF、图片等多种格式文件的自动化操作，这些操作都是借用各种 Python 库来完成的。但是，我们日常办公会遇到很多电子文件，并不是所有的电子文件都可以用现成的 Python 库来处理，对于这些特殊的文件，我们需要用专用阅读软件来操作。有时候我们也不得不使用各种各样的软件或者网页系统来完成日常工作，例如输入信息、查询数据等。这样的菜单式操作非常烦琐，需要不断地单击鼠标或者频繁地敲击键盘。本章，我们尝试用 Python 来自动操作这些软件。

10.1 Windows 程序的运行机制

目前 Windows 操作系统仍然是办公、商务、个人业务等一系列业务的首选系统。大多数办公软件和文件处理软件都需要在 Windows 操作系统下运行，下面简要介绍 Windows 程序的运行机制。

10.1.1 窗口、句柄、消息

Windows 被称作视窗操作系统，它的界面是由一个个窗口（window）组成的。Windows 操作系统中的窗口是怎么样的呢？双击桌面上"我的电脑"图标，就可以打开一个窗口，如图 10-1 所示。

我们可以使用鼠标右键单击窗口右上角的"最小化""最大化""关闭"按钮来控制窗口。

Windows 操作系统最大的特点就是其图形化的操作界面，其图形化界面是建立在其消息处理机制基础之上的。我们单击"最小化"按钮，实际上就是向窗口发送了一个"最小化"的消息，窗口接收消息以后就会完成最小化操作。

当我们打开多个程序时，就会有多个窗口，如何才能精准地控制特定的窗口？这就要通过句柄（HWND）来控制。Windows 操作系统会给每一个窗口一个句柄，通过句柄来发送消息，就可以实现对特定窗口进行操作——例如改变窗口大小、把窗口最小化等。

常见的办公软件有两种界面。一种是命令行界面（Command Line User Interface，CLI），最常见的是在一个黑框中输入 DOS 命令进行操作，如图 10-2 所示。

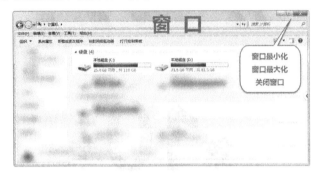

图 10-1

图 10-2

另一种是图形用户界面（Graphical User Interface，GUI），用图形的方式来显示计算机操作的界面。早期的软件只提供了 CLI 接口，目前我们日常工作用到的软件基本上以 GUI 方式工作。

例如，常见的记事本程序，它提供了通过菜单进行操作的界面，如图 10-3 所示。

图 10-3

GUI 程序有窗口，窗口里还有各种控件，包括按钮、下拉菜单、检查框、单选按钮、编辑框等，这些都由句柄来标识。单击程序中的按钮，实际上就是向按钮发送一个鼠标单击事件。关键在于找到每个需要单击事件的窗口或按钮的句柄，我们可以通过第三方软件来识别查找句柄，例如 Spy++、inspect 等。使用 Spy++ 找到应用软件的窗口句柄，模拟发送鼠标按键到窗口，就可以实现软件的自动化操作。

Windows 操作系统提供了 API 函数，可以用它自动打开程序。API 就是应用程序接口（Application Programing Interface），它们是用 C 语言编写、由操作系统自身调用的函数。

在 Python 语言里，我们通过第三方库 Pywin32 提供的接口 win32api、win32gui 来实现间接调用 Windows API 的效果。win32api 提供了常用的用户 API，win32gui 提供了有关 Windows 图形用户界面操作的 API。

下面我们用 Python 代码自动打开记事本程序，并最大化窗口。

```
❶ import win32api,win32gui,win32con,time
❷ win32api.ShellExecute(0, 'open', 'notepad.exe', '', '', 1)
```

```
❷ time.sleep(1)
❸ hwnd=win32gui.FindWindow(None, u'无标题 - 记事本')
❹ win32gui.SetForegroundWindow(hwnd)
❺ win32gui.PostMessage(hwnd, win32con.WM_SYSCOMMAND, win32con.SC_MAXIMIZE, 0)
```

语句❶导入需要用到的模块；语句❶打开记事本程序 notepad.exe；语句❷设置延迟一秒，等待记事本程序启动；语句❸查找记事本窗口，返回其句柄；语句❹设置记事本窗口位于最前面；语句❺向记事本窗口发送"最大化窗口"消息。

10.1.2 鼠标、键盘操作

键盘（keyboard）和鼠标（mouse）都是计算机的输入设备。键盘的功能是及时发现被按下的键，并将该按键的信息送入计算机。键盘上通常有上百个按键，每个按键负责一个功能，当用户按下其中一个时，键盘中的编码器能够迅速将此按键所对应的编码通过接口电路输送到计算机的键盘缓冲器中，由 CPU 进行识别处理。使用鼠标是为了使计算机的操作更加简便、快捷，代替键盘上烦琐的指令。鼠标对屏幕上的光标（cursor）进行定位，并通过按键和滚轮装置对光标所在位置的屏幕元素进行操作。

我们可以用 win32api 提供的 keybd_event 函数模拟键盘输入，使用 GetCursorPos 函数获取光标的当前位置，使用 SetCursorPos 函数设置光标的位置，使用 mouse_event 函数模拟鼠标单击操作。

1. 光标位置

鼠标总是和光标位置联系在一起，例如用鼠标单击（x,y）点、将光标位置移动到（x,y）点、将光标位置从（x0,y0）点拖曳到（x1,y1）点，都离不开坐标。

使用 win32api 模块的 GetCursorPos 函数可以获取当前窗口光标的位置。

```
>>> win32api.GetCursorPos()
(161, 897)
```

使用 win32gui 模块的 GetCursorInfo 函数可以在任何位置获取光标的信息，包括类型、句柄、坐标。

```
>>> win32gui.GetCursorInfo()
(1, 65539, (161, 897))
```

将光标移动到（x,y）点可以用下面的语句。

```
>>> win32api.SetCursorPos((x,y))
```

2. 鼠标事件

鼠标事件由 mouse_event 函数控制，其语法如下。

```
mouse_event(dwFlags, dx, dy, dwData, dwExtraInfo)
```

常规的鼠标按键有 3 种：左键、右键和滚轮。鼠标的动作有很多种：左键单击、右键单击、双击、向上滚动、向下滚动和拖曳等。参数 dwFlags 是标志位集，指定单击鼠标按键和鼠标动作的多种情况，可以是下列值的任何合理组合。

参数 dwFlags 常量见表 10-1。

表 10-1

参数常量	数值	说明
MOUSEEVENTF_LEFTDOWN	2	鼠标左键按下
MOUSEEVENTF_LEFTUP	4	鼠标左键抬起
MOUSEEVENTF_RIGHTDOWN	8	鼠标右键按下

续表

参数常量	数值	说明
MOUSEEVENTF_RIGHTUP	16	鼠标右键抬起
MOUSEEVENTF_MOVE	1	鼠标移动
MOUSEEVENTF_WHEEL	2048	鼠标滚轮移动数量
MOUSEEVENTF_ABSOLUTE	32768	使用规范化的绝对坐标

鼠标动作当中的参数可以用数值,也可以用常量。用常量时前面要加上 win32con.。

在模拟鼠标滚动时要用到 dwData 参数,其他情况下 dwData 可以省略。参数 dwExtraInfo 一般都用不到,可以省略。

使用下面的语句可以在当前位置左键单击一次。

```
win32api.mouse_event(win32con.MOUSEEVENTF_LEFTDOWN, 0, 0)
win32api.mouse_event(win32con.MOUSEEVENTF_LEFTUP, 0, 0)
```

MOUSEEVENTF_LEFTDOWN 表示鼠标左键按下,MOUSEEVENTF_LEFTUP 表示鼠标左键抬起。单击动作由"按下+抬起"共同组成,如果没有抬起动作,则变成了一直按住鼠标左键。

鼠标滚动动作是 MOUSEEVENTF_WHEEL,可以模拟鼠标滚轮滚动,取 -1 时代表向下,取 1 时的代表向上。下面是向下翻页的语句。

```
win32api.mouse_event(win32con.MOUSEEVENTF_WHEEL,0,0,-1)
```

下面是向上翻页的语句。

```
win32api.mouse_event(win32con.MOUSEEVENTF_WHEEL,0,0,1)
```

光标移动的语法如下。

```
win32api.mouse_event(win32con.MOUSEEVENTF_MOVE,dx,dy,0,0)
```

dx 和 dy 表示相对原鼠标位置的移动幅度。取正值时表示光标向右(或下)移动,取负值时表示光标向左(或上)移动。最后的两个参数为 0,也可以省略。

使用下面的语句可以使光标向屏幕左上角移动,向左、向上各移动 100 像素。

```
win32api.mouse_event(win32con.MOUSEEVENTF_MOVE,-100,-100)
```

实践发现,光标相对运动的精度不够,于是有了绝对运动,即指定终点坐标,鼠标从起点移动到终点。两者的区别在于,后者在动作参数中添加了 MOUSEEVENTF_ABSOLUTE。

```
win32api.mouse_event(
win32con.MOUSEEVENTF_ABSOLUTE|win32con.MOUSEEVENTF_MOVE,x,y)
```

(x,y) 代表终点的坐标。要注意的是,在光标坐标系统中,屏幕在水平和垂直方向上均匀分割成 65535×65535 个单元,坐标(0,0)映射到屏幕的左上角,坐标(65535,65535)映射到右下角。x 和 y 的像素坐标需要转换为标准化的绝对坐标,其值在 0 到 65535 之间。

使用 win32api.GetSystemMetrics 获取屏幕的宽和高。

```
>>> win32api.GetSystemMetrics(0), win32api.GetSystemMetrics(1)
(1600, 1200)
```

获取像素点(500,500)的绝对坐标。

```
>>> x=int(500*65535/win32api.GetSystemMetrics(0))
>>> y=int(500*65535/win32api.GetSystemMetrics(1))
```

```
>>> x,y
(20479, 27306)
```

通过换算以后,像素点(500,500)的标准化绝对坐标是(20479, 27306)。

鼠标动作当中的参数可以用数值或常量表示,也可以组合使用。将光标移动到(500,500)并单击一次可以简化为下面一条语句。

```
>>> win32api.mouse_event( 1+32768+2+4, 20479, 27306)
```

1 代表移动,32768 代表绝对移动,2 代表鼠标左键按下,4 代表鼠标左键弹起。

有时候我们需要单击某个目标,并将其拖曳到另一个位置。鼠标拖曳可以分解为:将光标移动到(x0,y0),鼠标左键按下,再将光标移动到(x1,y1),鼠标左键抬起。

下面是一个鼠标拖曳的例子。

```
>>> win32api.SetCursorPos((300,300))
>>> win32api.mouse_event(win32con.MOUSEEVENTF_LEFTDOWN, 0, 0)
>>> time.sleep(0.3)
>>> x=int(200*65535/win32api.GetSystemMetrics(0))
>>> y=int(200*65535/win32api.GetSystemMetrics(1))
>>> win32api.mouse_event(1+ 32768,x,y,0)
>>> time.sleep(0.3)
>>> win32api.mouse_event(win32con.MOUSEEVENTF_LEFTUP, 0, 0)
```

我们可以将烦琐的步骤封装成函数,将起始位置作为参数,便于多次调用。

3. 键盘操作

下面解释一下按键的过程:当用户按下键盘上的一个键时,键盘内的芯片会检测到这个动作,并把这个信号传送到计算机。键盘上的所有按键都有一个硬件扫描码,它跟具体的硬件相关,同一个键在不同键盘上的扫描码有可能不同。键盘控制器将扫描码传给计算机,然后交给键盘驱动程序。因为扫描码与硬件相关,不具有通用性,于是为了统一键盘上所有键的编码,就提出了虚拟键码的概念。无论是什么键盘,同一个按键的虚拟键码总是相同的,这样程序就可以识别了。例如按 Enter 键后的虚拟键码是数字 13,通常用十六进制数表示就是 0x0D。键盘驱动程序可以把扫描码转换为虚拟键码,并将这个扫描码和虚拟键码等信息一起传递给操作系统。操作系统再传递给窗口,窗口做出相应的响应。

键盘事件都由 keybd_event 函数控制,其语法如下。

```
keybd_event(bVk, bScan, dwFlags, dwExtraInfo)
```

其中,参数 bVk 是虚拟键码;参数 bScan 是硬件扫描码,一般设置为 0;参数 dwFlags 是函数操作标志位,如果值为 0,则该键被按下,如果值为 KEYEVENTF_KEYUP,则该按键被释放;参数 dwExtraInfo 定义与击键相关的附加 32 位值,一般设置为 0。

键盘动作包括按一个键和按多个键,下面的代码表示按一次 Enter 键。

```
win32api.keybd_event(13,0,0,0)
win32api.keybd_event(13,0,win32con.KEYEVENTF_KEYUP,0)
```

下面的代码表示按一次 Ctrl+A 快捷键。

```
win32api.keybd_event(0x11, 0, 0, 0)
win32api.keybd_event(0x41, 0, 0, 0)
win32api.keybd_event(0x41, 0, win32con.KEYEVENTF_KEYUP, 0)
win32api.keybd_event(0x11, 0, win32con.KEYEVENTF_KEYUP, 0)
```

由于键盘信号传递给窗口需要一定时间,因此在按键与按键之间通常会使用 time.sleep 函数设置时间间隔。

常见键盘按键对应的代码见表 10-2,其中虚拟键码是用十六进制数字表示的。

表 10-2

键盘按键	虚拟键码	键盘按键	虚拟键码	键盘按键	虚拟键码
backspace	0x08	f	0x46	F5	0x74
tab	0x09	g	0x47	F6	0x75
clear	0x0C	h	0x48	F7	0x76
enter	0x0D	i	0x49	F8	0x77
shift	0x10	j	0x4A	F9	0x78
ctrl	0x11	k	0x4B	F10	0x79
alt	0x12	l	0x4C	F11	0x7A
pause	0x13	m	0x4D	F12	0x7B
caps_lock	0x14	n	0x4E	F13	0x7C
esc	0x1B	o	0x4F	F14	0x7D
spacebar	0x20	p	0x50	F15	0x7E
page_up	0x21	q	0x51	F16	0x7F
page_down	0x22	r	0x52	F17	0x80
end	0x23	s	0x53	F18	0x81
home	0x24	t	0x54	F19	0x82
left_arrow	0x25	u	0x55	F20	0x83
up_arrow	0x26	v	0x56	F21	0x84
right_arrow	0x27	w	0x57	F22	0x85
down_arrow	0x28	x	0x58	F23	0x86
select	0x29	y	0x59	F24	0x87
print	0x2A	z	0x5A	num_lock	0x90
execute	0x2B	numpad_0	0x60	scroll_lock	0x91
print_screen	0x2C	numpad_1	0x61	left_shift	0xA0
ins	0x2D	numpad_2	0x62	right_shift	0xA1
del	0x2E	numpad_3	0x63	left_control	0xA2
help	0x2F	numpad_4	0x64	right_control	0xA3
0	0x30	numpad_5	0x65	left_menu	0xA4
1	0x31	numpad_6	0x66	right_menu	0xA5
2	0x32	numpad_7	0x67	browser_back	0xA6
3	0x33	numpad_8	0x68	browser_forward	0xA7
4	0x34	numpad_9	0x69	browser_refresh	0xA8
5	0x35	multiply_key	0x6A	browser_stop	0xA9
6	0x36	add_key	0x6B	browser_search	0xAA
7	0x37	separator_key	0x6C	browser_favorites	0xAB
8	0x38	subtract_key	0x6D	browser_start_and_home	0xAC
9	0x39	decimal_key	0x6E	volume_mute	0xAD
a	0x41	divide_key	0x6F	volume_down	0xAE
b	0x42	F1	0x70	volume_up	0xAF
c	0x43	F2	0x71	next_track	0xB0
d	0x44	F3	0x72	previous_track	0xB1
e	0x45	F4	0x73	stop_media	0xB2

键盘按键	虚拟键码	键盘按键	虚拟键码	键盘按键	虚拟键码
play/pause_media	0xB3	play_key	0xFA	;	0xBA
start_mail	0xB4	zoom_key	0xFB	[	0xDB
select_media	0xB5	clear_key	0xFE	\	0xDC
start_application_1	0xB6	+	0xBB	]	0xDD
start_application_2	0xB7	,	0xBC	'	0xDE
attn_key	0xF6	–	0xBD	`	0xC0
crsel_key	0xF7	.	0xBE		
exsel_key	0xF8	/	0xBF		

案例：自动画图

通过对鼠标和键盘的控制，我们可以做一些相对复杂的程序自动化操作。

下面我们操纵画图软件，绘制一个简单的图形，并自动保存。

```
app='C:\Windows\System32\mspaint.exe'
win32api.ShellExecute(0, 'open', app, '', '', 3)
time.sleep(1)
hwnd=win32gui.FindWindow(None, u'无标题 - 画图')
win32gui.SetForegroundWindow(hwnd)
win32gui.PostMessage(hwnd, win32con.WM_SYSCOMMAND, win32con.SC_MAXIMIZE, 0)
time.sleep(1)
win32api.SetCursorPos((300,300))
win32api.mouse_event(win32con.MOUSEEVENTF_LEFTDOWN, 0, 0)
time.sleep(0.3)
x=int(250*65535/win32api.GetSystemMetrics(0))
y=int(450*65535/win32api.GetSystemMetrics(1))
win32api.mouse_event( 1+32768, x, y,0,0)
time.sleep(0.3)
win32api.mouse_event(win32con.MOUSEEVENTF_LEFTUP, 0, 0)
win32api.SetCursorPos((300,300))
win32api.mouse_event(win32con.MOUSEEVENTF_LEFTDOWN, 0, 0)
time.sleep(0.3)
x=int(350*65535/win32api.GetSystemMetrics(0))
y=int(450*65535/win32api.GetSystemMetrics(1))
win32api.mouse_event( 1+32768, x, y,0,0)
time.sleep(0.3)
win32api.mouse_event(win32con.MOUSEEVENTF_LEFTUP, 0, 0)
win32api.SetCursorPos((275,375))
win32api.mouse_event(win32con.MOUSEEVENTF_LEFTDOWN, 0, 0)
time.sleep(0.3)
x=int(325*65535/win32api.GetSystemMetrics(0))
y=int(375*65535/win32api.GetSystemMetrics(1))
win32api.mouse_event( 1+32768, x, y,0,0)
time.sleep(0.3)
win32api.mouse_event(win32con.MOUSEEVENTF_LEFTUP, 0, 0)
time.sleep(0.3)
win32api.keybd_event(0x11, 0, 0, 0)
win32api.keybd_event(0x53, 0, 0, 0)
win32api.keybd_event(0x53, 0, win32con.KEYEVENTF_KEYUP, 0)
win32api.keybd_event(0x11, 0, win32con.KEYEVENTF_KEYUP, 0)
time.sleep(1)
win32api.keybd_event(0x30, 0, 0, 0)
win32api.keybd_event(0x30, 0, win32con.KEYEVENTF_KEYUP, 0)
time.sleep(0.3)
win32api.keybd_event(0x0D, 0, 0, 0)
win32api.keybd_event(0x0D, 0, win32con.KEYEVENTF_KEYUP, 0)
```

运行以上代码，打开画图软件，绘制图形 A，并保存为 "0.png" 文件，如图 10-4 所示。

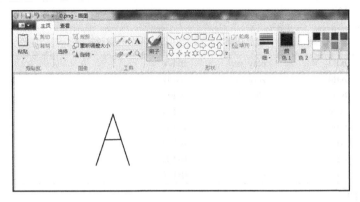

图 10-4

通过 Pywin32 库调用各种 API 函数来控制鼠标和键盘的操作比较底层和初级,代码非常烦琐。特别是如果需要用键盘输入大量文本,则需要堆积大量代码。下一节介绍几个轻量级的库。

10.2 鼠标与键盘操控库

许多第三方库和模块都可以控制鼠标和键盘,其中比较好用的包括 PyUserInput、pynput、PyAutoGUI。

10.2.1 PyUserInput 库

PyUserInput 是一个简单易用的控制鼠标和键盘的 Python 库。安装 PyUserInput 库之前需要先安装 pywin32 和 pyHook 模块。安装时要根据 Python 和操作系统的版本选择合适的 pyHook 版本。PyHook 底层是使用 windows API 实现的,它可以监测鼠标和键盘按键。

PyUserInput 库主要包括 pymouse 和 pykeyboard 两个模块,分别控制鼠标和键盘。

安装以后,要修改 pymouse 包里的_init_.py 文件,用记事本软件打开后找到第 92 行的 windows,将其改写成 pymouse.windows。

1. 鼠标操作

首先需要调用模块。

```
>>> from pymouse import PyMouse
```

然后实例化一个鼠标控制类的对象。

```
>>> m=PyMouse()
>>> m
<pymouse.windows.PyMouse object at 0x000000000290AB70>
```

m 是 pymouse.windows.PyMouse 类的实例化对象,用 dir 函数查看对象的属性和方法,主要包括:click、move、position、press、release、screen_size。

使用 screen_size 方法获取屏幕大小,使用 position 方法获取光标位置。

```
>>> m.screen_size(),m.position()
((1600, 1200), (318, 566))
```

click(x, y, button=1)表示单击,x 和 y 是坐标位置,button 取值为 1 时表示左键,为 2 时表示右键,为 3 时表示滚轮。

单击动作可以分解为按住和松开两个动作。press(x, y, button)表示按住鼠标左键,release(x, y, button)表示松开鼠标左键。

move(x,y)表示将光标移动到坐标(x,y)。

2. 键盘操作

首先需要调用模块。

```
>>> from pykeyboard import PyKeyboard
```

然后定义一个实例。

```
>>> k=PyKeyboard()
>>> k
<pykeyboard.windows.PyKeyboard object at 0x0000000003AE4208>
```

k 是 pykeyboard.windows.PyKeyboard 类的实例化对象，用 dir 函数查看对象的属性和方法，主要包括：accept_key、alt_key、alt_l_key、alt_r_key、altgr_key、apps_key、attn_key、backspace_key、begin_key、break_key、browser_back_key、browser_forward_key、cancel_key、capital_key、caps_lock_key、clear_key、control_key、control_l_key、control_r_key、convert_key、crsel_key、delete_key、down_key、end_key、enter_key、ereof_key、escape_key、execute_key、exsel_key、final_key、find_key、function_keys、hangeul_key、hangul_key、hanja_key、help_key、home_key、hyper_l_key、hyper_r_key、insert_key、is_char_shifted、junjua_key、kana_key、kanji_key、keypad_keys、l_keys、left_key、linefeed_key、lookup_character_value、media_next_track_key、media_play_pause_key、media_prev_track_key、menu_key、meta_l_key、meta_r_key、mode_switch_key、modechange_key、next_key、noname_key、nonconvert_key、num_lock_key、numpad_keys、oem_clear_key、pa1_key、page_down_key、page_up_key、pause_key、play_key、press_key、press_keys、print_key、print_screen_key、prior_key、processkey_key、r_keys、redo_key、release_key、return_key、right_key、script_switch_key、scroll_lock_key、select_key、shift_key、shift_l_key、shift_r_key、snapshot_key、space、space_key、special_key_assignment、super_l_key、super_r_key、sys_req_key、tab_key、tap_key、type_string、undo_key、up_key、volume_down_key、volume_mute_key、volume_up_key、windows_l_key、windows_r_key、zoom_key。

其中很多属性指代的是按键。操作键盘的方法包括 press_key、release_key、tap_key、type_string。

k.tap_key('R')表示按 R 键一次。它等价于按住然后松开，k.press_key('R')表示按住 R 键，k.release_key('R') 表示松开 R 键。

还可以进一步设置按键的次数和间隔时间。

k.tap_key('R',n=2,interval=1)表示按两次 R 键，每次间隔一秒。

k.tap_key(k.function_keys[1])表示按功能键 F1。

k.tap_key(k.numpad_keys[1],2)表示按两次小键盘中的 1 键。

k.type_string('ABC')表示模拟用键盘输入字符串 "ABC"。

有时候我们需要组合按键，例如按 Ctrl+A 快捷键。

k.press_key(k.control_key)表示按住 Ctrl 键。

k.tap_key('A') 表示按一次 A 键。

k.release_key(k.control_key)表示松开 Win 键。

这样写比较烦琐，也可以用 press_keys 方法，其语法如下。

```
k.press_keys([k.control_key,'A'])
```

10.2.2 pynput 库

pynput 库可以控制和监控输入设备，其安装和使用方法非常简单，直接用 pip 命令安装即可。

pynput 库主要包括 mouse 和 keyboard 两个模块，分别用于控制鼠标和键盘。

1. 鼠标操作

首先调用模块。

```
>>> from pynput import mouse
```

实例化鼠标 Controller 类。

```
>>> m=mouse.Controller()
>>> type(m)
<class 'pynput.mouse._win32.Controller'>
```

m 是 pynput.mouse._win32.Controller 类的实例化对象,用 dir 函数查看对象的属性和方法,主要包括:position、click、move、press、release、scroll。

position 属性表示光标位置。

```
>>> m.position
(839, 913)
```

可以设置 position 属性,例如设置光标位置为(100,200)。

```
>>> m.position=(100, 200)
```

click 方法表示鼠标单击,例如单击鼠标左键两次。

```
>>> m.click(mouse.Button.left, count=2)
```

参数 mouse.Button.left 表示鼠标左键,mouse.Button.right 表示鼠标右键。

单击动作可以分解为按住和松开两个动作。

```
>>> m.press(mouse.Button.left)
>>> m.release(mouse.Button.left)
```

向上滚动两次鼠标的滚轮。

```
>>> m.scroll(0, 2)
```

第一个参数表示横向滚动(很少用),第二个参数表示纵向滚动,正数表示向上滚动次数,负数表示向下滚动次数。

光标向右、向下各移动 100 和 200 像素。

```
>>> m.move(100, 200)
```

例如光标在(200,100)位置,把光标向右和向下分别移动 100 和 200 像素,运行后光标位置变成(300,300)。

```
>>> m.position=(200, 100)
>>> m.move(100, 200)
>>> m.position
(300, 300)
```

2. 键盘操作

首先调用模块。

```
>>> from pynput import keyboard
```

实例化键盘 Controller 类。

```
>>> k=keyboard.Controller()
>>> type(k)
<class 'pynput.keyboard._win32.Controller'>
```

k 是 pynput.keyboard._win32.Controller 类的实例化对象,用 dir 函数查看对象的属性和方法,主要包括:

alt_gr_pressed、alt_pressed、ctrl_pressed、modifiers、press、pressed、release、shift_pressed、touch、type。

使用属性判断某些键是否被按下。

```
>>> k.alt_gr_pressed,k.alt_pressed,k.ctrl_pressed,k.shift_pressed
(False, False, False, False)
```

操作键盘的方法包括 press、release、type 等方法。

按住 R 键，然后松开 R 键。

```
>>> k.press ('R')
>>> k.release ('R')
```

除了字母键，操作其他按键要在前面加上 Key.。

```
>>> from pynput.keyboard import Key
>>> k.press(Key.print_screen)
>>> k.release(Key.print_screen)
```

组合按键可以使用 with 语句，例如下面的代码是按 Ctrl+A 快捷键。

```
>>> with k.pressed(Key.ctrl):k.press('A');k.release('A')
```

使用 pynput 库可以非常方便地写入文本信息。

```
>>> k.type('您好，欢迎使用 pynput！')
```

案例：另类爬虫

我们学会了如何控制键盘按键，前面章节学习的 Selenium 库可以控制浏览器访问网页，两者配合起来就可以批量保存网页，或者将网页输出为 PDF 文档。

由于爬虫抓取的网页信息是纯数据，失去了页面结构和格式外观，阅读起来不方便，因此将网页输出成 PDF 文档，更方便阅读。还有些网页过于复杂，我们可以将其输出成 PDF 文档，然后再使用 PDF 相关的库提取内容。

首先，我们通过"控制面板"将"Adobe PDF"设置为默认打印机，如图 10-5 所示。

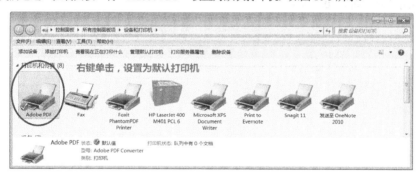

图 10-5

然后运行下列代码。

```
import time
from selenium import webdriver
from pynput.keyboard import Key, Controller
driver=webdriver.Chrome(r'H:\示例\第10章\chromedriver.exe')
RequestURL='https://www.ptpress.com.cn/p/news/1589965248338.html'
driver.get(RequestURL)
time.sleep(5)
k=Controller()
```

```
with k.pressed(Key.ctrl):
    k.press('p');k.release('p')
time.sleep(5)
k.press(Key.enter);k.release(Key.enter);time.sleep(5)
k.type('另类爬虫');time.sleep(5)
k.press(Key.enter);k.release(Key.enter);time.sleep(10)
driver.close()
driver.quit()
```

程序自动启动 Chrome 浏览器并打开网页，控制键盘按 Ctrl+P 快捷键，弹出打印界面，如图 10-6 所示。

图 10-6

程序控制键盘按 Enter 键以后，弹出另存文件界面，通过 k.type('另类爬虫')自动写入文件名。控制键盘按 Enter 键，保存文件，如图 10-7 所示。

图 10-7

保存的 PDF 文档如图 10-8 所示。

这是保存一个网页的方法。我们将 196 个新闻网址放入列表，通过循环语句遍历列表即可保存全部网页。在实际工作中，有些网页中的文字无法直接复制，我们可以先将其输出为 PDF 文档，再提取其中的文字。

3. 监听器

Listener 类可以监听鼠标和键盘，这里的监听主要指真实的鼠标键盘操作。如果使用代码来移动鼠标和敲击键盘，那么监听不生效。

使用 mouse.Listener(on_move,on_click,on_scroll)可以创建一个鼠标监听器。

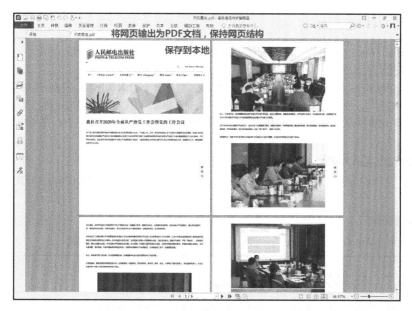

图 10-8

使用 keyboard.Listener (on_press, on_release)可以创建一个键盘监听器。

其中，on_move 是鼠标移动调用的方法，on_click 是鼠标单击调用的方法，on_scroll 是滑动鼠标滚轮调用的方法；on_press 是按下某个键调用的方法，on_release 是释放某个键调用的方法。

Listener 类的方法包括 run 方法启动监听器，join 方法启动并等待线程停止，wait 方法等待监听器就绪，stop 方法停止监听器。

下面创建一个鼠标监听器实例。

```
❶ from pynput import mouse
❷ def click(x, y, button, pressed):
      print('{0} button {1} at {2}'.format('Pressed' if pressed else 'Released',button,(x, y)))
❸ def scroll(x, y, dx, dy):
      print('Scrolled {0} at {1}'.format('down' if dy < 0 else 'up',(x, y)))
❹ def move(x, y):
      if x==0 & y==0:
          return False
      else:
          print(' Cursor moved to {0}'.format((x, y)))
❺ listener=mouse.Listener(on_move=move,on_click=click,on_scroll=scroll)
❻ listener.start()
```

语句❶导入子模块 mouse；语句❷创建 click 函数，鼠标单击时输出 "Pressed button×at×"；语句❸创建 Scroll 函数，滚动鼠标滚轮时输出 "Scrolled×at×"；语句❹创建 move 函数，其中是判断语句，移动鼠标时输出 "Cursor moved to×"，如果光标移动到屏幕左上角，则返回 False；语句❺创建监听器；语句❻启动监听器。运行以后，它将所有鼠标动作记录下来，直到光标移动到屏幕左上角时结束。

下面创建一个键盘监听器实例。

```
❶ from pynput import keyboard
❷ def pressed (key):
      print('{0} pressed'.format(key))
❸ def released (key):
      if key==keyboard.Key.esc:
```

```
            return False
        else:
            print('{0} released'.format(key))
❸ with keyboard.Listener(on_press=pressed,on_release=released) as listener:
❹     listener.join()
```

语句❶导入子模块 keyboard；语句❶创建 pressed 函数，按下某个键时输出"×pressed"；语句❷创建 released 函数，其中是判断语句，松开某个非 Esc 键时输出"×released"，如果松开的是 Esc 键，则返回 False；语句❸创建监听器；语句❹启动监听器。运行以后，它将所有键盘按键的动作记录下来，直到按 Esc 键结束。

10.2.3 PyAutoGUI 库

PyAutoGUI 是一个功能更为全面的鼠标键盘控制库，使用它还可以截屏并判断像素点的颜色，更方便在屏幕上进行操作。

1. 鼠标控制功能

我们可以使用 PyAutoGUI 库的 size、position 方法获取屏幕的大小、光标的位置。

```
>>> import pyautogui
>>> pyautogui.size(),pyautogui.position()
(Size(width=1600, height=1200), Point(x=392, y=992))
```

控制鼠标动作的函数包括 moveTo、move、dragTo、drag、click、scroll。
moveTo 函数表示将光标移动到某处，move 函数表示移动一定距离。
我们可以通过 help 函数查询 moveTo 函数的完整语法。

```
moveTo(x=None, y=None, duration=0.0, tween=<function linear at
0x000000000BAAAD08>, logScreenshot=False, _pause=True)
```

其中，x、y 参数表示绝对坐标，duration 参数表示时间，tween 参数是一个函数名，可以控制鼠标动作的速度。PyAutoGUI 中有多种控制移动的函数，可以通过 dir 函数查看获取模块的全部类、函数。

pyautogui.moveTo(300, 200, 2, pyautogui.easeInQuad)表示在两秒内将光标移动到（300,200），移动速度先慢后快。

pyautogui.moveTo(100,100)表示将光标移动到屏幕左上方坐标为（100,100）的位置。
下面是 move 函数的语法。

```
moveRel(xOffset=None, yOffset=None, duration=0.0, tween=<function linear at 0x000000000BAAAD08>,
logScreenshot=False, _pause=True)
```

其中，参数 xOffset、yOffset 是相对距离，都为正数时表示向右下方移动，都为负数时表示向左上方移动。
pyautogui.move(300, 200)表示向右方移动 300 像素，向下方移动 200 像素。
dragTo 函数表示按住鼠标左键拖曳到某个位置，drag 函数表示按住鼠标拖曳一定距离。
pyautogui.dragTo(100, 100, button='left')表示按住鼠标左键，拖曳到坐标（100, 100）。
pyautogui.drag(100, 100, button='left') 表示按住鼠标左键，向右下方拖曳（向右方移动 100 像素，向下方移动 100 像素）。
鼠标单击使用 click 函数，默认情况下在光标所在的位置单击，语法如下。

```
click(x=None, y=None, clicks=1, interval=0.0, button='primary', duration=0.0, tween=<function linear
at 0x000000000BAAAD08>, logScreenshot=None, _pause=True)
```

其中，x、y 表示绝对坐标，参数 clicks 表示按键次数，参数 interval 表示时间间隔，参数 button 表示键名。
pyautogui.click(300, 200)表示单击屏幕点（300, 200）。
pyautogui.click(button='right', clicks=2, interval=0.5)表示在当前位置单击右键两次，间隔 0.5 秒。
click 函数也可以分解为两个方法：mouseDown 和 mouseUp。此外，还有 doubleClick 函数表示鼠标双击、

rightClick 函数表示鼠标右击。

滚动鼠标滚轮使用 scroll 函数，语法如下。

```
scroll(clicks, x=None, y=None, logScreenshot=None, _pause=True)
```

其中，参数 clicks 表示滚动次数，值为正表示往上滚动，值为负表示往下滚动；x、y 表示光标位置，默认在当前位置。

pyautogui.scroll(10)表示向上滚动 10 次。

pyautogui.scroll(10, x=200, y=300)表示移动光标到（200,300），再向上滚动 10 次。

我们将鼠标交给程序控制，如果程序编辑错误，需要立刻停止该怎么办呢？PyAutoGUI 考虑了故障安全问题，只需要在程序运行时将光标迅速移动到屏幕 4 个角中的任意一个角，程序就会停止（fail-safe triggered）。如果不需要人工控制，则可以设置禁用故障保险，pyautogui.FAILSAFE = False。为了让移动光标的时间更充裕，可以设置 pyautogui.PAUSE = 1，这样每次函数调用后会暂停一秒。

2. 键盘控制功能

操作键盘的函数包括 press、keyDown、keyUp、hotkey、write 等。

pyautogui.press('enter')表示按一次 Enter 键，包含按下和松开两个动作。

```
pyautogui.keyDown('enter')
pyautogui.keyUp('enter')
```

还可以设置按键次数。

```
pyautogui.press('enter', presses=3)
```

组合按键可以使用 hotkey 语句，例如下面实现按 Ctrl+A 快捷键。

```
pyautogui.hotkey('ctrl', 'a')
```

可以用 write 函数写入文本信息。

```
pyautogui.write('Hello world!')
```

可以用 typewrite 函数实现连续一系列按键。

```
typewrite(message, interval=0.0, logScreenshot=None, _pause=True)
```

还可以将所有按键放入 list，作为 message 参数。

例如，依次按 Enter、H、L、Left、Enter 键，时间间隔均为 0.5 秒。

```
pyautogui.click(300, 200)
pyautogui.typewrite(['enter','h', '1','left','enter'], interval=0.5)
```

pyautogui 无法写入中文，只能用剪贴板复制粘贴操作来间接实现，常用的剪贴板模块，例如 pyperclip 就可以实现复制功能。下面的代码表示在屏幕（300，200）处写入文字。

```
import pyautogui,time,pyperclip
pyperclip.copy('欢迎使用 PyAutoGUI！')
time.sleep(3)
pyautogui.click(300, 200)
pyautogui.hotkey('ctrl', 'v')
```

3. 屏幕截图功能

实现前面这些鼠标单击操作，都需要提供坐标。查找某个按钮的坐标是很烦琐的，需要借助其他定位软件预先完成。难点在于，按钮坐标不是固定的，例如每次启动软件，如果窗口的大小不一样，则软件上的按钮坐标就会发生变动。

我们希望程序自己在屏幕中找到符合条件的按钮，就需要进行截图、图像处理和识别等操作。

PyAutoGUI 可以截取屏幕，将其保存到文件中。一旦图片保存到本地，我们就可以使用前面章节介绍的方法进行图像比对，查找特定的区域并返回坐标。而 PyAutoGUI 也可以实现定位图像，例如在屏幕中查找某个特殊按钮的位置。

使用 screenshot 函数可以截屏，如果要在屏幕中截取矩形区域，则需要提供左上角和右下角坐标参数。

```
>>> import pyautogui
>>> pyautogui.screenshot(region=(0,0,100,100))
<PIL.Image.Image image mode=RGB size=100x100 at 0x386F160>
```

截屏后得到一个 PIL.Image.Image 对象，可以使用上一章学习的内容进一步操作。

可以在截屏的同时将图片保存到本地。

```
>>> pyautogui.screenshot('screenshot.png',region=(0,0,100,100))
```

例如，要在图 10-9 所示的屏幕上找到"百度网盘"图标。我们先将图标保存到程序运行目录，然后把 Anaconda Prompt 命令窗口放在资源管理器界面上，运行下面的代码。

```
>>> pyautogui.locateOnScreen('baiduApp.png')
Box(left=565, top=371, width=252, height=103)
```

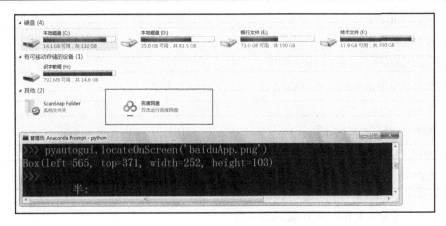

图 10-9

运行以后返回了图标的坐标 Box。

通常，我们需要进一步获取图标中心点的坐标。

```
>>> location=pyautogui.locateOnScreen('baiduApp.png')
>>> pyautogui.center(location)
Point(x=691, y=422)
```

可以用 locateCenterOnScreen 函数获取图标中心点的坐标。

```
>>> x,y=pyautogui.locateCenterOnScreen('baiduApp.png')
>>> x,y
(691, 422)
```

获取坐标后，就可以单击该按钮。

```
>>> pyautogui.click(x,y, clicks=2)
```

locateOnScreen 函数还有很多参数，例如 confidence、grayscale、region。有时候图片不能精确匹配，就

需要降低置信度 confidence。参数 grayscale 表示灰度模式匹配，这种模式会加快匹配速度，但是可能导致错误匹配。有时候，屏幕中不止一个图标，那么可以用 locateAllOnScreen 函数全部匹配，并返回坐标。也可以通过指定 region 参数在矩形区域内查找。

```
>>> region=(300,300,800,600)
>>> pyautogui.locateOnScreen('baiduApp.png',confidence=0.8,grayscale=False,region=region)
Box(left=565, top=371, width=252, height=103)
```

有时候我们需要在屏幕上找到特定颜色的点或者区域，然后对其进行操作，也就是在屏幕中找点或找色。PyAutoGUI 还可以使用 pixelMatchesColor 函数匹配像素点的颜色，若匹配则返回 True，否则返回 False。

例如，下面的代码可以判断像素点（300, 200）的颜色是否是 RGB(0, 0, 0)。

```
>>> pyautogui.pixelMatchesColor(300, 200, (0, 0, 0))
True
```

要获取某像素点的颜色，可以先截屏，然后调用 PIL.Image.Image 类的 getpixel 函数来实现。

```
>>> im=pyautogui.screenshot()
>>> im.getpixel((600, 600))
(204, 232, 207)
```

返回像素点的 RGB 颜色值为（204, 232, 207）。

有时候我们不需要完全匹配，可以容忍一定的误差，这时需要设置匹配参数 tolerance。例如下面的语句将返回 True，因为 RGB(204, 232, 207)中的每种颜色和目标色 RGB(250, 250, 250)相差都不超过 50。

```
>>> pyautogui.pixelMatchesColor(600, 600, (250, 250, 250), tolerance=50)
True
```

上面介绍了几种操控鼠标和键盘的方法，从理论上讲，只要能精准定位并操控鼠标和键盘，就能够完成人工能完成的工作。

然而在实际工作中，这种方法的效果不尽如人意。有些工作需要在软件的各种菜单之间选择，例如单击按钮，弹出窗口，然后继续单击或输入数据，窗口弹出时就会有卡顿，有时候会弹出其他消息窗口（如网页广告），这些都会干扰程序的运行。尽管我们可以增加延迟等待语句，通过屏幕截图判断窗口是否已经弹出等方法进行判断，但程序的稳健性总是难以保证的。

操控鼠标和键盘自动化，都是最后的选择，只适合完成相对简单的单击和输入任务。

10.3 Pywinauto 库与 GUI 自动化

Pywinauto 库是实现 GUI 自动化的一把利器，它主要用于操作 Windows 标准图形界面，包括对窗口的指定、获得控件属性等。它还可以将鼠标和键盘操作发送到对话框和控件。Pywinauto 库使用起来很稳定，对中文的支持度也比较好。

Pywinauto 库的安装非常简单，直接用 pip 命令安装即可。安装之前要先安装 pywin32、comtypes、six、Pillow 等依赖库。

10.3.1 简单示例：操控记事本

下面我们以一个实际的例子来了解 Pywinauto 库的使用。我们用 Pywinauto 库来模拟操作记事本，例如打开一个记事本、写入两句话、更改文件名、保存退出的一系列操作。

我们首先看手动操作的步骤。第一步，打开记事本程序，如图 10-10 所示。

第二步，输入文字，如图 10-11 所示。

图 10-10

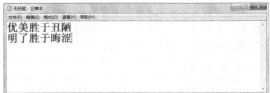
图 10-11

第三步，执行菜单栏的"文件"→"另存为"命令，输入文件名"示例"，单击"保存"按钮，如图 10-12 所示。

图 10-12

最后关闭窗口。

下面我们用代码来实现上述过程。

```
❶ from pywinauto import Application
❷ app=Application().start('notepad.exe')
❸ app['无标题-记事本'].Edit.type_keys('明了胜于晦涩\n', with_newlines=True)
  app['无标题-记事本'].Edit.type_keys('优美胜于丑陋')
❹ app['无标题-记事本'].menu_select('文件(F)->保存(S)')
❺ app['另存为']['Edit'].type_keys('示例')
❻ app['另存为']['保存(S)'].double_click()
❼ app['示例.txt-记事本'].close()
```

语句❶从 pywinauto 模块导入子模块 Application；语句❷打开记事本程序 notepad.exe；语句❸在记事本的窗口的 Edit 位置写入文字，\n 表示按 Enter 键换行；语句❹表示执行菜单栏的"文件"→"保存"命令；语句❺在弹出的"另存为"窗口中写入文件名；语句❻双击"保存"按钮；语句❼关闭窗口。

10.3.2 Pywinauto 库的主要用法

下面系统地介绍 Pywinauto 库的详细使用方法。

1. 连接已经运行的程序

上个例子是先用 start 方法打开记事本程序。如果程序已经在运行了，就不需要重新打开，直接通过 connect 语句关联程序即可。

```
>>> app=Application().connect(path=r'C:\Windows\System32\notepad.exe')
```

参数 path 表示程序的启动路径。

打开一个程序，里面可以有多个窗口。例如用记事本程序同时打开多个文本文件 a.txt、b.txt，我们需要确定到底操作哪一个窗口。

使用工具 Spy++，将左侧指针拖曳到窗口上，可以获取窗口句柄、类名、标题、大小等信息，如图 10-13 所示。

图 10-13

可以通过窗口的标题文本来标识窗口。

```
>>> app.window(title='a.txt - 记事本')
<pywinauto.application.WindowSpecification object at 0x0000000004A5D828>
>>> app['a.txt - 记事本']
<pywinauto.application.WindowSpecification object at 0x0000000004A5D748>
```

也可以用下面的语句返回 Windows 全部已运行程序的窗口句柄信息。

```
>>> pywinauto.findwindows.find_elements()
[..., <win32_element_info.HwndElementInfo - 'b.txt - 记事本', Notepad, 10619904>,
<win32_element_info.HwndElementInfo - 'a.txt - 记事本', Notepad, 6363954>,...]
```

find_elements 函数语法如下。

```
pywinauto.findwindows.find_elements(class_name=None, class_name_re=None, parent=None, process=None,
title=None, title_re=None, top_level_only=True, visible_only=True, enabled_only=False, best_match=None,
handle=None, ctrl_index=None, found_index=None, predicate_func=None, active_only=False, control_id=None,
control_type=None, auto_id=None, framework_id=None, backend=None, depth=None)
```

其中，参数 class_name 表示类名，参数 process 表示进程号，参数 handle 表示句柄，它们都可以作为参数标识窗口。

```
>>> import pywinauto
>>> dlg=pywinauto.findwindows.find_elements(title='a.txt - 记事本')
```

参数 title 需要完全匹配标题，缺一个空格都无法关联。可以用参数 title_re，它支持正则表达式，以 "a" 开头，以 "记事本" 结尾。

```
>>> dlg=pywinauto.findwindows.find_elements(title_re='^a.*记事本$')
```

2. 窗口中的控件

一个窗口里面有许多控件，例如输入框（Edit）、按钮（Button）、复选框（CheckBox）、单选框（RadioButton）、下拉列表（ComboBox）等。

有很多方法可以标识这些控件，常用的是 app['窗口名']['控件名']，也可以写作 app['窗口名'].控件名。

例如，app['无标题 - 记事本']['Edit']代表记事本窗口的编辑区域，如图 10-14 所示。

选择编辑区域之后，我们就可以输入内容了。

```
>>> app['无标题 - 记事本']['Edit'].type_keys('优美胜于丑陋')
```

对于窗口上的菜单栏，可以通过 menu_select 进行选择。

```
>>> app['无标题 - 记事本'].menu_select('文件(F)->保存(S)')
```

对于按钮控件，用 click 函数实现单击，double_click 函数实现双击。

```
app['另存为']['保存(S)'].double_click()
```

以上语句表示在"另存为"窗口中的"保存(S)"按钮上面双击。
double_click 函数还可以带参数。

```
dlg_1['打开 Button'].double_click(button='left', coords=(3, 3))
```

其中，button 参数为 left 表示左键，coords 参数为（3,3）表示被双击的像素点的相对坐标，位于按钮左上角向右下方各偏移 3 像素。

对于 checkbox 控件，用 check 函数、uncheck 函数分别实现勾选、取消勾选操作。
对于下拉列表 ComboBox，用 Select 函数选择不同的选项。

```
dlg.ComboBox.Select('Adobe PDF')
```

在实际工作中，难点就在于如何找到各种控件，一种方法是列出窗口中的所有控件。

```
>>> app['无标题 - 记事本'].print_control_identifiers()
```

运行结果如图 10-15 所示。

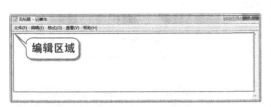

图 10-14

图 10-15

还有一种方法就是通过 Spy++软件手动查找控件。很多时候，用这种方法只能找到第一层次的控件，无法精准找到我们需要操作的控件，因此还需要通过变通的方式去操作。例如，我们通过 Spy++找到图 10-16 所示图标的整体句柄，但是无法获取每一个按钮的句柄。

假如整个控件 dlg_spec 的大小是 120 像素×30 像素，则打开按钮的中心的相对位置为（20,15）。通过下面的语句，可以实现单击保存按钮。

图 10-16

```
dlg_spec.click(button='left', coords=(20, 15))
```

3. 等待长时间操作的方法

GUI 程序通常是不稳定的，单击按钮后，窗口弹出的时间不一样。如果在窗口没有弹出之前进行了下一步操作，脚本就会出错。

遇到这种情况时，可以设置等待时间。time.sleep 函数的参数是固定时间，需要估算，不太智能。可以用 Pywinauto 库里面的 wait、wait_not 函数设置等待直到窗口（或控件）处于（或不处于）某种状态。

```
wait(wait_for, timeout=None, retry_interval=None)
wait_not(wait_for_not, timeout=None, retry_interval=None)
```

参数 wait_for 可以设置为 exists、visible、enabled、ready、active 几种状态，也可以通过空格键组合这些状态。exists 表示该窗口是有效的句柄，visible 表示该窗口未隐藏，enabled 表示该窗口未禁用，ready 表示该窗口可见并启用，active 表示该窗口处于活动状态。timeout 参数设置一个超时时间，如果在此时间后窗口仍未处于适当的状态，则引发错误。retry_interval 参数设置两次重试之间的等待时间。

例如，让程序一直等待，直到"打开"窗口出现，再运行后面的代码。

```
dlg=app.window(title_re='打开')
dlg.wait('visible')
```

又如，我们单击"完成"Finish 按钮后，需要等待程序运行一定时间，直到按钮消失再进行后续操作。

```
dlg.Finish.wait('enabled',timeout=30)
dlg.Finish.click()
dlg.wait_not('visible')
```

案例：将 GD 文档转为 PDF 文档

GD 文档是电子公文文件，它的扩展名为.gd，需要用北京书生科技有限公司的书生阅读器 SEP Reader 打开。如果收文单位没有安装书生阅读器就无法打开 GD 文档，因此通常需要先将其转换为 PDF 格式再转发给收文单位。

如何才能把 GD 格式文档转换成 PDF 格式？特别是当我们有大量的 GD 格式文档时，如何批量地转换成 PDF 格式？由于 GD 格式文档的结构是未公开的，无法解析其内容，也没有现成的 Python 库，因此只能通过官方的阅读器来操作。将其转换成 PDF 格式的通用方法是用专用阅读器打开，然后单击"打印"按钮，选择 PDF 虚拟打印机，保存成 PDF 格式。

下面我们用 Pywinauto 库自动完成整个转化格式的过程，包括菜单操作。

我们首先看看手动操作的步骤。第一步，打开书生阅读器，如图 10-17 所示。

第二步，单击最左边的"打开文件"按钮，弹出"打开"对话框，如图 10-18 所示。

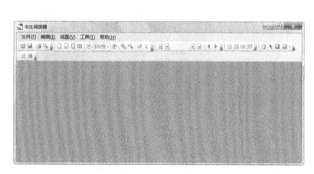

图 10-17

图 10-18

在"文件名"文本框输入需要打开的文件名（含文件路径），单击"打开"按钮。打开文件以后，单击"打印"按钮，进入"打印"对话框。

在"名称"下拉菜单中选择"Adobe PDF"选项，如图 10-19 所示。

单击"确定"按钮，弹出"Save PDF File As"对话框，输入文件名，单击"保存"按钮，如图 10-20 所示。

进入打印环节，如图 10-21 所示。

打印完成以后，关闭文件，如图 10-22 所示。

下面是调用 GD 阅读器打开文件、打印为 PDF 文档、关闭文件的完整代码。

```
import time
from pywinauto.application import Application
program_path=r'C:\Program Files (x86)\Sursen\Reader\SursenReader.exe'
app=Application().start(program_path)
```

```
  dlg=app.window(title_re='书生阅读器')
  dlg.wait('visible')
❶ dlg_0=dlg['文件 BCGPToolBar:400000:8:10003:10']
❶ dlg_0.click(button='left', coords=(20, 10))
  dlg_1=app.window(title_re='打开')
  dlg_1.wait('visible')
  file=r'H:\示例\第 10 章\案例文件.gd'
❷ app['打开'].Edit.type_keys(file)
  dlg_2=dlg_1['打开 Button']
  dlg_2.double_click(button='left', coords=(3, 3))
  dlg=app.window(title_re='书生阅读器')
  dlg_3=dlg['文件 BCGPToolBar:400000:8:10003:10']
❸ dlg_3.click(button='left', coords=(70, 10))
  dlg_4=app.window(title_re='打印')
  dlg_4.wait('visible')
❹ dlg_4.ComboBox.Select('Adobe PDF')
  dlg_5=dlg_4['确定 Button']
  dlg_5.double_click(button='left', coords=(3, 3))
  time.sleep(2)
❺ app=Application().connect(title_re='另存 PDF 文档为')
  dlg_6=app.window(title_re='另存 PDF 文档为')
  app['另存 PDF 文档为'].Edit.type_keys('PDF 版本案例文件')
  dlg_7=dlg_6['保存 Button']
  dlg_7.double_click(button='left', coords=(3, 3))
  time.sleep(8)
  app=Application().connect(title_re='书生阅读器')
  dlg_8=app.window(title_re='书生阅读器')
❻ dlg_8.type_keys('%F')
  import win32api,win32con
  win32api.keybd_event(0x43,0,0,0)
  win32api.keybd_event(0x43,0,win32con.KEYEVENTF_KEYUP,0)
```

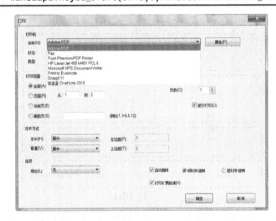

图 10-19

图 10-20

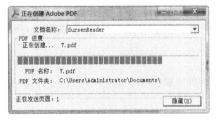

图 10-21

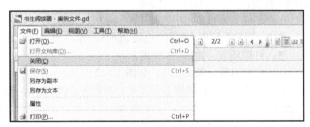

图 10-22

语句❶获取控件　　　　；语句❶通过向右下方偏移（20,10）实现单击"文件打开"按钮　　；语句
❷在"打开"对话框的 Edit 位置写入文件名，然后单击"打开"按钮打开文件；语句❸单击"打印"按钮（不
同计算机上的打印按钮有差异，读者实操时不要照搬代码）；语句❹在"打印"对话框中选择"Adobe PDF"
选项，单击"打印"按钮，启动打印程序；语句❺关联到打印进项，在相应的控件中输入生成的 PDF 文档名，
单击"保存"按钮，开始打印，延迟 8 秒钟，等待打印结束；语句❻回到阅读器窗口，调用键盘快捷键 Alt+F，
弹出"文件"菜单，通过 win32api 实现按 C 键，关闭文件。

dlg_8.type_keys('%F')表示向窗口 dlg_8 发送键盘消息，%表示 Alt，%F 表示 Alt+F。常用的 Shift 键用+
表示，Ctrl 键用^表示。

案例：将扫描版 PDF 文档转成文字型

我们前面通过 OCR 方法，将扫描版 PDF 中的文字和表格提取出来。有时候，我们需要在 PDF 上面直接复
制文字和数字，这就需要转为文字型 PDF。ABBYY FineReader 是一款专业的 OCR 软件，可以实现这一功能。

我们首先看手工操作的步骤。第一步，打开 ABBYY FineReader 12，如图 10-23 所示。

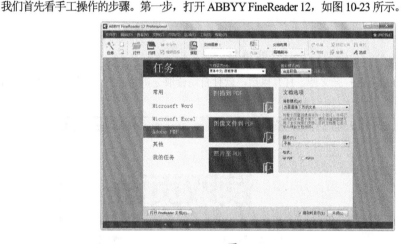

图 10-23

前面的例子，我们通过控制鼠标点击按钮完成操作。本例中，我们通过控制快捷键完成打开、保存、关
闭等操作，如图 10-24 所示。

图 10-24

我们通过快捷键 Ctrl +O 打开图片型的 PDF 文档，如图 10-25 所示。

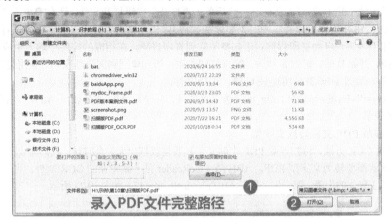

图 10-25

录入文件路径，按 Enter 键打开文件。打开以后，软件自动读取分析每一页，识别图片中的文字，如图 10-26 所示。

图 10-26

识别完成以后，我们通过快捷键 Alt+F，打开文件（F）下拉菜单，然后依次按键 V 和 P，将文档另存为 PDF 文档，如图 10-27 所示。

录入保存路径和文件名，按回车键开始保存文档，如图 10-28 所示。

保存完毕以后，再次通过快捷键 Ctrl +W 关闭文档，弹出选择按钮，如图 10-29 所示。我们通过按键 N，退回到初始界面，又可以进入下一个文件的处理。

打开识别后的 PDF 文档，我们看到里面的文字和数字都可以复制了，如图 10-30 所示。

图 10-27

图 10-28

图 10-29

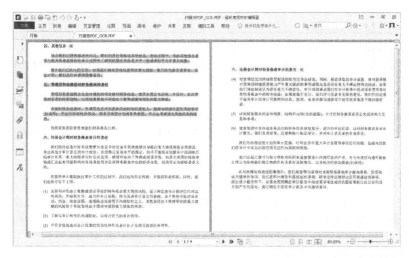

图 10-30

下面是完整代码。

```
import time
from pywinauto.application import Application
program_path=r'C:\Program Files (x86)\ABBYY FineReader 12\FineReader.exe'
app=Application().start(program_path)
dlg=app.window(title_re='ABBYY FineReader 12 Professional')
dlg.wait('visible')
dlg.type_keys('^O')
time.sleep(5)
from pynput import keyboard
```

```
k=keyboard.Controller()
k.type(r'H:\示例\第10章\扫描版 PDF.pdf')
time.sleep(5)
from pynput.keyboard import Key
k.press(Key.enter)
k.release(Key.enter)
time.sleep(30)
k.press(Key.enter)
k.release(Key.enter)
k.press(Key.enter)
k.release(Key.enter)
k.press(Key.enter)
k.release(Key.enter)
dlg1=app['无标题文档[1] - ABBYY FineReader 12 Professional']
dlg1.type_keys('%F')
time.sleep(5)
k.press('V')
k.press('P')
time.sleep(5)
k.release('P')
k.release('V')
time.sleep(5)
k.type(r'H:\示例\第10章\扫描版 PDF_OCR.pdf')
time.sleep(5)
k.press(Key.enter)
k.release(Key.enter)
time.sleep(10)
dlg1.type_keys('^W')
time.sleep(5)
k.press('N')
time.sleep(5)
k.release('N')
```

本例使用了 pynput 库的 keyboard 模块控制键盘按键，并在编辑框录入文本。本例中，页面分析耗时设置为 20 秒钟，文件另存设置耗时 10 秒钟。不同大小的文件，其所耗时间不等，此处可以用更为智能的方式设置延时。例如，定时截图，比对图片中特定点的颜色变化，判断是否完成了页面分析或文件保存。

实务中，大量的纸质文件可以扫描为 PDF，封存在纸质件中的有价值的数据都可以利用起来。通过本例中的方法，我们将扫描版 PDF 转为文本型，进而可以使用第 8 章中的各种 PDF 库进行后续处理，数据分析以及可视化展示。至此，我们打通了纸质文件和电子文件，形成了文件处理的完成工作闭环。

10.4 命令行界面程序控制

前面的例子都是控制通过图形界面的方式运行的程序，主要通过控制键盘和鼠标来模拟窗口操作，下面介绍以命令行界面方式运行的程序的控制方法。

10.4.1 使用 os.system 函数

运行命令行最简单的方法是调用 os 模块，用 os.system 函数进行操作，其语法如下。

```
os.system(command)
```

参数 command 是要执行的命令，如果要向脚本传递参数，可以使用空格分隔程序及多个参数。

1. 打开记事本

什么是以命令行方式运行程序？例如，我们要打开记事本程序，可以在 CMD 命令窗口中输入 "notepad" 后按 Enter 键，如图 10-31 所示。

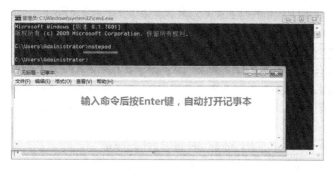

图 10-31

我们要打开记事本文件,只需要将文件的完整路径和文件名写在后面,中间用空格分隔,如图 10-32 所示。

图 10-32

在 Python 里面,可以用下面的代码打开记事本文件。

```
>>> import os
>>> os.system('notepad H:\示例\第10章\Python之禅.txt')
```

运行结果如图 10-33 所示。

2. 打开 PDF 文档

我们在 CMD 窗口中输入 "notepad",系统会自动识别出记事本程序 notepad.exe,而有些外部软件系统无法识别,因此需要将软件文件的完整路径写入。例如,我们要打开 Adobe Acrobat,首先要复制其程序的完整路径和文件名,如图 10-34 所示。

图 10-33

图 10-34

由于路径比较长,里面有空格和转义符\,因此为了防止程序识别出错,我们先用引号将路径括起来,并在字符串前面加 r。

```
>>> os.system(r'"C:\Program Files (x86)\Adobe\Acrobat DC\Acrobat\Acrobat.exe"')
```

运行结果如图 10-35 所示。

下面我们调用 Adobe Acrobat 打开一个 PDF 文档。由于文件路径比较复杂,里面有转义符和空格,传入参数容易出错,因此我们可以先切换到 Adobe Acrobat 的安装路径,这样就不需要输入 Adobe Acrobat 程序的完整路径。

```
>>> os.chdir(r'C:\Program Files (x86)\Adobe\Acrobat DC\Acrobat')
```

进入 Adobe Acrobat,然后传入要打开的 PDF 文档的完整路径。

```
>>> os.system('Acrobat.exe H:\示例\第 10 章\mydoc_Frame.pdf')
```

运行结果如图 10-36 所示。

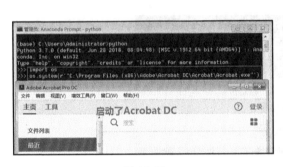

图 10-35　　　　　　　　　　　　图 10-36

3. 调用批处理

我们在第 1 章介绍了批处理,下面就用 Python 调用批处理文件(H:\示例\第 10 章\bat\创建 100 个文件.bat)。

```
>>> os.chdir(r'H:\示例\第 10 章\bat\新建文件夹')
>>> os.system(r'H:\示例\第 10 章\bat\创建 100 个文件.bat')
```

运行以上语句将自动在当前工作目录(H:\示例\第 10 章\bat\新建文件夹)中创建 100 个 TXT 文档,如图 10-37 所示。

图 10-37

4. 加密压缩文件

第 3 章介绍的用 zipfile 模块创建的压缩文件没有密码,下面我们用命令行的方式调用 WinRAR 软件创建带密码的压缩包文件。

WinRAR 命令行语法如下。

```
WinRAR.exe <命令> [ -<开关> ] <压缩文件> [ <@列表文件...> ]
```

常用命令 a 表示添加文件到压缩文件中，p 表示密码开关。

例如，我们要压缩"H:\示例\第 10 章\bat\新建文件夹"，密码为 123，语法如下。

```
>>> import os
>>> os.chdir(r'H:\示例\第10章\bat')
>>> cmd=r'"C:\Program Files\WinRAR\WinRAR.exe" a -p123 新建文件夹 新建文件夹'
>>> os.system(cmd)
0
```

返回 0 表示操作成功，如图 10-38 和图 10-39 所示。

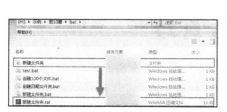
图 10-38

图 10-39

10.4.2 使用 subprocess 模块

Python 自带的 subprocess 模块也可以运行命令行语句。

还是以加密压缩文件为例。

```
>>> import subprocess
>>> cmd=r'"C:\Program Files\WinRAR\WinRAR.exe" a -p123 新建文件夹1 新建文件夹'
>>> ps=subprocess.Popen(cmd)
>>> ps.wait()
0
```

我们看到，运行效果与用 OS.system 函数创建压缩文件是一样的，如图 10-40 所示。

图 10-40

10.4 命令行界面程序控制

第11章
自动化运行管理

在前面的章节中,我们开发了各种程序用于实现各种功能。那么,如何运行这些程序?如何在非开发环境运行这些程序?如何让代码更像一个独立的软件,在其他计算机上运行?如何设计人性化的操作界面,让不会编程的同事也能使用这些程序?如何定时运行?如何多任务同时运行?代码在运行过程中会遇到各种问题,会出现各种"状况",如何解决运行错误?有些代码运行耗时较长,是不是需要一直盯着它运行完成?如何让计算机自动运行代码,同时还能远程监测它的运行状态?

本章介绍 Python 程序的运行管理,尝试做一些自动化运行管理方面的探索。

11.1 如何运行脚本文件

在前面的章节中编写了一些 Python 代码文件(.py 文件),我们可以用 Spyder 软件打开代码文件并运行,也可以把代码文件粘贴到 Jupyter Notebook 单元格里运行。这些方法前面已经介绍过,此处不再赘述。

11.1.1 通过 CMD 命令窗口运行

在安装过 Python 的计算机中,在 CMD 命令窗口中输入 Python 命令也可运行脚本。下面这段代码是将文件夹内的 Word 文档转为 PDF 文档。

```
import sys,os,fnmatch
from win32com import client
def doc2pdf(path,outpath):
    if os.path.exists(outpath)==False:
        os.makedirs(outpath)
    wordApp=client.DispatchEx('Word.Application')
    for foldName, subfolders, filenames in os.walk(path):
        for filename in filenames:
            if fnmatch.fnmatch(filename,'*.doc*'):
                myDoc=wordApp.Documents.Open(path+'\\'+filename)
                myDoc.SaveAs (outpath+'\\'+filename.split('.')[0]+'.pdf',17)
```

```
        myDoc.Close()
    wordApp.Quit()
if __name__=='__main__':
    doc2pdf(input('输入文件夹WORD:'), input('输出文件夹PDF:'))
```

在提示符后输入"python H:\示例\第 11 章\doc2pdf.py",按 Enter 键以后,在提示符后继续输入文件夹参数,按 Enter 键即可运行,如图 11-1 所示。

图 11-1

我们还可以直接在命令行输入参数。只需将上面代码中从 if __name__ == '__main__':开始的代码替换为下面的代码。

```
if __name__=='__main__':
    doc2pdf(sys.argv[1], sys.argv[2])
```

sys.argv 是一个 list,其中 sys.argv[0]等于脚本文件名,sys.argv[1]、sys.argv[2]接收从 CMD 命令窗口输入的参数。

在 CMD 命令窗口中输入下面的语句,如图 11-2 所示。

```
python H:\示例\第 11 章\doc2pdf.py H:\示例\第 11 章\word H:\示例\第 11 章\pdf
```

按 Enter 键运行,即可启动程序 H:\示例\第 11 章\doc2pdf.py,参数 H:\示例\第 11 章\word 将传递给 sys.argv[1],参数 H:\示例\第 11 章\pdf 将传递给 sys.argv[2]。

图 11-2

11.1.2 将程序打包成.exe 可执行文件

程序如何在其他没有安装 Python 的计算机上运行?我们在设计程序时往往引用了各种第三方库,如果其他计算机安装了 Python 但是没有安装第三方库,又该如何运行?通常我们可以将代码文件打包成可执行文件(executable file,扩展名为.exe 的文件)。

计算机上安装的各种软件,其安装目录中都有一个"软件名.exe"文件,双击它就可以直接运行该软件。例如记事本程序 notepad.exe ,双击它就可以打开记事本,又例如腾讯 QQ QQ.exe ,双击它就可以打开 QQ,这些就是可执行文件。将源代码打包成可执行文件,一定程度上也可以保护代码。

使用 pyinstaller 库可以把.py 文件打包成.exe 文件。pyinstaller 库依赖 pywin32 库,因此需要安装和 Python 的版本一致的 pywin32 库。

pyinstaller 库的用法如下:在你想放置应用的文件夹下打开 CMD 命令窗口,输入"pyinstaller + 参数 + 文件入口或打包定义文档"。

在 CMD 命令窗口中,进入代码文件所在目录,执行下列语句,如图 11-3 所示。

```
pyinstaller -F -w H:\示例\第 11 章\doc2pdf.py
```

图 11-3

-F:表示生成一个文件夹,里面是多文件模式,启动快。
-w:表示窗口模式打包,不显示控制台。
程序开始打包,并在 dist 文件夹下面生成了"doc2pdf.exe"可执行文件,如图 11-4 所示。

图 11-4

直接双击 doc2pdf.exe 是无法运行的,还要向程序传入两个参数才能运行。
我们通过 cd 命令语句进入"doc2pdf.exe"文件所在文件夹,运行下列语句,如图 11-5 所示。

```
doc2pdf.exe H:\示例\第 11 章\word H:\示例\第 11 章\pdf
```

图 11-5

我们看到文件夹下已经生成了 PDF 文档,说明程序打包正确,可以运行,如图 11-6 所示。

图 11-6

11.1.3 设计图形界面

前面的脚本都是没有界面的,我们通过 CMD 语句传入参数,这种命令行的方式不太人性化,特别是对于非专业程序员。他们更喜欢在图形界面输入参数,再单击按钮来执行。

下面我们用 PySimpleGUI 库为脚本设计一个简单的图形界面。

下载安装包。下载 PySimpleGUI-4.19.0.tar.gz,解压到桌面,如图 11-7 所示。

图 11-7

打开 Anaconda Prompt 或者 CMD 命令窗口,在提示符后输入命令"cd 文件路径",按 Enter 键进入文件路径。再次在提示符后输入命令"python setup.py install",如图 11-8 所示,按 Enter 键即可开始安装。

图 11-8

安装完毕,我们就可以使用 PySimpleGUI 库来创建图形界面了。

将 doc2pdf.py 文件里从 if __name__ == '__main__':开始的代码替换为下面的代码。

```
if __name__=='__main__':
    import PySimpleGUI as sg
    text0=sg.Text('输入文件夹 Word')
    text1=sg.Text('输出文件夹 PDF  ')
    text_entry0=sg.InputText(key='path')
    text_entry1=sg.InputText(key='outpath')
    ok_btn=sg.Button('开始转换')
    cancel_btn=sg.Button('退出')
    layout=[[text0, text_entry0], [text1, text_entry1], [ok_btn, cancel_btn]]
    window=sg.Window('Word 转 PDF 小工具', layout)
    while True:
        event, values=window.read()
        if event in (None, '退出'):
            break
        if event=='开始转换':
            path=values['path']
            outpath=values['outpath']
            if path=='' or outpath=='':
                sg.popup('请输入文件夹!', text_color='red')
            else:
                doc2pdf(path, outpath)
                sg.popup('转换完毕!')
    window.close()
```

我们将修改后的文件保存为 doc2pdf_gui.py。

在 CMD 命令窗口中,进入代码文件所在的目录,执行下列语句,如图 11-9 所示。

```
pyinstaller -F -w H:\示例\第 11 章\doc2pdf_gui.py
```

图 11-9

11.1 如何运行脚本文件

在 dist 文件夹下面生成了 doc2pdf_gui.exe，直接双击该文件，弹出图形界面窗口，如图 11-10 所示。

图 11-10

在文本框中输入参数，单击"开始转换"按钮，程序就可以运行了。

这就是用图形界面的方式来运行程序，它比在 CMD 命令窗口运行更加人性化。到此为止，我们终于设计了一个像模像样的"软件"。

将 doc2pdf_gui.exe 复制到其他未安装过 PySimpleGUI 库或者 Python 的计算机上，也可以运行，这样就解决了程序分享的问题。如果在某个计算机上运行出错，则要检查版本是否兼容。一般计算机安装的操作系统可能是 Windows 10、Windows 7、Windows XP，Windows 10、Windows 7 还分为 32 位系统、64 位系统。前面提到 Python 和 Pywin32 库也分 32 位、64 位。对于高版本系统编译的程序，低版本系统往往不能兼容，例如，在 Windows 7 系统下编译的程序，可能无法在 Windows XP 系统上使用，在 32 位系统上无法运行 64 位版本下编译的程序。

11.2 按计划自动运行程序

上一节介绍了常见的运行脚本的方法，但是，如果需要定期运行脚本又该怎么办呢？例如每天一上班就需要执行某个脚本（如下载数据、制作日报、发送报告等）。下面介绍如何让计算机按计划定期自动地运行脚本。

11.2.1 使用 datetime 模块

假如我们需要每天 17:00 完成某项特定的任务，应该如何设置呢？最简单的方法就是启动一个循环语句，通过判断日期和时间来执行特定的任务。

Python 自带的 datetime 模块可以用于操作日期和时间。

例如，我们在交互式环境中输入以下代码。

```
>>> import datetime
>>> d=datetime.date.today()
>>> print(d)
2020-09-22
```

我们获得了今天的日期，还可以进一步获取年、月、日，以及星期数据。

```
>>> print(d.year,d.month,d.day,d.weekday(),d.isoweekday())
2020 9 22 1 2
```

要注意的是，weekday 函数返回的 0～6 代表周一到周日，isoweekday 函数返回的 1～7 代表周一到周日。

还可以通过下面的代码获取当前的日期和时间数据。

```
>>> t=datetime.datetime.now()
>>> print(t)
2020-09-22 23:44:36.156819
```

可以获取分项的数据。

```
>>> print(t.year,t.month,t.day,t.hour,t.minute,t.second,t.microsecond)
2020 9 22 23 44 36 156819
```

可以使用 strftime 方法将日期和时间按照预设的格式进行输出。

```
>>> t.strftime('%Y-%m-%d %w %H:%M:%S')
'2020-09-22 2 23:44:36'
```

Y 表示年，m 表示月，d 表示日，H 表示小时，M 表示分，S 表示秒，w 表示星期（0～6 表示周日、周一至周六）。

最后，我们通过循环判断当前时间，如果等于 17:00:00，则执行任务，结束循环。

```
import datetime,time
while True:
    t=datetime.datetime.now()
    if t.strftime('%H:%M:%S')=='17:00:00':
        print('do some thing......')
        break
    time.sleep(1)
```

11.2.2　使用 schedule 库

schedule 是定时任务管理库，它可以设置按每分钟、每小时、每天、每周几或者特定日期执行任务。

schedule 库可以通过 pip 命令安装，同时其作者提供了示例代码。

```
❶ import schedule
  import time
❷ def job1(a):
      print('I'm working on ', a)
  def job2(a):
      print('I'm working on ', a)
  def job3(a):
      print('I'm working on ', a)
❸ schedule.every(10).minutes.do(job1, 'task A')
  schedule.every().hour.do(job2, 'task B')
  schedule.every().day.at('10:30').do(job3, 'task C')
  schedule.every(5).to(10).days.do(job1, 'task D')
  schedule.every().monday.do(job2, 'task E')
  schedule.every().wednesday.at('13:15').do(job3, 'task F')
❹ while True:
❺     schedule.run_pending()
❻     time.sleep(1)
```

语句❶引用模块 schedule。

语句❷job1 函数，此处仅输出一段话。在实际工作中可以将需要定期完成的具体事务写入 job1、job2 等函数。

语句❸设置定时任务。每隔 10 分钟执行一次函数 job1，代入参数 task A，实际上就是每隔 10 分钟屏幕输出"I'm working on task A"。然后每隔一小时执行一次函数 job2，每天的 10:30 执行一次函数 job3，每隔 5 到 10 天执行一次函数 job1，每周一的这个时候执行一次函数 job2，每周三的 13:15 执行一次函数 job3。

语句❹是循环语句，因为 while True 是死循环，所以后面的程序将一直执行。

语句❺表示运行所有可以运行的任务，它会去查询上面的任务列表，看看哪些任务已经到期。

语句❻设置检测时间间隔。

使用 schedule 模块也有缺点，假如我们需要每天 9:00 执行任务 A，每周一 9:00 执行任务 B，那么周一的 9:00 到了，是执行任务 A 还是 B 呢？实际上它会等待任务 A 执行完毕再执行任务 B，任务 B 事实上不会在 9:00 准时执行，导致任务延迟。其原因是 schedule 方法是串行的，也就是说，如果各个任务之间的时间不冲突，那是没问题的；如果时间有冲突，就会遇到麻烦。

解决方法是使用多线程/多进程，此方法后面会介绍。

11.2.3 使用 Windows 系统计划任务

在 Windows 系统中定时运行一个 Python 脚本，可以使用 Windows 系统自带的"任务计划程序"。

首先在桌面的计算机图标上单击鼠标右键，在弹出的快捷菜单中执行"管理"命令，进入"计算机管理"界面。然后单击"系统工具"→"任务计划程序"按钮，单击右侧的"创建基本任务"，如图 11-11 所示。

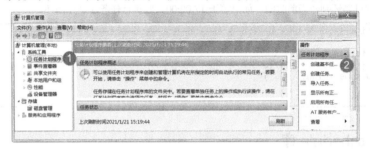

图 11-11

进入"创建基本任务"界面，输入任务名称，单击"下一步"按钮，如图 11-12 所示。

进入"任务触发器"界面，进一步设置执行脚本的频率，然后单击"下一步"按钮，如图 11-13 所示。

图 11-12

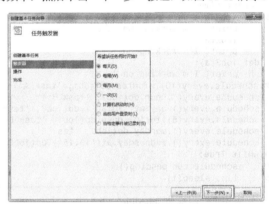

图 11-13

进入"每日"界面，设置每日开始执行脚本的时间，单击"下一步"按钮，如图 11-14 所示。

进入"启动程序"界面，在"程序或脚本"文本框中输入 Python 编译器的名称，一般是 python.exe，在"添加参数"文本框中输入需要定时启动的 Python 脚本的完整路径和参数，例如 H:\示例\第 11 章\doc2pdf.py H:\示例\第 11 章\word H:\示例\第 11 章\pdf。"起始于"是一个可选项，一般会忽略它，单击"下一步"按钮完成设置，如图 11-15 所示。

通过以上设置，每天的 18:10，程序会自动完成一次批量转换任务。

假如一天需要执行多次任务呢？

双击"任务计划程序"按钮，弹出详细界面，选择"触发器"选项卡，单击下面的"新建"按钮，就可以新增触发器。可以用同样的方式添加多个触发器，也可以修改触发器的详细信息。例如我们增加一个条件，设置为"在 2020/5/25 的 18:30 时执行一次"，如图 11-16 所示。

到了 2020 年 5 月 25 日的 18:30，脚本自动启动，完成了一次 Word 文档转 PDF 文档的任务，如图 11-17 所示。

图 11-14

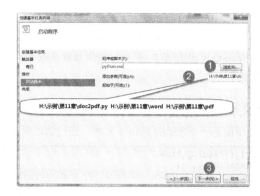

图 11-15

图 11-16

图 11-17

11.3 多任务同时运行

前面的脚本都是按照顺序执行的，即只有前面的语句完成了，才能运行后面的语句。有时候我们需要完成多个任务，如果前面的任务耗时较长，后面的任务就要等待，这种串行的运行方式极大地限制了 Python 脚本的速度和效率。

现代操作系统大多是支持多任务同时运行的，例如，我们打开 Word 写文章的同时，还可以听音乐、上网等。我们打开"任务管理器"窗口，如图 11-18 所示。可以看到，每个任务都是一个进程（Process），关闭进程就强制退出该程序。

图 11-18

11.3 多任务同时运行　377

一个进程可以包括多个线程。进程就像工作室、线程就像工作人员,为了更高效地完成任务,我们可以多开工作室,也可以增加工作人员。

学习进程和线程时,需要对操作系统有深入的理解,这里仅介绍如何用它们来实现多任务运行,以提高工作效率。

11.3.1 单线程

下面是一个普通的 Python 脚本,通过调用两次 task 函数完成两个任务。

```
import threading,time
def task(index, t):
    print('任务', index, '开始时间:', time.ctime())
    time.sleep(t)
    print('任务', index, '结束时间:', time.ctime())
task('A', 5)
task('B', 3)
print('总任务结束时间:', time.ctime())
```

运行结果如下。

```
任务 A 开始时间: Thu May 21 15:22:43 2020
任务 A 结束时间: Thu May 21 15:22:48 2020
任务 B 开始时间: Thu May 21 15:22:48 2020
任务 B 结束时间: Thu May 21 15:22:51 2020
总任务结束时间: Thu May 21 15:22:51 2020
```

可以看出,任务 A、任务 B 是按顺序执行的,任务 A 耗时 5 秒钟,任务 B 耗时 3 秒钟,总耗时 8 秒钟。

11.3.2 多线程

使用 Python 自带 threading 模块可以创建多线程,主要会用到 Thread 类。可以直接通过 Thread 类创建线程,也可以通过继承 Thread 类创建线程。

1. 直接用 Thread 类创建线程

导入模块。

```
>>> import threading
```

查看模块中包含的类和函数。

```
>>> dir(threading)
['Barrier', 'BoundedSemaphore', 'BrokenBarrierError', 'Condition', 'Event', 'Lock', 'RLock', 'Semaphore',
'TIMEOUT_MAX', 'Thread', 'ThreadError', 'Timer', 'WeakSet', '_CRLock', '_DummyThread', '_MainThread',
'_PyRLock', '_RLock', '__all__', '__builtins__', '__cached__', '__doc__', '__file__', '__loader__', '__name__',
'__package__', '__spec__', '_active', '_active_limbo_lock', '_after_fork', '_allocate_lock', '_count',
'_counter', '_dangling', '_deque', '_enumerate', '_format_exc', '_islice', '_limbo', '_main_thread',
'_newname', '_os', '_pickSomeNonDaemonThread', '_profile_hook', '_set_sentinel', '_shutdown',
'_start_new_thread', '_sys', '_time', '_trace_hook', 'activeCount', 'active_count', 'currentThread',
'current_thread', 'enumerate', 'get_ident', 'local', 'main_thread', 'setprofile', 'settrace',
'stack_size']
```

查看 Thread 类的帮助信息。

```
>>> help(threading.Thread)
class Thread(builtins.object)
 |  Thread(group=None, target=None, name=None, args=(), kwargs=None, *, daemon=None)
 |  
 |  A class that represents a thread of control.
 |  
 |  This class can be safely subclassed in a limited fashion. There are two ways
 |  to specify the activity: by passing a callable object to the constructor, or
 |  by overriding the run() method in a subclass.
```

```
Methods defined here:
__init__(self, group=None, target=None, name=None, args=(), kwargs=None, *, daemon=None)
    This constructor should always be called with keyword arguments. Arguments are:

    *group* should be None; reserved for future extension when a ThreadGroup
    class is implemented.

    *target* is the callable object to be invoked by the run()
    method. Defaults to None, meaning nothing is called.

    *name* is the thread name. By default, a unique name is constructed of
    the form 'Thread-N' where N is a small decimal number.

    *args* is the argument tuple for the target invocation. Defaults to ().

    *kwargs* is a dictionary of keyword arguments for the target
    invocation. Defaults to {}.

    If a subclass overrides the constructor, it must make sure to invoke
    the base class constructor (Thread.__init__()) before doing anything
    else to the thread.
-- More --
```

从帮助信息中可以看到 Thread 类的初始化方法如下。

```
Thread(group=None, target=None, name=None, args=(), kwargs={}, *, daemon=None)
```

其中，参数 target 表示要运行的函数，参数 args 表示传入函数的参数元组。

Thread 类的方法包括 daemon、getName、ident、isAlive、isDaemon、is_alive、join、name、run、setDaemon、setName、start。其中常用的方法有 start、join，start 方法用于启动线程，join 方法用于等待线程结束，需要先使用 start 方法再使用 join 方法，否则会报错。

```python
import threading
import time
def task(index, t):
    print('任务', index, '开始时间:', time.ctime())
    time.sleep(t)
    print('任务', index, '结束时间:', time.ctime())
thread1=threading.Thread(target=task,args=('A', 5))
thread1.start()
thread2=threading.Thread(target=task,args=('B', 3))
thread2.start()
thread1.join()
thread2.join()
print('总任务结束时间:', time.ctime())
```

运行结果如下。

```
任务 A 开始时间: Thu May 21 15:14:19 2020
任务 B 开始时间: Thu May 21 15:14:19 2020
任务 B 结束时间: Thu May 21 15:14:22 2020
任务 A 结束时间: Thu May 21 15:14:24 2020
总任务结束时间: Thu May 21 15:14:24 2020
```

可以看出，任务 A、任务 B 同时开始执行，任务 A 耗时 5 秒钟，任务 B 耗时 3 秒钟，总耗时只有 5 秒钟。thread1.join 和 thread2.join 方法用于等待线程结束，如果不写，效果就是任务 A 和任务 B 开始后，马上运行语句 print('总任务结束时间:', time.ctime())，导致耗时统计不准确。

2. 继承 Thread 类创建线程

通过帮助信息，我们了解到可以新建一个类，并通过它继承 Thread 类，从而实现多线程。下面我们创建一个 MyThread 类，它继承了 threading.Thread 类，用它来实现多线程，效果和上面是一样的。

```python
import threading
import time
class MyThread(threading.Thread):
    def __init__(self, func, args, name=''):
        super().__init__(target=func, name=name,args=args)
    def run(self):
```

```
            self._target(*self._args)
    def task(index, t):
        print('任务', index, '开始时间:', time.ctime())
        time.sleep(t)
        print('任务', index, '结束时间:', time.ctime())
thread1=MyThread(task,('A', 5))
thread2=MyThread(task,('B', 3))
thread1.start()
thread2.start()
thread1.join()
thread2.join()
print('总任务结束时间:', time.ctime())
```

3. 重写方法

我们还可以重写 __init__、run 方法。下面将需要运行的任务直接写入 run 方法里面。

```
import threading
import time
class myThread(threading.Thread):
    def __init__(self, index, t):
        super().__init__()
        self.index=index
        self.t=t
    def run(self):
        print('任务', self.index, '开始时间:', time.ctime())
        time.sleep(self.t)
        print('任务', self.index, '结束时间:', time.ctime())
thread1=myThread('A', 5)
thread2=myThread('B', 3)
thread1.start()
thread2.start()
thread1.join()
thread2.join()
print('总任务结束时间:', time.ctime())
```

当需要开的线程比较多的时候，可以通过循环的方式批量增加线程。

```
import threading
import time,random
class myThread(threading.Thread):
    def __init__(self, index, t):
        super().__init__()
        self.index=index
        self.t=t
    def run(self):
        print('任务', self.index, '开始时间:', time.ctime())
        time.sleep(self.t)
        print('任务', self.index, '结束时间:', time.ctime())
taskList=['A','B','C','D','E','F','G','H','I','J']
threadList=[]
for i in taskList:
    threadList.append(myThread(i,random.randint(0,3)))
for item in threadList:
    item.start()
for item in threadList:
    item.join()
print('总任务结束时间:', time.ctime())
```

将代码复制到 Spyder 编辑区，运行结果如下。

```
任务 A 开始时间: Wed Sep 23 01:04:33 2020
...
任务 H 结束时间: Wed Sep 23 01:04:36 2020
总任务结束时间: Wed Sep 23 01:04:36 2020
```

我们看到，虽然有 10 个任务，每个任务持续 0~3 秒，但是总共耗时只有 3 秒。

4. 把任务放入队列

前面我们每增加一个任务，就会开一个线程。如果有成百上千个任务时，不可能为每个任务开一个线程。而且完成每个任务所需的时间也不一样，我们无法精确地分配每个线程完成多少任务。

这时可以考虑把所有任务放在一个队列或者线程池内，让多个线程在队列里获取任务。其主要做法还是重写方法。还要用到 Python 标准库中的 queue 模块来控制线程间数据的传递。

```python
import threading,queue,time,random
class myThread(threading.Thread):
    def __init__(self, queue):
        threading.Thread.__init__(self)
        self.queue=queue
    def run(self):
        while not self.queue.empty():
            index=self.queue.get()
            print(index)
            print('任务', index, '开始时间:', time.ctime())
            time.sleep(random.randint(0,3))
            print('任务', index, '结束时间:', time.ctime())
            self.queue.task_done()
queue=queue.Queue()
taskList=['A','B','C','D','E','F','G','H','I','J']
for task in taskList:
    queue.put(task)
for i in range(5):
    thread=myThread(queue)
    thread.setDaemon(True)
    thread.start()
queue.join()
print('总任务结束时间:', time.ctime())
```

上面的代码是把参数放在队列里面，编写起来相对简单。有的时候，不同的任务需要使用不同的方法，这时就需要把方法和参数都放进队列。可以在 run 方法里面通过提取队列里的方法和参数，完成响应的任务。

下面定义 3 个函数，表示完成 3 种不同类型的任务。总共 10 个任务，有 3 种任务类型，将它们传入队列。

```python
import threading,queue
import time
class myThread(threading.Thread):
    def __init__(self, queue):
        threading.Thread.__init__(self)
        self.queue=queue
    def run(self):
        while True:
            if self.queue.qsize() > 0:
                method, para1,para2=self.queue.get()
                method(para1,para2)
                self.queue.task_done()
def task1(index, t):
    print('task1 任务', index, '开始时间:', time.ctime())
    time.sleep(t)
    print('task1 任务', index, '结束时间:', time.ctime())
def task2(index, t):
    print('task2 任务', index, '开始时间:', time.ctime())
    time.sleep(t)
    print('task2 任务', index, '结束时间:', time.ctime())
def task3(index, t):
    print('task3 任务', index, '开始时间:', time.ctime())
    time.sleep(t)
    print('task3 任务', index, '结束时间:', time.ctime())
queue=queue.Queue()
taskList=[(task1,'A',3),(task2,'B',2),(task3,'C',1),(task1,'D',3),(task1,'E',3),
    (task2,'F',2),(task3,'G',1),(task1,'H',3),(task1,'I',3), (task2,'J',2),]
```

```
for item in taskList:
    queue.put(item)
for i in range(5):
    thread=myThread(queue)
    thread.setDaemon(True)
    thread.start()
queue.join()
print('总任务结束时间:', time.ctime())
```

11.3.3 多进程

使用 multiprocessing 库可以创建和使用多进程，其语法和 threading 模块非常类似。

1. 直接用 Process 类创建进程

创建进程可以使用 multiprocessing 库的 context 模块中的 Process 类，它继承 process 模块中的 BaseProcess 类。

```
import multiprocessing
import time
def task(index, t):
    print('任务', index, '开始时间:', time.ctime())
    time.sleep(t)
    print('任务', index, '结束时间:', time.ctime())
if __name__=='__main__':
    multiprocessing.freeze_support()
    process1=multiprocessing.Process(target=task,args=('A', 5))
    process1.start()
    process2=multiprocessing.Process(target=task,args=('B', 3))
    process2.start()
    process1.join()
    process2.join()
    print('总任务结束时间:', time.ctime())
```

要注意的是，上述代码在交互模式下是不被支持的，只能在 CMD 命令窗口中使用 Python 命令方式运行。同时，要使 multiprocessing.Process 方法能在 main 下面运行，main 入口下就要添加 multiprocessing.freeze_support 方法。

运行结果如图 11-19 所示。

图 11-19

2. 继承 Process 类创建进程

下面通过创建一个 Process 类的子类 myProcess，实现多进程，其运行效果与上面是一样的。

```
import multiprocessing
import time
class myProcess(multiprocessing.Process):
    def __init__(self, index, t):
        super().__init__()
        self.index=index
        self.t=t
    def run(self):
        print('任务', self.index, '开始时间:', time.ctime())
        time.sleep(self.t)
        print('任务', self.index, '结束时间:', time.ctime())
if __name__=='__main__':
```

```
multiprocessing.freeze_support()
process1=myProcess('A', 5)
process2=myProcess('B', 3)
process1.start()
process2.start()
process1.join()
process2.join()
print('总任务结束时间:', time.ctime())
```

3. 使用 Pool 类批量开启子进程

可以使用 multiprocessing 库中的 Pool 类批量开启子进程。

```
>>> import multiprocessing
>>> p=multiprocessing.Pool(5)
>>> p
<multiprocessing.pool.Pool object at 0x0000000002928780>
>>> help(multiprocessing.Pool)
Help on method Pool in module multiprocessing.context:
Pool(processes=None, initializer=None, initargs=(), maxtasksperchild=None) method of multiprocessing
.context.DefaultContext instance
    Returns a process pool object
```

Pool 类的方法包括 apply、apply_async、close、imap、imap_unordered、join、map、map_async、starmap、starmap_async、terminate。其中，常用的是 map(func, itr)方法，参数 func 是要执行的函数，参数 itr 可迭代。

我们看一个简化的例子：用 5 个进程完成 10 个任务，每个任务固定耗时一秒。

```
import multiprocessing
import time
def task(index):
    print('任务', index, '开始时间:', time.ctime())
    time.sleep(1)
    print('任务', index, '结束时间:', time.ctime())
if __name__=='__main__':
    multiprocessing.freeze_support()
    taskList=['A','B','C','D','E','F','G','H','I','J']
    with multiprocessing.Pool(5) as p:
        p.map(task, taskList)
```

运行结果如图 11-20 所示，我们看到 A、B、C、D、E 5 个任务同时开始执行。

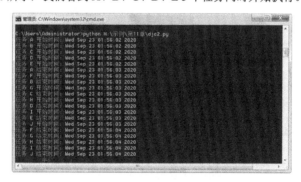

图 11-20

函数 func 只允许传入一个可迭代的参数。如果我们需要传递多个参数，就需要把多个参数放入一个 list 或者元组里，再将其作为一个参数传入 func 函数中。

```
import multiprocessing
import time
```

```
def task(index):
    print('任务', index[0], '开始时间:', time.ctime())
    time.sleep(index[1])
    print('任务', index[0], '结束时间:', time.ctime())
if __name__=='__main__':
    multiprocessing.freeze_support()
    taskList=[('A',3),('B',2),('C',1),('D',3),('E',3),
             ('F',2),('G',3),('H',2),('I',1),('J',3)]
    with multiprocessing.Pool(5) as p:
        p.map(task, taskList)
```

运行结果如图 11-21 所示。

案例：爬虫下载文件

前面的例子都是通过 time.sleep 函数模拟任务运行耗时，内容非常抽象。下面我们用多线程和多进程来完成实际的案例。

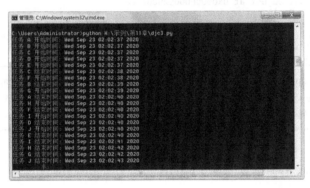

图 11-21

我们要抓取的是某出版社的新书目录文件。一共 17 页，每页最多 10 个文件，一共 162 个文件，如图 11-22 所示。

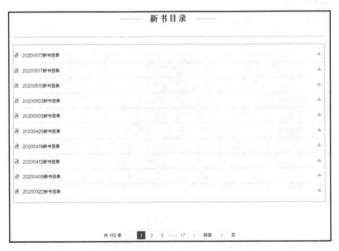

图 11-22

前面章节已经介绍过如何获取每个分页的网址，以及获取每个分页上面每个文件的地址。此处已经获取了 10 个 .xls 文档的地址，下面我们分别用单线程、多线程、多进程的方式来完成下载，并比较各自的耗时。

1. 单线程爬虫

单线程爬虫非常简单，就是将要下载的文件的地址放入列表，通过循环遍历列表，依次下载文件。

```python
import datetime
import requests
headers={
'Host': 'www.ptpress.com.cn',
'Referer': 'https://www.ptpress.com.cn/newBook',
'User-Agent': 'Mozilla/5.0 (Windows NT 6.1; Win64; x64) AppleWebKit/537.36 (KHTML, like Gecko) Chrome/81.0.4044.138 Safari/537.36'
}
urlList=[
'https://www.ptpress.com.cn/upload/newbookcatalog/20200517新书目录.xls',
'https://www.ptpress.com.cn/upload/newbookcatalog/20200510新书目录.xls',
'https://www.ptpress.com.cn/upload/newbookcatalog/20200503新书目录.xls',
'https://www.ptpress.com.cn/upload/newbookcatalog/20200426新书目录.xls',
'https://www.ptpress.com.cn/upload/newbookcatalog/20200419新书目录.xls',
'https://www.ptpress.com.cn/upload/newbookcatalog/20200412新书目录.xls',
'https://www.ptpress.com.cn/upload/newbookcatalog/20200405新书目录.xls',
'https://www.ptpress.com.cn/upload/newbookcatalog/20200322新书目录.xls',
'https://www.ptpress.com.cn/upload/newbookcatalog/20200315新书目录.xls',
'https://www.ptpress.com.cn/upload/newbookcatalog/20200308新书目录.xls'
]
def scraper(url):
    startTime=datetime.datetime.now()
    fileName=url.replace('https://www.ptpress.com.cn/upload/newbookcatalog/','')
    r=requests.get(url,headers=headers)
    print(fileName+' 请求耗时：',datetime.datetime.now() - startTime)
    startTime=datetime.datetime.now()
    with open(fileName,'wb') as f:
        f.write(r.content)
    print(fileName+' 写入耗时：',datetime.datetime.now() - startTime)
startTime0=datetime.datetime.now()
for url in urlList:
    scraper(url)
print('总耗时：',datetime.datetime.now() - startTime0)
```

运行结果如下。

```
20200517新书目录.xls 请求耗时：0:03:47.108638
20200517新书目录.xls 写入耗时：0:00:04.964276
20200510新书目录.xls 请求耗时：0:06:09.424602
20200510新书目录.xls 写入耗时：0:00:05.902335
20200503新书目录.xls 请求耗时：0:02:27.437347
20200503新书目录.xls 写入耗时：0:00:02.034117
20200426新书目录.xls 请求耗时：0:03:02.017411
20200426新书目录.xls 写入耗时：0:00:03.467198
20200419新书目录.xls 请求耗时：0:02:11.778537
20200419新书目录.xls 写入耗时：0:00:03.211184
20200412新书目录.xls 请求耗时：0:05:55.317101
20200412新书目录.xls 写入耗时：0:00:06.332352
20200405新书目录.xls 请求耗时：0:02:11.041345
20200405新书目录.xls 写入耗时：0:00:02.365135
20200322新书目录.xls 请求耗时：0:01:34.368309
20200322新书目录.xls 写入耗时：0:00:00.955054
20200315新书目录.xls 请求耗时：0:00:37.344098
20200315新书目录.xls 写入耗时：0:00:00.109007
20200308新书目录.xls 请求耗时：0:01:04.674624
20200308新书目录.xls 写入耗时：0:00:01.058059
总耗时：0:29:30.930729
```

可以看到，我们将 10 个文件下载到了本地，如图 11-23 所示。

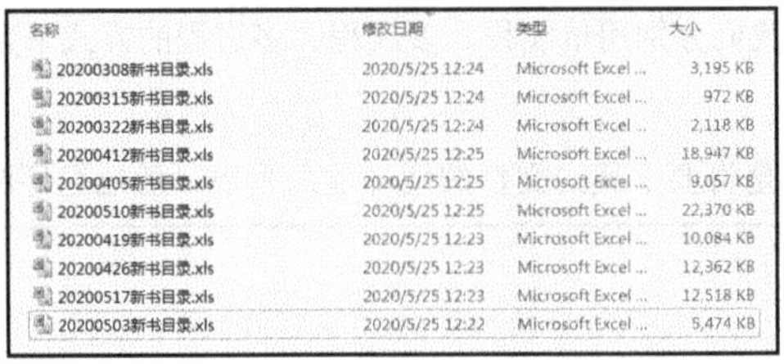

名称	修改日期	类型	大小
20200308新书目录.xls	2020/5/25 12:24	Microsoft Excel ...	3,195 KB
20200315新书目录.xls	2020/5/25 12:24	Microsoft Excel ...	972 KB
20200322新书目录.xls	2020/5/25 12:24	Microsoft Excel ...	2,118 KB
20200412新书目录.xls	2020/5/25 12:25	Microsoft Excel ...	18,947 KB
20200405新书目录.xls	2020/5/25 12:25	Microsoft Excel ...	9,057 KB
20200510新书目录.xls	2020/5/25 12:25	Microsoft Excel ...	22,370 KB
20200419新书目录.xls	2020/5/25 12:23	Microsoft Excel ...	10,084 KB
20200426新书目录.xls	2020/5/25 12:23	Microsoft Excel ...	12,362 KB
20200517新书目录.xls	2020/5/25 12:23	Microsoft Excel ...	12,518 KB
20200503新书目录.xls	2020/5/25 12:22	Microsoft Excel ...	5,474 KB

图 11-23

单线程爬虫任务是串联的，总耗时就是每个文件请求、返回、写入本地的时间总和。从运行结果可以看出每次发出请求、等待网站响应的耗时较长。

一般来说，网络通信比磁盘读写慢，磁盘读写比内存读写慢，内存读写比 CPU 运算慢。当一个任务包含网络通信，在等待的时间里本地计算机资源常常会出现闲置，这时候比较适合使用多线程技术。利用多线程技术，可以同时发出多个请求，先返回的先写入本地硬盘，这样总耗时就会减少。

2. 多线程爬虫

套用前面多线程队列的用法，将文件地址放入队列，下面是具体的代码。

```
import datetime
import threading,queue
import requests
headers={
'Host': 'www.ptpress.com.cn',
'Referer': 'https://www.ptpress.com.cn/newBook',
'User-Agent': 'Mozilla/5.0 (Windows NT 6.1; Win64; x64) AppleWebKit/537.36 (KHTML, like Gecko) \
Chrome/81.0.4044.138 Safari/537.36'}
urlList=[
'https://www.ptpress.com.cn/upload/newbookcatalog/20200517新书目录.xls',
'https://www.ptpress.com.cn/upload/newbookcatalog/20200510新书目录.xls',
'https://www.ptpress.com.cn/upload/newbookcatalog/20200503新书目录.xls',
'https://www.ptpress.com.cn/upload/newbookcatalog/20200426新书目录.xls',
'https://www.ptpress.com.cn/upload/newbookcatalog/20200419新书目录.xls',
'https://www.ptpress.com.cn/upload/newbookcatalog/20200412新书目录.xls',
'https://www.ptpress.com.cn/upload/newbookcatalog/20200405新书目录.xls',
'https://www.ptpress.com.cn/upload/newbookcatalog/20200322新书目录.xls',
'https://www.ptpress.com.cn/upload/newbookcatalog/20200315新书目录.xls',
'https://www.ptpress.com.cn/upload/newbookcatalog/20200308新书目录.xls']
class myThread(threading.Thread):
    def __init__(self, queue):
        threading.Thread.__init__(self)
        self.queue=queue
    def run(self):
        while not self.queue.empty():
            url=self.queue.get()
            r=requests.get(url,headers=headers)
            fileName=url.replace('https://www.ptpress.com.cn/upload/newbookcatalog/','')
            with open(+fileName,'wb') as f:
                f.write(r.content)
            self.queue.task_done()
startTime=datetime.datetime.now()
queue=queue.Queue()
for url in urlList:
    queue.put(url)
for i in range(5):
    thread=myThread(queue)
    thread .setDaemon(True)
    thread .start()
queue.join()
print('总耗时：',datetime.datetime.now() - startTime)
```

运行结果如下。

```
总耗时: 0:06:27.714988
```

程序运行后，同时发送了 5 个文件请求，总耗时大大减少，提升了效率。

3. 多进程爬虫

我们再看一下多进程爬虫的用法。

```python
import multiprocessing
import datetime
import requests
headers={
'Host': 'www.ptpress.com.cn',
'Referer': 'https://www.ptpress.com.cn/newBook',
'User-Agent': 'Mozilla/5.0 (Windows NT 6.1; Win64; x64) AppleWebKit/537.36 (KHTML, like Gecko) \
Chrome/81.0.4044.138 Safari/537.36'
}
def scraper(url):
    print(url)
    r=requests.get(url,headers=headers)
    fileName=url.replace('https://www.ptpress.com.cn/upload/newbookcatalog/','')
    with open(fileName,'wb') as f:
        f.write(r.content)
if __name__ =='__main__':
    multiprocessing.freeze_support()
    urlList=[
    'https://www.ptpress.com.cn/upload/newbookcatalog/20200517新书目录.xls',
    'https://www.ptpress.com.cn/upload/newbookcatalog/20200510新书目录.xls',
    'https://www.ptpress.com.cn/upload/newbookcatalog/20200503新书目录.xls',
    'https://www.ptpress.com.cn/upload/newbookcatalog/20200426新书目录.xls',
    'https://www.ptpress.com.cn/upload/newbookcatalog/20200419新书目录.xls',
    'https://www.ptpress.com.cn/upload/newbookcatalog/20200412新书目录.xls',
    'https://www.ptpress.com.cn/upload/newbookcatalog/20200405新书目录.xls',
    'https://www.ptpress.com.cn/upload/newbookcatalog/20200322新书目录.xls',
    'https://www.ptpress.com.cn/upload/newbookcatalog/20200315新书目录.xls',
    'https://www.ptpress.com.cn/upload/newbookcatalog/20200308新书目录.xls']
    startTime=datetime.datetime.now()
    with multiprocessing.Pool(2) as p:
        p.map(scraper, urlList)
    print('总耗时: ',datetime.datetime.now() - startTime)
```

运行结果如下。

```
总耗时: 0:04:08.286140
```

要注意的是，并非增加进程或线程就一定能提高效率，例如，有的任务的瓶颈在于硬盘读写，按照机械硬盘的悬臂寻址原理，顺序读取快于随机读取，因此进程多了反而容易造成混乱。日常办公用到的脚本，通常不需要用到多线程和多进程。线程和进程多了，还得专门去管理和调度，对于小任务来说根本就是浪费。

总之，无论什么复杂的任务，总会有一个短板限制了完成它的速度。我们的工作就是对任务进行研究，找出短板，然后集中所有的资源消除这个瓶颈。

11.4 程序异常及处理

我们希望程序自动化完成一系列烦琐而耗时的任务，但是当我们隔一段时间再去看程序时，往往会发现它早就"挂了"。程序在运行过程中，会遇到各种异常，如果没有事先设置好，就会导致程序异常中断。

异常的类型有很多：有些是程序设计的问题，例如语法错误；有些是不可控的因素，例如我们的爬虫程序被对方网站封杀了。我们需要尽量减少前一类错误，对于后一类错误，我们要做好处置预案。总之，我们希望自动化脚本更加稳健。

11.4.1 常见的程序异常

当 Python 解释器遇到一个错误的程序行为，就会输出一个异常（exception）。例如，我们输入下面的语句。

```
>>> 1/0
Traceback (most recent call last):
  File '<stdin>', line 1, in <module>
ZeroDivisionError: division by zero
```

语句运行一个除以 0 的表达式。随后 Python 解释器显示一个追踪信息，most recent call last 表示异常发生在最近一次调用的表达式，File '<stdin>'表示异常发生在解释器输入的过程中，line 1 表示发生错误的行数。ZeroDivisionError 是内置异常的名称，其后的字符串是此异常的描述。

当程序发生错误或事件时，程序流程就会被中断，然后跳至产生该异常的程序代码处。Python 有许多内置异常，ZeroDivisionError 就是除法运算中除数为 0 时引发的异常。为了防止产生这类异常，我们在设计程序的时候，需要预先判断用户输入的除数是否为 0。实际上，用户输入的每个数据都应该预先处理，防止 SQL 注入攻击是门很深的学问，感兴趣的读者可以深入研究。

对于新手而言，绝大多数的异常来自语法错误。例如，我们常常看到下面的异常。

```
IndentationError: unexpected indent、IndentationError: unindent does not match any outer indetation level、
IndentationError: expected an indented block。
```

这些异常表示缩进错误，Python 语法允许代码块随意缩进 N 个空格，但同一个代码块内的代码必须保持相同的缩进，不能一会儿缩进两个空格，一会儿缩进 4 个空格。对于不需要使用代码块的地方，则不要随意缩进，否则程序也会报错。

还有的时候，我们忘记在 if、elif、else、for、while 等声明末尾添加冒号，常常导致以下异常 SyntaxError: invalid syntax。

11.4.2 捕获异常并处理

我们常常用 try...except 语句处理 Python 的异常。它的具体语法如下。

```
try:
    语句 1
    语句 2
    ...
    语句 N
except 异常类型 1:
    do something ...
except 异常类型 2:
    do something ...
except:
    do something ...
```

如果语句 1 至语句 N 在运行时出现了异常，就会根据异常的类型，分别运行响应 except 后面的语句；如果出现列举的类型之外的异常，就运行 except:后面的语句。

异常捕获可以将程序运行过程中出现的 bug 返回给专业的程序员查看，同时保证整个程序的正常运行。例如语句 2 出现 bug，那么语句 3～语句 N 是不会被执行的，但是 try...except 结构之外的语句还是可以正常运行。

在编写程序之前，往往难以预先知道全部的错误类型，那么可以不写错误类型，遇到各种错误都运行 except 后面的语句。

```
try:
```

```
        1/0
except ZeroDivisionError:
    print('除数为零！')
print('四则运算')
```
除数为零！
四则运算

我们可以输出错误的具体类型。

```
>>> try:
...     1/0
... except Exception as e:
...     print(e)
...
division by zero
```

又如下面的语句。

```
>>> try:
...     a/10
... except Exception as e:
...     print(e)
...
name 'a' is not defined
```

异常处理语句还有其他的写法，如 try...except...else 语句和 try...finally 语句，它们可以用来完成特定的功能。

对于 try...except...else 语句，如果运行完 try 后面的语句 1 至语句 N，没有发生异常，则运行 else 语句。例如，下面让用户循环输入值，直到输入的值正确为止。

```
>>> while True:
...     a=input('请输入除数：')
...     try:
...         1/float(a)
...     except:
...         print('请重新输入')
...     else:
...         break
...
请输入除数：a
请重新输入
请输入除数：0
请重新输入
请输入除数：2
0.5
```

对于 try...finally 语句，不管 try 语句运行后是否产生错误，finally 语句一定会运行。最常见的例子是，在文件操作中，假如 try 语句里面的代码报错，则后面的代码不会被执行，但是有了 finally 语句，总是可以把文件句柄关掉。

```
try:
    f=open('test.txt')
    ...
finally:
    f.close()
```

注意，try 语句与 except 语句可以搭配使用，try 语句与 finally 语句也可以搭配使用，但是 except 语句与 finally 语句不可以放在一起。

我们在编写 Python 自动化脚本的时候，前期应尽量少用 try...except 语句，这样在调试阶段，才能让错误充分暴露。

对于爬虫脚本，有些异常源于网络故障，一个网址访问错误不影响其他网址的抓取。在部署自动运行、无人值守任务的时候，将容易出错的步骤放在 try...except 语句内，可以让脚本运行起来更稳健。

但是，如果持续地出现访问错误，则可能是脚本出现严重错误。这时候可以在 except 语句内部放置计数器，统计出错的次数，如果连续多次出现错误，则终止程序运行。同时，我们可以在 except 语句内放置发送邮件等提示消息。

11.5 收发邮件与远程控制

Python 代码在计算机上运行时，我们无法一直坐等程序运行结束。那么如何才能知道程序运行的状态呢？可以通过程序自动定时截屏，然后自动发送邮件到电子邮箱。我们可以远程通过手机查看邮件，获取程序运行信息。另一方面，我们还可以通过手机编辑邮件发送指令到邮箱，让远程计算机上运行的程序定期去读邮件，查看指令，执行相应的操作，例如关机。

电子邮件是一种比较正式的通信手段，在商务谈判、业务咨询、同事交流、给客户发通知的时候都会使用电子邮件。自动处理电子邮件，也是一种非常重要的职场技能。

11.5.1 POP3、SMTP 和 IMAP

要自动收发邮件，首先要开通邮箱的 POP3（Post Office Protocol 3，邮局协议的第 3 个版本）、SMTP（Simple Mail Transfer Protocol，简单邮件传输协议）和 IMAP（Internet Mail Access Protocol，交互式邮件存取协议）服务。

简单来说，SMTP 负责发邮件：发件人客户端→发件人邮箱服务器→收件人邮箱服务器。POP3 和 IMAP 负责收邮件：收件人邮箱服务器→收件人客户端，如图 11-24 所示。IMAP 比 POP3 更强大，本小节只使用 IMAP 服务。

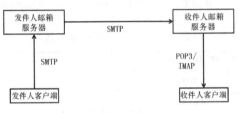

图 11-24

通常，各种邮箱默认关闭 POP3、SMTP、IMAP 服务。要开通这些服务，需要在登录邮箱以后，进入设置区进行开通，有的邮箱还需要手机短信验证。

我们进入网易 163 邮箱设置界面，手动开通 POP3、SMTP、IMAP 服务，如图 11-25 所示。

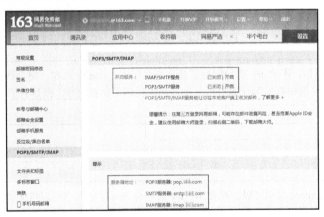

图 11-25

开通以后会获得授权密码，在 Python 程序中登录 163 邮箱就需要用授权密码，注意此密码不是原邮箱密码，如图 11-26 所示。

新浪邮箱开通以上服务界面，如图 11-27 所示。

图 11-26   图 11-27

腾讯 QQ 邮箱开通以上服务界面，如图 11-28 所示。

图 11-28

同样地，新浪邮箱和 QQ 邮箱开通以上服务以后，都需要手机短信验证，并获得一个授权密码，在 Python 中自动登录邮箱时需要使用授权密码。

11.5.2 用 smtplib 模块自动发邮件

发送邮件可以分为两步，一步是写邮件，另一步是发送。

与其他各种电子文档一样，电子邮件内容也必须遵循一定的格式要求，这样各种邮件处理程序才能从中分析和提取出发件人、收件人、主题、内容和附件等信息。邮件内容的基本格式和具体细节分别由 RFC822

11.5 收发邮件与远程控制   391

文档和 MIME（Multipurpose Internet Mail Extensions，多用途互联网邮件扩展类型）协议定义。

在实际工作中，我们不需要了解发送邮件用到的太底层的 SMTP，Python 自带的 smtplib 模块已经将功能进行了封装，我们只需要直接调用 smtplib 就可以自动发送邮件了。同样地，我们只需要调用 Python 自带的 email.mime 相关模块就可以构造出电子邮件的内容。

下面的实例是发送一封带附件的邮件。

```python
import smtplib
from email.mime.text import MIMEText
from email.mime.image import MIMEImage
from email.mime.multipart import MIMEMultipart
from email.mime.application import MIMEApplication
From='**************@163.com'
password='**************'
To=['**************@qq.com', '**************@21cn.com',
    '**************@sina.com','**************@163.com']
smtpserver='smtp.163.com'
txtFile='张小妹自荐信.txt'
imageFile='张小妹简历.jpg'
docFile='应聘投资经理岗位-XX大学-张小妹-金融-138xxxxxx78.doc'
pdfFile='应聘投资经理岗位-XX大学-张小妹-金融-138xxxxxx78.pdf'
zipFile='张小妹资料(简历+自荐信+照片).zip'
with open(txtFile,'r',encoding='utf-8') as f:
    textApart=MIMEText(f.read())
with open(imageFile,'rb') as f:
    imageApart=MIMEImage(f.read(),imageFile.split('.')[-1])
    imageApart.add_header('Content-Disposition', 'attachment', filename=imageFile)
with open(docFile,'rb') as f:
    docApart=MIMEApplication(open(docFile, 'rb').read())
    docApart.add_header('Content-Disposition', 'attachment', filename=docFile)
with open(pdfFile,'rb') as f:
    pdfApart=MIMEApplication(open(pdfFile, 'rb').read())
    pdfApart.add_header('Content-Disposition', 'attachment', filename=pdfFile)
with open(zipFile,'rb') as f:
    zipApart=MIMEApplication(open(zipFile, 'rb').read())
    zipApart.add_header('Content-Disposition', 'attachment', filename=zipFile)
message=MIMEMultipart()
message.attach(textApart)
message.attach(imageApart)
message.attach(docApart)
message.attach(pdfApart)
message.attach(zipApart)
message['Subject']='应聘投资经理岗位-XX大学-张小妹-金融-138xxxxxx78'
server=smtplib.SMTP_SSL(smtpserver,465)
server.login(From,password)
server.sendmail(From, To, message.as_string())
server.quit()
```

我们打开收件箱，可以看到已经收到这封邮件，如图 11-29 所示。

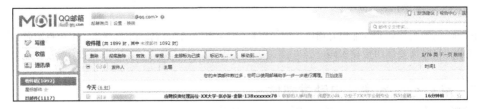

图 11-29

相关的正文和附件都已经在邮箱，如图 11-30 所示。

图 11-30

11.5.3 用 imaplib 模块自动收邮件

收邮件可以用 Python 自带的 imaplib 模块。发邮件需要把内容转为 MIME 格式，那么收邮件就需要解析 MIME 格式，这一过程中要用 chardet 库对邮件编码进行探测。

下面是一个用 imaplib 模块自动收邮件的实例。

```
import imaplib
import chardet
imapserver='imap.qq.com'
emailuser='*************@qq.com'
emailpasswd='**************'
M=imaplib.IMAP4(imapserver,143)
M.login(emailuser,emailpasswd)
M.select('Inbox')
typ, data=M.search('UNSEEN SINCE 01-Jan-2020')
UIDS=data[0].split()[::-1]
print(UIDS)
if len(UIDS) >=1:
    typ, data=M.fetch(UIDS[0], '(RFC822)')
    coding=chardet.detect(data[0][1])
    text=data[0][1].decode(encoding=coding['encoding'])
    message=email.message_from_string(text)
    subject=message.get('subject')
    Date=message.get('Date')
    print(Date)
    From=message.get('From')
    print(From)
    dh=email.header.decode_header(subject)
    de_text=dh[0][0]
    coding=dh[0][1]
    subject=de_text.decode(encoding=coding)
    print(subject)
    for part in message.walk():
        type=part.get_content_type()
        disposition=str(part.get('Content-Disposition'))
        filename=part.get_filename()
```

```
        if type=='text/plain' and 'attachment' not in disposition:
            with open('邮件正文内容.txt', 'wb') as f:
                f.write(part.get_payload(decode=True))
        elif filename:
            with open(filename,'wb') as f:
                f.write(part.get_payload(decode=True))
            print('下载'+filename)
M.close()
M.logout()
```

我们查看运行结果,打开上述代码文件(收邮件.py)所在文件夹,如图 11-31 所示。

图 11-31

打开"邮件正文内容.txt"文件,如图 11-32 所示。

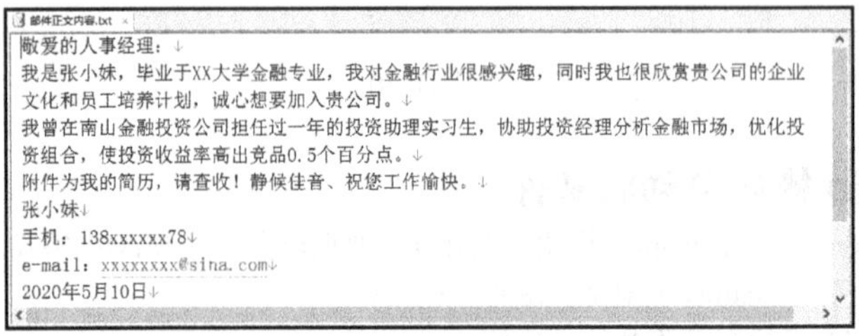

图 11-32

11.5.4 用 imapclient、pyzmail 库自动收邮件

收邮件还可以使用第三方库 imapclient,它是对 imaplib 模块的进一步封装,代码相对友好。Imapclient 库的安装非常简单,直接用 pip 命令安装即可。

用 Imaplib 模块解析邮件也比较烦琐,可以使用第三方库 pyzmail。安装 pyzmail 库时,安装语句 pip install pyzmail 不太好用,需要换为 pip install pyzmail36,导入时仍然用 import pyzmail。

个别计算机使用 pyzmail 库时会报错,需要修改部分库源代码。将 utils.py 模块中的图 11-33 所示的 3 行代码块合为一行即可。

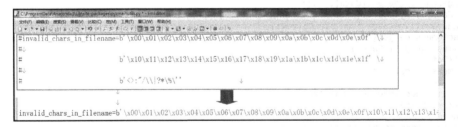

图 11-33

下面是使用 imapclient、pyzmail 库自动收邮件的实例,代码比较简洁。

```python
import imapclient
import pyzmail
imapserver='imap.qq.com'
emailuser='*************@qq.com'
password='**************'
M=imapclient.IMAPClient(imapserver,ssl=True)
M.login(emailuser,password)
M.select_folder('INBOX',readonly=True)
UIDS=M.search('UNSEEN SINCE 01-Jan-2020')
if len(UIDS) >=1:
    UID=UIDS[len(UIDS)-1]
    rawMessage=M.fetch(UID,[b'BODY[]'])
    message=pyzmail.PyzMessage.factory(rawMessage[UID][b'BODY[]'])
    print(message.get_subject())
    print(message.get_addresses('from')[0][1])
    for part in message.mailparts:
        if part.filename:
            with open(part.filename, 'wb') as f:
                f.write(part.get_payload())
        else:
            with open('邮件正文内容.txt', 'wb') as f:
                f.write(part.get_payload())
M.logout()
```

在实际工作中，我们可以将搜索条件设为发布招聘信息日之后，下载全部应聘邮件，将 Word 或 PDF 格式的简历中的人员基础信息批量解析出来，保存到 Excel 中，然后再进一步筛选审查，这些烦琐的工作也可以自动化处理。

案例：使用 Python 远程控制计算机

要控制计算机，通常使用 CMD 命令窗口。例如，我们要打开某个软件，可以通过在"运行"对话框中输入"cmd"，打开 CMD 命令窗口，如图 11-34 所示。

在提示符后输入"start H:\doc2pdf1.exe"，按 Enter 键即可打开我们之前打包的 Python 脚本，如图 11-35 所示。

图 11-34

图 11-35

接下来我们可以远程用手机将指令发送到邮箱中。然后让计算机运行程序持续监测邮箱，并判断邮件的主题，如果是我们发送的指令，则执行指令，否则就继续监测。前面的代码是一次性收取电子邮件，如果我们需要持续监测某个电子邮箱，则需要建立循环语句。

下面是具体代码。

```python
import smtplib
from email.mime.text import MIMEText
from email.mime.image import MIMEImage
from email.mime.multipart import MIMEMultipart
from email.mime.application import MIMEApplication
import imapclient,pyzmail
import time,os
```

```python
from PIL import ImageGrab
def sendmail(smtpserver,emailuser,emailpasswd,To,subject):
    time_now=time.strftime('%Y%m%d-%H%M%S')
    pic=ImageGrab.grab()
    imageFile=time_now+'.jpg'
    pic.save(imageFile)
    message=MIMEMultipart()
    with open(imageFile,'rb') as f:
        imageApart=MIMEImage(f.read(),imageFile.split('.')[-1])
        imageApart.add_header('Content-Disposition', 'attachment', filename=imageFile)
    message.attach(imageApart)
    print('开始发送邮件'+subject)
    message['Subject']=subject
    server=smtplib.SMTP(smtpserver)
    server.login(emailuser,emailpasswd)
    server.sendmail(emailuser, To, message.as_string())
    server.quit()
def getmail(smtpserver,emailuser,emailpasswd):
    imapObj=imapclient.IMAPClient(imapserver,ssl=True)
    imapObj.login(emailuser,emailpasswd)
    imapObj.select_folder('INBOX',readonly=True)
    UIDS=imapObj.search('UNSEEN SINCE 01-Jan-2020')
    if len(UIDS) >=1:
        rawMsg=imapObj.fetch(UIDS[len(UIDS)-1],[b'BODY[]'])
        Msg=pyzmail.PyzMessage.factory(rawMsg[UIDS[len(UIDS)-1]][b'BODY[]'])
        subject=Msg.get_subject()
    else:
        subject='未收到信息'
    imapObj.logout()
    return subject
if __name__=='__main__':
    smtpserver='smtp.qq.com'
    imapserver='imap.qq.com'
    emailuser='**************@qq.com'
    emailpasswd='**************'
    To='**************@sina.com'
    while True:
        subject=getmail(imapserver,emailuser,emailpasswd)
        print('收到信息'+subject)
        if subject[0:4]=='远程指令':
            cmd=subject[5:]
            try:
                os.system(cmd)
                sendmail(smtpserver,emailuser,emailpasswd,To,'完成指令'+cmd)
            except:
                os.system('echo error')
                sendmail(smtpserver,emailuser,emailpasswd,To,'echo error')
            break
        time.sleep(120)
```

　　远程计算机启动脚本以后，脚本程序进入循环，持续监测QQ邮箱。我们通过手机新浪邮箱将指令发送到QQ邮箱，这时候远程计算机上运行的脚本程序通过邮箱收到指令，然后执行指令并截屏，将图片作为附件发送回复邮件至新浪邮箱。图11-36和图11-37所示为手机邮箱截图效果。

　　我们看到，手机邮箱收到远程计算机屏幕截图的附件。

　　除了截屏监测远程计算机的运行情况，还可以通过获取远程计算机摄像头数据来监测远程办公室的情况。

　　在前面的章节中，我们通过调用cv2库读取计算机摄像头数据，截图并保存为图片。

```python
import cv2
cap=cv2.VideoCapture(0)
ret, img=cap.read(0)
cv2.imwrite("pic.jpg", img)
```

图 11-36

图 11-37

通过 CMD 命令窗口，可以打开某个软件或者 Python 脚本，还可以执行关机的程序。常见的 CMD 命令语句及作用见表 11-1。

表 11-1

CMD 命令语句	作用	CMD 命令语句	作用
shutdown–s	关机	shutdown -l	注销
shutdown–s–t 60	延迟 60 秒后关机	start iexplore 网址	打开网页
shutdown -s–f	强制关机	cd /d d:	进入 D 盘

　　效率是永恒的话题，效率提升永远在路上，永远也讲不完。我们一方面要用 Python 解决实际问题，另一方面要加深对 Python 语言本身的理解。在能解决问题的前提下，如何优化代码，如何让代码更稳健，让代码跑得更快，也就是提升语言本身的效率。

　　编程，就是不断简化问题。遇到一长串字符，我们就把它赋值给变量，起个名字方便调用，避免了重复书写字符串。遇到很多数据，难道要写很多不重复的变量名？不，我们把它们放入列表，只需要记住一个列表名。遇到多次使用的代码段，我们引入循环以及函数，把它们放入函数。函数太多了，不好命名，我们把它们归类，引入了类的概念，函数变成了类里面的方法。类太多了，我们总不能全部写在一个脚本文件里吧，我们把它们放入不同的文件，也就是模块化。这样方便团队开发，不同的人开发不同的模块，把文档放在一起，最后形成库。

　　遇到现实问题，要找有没有现成的解决方案，也就是第三方库。查看一下它定义了哪些类？入口在哪里？初始函数是什么？通过调用函数返回对象，或者创建类的实例化对象，调用对象的方法和属性，编程的逻辑由此展开。刚开始，我们总是希望复制现成的代码段，而不去理解其中的原理，这是一个必然的过程，网络上也有很多现成的例子。问题是，Python 版本很多，第三方库的版本也很多，不同人的计算机配置也不同，把别人的代码照搬过来不一定能用。一般来说，我们尽量看第三方库作者写的说明文档，多使用 dir 和 help，终极办法是进入安装目录，查看源代码。读源代码是进阶的必由之路，能加深对语言的理解。甚至还可以进入 Python 安装目录，看一下 Python 这门语言本身的源代码，例如，最简单的整数类型是如何定义的，语言的最底层是如何搭建的，这样你会写出更高效率的程序。

　　最终，你也可以写出一些解决方案、第三方库，上传到互联网平台，与全世界分享。